Blue-Green

City Water

相融

共生

——苏州市海绵城市建设研究与实践

王 晋 黄天寅 刘寒寒 著

中国城市出版社

序

PREFACE

海绵城市建设是落实生态文明建设、推进绿色发展的重要途径，国家自2013年开始出台了一系列政策文件予以引导和推广，并在全国范围开展了两批30个试点城市先行试验。《中共中央关于制定国民经济和社会发展第十四个五年规划和二〇三五年远景目标的建议》中提到建设海绵城市、韧性城市，将海绵城市建设作为常态化的重要建设工作系统化全域推进。2021年财政部、住房和城乡建设部、水利部办公厅开展系统化全域推进海绵城市建设示范工作。苏州作为典型的平原河网城市，以江苏省海绵城市建设试点为契机，立足试点区建设、聚焦全市域推广，构建了一套“内嵌式”海绵城市管理体制，制定了全流程管控体系，形成了“全主体参与、全方位保障、全层次覆盖、全流程监管、全要素统筹、全维度支撑、全链条带动”的七大机制，始终把“人民城市人民建，人民城市为人民”重要理念落实到海绵城市建设发展全过程，科学研究系统化海绵城市建设方案，开展针对平原多类型多水质水系交错地区的水系重构与生态修复，城市建成区控制开发强度，强调在源头控污减流，构建以分布式低影响开发设施和自然水系为主、绿色和灰色基础设施并重的生态雨水系统，编制了基于“四高一低”特点的苏州市海绵城市建设技术导则，建立了全市海绵城市监控平台，构建了苏州市海绵城市研究院“产、学、研、用”发展平台，还率先开展了全市海绵城市高质量考核和示范项目评选等工作，系统化全域推进海绵城市建设效果初显，各市、区也结合自身特点形成了自己的海绵城市建设特色，昆山水敏性城市建设思路、张家港透水钢渣材料应用、吴江水乡泽国海绵城市建设等特色也得以彰显。无论从建设模式、推广形式还是技术创新应用方面，苏州在海绵城市建设过程中的经验都值得推广和借鉴。

前言

FOREWORD

在快速城镇化的同时，城市发展面临巨大的环境与资源压力。为系统解决传统城市开发模式带来的诸如城市洪涝灾害、水质恶化与热岛效应等一系列生态环境问题，建设具有自然保存、自然渗透、自然净化功能的海绵城市成为生态文明建设的重要内容，是实现城镇化和环境协调发展的重要体现，也是今后我国城市建设的重大任务。

苏州是典型的平原河网城市，也是长三角地区的中心城市之一。在经济快速发展的同时，苏州在生态环境方面付出了沉重的代价，面临水安全隐患、水资源错配、水环境退化和水生态敏感等问题。如何协调城市与水、人与水之间的关系是苏州面临的挑战。海绵城市作为全新的城市建设理念，将绿色生态、低影响开发融入城镇建设发展中。苏州以江苏省第一批海绵城市建设试点为契机，依托本地良好的自然本底条件，立足平原水网、古典园林、历史文化等自身特点，秉承海绵城市建设绿色、循环、低碳的发展目标，通过构建五个一保障机制、紧盯三控制目标、推行四创新苏州特色，逐步实现蓝绿交融、城水共生。

本书从海绵城市的理念出发，回顾了国内外对海绵城市的理论研究进展，分析了平原河网城市发展的制约因素和海绵城市的建设目的（第 1 章）。针对平原河网城市中的水系统特点、水环境特点、城市与水、人与水之间的发展关系（第 2 章），剖析了城市发展所面临的问题，基于苏州基本情况和本底条件，提出苏州转变城水共生方式（第 3 章）——海绵城市建设。通过吸收国内外先进的海绵城市建设经验和加强基础创新的研究（第 4 章），提出了适应于苏州本地的海绵城市建设体系（第 5 章），制定了苏州市海绵城市系统方案（第 6 章），从微观、中观和宏观三个层次构建以分散式低影响开发设施和自然水系为主、绿色和灰色基础设施并重的生态雨水系统。从重点地区、市区和市域三个角度论述苏州海绵城市建设策略。本书还介绍了苏州海绵城市建设典型案例（第 7 章），包括道路广场类、河道水系类、公园绿地类和建筑校区类等方面。

海绵城市建设方兴未艾，是一个长期而艰巨的过程。希望本书的撰写可以为平原河网地区同类城市的海绵城市建设提供借鉴和参考。苏州市海绵城市建设仍处于不断探索中，还需继续积累经验和逐步完善，因此本书的研究成果还比较粗浅。由于编者水平和编写时间仓促，书中难免有疏漏与不妥之处，敬请读者批评指正。

CONTENTS

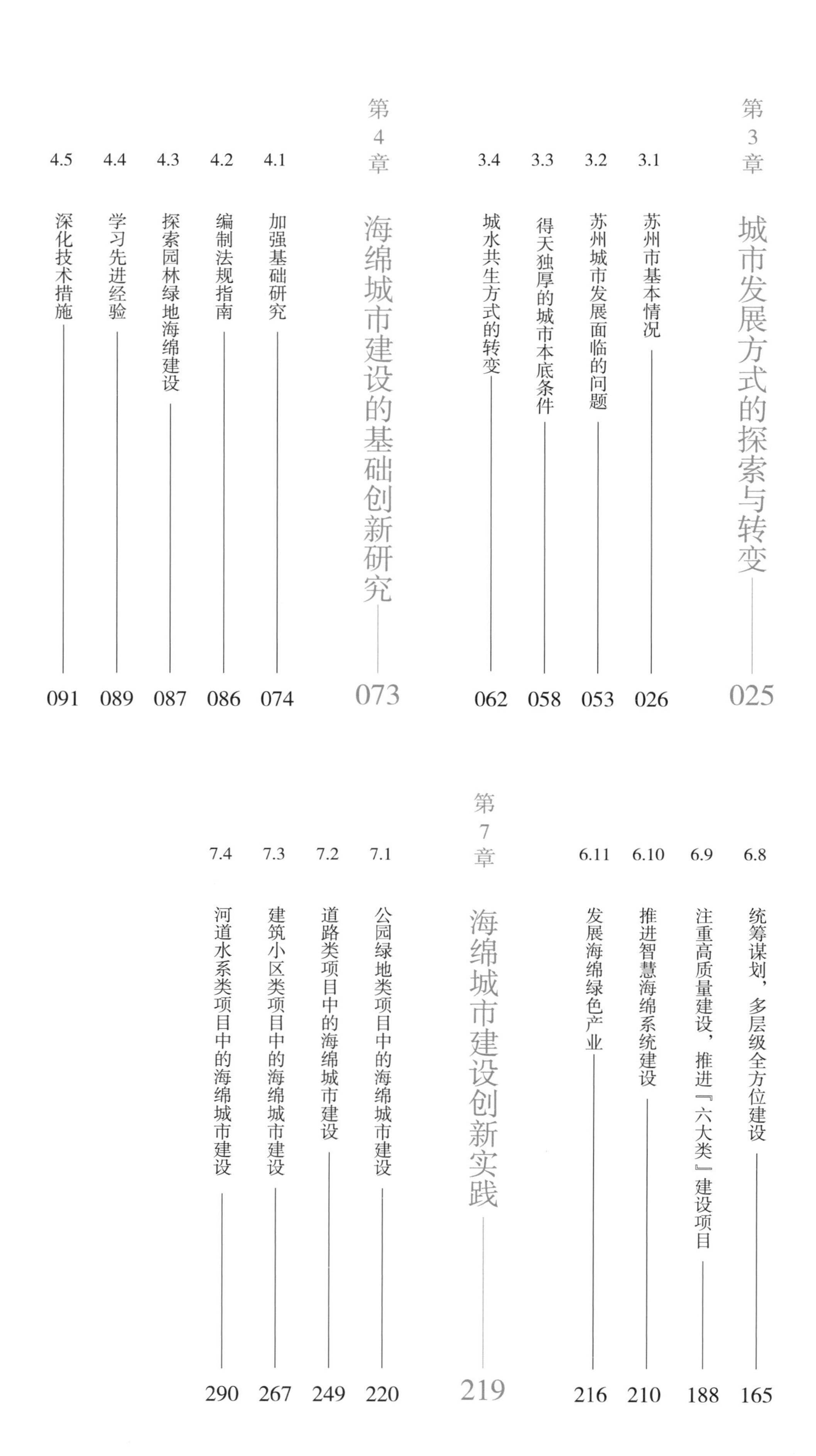

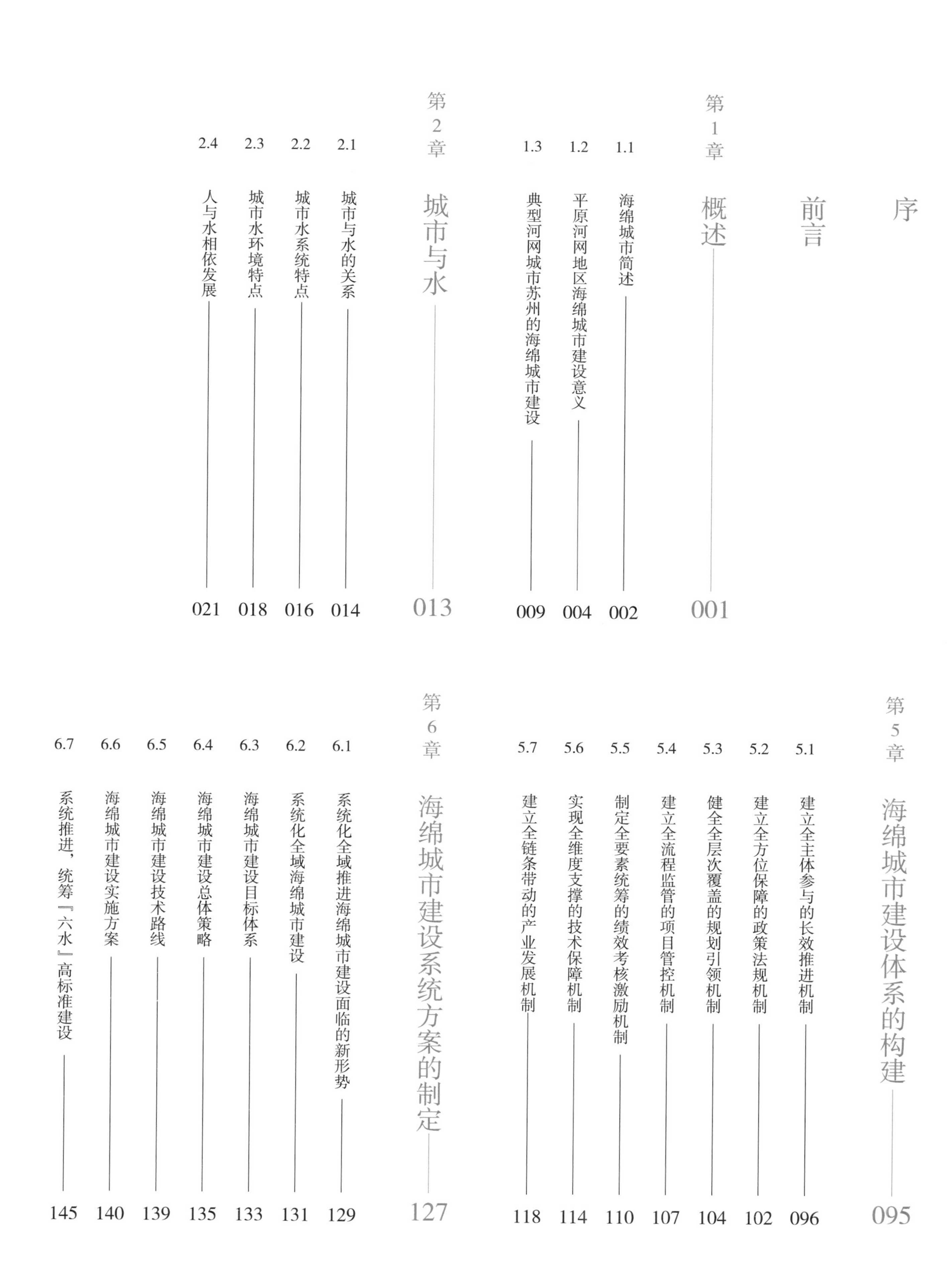

第1章 概述

1.1 海绵城市简述

城镇化是保持经济持续健康发展的强大引擎，是推动区域协调发展的有力支撑，也是促进社会全面进步的必然要求。然而，快速城镇化的同时，城市发展也面临着巨大的环境与资源压力，外延增长式的城市发展模式难以为继。在《国家新型城镇化规划（2014—2020 年）》中明确提出，我国的城镇化必须进入以提升质量为主的转型发展新阶段。为此，必须坚持新型城镇化的发展道路，协调城镇化与环境资源保护之间的矛盾，才能实现可持续发展。党的十八大报告中明确提出“面对资源约束趋紧、环境污染严重、生态系统退化的严峻形势，必须树立尊重自然、顺应自然、保护自然的生态文明理念，把生态文明建设放在突出地位……”建设具有自然保存、自然渗透、自然净化功能的海绵城市是生态文明建设的重要内容，是实现城镇化和环境协调发展的重要体现，也是今后我国城市建设的重大任务。

1.1.1 “海绵城市”的概念与发展

在我国，城市现代雨洪管理理论和实践技术的起源可以追溯到 20 世纪 80 年代，最初主要是水利工程和给水排水专业对雨水资源利用及雨洪模型构建等问题进行的研究。1996 年种玉麒和张为华通过实验提出了绿地滞蓄对雨洪资源进行再利用的可行性。1997 年刘俊提出适用于城镇化结果的水文水力计算和模拟的雨洪模型。而在风景园林和城市规划专业领域，是从景观生态学和绿色基础设施研究层面切入，再深入到雨洪管理的研究。总体而言，我国在相关水专业领域中对城市现代雨洪管理的理论与实践至今已有 20 多年的经验。

“海绵城市”的概念是在我国日益突出的雨洪灾害背景下，结合国外优秀案例和先进经验以及我国现有的雨洪管理技术基础上提出来的。“海绵”一词由北京大学俞孔坚教授于 2003 年提出的，关注的对象是河流而非雨水，他指出“河流两侧的自然湿地如同海绵”，用“海绵”概念来比喻自然系统的洪涝调节能力。随后在 2012 年，莫琳和俞孔坚提出构建城市“绿色海绵”，通过以绿地和水系为主体，转变依赖大规模工程设施和管网建设的传统思路，探索雨水资源化的新型景观途径。可见，最初以“海绵”比喻雨洪管理概念，是产生于尊重自然、顺应自然的水适应性观念。

随后“海绵体”等词被逐渐提及，2011 年，九三学社提出建设“海绵体城市”。同年董淑秋等也从规划层面指出要运用“生态海绵”的雨水利用规划理念。直到 2012 年 4 月，在“2012 低碳城市与区域发展科技论坛”上，“海绵城市”的概念被首次提出。2013 年 12 月 12 日，中央城镇化工作会议中强调：“提升城市排水系统时要优先考虑把有限的雨水留下来，优先考虑更多利用自然力量排水，建设自然存积、自然渗透、自然净化的海绵城市。”在 2014 年 10 月住房和城乡建设部组织编制的《海绵城市建设技术指南——低影响开发雨水系统构建（试行）》以及仇保兴发表的《海绵城市（LID）的内涵、途径与展望》中对“海绵城市”的概念给出了明确的定义：城市能够像海绵一样，在适应环境变化和应对自然灾害等方面具有良好的“弹性”，下雨时吸水、蓄水、渗水、净水，需要时将蓄存的水“释放”并加以利用，以提升城市生态系统功能和减少城

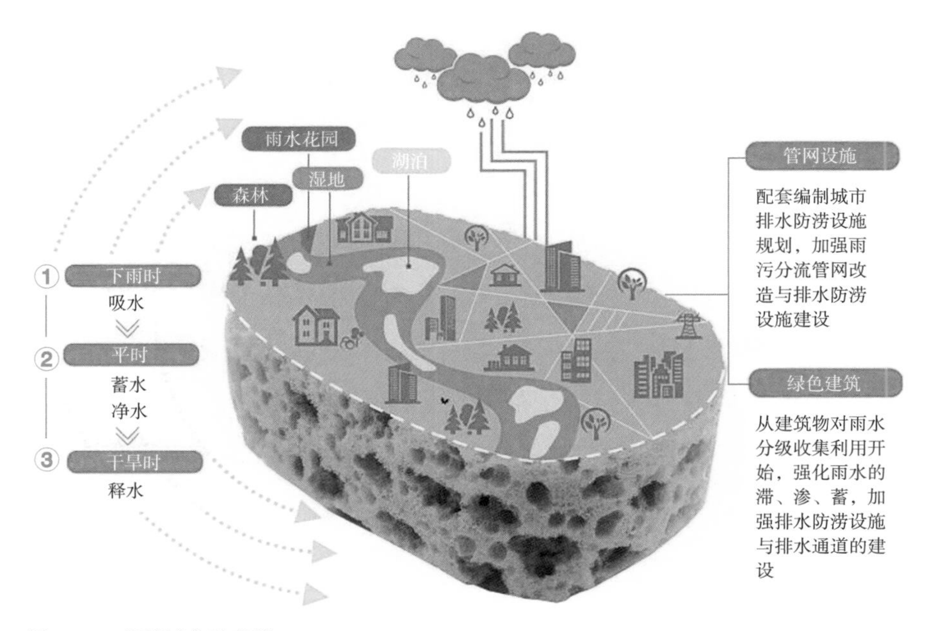

图 1.1–1 海绵城市示意图

市洪涝灾害的发生（图 1.1–1）。

至此，可以看出“海绵城市”的概念处在一个不断发展的过程中。定义的对象从最初的河流洪水逐步拓展到雨水、污水等，成为更综合全面的治水问题；研究的范围从自然转向城市区域，最终包括城乡范围；技术也从绿色基础设施到灰绿设施相结合。在“海绵城市”不断实践的过程中，其内涵和定义仍在持续发展和完善。

1.1.2 “海绵城市”理论研究进展

“海绵城市”是在我国语境下产生的对城市雨洪管理功能进行描述的比喻性概念。在近年的国外研究中，才出现对应我国语境下的“Sponge City”，但在此之前，西方国家的现代雨洪管理理论和实践已经积累了近50年的发展经验。

国外方面对于雨水管控的研究以及城市防洪体系的构建起步相对较早并且日趋成熟，在针对相关文献资料的分析研究中发现国外较早开启了“海绵城市”建设的相关理论与实践研究，且主要围绕改善与解决城市雨水的管控排涝与合理利用问题展开。国外在关于“海绵城市”理念相关的概念与体系中比较具有代表性的包括美国在 1972 年提出的以暴雨径流控制为目标的最佳管理实践（Best Management Practice，BMPs），此体系最初应用于利用工程措施与人工手段排水防涝，主要通过途径管控进行排水。在 20 世纪 90 年代末提出的低影响开发（Low Impact Development，LID）是关于暴雨管理和面源污染处理的技术，旨在通过分散的、小规模的源头控制来达到对暴雨产生的径流和污染的控制，使开发地区尽量接近于自然的水文循环，是一种可轻松实现城市雨水收集利用的生态技术体系，其关键在于原位收集、自然净化、就近利用或回补地下水。除此之外，还有20世纪90年代英国提出以模仿自然排水方式来管理降雨径流的可持续排水系统（Sustainable Urban Drainage System，SUDS）、荷兰提出的海绵城市（Sponge City）、德国提出的自然开放式排水系统（Natural Drainage System，NDS）和雨洪管理模式（Storm Water Management，SWM），澳大利亚提出的水敏感城市设计（Water Sensitive Urban Design，WSUD）、新西兰提出的低影响城市设计与开发（Low Impact Urban Design and Development，LIUDD）等国外优秀的概念与体系。这些优秀研究体系具有各自不同的使用范围、设计要点与总体目标，例如澳大利亚的WSUD体系是以城市作为适用范围，重点强调以城市水循环为基础，通过控制水量、检测水质、合理使用自然水向城市供水等措施以期达到修复改善自然水文环境并平衡城市水循环压力的目的。英国SUDS体系使用范围不局限于城市，通过模拟自然水循环模式，对相应场地内的雨水进行合理的积蓄与利用，以期达到降低人为因素对自然的影响，并在此基础上达成水资源自然循环的目的。

在不同国家不同环境下形成的相关理论的研究侧重点各不相同，例如：美国在“海绵城市”理论研究与体系建设上起步最早，理论体系完整，实践经验与立法保障丰富，研究文献的发表量也最为突出；德国、英国、荷兰、澳大利亚等在城市水文综合管理、地表径流控制、改善生态水循环、合理积蓄利用城市雨水等方面各有所长。因此，对于“海绵城市”理论与体系的研究建设必须着眼于当下，因地制宜做好调查工作，以当地情况为主，科学合理地进行相关研究。

1.2 平原河网地区海绵城市建设意义

1.2.1 平原河网城市的特点

平原河网地区是河流高度发育并受城市化深刻影响的区域，不同于山区自然状态下的河流系统，有其独有的河流发育特点。平原河网地区的城市发展快速，频繁的人类活动对河流系统的影响也日益显著，其中，土地利用/土地覆被变化引起的区域下垫面条件变化尤为剧烈。随着城市化进程的加速，平原地区城市水系结构变化总体呈现衰减趋势，水面率呈持续减少状态，河流演化呈现支流衰减剧烈、主干河道相对稳定的趋势，河网结构趋于简单化、不稳定的状态。城市洪涝灾害频发，造成大量经济与社会损失，城市防洪压力越来越大，主干河流的重要性日趋显著。到了城市化发展后期，出于减轻防洪排涝压力的目的，部分二级河道被疏浚、扩宽为主干河道，主干河道则采取河道清淤、保持其过水面积不变等措施。城市化发展速度同样影响了河网水系结构，城市为了争取更大的发展空间，获取更多的建设面积，影响了其他土地利用方式，水域的侵占是最主要的形式之一。城市发展速度越快，水系数量特征衰减越快，结构特征发育越薄弱，河网复杂度下降愈加明显，河网结构趋于简单，支流水系发育越发薄弱，其由主干河道构成的河网结构稳定度越低。

为了顺应城市发展需要，高强度的人类活动改变了下垫面土地利用格局，破坏了河流的自然演变规律以及河流的水生态平衡，对河流功能造成了不同程度的影响。城市化等人类活动对河流功能的影响主要体现在以下两方面：首先，城市化导致不透水面积扩张、水域被侵占、河道淤积，对河网调蓄能力影响显著，进而加快了地表径流速度，缩短了汇流时间，增加了城市的防洪压力。其次，城市河流多被阻隔与渠化，阻碍了河流水系之间、河流与湖泊之间的连通，从而影响了河流功能。

太湖流域是我国高度城市化的地区。城市化的快速发展有力地促进了该区域的经济增长，但同时日益频繁的人类活动对原有河流水系造成了较大冲击，从而对生态环境造成了很大影响。

1.2.2 平原河网城市发展的制约因素

1.2.2.1 水安全隐患

目前虽然在城区外围已建成高设防标准的防洪包围圈，但由于地势低洼、圩区众多，城市化进程加快使得地面不透水面积比例增加明显，加大了城市的排水压力。在城区易涝点增多，并且呈现不规则的分布情况。

易涝点大多为建设年代久远的道路和小区。内涝产生的原因主要是由于地坪标高较低，或因养护不到位（雨水口堵塞、管道堵塞等）、泵站故障、临时施工（轨道交通、道路改造等）等。

我国排水系统设计标准普遍较低，大多数城市排水标准为1~3年，与国外先进的城市排水标准差距明显。更重要的是“重地上轻地下”思维未得到有效改变，导致地上高速发展、地下排水系统滞后，大多城市地下管线普查和调查工作才刚刚开始；“重建设轻管养”的心态依然存在，市政排水管网建设缺乏有效的日常维护和定期检查。如今，受温室效应、热岛效应等大气效应的影响，极端气候频繁，给城市供水和排水管线提出了更为严峻的考验；同时，因为该类气象条件规模小，具有瞬时性和即时性的特点，易造成城市建设的“盲区”、排水管网的“盲点”等，导致城市内涝、水污染等次生灾害，引发道路拥堵、公众恐慌等社会问题，甚至威胁市民的人身安全。

1.2.2.2 水资源错配

因此，本书以苏州为例，说明平原河网城市的水资源错配等问题。苏州市水资源总量较为丰富，但是时空分布不均，冬春少雨、夏秋丰沛。苏州多年平均年降水量在1093mm左右，降水日数平均每年达130天。受季风强弱变化影响，降水的年际变化明显，年内雨量分配不均。最大年降雨量为1749mm（1999年），最小年降雨量为574.5mm（1934年）。每年雨水多集中于春夏秋两季，包括夏初的梅雨和夏秋的台风雨。每年4—9月降水量占全年的70%以上，各月平均降水量为100 ~ 160mm，日最大降水量达343.1mm（1962年9月6日），其中，受梅雨影响，6月中旬至7月上旬是一年中降水最多的时段。10月到次年3月，因受干冷的冬季风（偏北风）影响，降水较少，各月平均降水量为40 ~ 85mm。

2018年，苏州市地产水资源总量为$3.853\times10^9m^3$，其中地表水资源量为$3.472\times10^9m^3$，地下水资源量为

$1.026 \times 10^9 m^3$，重复计算量为 $0.6452 \times 10^9 m^3$。苏州市入境水量为 $2.122 \times 10^{10} m^3$，出境水量为 $2.072 \times 10^{10} m^3$。苏州本地自产水资源量相对较少，对过境水依赖性强。

2018 年，苏州市全市供水量为 $9.716 \times 10^9 m^3$，其中地表水供水量为 $9.712 \times 10^9 m^3$，地下水供水量为 $3.8 \times 10^6 m^3$；总用水量为 $9.716 \times 10^9 m^3$，总耗水量为 $1.436 \times 10^9 m^3$，占总用水量的 14.78%，比上一年减少了 $0.932 \times 10^8 m^3$。苏州市区再生水重复利用率比较高，2017 年苏州市区污水处理量约为 $5.99 \times 10^8 m^3$，再生水重复利用率为 31%。公共设施服务用水中雨水资源的替代率仍较低。

苏州市地表水功能达标率近几年稳步上升，从最初 2007 年的 26.28% 上升到 2018 年的 87.5%。在 2018 年，对地表水进行常规两项水质指标监测，其评价结果为：Ⅱ、Ⅲ类水断面占 73.8%，Ⅳ类水断面占 17.9%，Ⅴ类和劣Ⅴ类水断面占 8.3%，主要超标因子为氨氮。

虽然水环境在逐步改善，但是苏州本地水资源还不能发挥正常效用，水质型缺水形势依然十分严峻。

1.2.2.3 水环境退化

苏州市地表水污染属综合型有机污染。影响全市主要河流水质的首要污染物为氨氮，影响湖泊水质的首要污染物为总氮。近年来苏州市Ⅲ类以上地表水比例逐渐提高，2015 年监测断面Ⅲ类以上地表水比例为 67.15%，但仍存在劣Ⅴ类水质断面。

2015 年，苏州市内的 54 个国家和省地表水环境质量监测网的河道断面水质主要污染指标为氨氮、生化需氧量和溶解氧等；其中达到Ⅲ类水质的断面占监测断面的 53.7%，Ⅳ类断面占 31.5%，Ⅴ类占 11.1%，劣Ⅴ类占 3.7%。胥江、长江干流和朱厍港水质相对较好，白茆塘、常浒河和二干河水质相对较差。京杭大运河作为跨市河流，水质较差，城区段监测断面水质为Ⅴ类，多数断面未达到水功能区目标，主要超标因子是氨氮。2016 年，对苏州市 250 个水功能区进行了水质监测。对照《江苏省地表水（环境）功能区划》2020 年水质目标，全市水功能区达标率为 75.5%。2016 年苏州市 326 个监测断面中Ⅱ类水断面占 12.6%，比上年度上升了 5.4 个百分点；Ⅲ类水断面占 44.5%，比上年度上升了 10.5 个百分点；Ⅳ类水断面占 31.6%，比上年度下降了 4.5 个百分点；Ⅴ类水断面占 8.0%，比上年度下降了 0.4 个百分点；劣Ⅴ类水断面占 3.3%，比上年度下降了 10.9 个百分点，如图 1.2-1 所示。

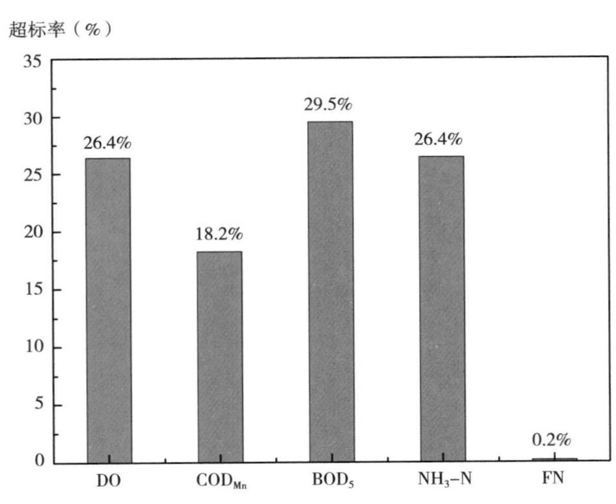

图 1.2-1 2016 年苏州市五项评价因子超标率统计图

苏州全市主要湖泊水质污染以富营养化为主要特征，主要污染指标为总氮和总磷。太湖（苏州辖区）与尚湖水质总体达到Ⅲ类，阳澄湖和独墅湖水质总体达到Ⅳ类，金鸡湖水质总体达到Ⅴ类。太湖、阳澄湖、独墅湖和金鸡湖处于轻度富营养化状态，尚湖处于中营养状态。

相较地表水，苏州市区地下水水质较好，开展监测的37项指标有36项达到地下水Ⅲ类标准，水质保持稳定。

1.2.2.4 水生态敏感

苏州市区河道河岸硬化程度较高，河道生态岸线较少，硬化河岸阻断了水与周边环境之间的生态联系，不利于水生动植物的生长与栖息，也影响了水体的自净能力。

大规模的城镇化建设改变了城市的下垫面特征，干扰了原有水体的自然流态，主要体现在河网密度、水面率、河网复杂度等重要指标都在持续下降。近几十年苏州市水系的变化特征见表 1.2–1，从表中可以看出，河网密度和水面率持续降低，尤其是从 20 世纪 80 年代到 21 世纪初，河网密度和水面率减少速度明显快于之前 20 年，主要是因为苏州城市在城市建设过程中，填埋的河道大多数为细小的支流河道，改变了河道的毛细结构，影响了河道的整体功能，图 1.2–2 给出了苏州市近几十年由于城市扩张带来的下垫面变化情况。近 10 年，苏州市在城市开发建设过程中愈加注重对水体的保护，随意填埋水系的现象有所减少。

阳澄淀泖区与武澄锡虞区的水系变化特征 表 1.2-1

特征	20 世纪 60 年代	20 世纪 80 年代	21 世纪初
河网密度（km/km^2）	3.75	3.33	2.10
水面率（%）	13.10	12.10	9.58
平均长度比	3.35	3.25	2.85
河网复杂度	21.80	20.50	16.40
结构稳定度	—	0.95	0.84

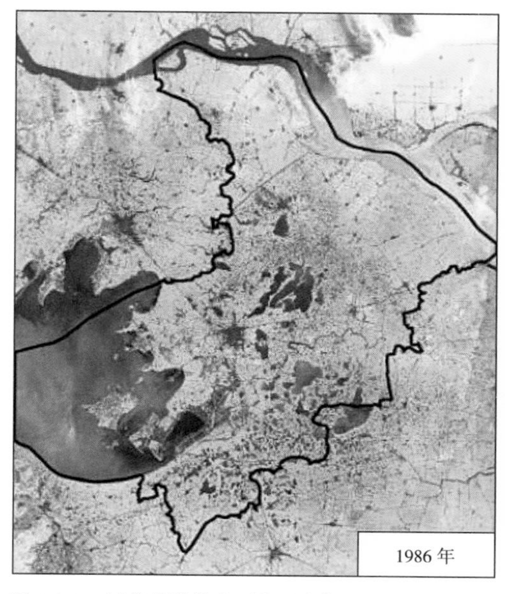

2013 年

图 1.2–2 城市扩张带来下垫面变化

1.2.3 海绵城市建设的目的

随着全球气候变暖，与城市内涝相关的高强特大暴雨、飓风台风等极端气候频现；城市高楼林立、循环不畅，城市上空的热气流无法疏散，城市热岛产生的局地气流上升还易导致对流性降雨的发生。而且，城市空气中的凝结核较多，会促进降雨的形成，由此带来的“雨岛效应”是城市内涝的诱因之一。另外，在城市开发过程中，大量的硬质铺装改变了原有的生态本底和水文特征，使得降雨不能及时下渗，形成地表径流，而传统的城市排水体系难以适应强降雨所形成的径流量洪峰，进而产生城市内涝。

苏州市在过去的 20 年中，河网密度降低了 36.9%，水面率降低了 20.8%，城市河网趋于主干化、单一化，水系结构的稳定性降低，对流域防洪排涝造成了较大的负面影响；苏州地下水位高，土壤渗透能力差，城市化进程使不透水面积比例增加明显，增加了城市的排水压力；苏州水资源不足但过境水丰富，对过境水的依赖性很强，而过境水开发利用受上游水量和水质影响；苏州湖泊水质污染以富营养化为主要特征，金鸡湖水质总体为Ⅴ类；太湖、阳澄湖、独墅湖和金鸡湖处于轻度富营养化状态。因此苏州在水安全、水资源、水环境、水生态等方面均存在一定问题。

2015 年 7 月，《江苏省住房和城乡建设厅印发关于推进海绵城市建设指导意见的通知》（苏建城〔2015〕331 号）强调了江苏省推进海绵城市建设的必要性。苏州市委、市政府高度重视海绵城市建设工作，因地制宜编制完成相关规划和实施方案，提出苏州市“到 2020 年建成区 20% 以上面积建成海绵城市，到 2030 年建成区 80% 以上面积建成海绵城市”的工作目标，并成功入选江苏省第一批海绵城市建设省级试点城市，确定以点带面、示范引领的建设发展思路。

海绵城市作为一个全新的城市建设理念，将绿色生态、低影响开发理念融入城镇建设发展中，具有普适性、创新性。针对苏州水系发达、土壤渗透性不理想等特点和面源污染突出、水质相对较差等问题，提出“净化、蓄滞”为主，兼顾“渗、用、排”等功能需求的海绵城市建设主体思路，充分利用蓝绿本底条件，通过“源头控制、过程管理、末端治理”系统化海绵建设。将在城市建成区重点加强对已受到破坏水体的生态修复和恢复，按照低影响开发理念，控制开发强度，结合苏州水系发达、排水管道路径短、已实现雨污分流等排水特点，强调在源头控污减流，构建以分布式低影响开发设施和自然水系为主、绿色和灰色基础设施并重的生态雨水系统。城市建成区外重点加强河湖、湿地、林地、草地等水源涵养区的保护和修复。在海绵城市建设中，将“一核、两带、多廊、多点”（详情参见本书第 6.3.1 节）的生态空间格局纳入到苏州市建设范围，将海绵城市理念与城市开发建设有机融合，探索改善城市内外整体水环境，优化城市整体山水自然系统，打造能自由、绿色呼吸的城市海绵体，保护江南水乡生态安全。

海绵城市建设顺应了“低碳—生态”的城市规划建设理念，对于提高我国城镇化质量和生态文明建设水平具有重要作用。在建设海绵城市过程中，需要各部门齐心协力、同抓共管，需要在城市开发建设的各个环节贯彻落实海绵城市的新理念，走出一条中国特色的海绵城市健康发展之路。

1.3 典型河网城市苏州的海绵城市建设

苏州市作为我国经济社会发展最快的地区之一，其发展理念已从单纯追求GDP增长逐渐向经济社会和生态环境的协调和可持续发展迈进。苏州的城市建设也在这种先进的理念下，不断探索绿色发展、低碳发展和文明发展的新型发展路径。在多年的实际工作中，苏州市部门职能分工明确，管理经验丰富，形成了有效的工作机制。各部门能够统一思想、真抓实干，优质高效地推进各项规划建设重点工作和工程项目，为保障苏州市的海绵城市建设奠定了很好的工作基础。

1.3.1 工作机制完善

苏州将因地制宜地将全域系统化推进海绵城市建设作为实现“青山清水新天堂”和“绿色、循环、低碳”目标的有效途径，严格全流程建设管控环节，建立了全主体参与、全方位保障、全层次覆盖、全流程监管、全要素统筹、全维度支撑、全链条带动七大机制，形成了海绵城市建设苏州特色。第一，构建全主体参与的长效推进机制。形成了“条块结合、部门联动”的市、区、镇三级推进机制，通过海绵进校园、进社区等200余次科普宣传，全民参与“共建、共治、共享”海绵城市建设。第二，形成全方位保障的政策法规机制。自2016年起，苏州先后制定印发了《苏州市海绵城市规划建设管理办法》等7项海绵城市建设相关的政策法规，相关部门制定了20余项涉及海绵城市建设、城市防洪除涝、老旧小区改造等全流程管控制度，实现了苏州市域海绵城市建设实施细则全覆盖。第三，健全全层次覆盖的规划引领机制。建立了宏观、中观、微观三级海绵城市规划体系，控规落实海绵指标纵向到底，区块海绵实施方案统筹建设横向到边。第四，加强全流程监管的项目管控机制。土地划拨和出让中指标纳入率100%，苏州将海绵城市建设专项方案审查纳入工程建设项目联审系统。第五，推行全要素统筹的绩效考核激励机制。苏州率先将海绵城市纳入全市考核体系，张家港市、吴中区、吴江区也相继制定区、镇级的考核评价制度；每年评选全市海绵城市建设示范项目，并将其纳入企业信用综合评价得分。第六，加强全维度支撑的技术保障机制。苏州充分发挥国家重大水专项、省市科研成果本地化应用优势，创新开展了钢渣混凝土在海绵城市建设中的应用、生态碳纤模块系统规范化推广、建筑垃圾再生料在海绵城市建设中的应用等研究，首次实现雨水管网末端免维护净化技术，构建了苏州区域水质提升与水生态安全保障技术体系，先后印发了10余项海绵城市建设相关标准、导则和指南，形成海绵城市建设的“苏州标准”。第七，建立全链条带动的产业发展机制。2021年4月成立了苏州市海绵城市研究院及苏州市海绵城市产业联盟，围绕设计、施工、维护、新材料、新产品等方面，形成了全产业链发展体系，实现跨区域、跨行业合作共赢，打造海绵城市“苏州品牌”。

1.3.2 经济实力保障

苏州作为全国经济总量最大的地级市，每年城市基础设施建设投资约 2000 亿元，其中海绵城市专项投资占比约 2%；每年社会投资项目约 2600 亿元，全面落实海绵城市建设要求。

1.3.3 投资模式创新

根据项目特点，投融资多措并举。首先，加大财政对海绵城市建设的投入力度；其次，注重“政、银、企、民”结合，加大金融支持力度，培育规模化实施运营主体。

1.3.3.1 整合专有资金

对市财政现有“涉水”资金——水环境整治专项资金、地方水利建设资金、环境保护专项资金、排污权交易资金等进行有效整合，全力支持苏州市海绵城市建设工作。

省级城镇基础设施建设专项引导资金由市财政局会同市海绵城市建设指挥部办公室负责管理，出台了《苏州市海绵城市建设省级引导资金管理办法》等相关制度，明确苏州市海绵城市建设省级引导资金主要用于示范区海绵城市建设项目的奖补、示范区海绵城市监测系统的构建以及苏州市海绵城市相关课题研究等，专项资金实行专款专用，专项管理。

1.3.3.2 财政资金支持

加大政府财政投入力度，积极争取各级财政资金补助，确保配套资金及时到位。同时，在可行性缺口补贴中安排一定比例资金，通过“以奖代补”，按照主管部门对项目公司的考核结果，制定分级奖励标准，对项目运营公司运营维护进行奖励。

1.3.3.3 社会资本参与

在房产开发建设中，大力推行海绵城市建设，将绿色、生态建设理念融入住区建设中。

苏州市（市区）范围内经省财政厅审核入库且在实施状态的社会资金引入的项目个数共计 10 个，主要涉及苏州高铁新城北河泾景观及蠡太路改造、苏州相城经济技术开发区环漕湖综合开发一期项目、苏州高新区棚户区改造二期 PPP 项目、苏州高新区狮子山改造提升及地下空间综合开发 PPP 项目、吴江餐厨废弃物处置 PPP 项目等项目，合计项目总投资 3725716.74 万元，引入社会资本 3592402.09 万元。

1.3.3.4 建立收费制度

苏州市印发《市政府办公室关于成立苏州市政府与社会资本合作（PPP）示范项目工作领导小组的通知》（苏府办〔2015〕175号），成立领导小组，制定了《关于印发〈苏州市地下综合管廊财政补助资金管理办法〉的通知》（苏财建字〔2015〕89号）。2017年9月，苏州《市政府关于印发苏州市城市地下综合管廊收费标准（试行）的通知》（苏府〔2017〕122号），明确了地下管廊收费制度。

1.3.3.5 老旧小区投融资探索

政府与居民合理共担。鼓励居民积极参与老旧小区改造，创新发起“出资‘一块’钱，‘一块’来改造”行动，动员每户业主参与改造，逐步培育居民参与老旧小区改造的意识和主人翁精神。通过明确市财政和管线单位资金承担比例，调动引导管线单位参与改造的积极性。强电设施改造费用由供电公司积极向上争取政策，建立“一事一议”机制；通信设施改造费用由电信、移动、联通三家运营商承担60%，市财政承担40%；有线电视设施改造费用由江苏有线昆山分公司承担40%、市政府承担60%，有效减轻财政负担。

吸引社会力量参与改造，以片区规划应对旧区改造，以片区共享应对旧区管理，吸引社会资金和金融资金广泛参与。

建立社会力量可持续参与机制，充分利用国有企业的有利平台，引进阿里菜鸟等旗舰企业，促进社会力量参与改造，通过合理规划增建、公共物业运营、长期物业服务收费得益等，获得长期营利回报，并以此获取金融机构支持。

第2章 城市与水

2.1 城市与水的关系

水是世间万物生存的根本，水对社会存在的每一件事物都有着深刻的影响。城市作为人类文明的集中地，与水的关系是最密切的。城市化进程的加快，导致了城市与水的关系越来越密切；而经济的发展，又会促使城市化的进一步加快。城市作为一个国家和地区的核心，如何突破水这个发展的瓶颈，已成为城市规划和建设必须面对的一个重要命题。

2.1.1 水是城市起源的关键

水是一切生命的物质基础，生物的趋水性已经成为一种深深烙印于基因里的天性，人类自然也逃不脱这个范式。自古以来，人们逐水而居，作为人类聚居地的城市，对水资源的依赖决定了城市与水之间不可分割的关系。作为文明古国的中国，最早的城市出现在黄河和长江流域，远古的时候，人们为了生存，“湮高坠庳，雍防百川”，以免受洪水侵袭，这便是我国“城”的雏形。故《国语·鲁语上》中有练“作八仞之城”的说法。而早在 2600 多年前，管仲就在《管子·乘马》中说：“凡立国都，非于大山之下，必于广川之上；高毋近阜，而水用足；下毋近水，而沟防省；因天材，就地利……”短短几十字道出了城市起源与水之间的关系——“因水而兴”。无论是数以千年计的历史古城，还是近代以来新建的城市，无不位于河川之畔、江湖之滨。

城市水系通常也决定着城市的形态格局，从而形成丰富多彩的城市布局，让水成为一个城市特色的重要缔造者。比如河网密布的水城威尼斯、三镇鼎立的武汉市和东方水城苏州市等，其独特的城市形态都是由城市水系决定的，给人过目不忘的深刻印象。

2.1.2 水是城市发展的基础

城市的起源和延续依靠水，城市的发展更加依靠水，尤其是现代城市，不论在丰水地区还是缺水地区，水资源都逐渐成为城市发展的制约因素。长期以来，尤其是古代，在技术水平的限制下，水运一直是一种廉价、方便、效率较高的运输方式，在城市的物资供给、商业贸易等对外交流中扮演着重要的角色。水资源的相对优势常常使一个城市脱颖而出，成为区域性乃至全国性的中心城市，如沟通我国南北的京杭大运河沿岸的杭州、南京、北京等。

可是，一旦城市的需水量超过了城市供水极限，导致城市缺水，或是没有处理好城市发展与城市水资源的关系，水便会成为城市进一步发展的制约瓶颈。如著名的楼兰古国，繁盛时期城市面积达 10 万平方米，人口“万四千一百”，是汉通西域丝绸之路的重要门户，每年东来西往的使团、商旅，在楼兰经过或驻足的人数以千计。但名噪一时的楼兰城，最后却在楼兰人不断背井离乡中走向消亡，主要原因在于塔里木河改道、高山冰雪退缩和罗布泊的变迁。陕西省咸阳市在历史上曾经数次迁址，主要原因也在于渭河水量持续减少，季节性越来越明显，洪涝灾害不断增多，使得古代咸阳沿渭河从北向南、由中游向下游不断迁移。

每一个城市在规划如何发展的同时，都应该提前做好生命之水的规划工作。因此就有了西安正在恢复“八水绕长安”的胜景，有了南通生态河湖的建设，有了武汉的江岸水景。南水北调，东、中、西三线工程的建设，更是为了国家的可持续发展和民族振兴。

2.1.3 水对当代城市建设的影响

当代的城市无论是规模上还是在影响力上已经不可与古代城市同日而语。尽管人类文明尤其是城市文明达到了前所未有的高度，但是城市与水之间的关系并没有本质上的改变，反而日趋复杂化和紧密化。主要表现在以下 3 个方面。

2.1.3.1 城市的水安全

城市的水安全首先要强调的是城市的用水安全，这就要求良好的给水系统和严格的水保护措施。其次要强调城市的排水安全,即不会发生内涝进而对城市造成损失和破坏,这就要求高效的排水系统和雨洪调蓄体系,尤其需要强调的一点是城市的水管网系统。

长期以来，我国城市建设往往重地面轻地下，导致地上部分与地下系统严重不协调的局面。作为城市基础设施一部分的水网系统对整个城市的良好运行起着关键性的作用。例如在江南地区，梅雨季节的暴雨，常会使城市陷入水淹全城的窘境，既造成巨额经济损失又给市民生活带来极大不便。而江西省赣州市却很少出现这种情况，这主要归功于以宋代福寿沟为代表的排水系统。同时，长期来看，要保证城市尤其是特大城市的用水，还需要通过计算水资源承载极限从而对人口规模进行适度控制。还要加大节约用水制度建设，加强中水循环系统建设和雨水收集系统建设，以免使城市陷入缺水困境。

2.1.3.2 城市水系统的建立和维护

100 多年前，现代风景园林行业奠基人奥姆斯特德为波士顿规划的蓝宝石项链是现代意义上第一次将城市水系作为一个整体的系统来考虑。当今，绿色城市和生态城市是潮流所趋。水系作为城市环境的重要成分，对整个城市环境的创建和改善意义重大。然而要想将城市水系的作用最大化，就必须使其连成一个完整的系统，将城市水系的水源供给、排水防洪、环境改善、生态保护、旅游休憩、水运交通和应急救灾等各种功能综合考虑，在全局层面上统筹把握，兼顾地上地下。这里，最有实践可能的便是运用景观生态学的知识和“反规划”的方法论来对城市水系进行布局规划，最大可能地保持和恢复城市水系的完整性，提前占领城市水系中的河流、滩涂、湖和湿地等，禁止任何可能改变其环境形态的建设和破坏。一旦这个系统得以建立，便可为城市居民提供稳定而免费的生态基础设施服务，还为各种动植物在城市地区的栖息创造了条件。

2.1.3.3 滨水景观建设

随着我国经济的不断发展，人们越来越重视城市的环境品质，而欧美的发达国家，在经历了城市化高潮以后，为了振兴老城区，也往往从整治城市环境着手。景观建设作为城市室外环境的主要营造手段，在世界各地方兴未艾。由于人的亲水性，一个好的滨水环境往往便是一个引人关注的亮点。滨水景观建设在我国大江南北如火如荼地开展，近年来比较有影响的项目如成都的府南河改造、杭州的西湖整治工程等。这些项目都极大提升了所在城市的环境水平，为市民创造了高品质的休憩空间，从而增强了城市的竞争力。

另外，滨水地区常常是一个城市文化资源比较集中的地段，在建设中要注意加强对其的保护，从而延续城市文脉，维护城市特色。许多城市更是因为滨水文化景观而闻名全球，成为各国游客向往的旅游胜地，如法国巴黎塞纳河畔，中国上海的外滩等等。需要指出的一点是，对水系改造，如果对河道采用截弯取直、水泥护衬的方式，不仅降低了滨水景观自然野趣的美学效果，还阻碍了河流与地下水的互相补充和物质循环，在一定程度上将会加剧雨洪灾害。

2.2 城市水系统特点

城市水系的主要特点是流量小、流动缓慢、水循环速率低。这样的流动特点使城市水系相对封闭，交换性能较差。污染物一旦进入水体，将在水体中滞留较长时间。

城市水体的主要污染源包括工业废水、城市生活污水以及降雨径流带来的面源污染。近年来，工业废水排放总量控制力度有所加大，城市污水处理厂的建设速度也在加快，但由于降雨径流产生的面源污染和水体底泥的二次污染尚未得到有效的控制。

城市缓流水体的流动特点和污染源条件决定了水体的化学特征和水质状况。由于城市水系流动交换性弱、水域面积小，水体的纳污及自净能力相对较差。同时，降雨径流的面源污染使水体的氮、磷浓度增高。高浓度氮、磷和相对静止的水流条件，使城市水系的河道和湖泊普遍存在富营养化问题。如日本富营养化最严重的诹访湖，由于流域范围内生活污水和工业废水的排放，使湖泊严重污染，绿藻茂盛，鱼虾缺氧窒息致死。

城市水系统与城市中其他的系统诸如公共服务系统、绿地系统等相比，系统的整体性更强。自然状态下的水资源均呈水系形式存在。城市水系的上层系统是区域或流域水系，下层系统为各主干河流、湖泊水系，系统间的物质循环和传递非常迅速，往往牵一发而动全身，因而更需要统筹考虑。城市水系统组成比较复杂，按其使用功能可分为水源子系统、供水子系统、用水子系统、排水子系统。在空间体系上则主要包含自然水体和人工水体两大系统。自然水体包含流经城市的河流、湖泊、湿地以及地下水等，人工水体包含了人工开凿的渠道、给水排水管道、雨水管道等。鉴于城市景观水系规划的主要对象是城市水系景观空间，因而需要着重从水系空间系统的角度进行研究。

2.2.1 生态脆弱性

城市水系处于城市这个复杂的系统当中，受到城市诸多方面的干扰和影响，使之与自然状态下的水系有很大的区别。自然状态下的河流水系延伸进入城市之后，受制于城市发展活动的需要，通过一系列空间形态上的改造，使其适应城市建设和运营的需要。有关研究表明，全球60%的河道因城市化发生了深刻的改变，城市化已经成为改变河流结构发育演变的重要因素。因而，城市水系与自然水系在空间形态和组成元素上面存在很多差别。人工改造活动往往会改变原水系的自然属性，使得原有的水系生态系统受到影响，这些因素造成了城市水系生态脆弱敏感，易被破坏。

在我国，河流恢复的目标不可能是返回到原始状态，也不是创造一个全新的生态系统，而是立足河流生态系统现状，积极创造条件，发挥生态系统自我恢复功能，使河流廊道生态系统逐步得到恢复。

2.2.2 多功能性

自然状态下水系的功能较为单一，景观使用承载量较小，而城市水系功能与使用较为多元化，特别是在现代城市中，城市滨水空间承担公共开放空间的功能。城市滨水区往往因其在城市中具有开阔的水域成为旅游者和当地居民喜爱的休闲地域。

在现代城市中，水系主要承担以下一些基本功能：泄洪排涝、生态廊道、景观形象、游憩生活、精神文化、交通运输等。

2.2.2.1 泄洪排涝——城市安全问题

合理完善的城市水系（主要包括主干河流、支流、湖泊等）在城市面对洪水威胁时，河道能够及时疏导水流，湖泊和湿地可以蓄洪，形成一个有效的防洪系统。在古代，很多城市对城市水系的保护与整治十分重视，如杭州、开封等，主要原因是这些城市的防洪与排涝在很大程度上都需要依靠城内完善而丰富的水系。因而泄洪排涝是城市水系一直以来都需要担负的重要功能，水系的其他功能都以其为前提，任何景观营造、生态考虑都必须在满足城市防洪安全的条件下开展。

2.2.2.2 生态廊道——城市生态营建

城市水系与城市生态格局密切联系，水作为生命之源，本身就具有丰富的生物多样性。城市中的水系及其两侧的绿化空间，可以形成一条条城市生态廊道，联系起城市中各个生态斑块，构成城市生态系统的基本骨架。

2.2.2.3 景观形象——城市形象展现

利用城市水系营造的水景观在展现城市形象方面发挥着巨大作用，国内外有诸多城市因水景闻名于世，如桂林的漓江、杭州的西湖、巴黎的塞纳河、伦敦的泰晤士河等。

2.2.2.4 游憩生活——城市生活组织

人天生的亲水性，加之滨水地带丰富的景观资源以及生态活力，使得城市滨水地区往往成为开展各种城市游憩活动的绝佳空间。

2.2.2.5 精神文化——城市文脉的延续

水是城市文化的重要载体，历史上的诸多城市依水而生，因水而盛极一时。城市水系承载了城市太多的历史和文化记忆，通过水系可拓展城市的历史文化。

2.3 城市水环境特点

2.3.1 城市水环境特点

正确认识城市水环境特点，科学保护和治理城市水环境，建设生态城市，使人与水和谐共处，是促进城市经济建设健康快速发展的一个重要课题。

根据《中国水利百科全书》，广义的城市水环境主要包括城市自然生物赖以生存的水体环境、城市抵御洪涝灾害能力、水资源供给程度、水体质量状况、水利工程景观与周围的和谐程度等多项内容。城市的产流、汇流条件及城市供水、需水、排水系统等都不同于一般地区，城市的水环境有其自身特点，主要体现在以下5个方面。

2.3.1.1 城市水环境条件脆弱

城市空间范围有限，各种生产、生活要素集聚程度高，人口密集且工业生产发达，城市居民的活动对水、大气、土壤等环境影响集中，使得城市水环境条件脆弱，城市水环境自净能力弱，易受到外界因素的影响。城市每年排放的大量工业废水、居民生活污水等，若没有合适的废污水处理排放系统，将会加剧城市水环境受污染程度。此外，城市工业高度发达，由此产生的工业废渣、废气易造成城市大气污染，经地表径流，影响地表水和地下水，对市民健康构成潜在威胁。

2.3.1.2 城市规模影响降水条件

城市规模的不断扩大，在一定程度上改变了城市地区的局部气候条件，又进一步影响到城市的降水条件。在城市建设过程中，地表的改变使辐射平衡发生了变化，空气动力糙率的改变影响了空气的运动。工业和民用供热、制冷以及机动车增加了大气中的热量，而且燃烧将水汽连同各种各样的化学物质送入大气层中。建筑物引起机械湍流，城市作为热源也导致热湍流。因此城市建筑对空气运动能产生相当大的影响。一般来说，强风在市区减弱而微风可得到加强，城市与其郊区相比很少有无风的时候。城市上空形成的凝结核、热湍流以及机械湍流可以影响当地的云量和降雨量。

2.3.1.3 城市化使地表水停留时间缩短

城市化使地表水停留时间缩短，下渗和蒸发减少，径流量增加，地下水减少且得不到补偿。随着城市化的发展，工业区、商业区和居民区不透水面积不断增加，树木、农作物、草地等面积逐步减小，减少了蓄水空间。由于不透水地表的入渗量几乎为零，使径流总量增大，雨水汇流速度提高，进而使洪峰出现的时间提前。地区的入渗量减小，地下水补给量相应减小，枯水期河流基流量也将相应减小。而城市排水系统的完善，如设置道路边沟、密布雨水管网和排洪沟等，增加了汇流的水力效率。城市中的天然河道被裁弯取直、疏浚和整治，使河槽流速增大，导致径流量和洪峰流量加大。

2.3.1.4 城市供水对外依赖性强

由于城市本身地域狭小，本地水资源量十分有限，可利用的程度低，且城市用水量大，一般本地水源难以满足。因此，城市供水主要依靠现有的城区外围水源地或调引客水支持和保障主城区的用水。如长三角地区的无锡、苏州和上海等城市，属于典型的水质型缺水城市。位于长江和太湖下游地区的上海市过境水量超过1万亿立方米，是本地水资源的300倍以上。从水量上来看，上海并不缺水。但是，过境水意味着受上游污染的影响，原水水质相对较差，属典型的水质型缺水城市，缺乏优质的原水。

城市供水依赖性强，加剧了城市水环境的治理难度和治理成本。如广东省生态环境厅公布的《广东省2018年第三季度重点河流水质状况》中显示：广州花地河入西航道前的水质为重度污染，氨氮超标0.9倍。2018年8月份流溪河白云段的江村、石井河中游和入西航道前的水质为重度污染，氨氮、溶解氧含量均超标。

2.3.1.5 用水量昼夜间有差别

城市用水主要为生活及工业用水，供水要求质量高、水量大、水量稳定、供水保证率高，且在区域上高度集中，在时间上相对均匀，年内分配差异小，仅在昼夜间有差别。

2.3.2 城市水环境存在的问题

2.3.2.1 水资源供需矛盾尖锐

随着城市经济的不断发展，工业企业规模不断扩大，人口不断增加，生活水平不断提高，需水量也大幅度提高，但城市供水能力却不能同步增大，且城市人均占有水资源量逐渐减少，从而造成城市水资源供需矛盾日益尖锐。

2.3.2.2 开发不合理，水质恶化

20 世纪七八十年代，在城市发展过程中，大量工业、生活污水直排入河，水生态环境遭到严重破坏。近十几年来，各大城市虽然不同程度地进行了污水处理，水环境污染程度逐渐有所好转，但水环境污染范围却有不断扩大的趋势。

2.3.2.3 河道淤积影响防洪能力

城市开发建设，造成水土流失；居民生活垃圾、建筑垃圾等随意倾倒，使得河道淤积严重，降低了城市河道行洪能力，给城市防洪带来不利。

2.3.2.4 缺乏合理规划，破坏生态环境

部分城市忽视水文规律，肆意开采地下水，造成本地地下水超采，补源困难；不经过科学论证，盲目引用邻域水源，造成邻域水源缺乏，同时影响本域补源。城市地下水超采，易形成大面积漏斗区，导致地面沉陷。

2.3.2.5 水资源浪费严重

据《中国水资源公报 2021》的相关数据，我国工业万元增加值（当年价）用水量为 28.2m^3，与发达国家相比还有一定的差距。部分城市缺少中水利用措施，水资源重复利用率低，浪费了大量优质水源。城市水资

源供给和使用过程中跑、冒、滴、漏现象也相当严重。根据住房和城乡建设部的官方数据显示，1996—2019 年，我国城市平均管网漏损率为 15.66%，而发达国家仅为 6%~8%。欧洲部分国家和地区平均单位管长漏损量为 0.77m^3/（km·h），而我国平均单位管长漏损量为 1.85m^3/（km·h）。

2.4 人与水相依发展

2.4.1 人与水的关系

从远古的城市发展到现代的都市，水文化也不断发展和兴盛，从城市与水的关系上看，人与水的关系大致经历了 3 个阶段。

2.4.1.1 人水相争

人类最初为了生存而群居、筑城。筑城是为了防止洪水和猛兽，因此远古人们的思想观念中，对待水就有了洪水猛兽之说，甚至发展到了图腾崇拜。我国古代神话故事，很多都与抗击洪水有关。女娲补天，本质上说的是防洪、抗洪；大禹三过家门而不入，治水成功，被拥戴为部落首领。而夸父逐日、后羿射日，其实反映的都是抗旱的活动。可见，从远古留传下来的神话很多都是讲述人与水的斗争。因此，从水文化角度而言，中国最早的水文化，可以用人水相争文化来概括。

2.4.1.2 人水抗争

随着社会的发展，当人类具备了一定的技术手段，能够在一定程度上把洪水阻挡在生存范围之外的时候，人与水的关系也就逐渐变成了人水抗争的关系。所谓抗争，也就是在人与水的争斗中，水出现了暂时的平静和驯服。无论是四川的都江堰，还是我国长江以南古老的大型蓄水工程，目的仍只是让水保持在一定的范围之内，不危害人与城市的安全，甚至近现代以来修建的各类水利工程，最终目的也大多是保护人类的生命财产安全。当城市与水保持一定距离，水不再持续危及人生命安全的时候，人对水的感情也发生了许多变化，由过去的崇拜，到开始真心喜欢水、热爱水，甚至用水去形容人的道德品性，寄托人的思想情感。此时的水文化，表现出的主要是人水抗和的文化。

2.4.1.3 人水和谐

现代城市的发展困境越来越多，而水成为制约城市发展的重要因素。尽管科学技术不断发展，但水环境乃至生态环境却因为无节制的开发和利用逐渐恶化，城市的发展前途甚至整个人类的发展前景堪忧。而水的问题也逐渐演变成一个社会问题，甚至是政治问题、战争问题，为此，我们需要认真思考现在的发展手段是否合理，发展方式是否真正符合大自然和人类社会的规律。人水和谐的理念关键在于把人和自然、人和水放在同一个层面上去思考，把人当作为自然界的一分子，不再自以为人定胜天。

世界各国现代化的进程反复证明，仅仅依靠技术无法解决人与水的矛盾冲突，而是需要借助文化的力量，而人水和谐作为现代水文化的核心，也越来越成为全球水资源管理与治理的新课题，现在的水文化也自然过渡到了人水和谐的方向上。

2.4.2 人水和谐对城市发展的价值

现代水文化的核心理念是人水和谐。在强调科学发展与和谐发展的当今，人水和谐的提出无疑为城市如何处理与水的关系提供了一个新的思路。

2.4.2.1 追溯与保护水文化遗产

城市的发展积淀了大量与水有关的文化遗产，如都江堰，对待这些过去和现在发挥了重要作用的水遗址，必须进行保护和规划，绝不能让文化瑰宝消失。通过规划和保护，可以让人们有深刻直接的感性认识，从远古、古代、近代、现代城市发展与水的关系中体会水的重要性，从而避免城市发展的弯路。

2.4.2.2 树立平等的生态意识

人水和谐理念有助于平衡人与自然之间的关系。这种理念是在人类长期以来与自然共存的过程中积累发展起来的，是基于人类对于水与人类生存之间关系的深刻理解，以及水与人类社会文明进程的理解之上的。有了对水的深刻理解，人们才能亲近水、保护水、爱惜水，注重平衡可持续发展与水资源保护、利用之间的关系。在当代的水资源利用中，需要强化“人水和谐”意识，这种意识是我们保护水资源、实现可持续发展的文化基础。

2.4.2.3 符合自然规律的水建设

大地是万物的载体，城市要通过涵养大地来涵养水源，包括保护区域绿地、提高城区保水能力、多渠道补给地下水等。雨水是最普遍的水资源，洪水是雨水的特别存在形式，要恢复河湖储水能力、合理利用城区雨水、兴建蓄水水库等等。在有效保护生态与环境的前提下，可以和周边广泛合作、跨流域合作，增加本地水资源，减少灾害。

2.4.2.4 重视生态治理和保护

国家《“十四五”重点流域水环境综合治理规划》提出“有河有水、有鱼有草、人水和谐”的流域总体目标，将以重点突破，带动我国水污染治理加快向水资源、水生态、水环境系统治理，统筹推进的转变。水生态环境保护工作，将在水环境改善的基础上，更加注重水生态保护修复，注重“人水和谐”，让群众拥有更多获得感和幸福感。

矛盾是牵引历史发展的火车头。我们有理由相信，正视城市发展与水之间的关系，在人水和谐理念的指引下，人类更多的智慧将被点燃，更多的技术被应用，阻碍城市发展的水问题也将会得到妥善的解决。

第3章

城市发展方式的探索与转变

3.1　苏州市基本情况

3.1.1　自然地理

3.1.1.1　地理位置

苏州市北邻长江，东连上海，南接浙江省嘉兴、湖州两市，西抱太湖与无锡接壤，是江苏省最南部的省辖市，位于北纬 30°46′~32°02′，东经 120°11′~121°16′，市域总面积 8657.3km^2（含太湖水面，以下同）。

苏州市区位于市域南部，包括姑苏区、高新区、工业园区、吴中区、相城区、吴江区 6 个行政区，总面积 4653km^2。

3.1.1.2　地形地貌

苏州市地形以平原为主，西南部多小山丘。平原区地势低平，地面高程 3.5~5.0m，北部略高，向南部倾斜，太浦河以南区域，是全市洼地集中区，局部洼地高程仅 2.0m 左右；西南部丘陵区一般海拔 100~300m，分布在西部山区和太湖诸岛，最高点穹隆山主峰高 342m，有“吴中之巅”之称。

苏州市区总面积 4653km^2，其中河、湖、塘等水域面积 2291km^2（含太湖），水面率 49%；陆域面积 2362km^2，占总面积的 51%。苏州城区以平原为主，地面高程一般在 3.5~5.0m。城市防洪规划区总面积 952.1km^2, 其中河、湖等水域面积 180.5km^2，水域面积率 19%；陆域面积 771.6km^2，占总面积的 81%。在陆域范围内，总体西高东低、北高南低，地面高程低于 4.0m 的低洼地、半高田面积 96.7km^2，占陆域范围的 13%，主要分布于市区南部吴江区、吴中区运东及北部相城区北部区域；近一半区域地面高程在 4.0~5.0m，面积 332.6km^2，主要分布于工业园区、相城区南部区域，占陆域范围 43%；5.0m 以上 342.3km^2，占陆域面积的 44%，主要分布于城区西部吴中区和高新区，以及在城市化发展过程中通过道路、小区、商住等设施建设填高的区域。

3.1.1.3　气象水文

苏州市地处中亚热带北缘向北亚热带南部过渡的季风气候区，具有干湿冷暖、四季分明的气候特点，雨水充沛，无霜期长。全市多年平均气温为 15.8℃，盛夏 7 月平均气温为 28.2℃，寒冬 1 月平均气温为 3.2℃，日最高气温≥ 35℃的初终间日数累年平均 29.6 天，年极端最低气温多年平均值为 –6.6℃，无霜期为 224 天，日照时数多年平均为 2200h。

苏州市西部太湖多年平均水位为 3.11m，历史最高水位 4.97m（1999 年 7 月 8 日），历史最低水位 2.21m（1978

年9月9日）。市区北部大运河枫桥站多年平均水位3.11m，历史最高水位4.82m（2016年7月2日），历史最低水位2.35m（1979年3月10日），警戒水位3.80m；湘城站多年平均水位2.99m，历史最高水位4.31m（1954年7月24日），历史最低水位2.23m（1988年2月21日），警戒水位3.70m；市区南部平望站多年平均水位2.88m，历史最高水位4.31m（1999年7月2日），历史最低水位2.23m（1979年1月29日），警戒水位3.70m。

3.1.1.4 工程地质

苏州市位于滨湖堆积平原，地形较平坦，地面高程一般在3.0~5.0m。该区内含浅部孔隙潜水，其埋藏于地表以下2.0~2.3m，由大气降水及河水补给，该区内的地层变化比较复杂。

苏州境内成土母质大部分为第四纪堆积物，土层深厚，且经过长期的精耕细作，土质肥沃。但由于成土条件不同，进而影响土壤发育，产生不同种类的土壤组合。北部沿江地带的母质颗粒较粗大；中部平原地区颗粒较细；湖荡周围及南部低洼地区的母质颗粒细小；丘陵地区多因风化而以石英岩、砂灰页岩、石灰岩为主。

3.1.2 社会经济

苏州城始建于公元前514年，距今已有2500多年的历史，以文化底蕴深厚、经济发达、人民富庶、城镇密集而著称，并以其“小桥、流水、人家”及园林景观的城市特色，被誉为“中国园林之城”，有“人间天堂”“东方威尼斯”“东方水城”的美誉，是全国首批24个历史文化名城之一，苏州全市共有文物保护单位816处。

苏州市经济总体运行平稳，经济结构持续优化，随着改革创新深入推进，生态环境得到持续改善，民生质量不断提高，社会发展和谐稳定。全市拥有14家国家级开发区（其中经济技术开发区9家、高新技术产业开发区3家、保税港区1家、旅游度假区1家）和3家省级开发区。历年来，苏州先后荣获了“国家环境保护模范城市”“中国优秀旅游城市”“全国文化模范市”“创建全国文明城市工作先进城市”“全国科技进步先进市”和“国际花园城市”等国家级荣誉称号。根据苏州市统计局2020年4月发布的《2019年苏州市国民经济和社会发展统计公报》，2019年全市常住人口1074.99万人，其中户籍人口722.6万人；实现地区生产总值超过1.9235万亿元，是全国人均产出最高的城市之一，在全国地级市中综合竞争力排名第一。

苏州市城区范围随着经济社会发展的不断扩大，20世纪70年代以前，城区范围为环城河之间的古城区，面积为14.2km^2。20世纪80年代末90年代初，在古城东西两侧分别开发成立了苏州工业园区和苏州高新区。在2001年吴县市并入苏州市区后，在南北两侧分别成立了吴中区和相城区。2012年，沧浪、平江、金阊三个区合并设立姑苏区，吴江撤市设区后，苏州市区形成了目前的姑苏区、高新区、工业园区、吴中区、相城区、吴江区6个区。截至2019年，苏州市区城镇化水平超过80%，GDP总量和人均量仍保持在全国大中城市的前列。

3.1.3 水环境概况

3.1.3.1 水环境质量状况

苏州市地表水污染属综合型有机污染。影响全市主要河流水质的首要污染物为氨氮，影响湖泊水质的首要污染物为总氮。近年来苏州Ⅲ类以上地表水比例逐渐提高，2015 年监测断面Ⅲ类以上地表水比例为 67.15%，但仍存在劣Ⅴ类水质断面。图 3.1–1 为苏州市 2006—2012 年地表水质监测断面水质类别占比变化趋势，从图中可以看出，Ⅴ类和劣Ⅴ类水占比逐年下降，苏州市地表水水质得到了明显改善。

苏州市集中式饮用水源地水质较好，属安全饮用水源。2015 年全市集中式饮用水源地水质达标率为 100%。

在 2015 年，对 54 个国家和省地表水环境质量监测网的河道断面的水质进行分析后发现河道水质的主要污染指标为氨氮、生化需氧量和溶解氧等，其中达到Ⅲ类水质的断面占监测断面的 53.7%；Ⅳ类断面占 31.5%；Ⅴ类占 11.1%；劣Ⅴ类占 3.7%。胥江、长江干流和朱厍港水质相对较好，白茆塘、常浒河和二干河水质相对较差。京杭大运河作为跨市河流，水质较差，城区段监测断面水质为Ⅴ类，多数断面未达到水功能区目标，主要超标因子是氨氮。

苏州市区主要湖泊水质污染以富营养化为主要特征，主要污染指标为总氮和总磷。太湖（苏州辖区）与尚湖水质总体达到Ⅲ类，阳澄湖和独墅湖水质总体达到Ⅳ类，金鸡湖水质总体达到Ⅴ类。太湖、阳澄湖、独墅湖和金鸡湖处于轻度富营养化状态，尚湖处于中营养状态。

相对于地表水，苏州市区地下水水质较好，开展监测的 37 项指标有 36 项达到地下水Ⅲ类标准，且水质保持稳定。

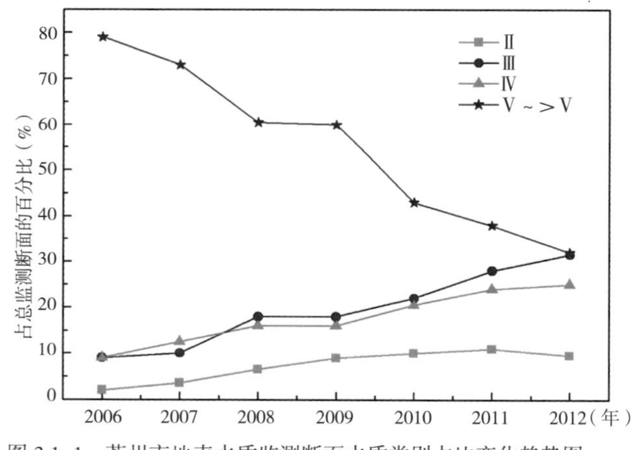

图 3.1–1 苏州市地表水质监测断面水质类别占比变化趋势图

3.1.3.2 黑臭水体及治理情况

随着截污力度加大以及“自流活水”工程的实施，苏州城区河道、河湖水质得到很大改善，城区河道黑臭情况明显好转，但仍存在黑臭水体，尤其在 7—9 月份更加突出，如图 3.1–2 所示。

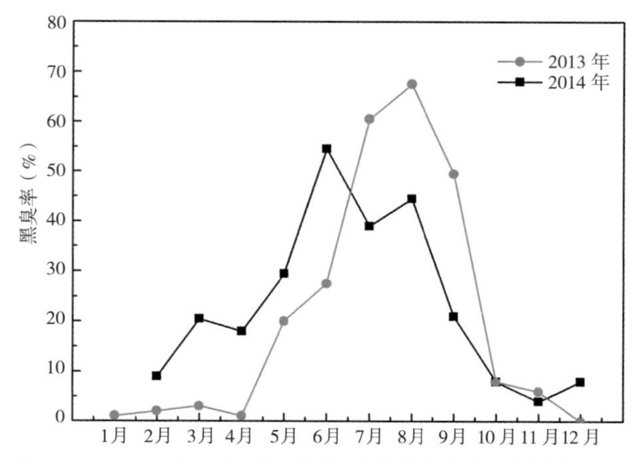

图 3.1–2 2013~2014 年苏州城区河道黑臭率月度变化情况

通过分析苏州城区 28 个手动监测站在 2012 年 9 月至 2015 年 9 月每周的监测数据可以发现，城区水质超标项主要是溶解氧和透明度，其中溶解氧超标频次共占总监测次数的 14.21%，透明度超标 4.84%。除此之外，在护城河范围以内的河道水质优于护城河以外临近京杭大运河的河道水质，并且和自流活水线路走向以及大运河水质影响相关。

近年来，苏州市委、市政府高度重视黑臭水体治理工作，连续将黑臭水体整治工作列为政府年度实事工程。2018 年 5 月，在前几年动态排查的基础上，组织基层河长对全市范围内 2 万多条河道进行了拉网式摸排。在治理措施方面，苏州市委、市政府始终坚持“问题在水里，根源在岸上，关键在排口，核心在管网”的治理理念，对实施方案严格审查，一票否决截污不到位的方案。借助“263”专项行动、“331”行动和“散乱污”整治，进一步加大对沿河餐饮店、住宿板房、加工作坊等违章建筑的拆除执法力度，规范沿河垃圾堆放。苏州市水务部门与环保、城管等部门开展联合执法，严查污水直排、倾倒垃圾、抽油烟机滴漏等行为，从源头上杜绝污水、垃圾入河。在狠抓源头截污的同时，突出水系治理，加大活水疏浚力度。中心城区启动新一轮干河清淤，同步启动活水扩面工程，目前已完成中心城区 26 条河道疏浚、15 个控导工程建设。苏州市各区县也以沟通河网水系为目标实施断头浜打通和调水引流等系统活水工程。经过几年的整治，一大批城乡黑臭河道水质改善明显，社会公众满意度显著提升。苏州市结合自身实际，提出要求更高、时间更快、范围更广的整治目标。在国家“水污染防治行动计划”的基础上，结合打好污染防治攻坚战的要求，苏州市提出“到 2018 年底基本消除城镇黑臭水体；到 2020 年基本消除城乡黑臭水体”的目标。自 2016 年以来，经多轮排查，全市共查出城乡黑臭水体 932 条，其中 426 条城镇黑臭水体在 2018 年全部消除了黑臭现象，圆满完成年度基本消除城镇黑臭水体的整治目标。

为了不断提升黑臭水体整治效果，一方面，苏州市各地结合当地实际，优化整治力量，开展联合行动，形成整治合力。昆山市实行“四办合一”，吴江区成立“三治办”，进一步统筹开展全市（区）水环境治理工作；苏州高新区会商吴中区，共同研究上下游水环境共治事宜；吴江区推行“联合河长制”，跨省联动，主动对接浙江省嘉兴市，对省际边界河道实行“联防联治模式”。各地结合当地实际，优化整治力量，开展联合行动，形成整治合力。另一方面，苏州市各地区不再“就黑治黑”，提出更高、更全、更彻底的整治要求，各地陆续制定城乡生活污水处理高质量发展三年行动计划，加快补齐短板，切实提升质量。昆山市在苏州率先开展“剿灭劣五类”水体行动，进一步提升水环境治理目标；其他地区同样为了提升整治效果，积极打造“示范河道”。昆山市严家角河（图 3.1–3）、常熟市山湖苑河（图 3.1–4）、相城区凤北河（图 3.1–5）、张家港市川港河和吴中区横娄河等河道整治已初见成效。

截至 2018 年底，苏州市累计整治城镇黑臭河道 426 条，总投资约 15.8 亿元，实现基本消除城镇黑臭水体的整治目标。为进一步巩固提升整治成果，落实已整治河道长效管理工作，并按照城乡一体化要求，持续同步推进农村河道治理，截至 2019 年 7 月，60 条整治河道任务已开工 56 条、完工 25 条，分别占比 93% 和 42%，2020 年底基本消除城乡黑臭水体。

3.1.3.3 初期雨水径流污染分析

苏州市内河港湖泊相互沟通，无封闭的集水边界，地面径流的自然流向总体趋势是由西北向东南。城市

（a）整治前：河道原状黑臭

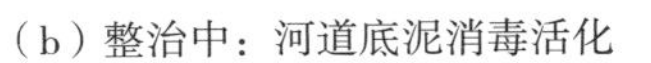

（b）整治中：河道底泥消毒活化

（c）整治后：河道净化湿地

（d）整治后：水下森林

图 3.1–3　昆山市严家角河黑臭水体整治项目

（a）整治前：河道原状

图 3.1–4　常熟市山湖苑河黑臭水体整治项目（一）

（b）整治后：水下森林

（c）整治后：俯瞰视图

图 3.1–4　常熟市山湖苑河黑臭水体整治项目（二）

（a）整治中

（b）整治后

图 3.1–5　相城区凤北河黑臭水体综合整治项目

降雨径流中污染物变化过程的一个基本特征是降雨初期径流中的污染物浓度一般要高于降雨后期，这一特征被称为初期冲刷效应。根据径流污染变化过程的这一特征，人们对初期径流进行截留，从而达到削减径流污染负荷的目的。然而由于地表径流中污染物的变化过程存在很大的随机性，很难对初期冲刷效应的程度进行判断，因此需要一种方法对初期冲刷效应进行评价。

目前，国内外学者对于径流中污染物是否存在初始冲刷效应的判定并没有统一的标准，一般是基于 1987 年 Geiger 提出的无量纲累积污染物—径流量曲线来判断初期冲刷效应，即 M（V）曲线。该方法认为在一场降雨事件中污染物的变化过程可以用两条曲线进行描述：径流体积过程线和污染物累积质量过程线。然后在

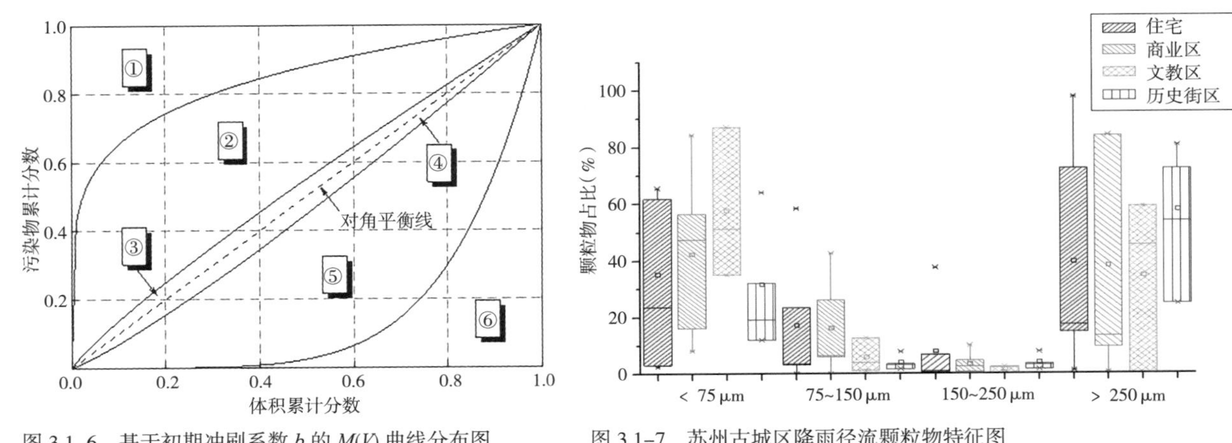

图 3.1–6　基于初期冲刷系数 b 的 $M(V)$ 曲线分布图

图 3.1–7　苏州古城区降雨径流颗粒物特征图

此基础上采用 b 参数法，对所有监测点的初期效应进行汇总分析，探讨苏州城区径流污染物的出流特性。参数 b 值是反映 $M(V)$ 曲线与角平分线之间的距离，根据 b 值的大小即可判定是否存在初期冲刷效应（图 3.1–6），表 3.1–1 列出了 b 的值范围与初期效应的对应关系。

参数 b 与初期效应的对应关系　　表 3.1-1

b 值	$0<b \leqslant 0.185$	$0.185<b \leqslant 0.862$	$0.862<b \leqslant 1.000$	$1.000<b<5.395$
初期效应	强	中	弱	无

在《苏州城区雨水管网排水的生态安全性评价》中根据苏州城区的主要用地功能划分了 4 种用地类型：住宅区、商业区、历史文化保护区和文教区，对不同的用地功能区开展了雨水径流污染负荷规律的相关研究。研究结果表明（图 3.1–7），在降雨初期径流中颗粒态 N 占比在整个降雨过程中处于最高水平，商业区和交通区路面中颗粒态 N 甚至处于主导地位，但随着降雨历时的延长，颗粒态 N 占比逐渐降低，溶解态 N 的占比不断升高，到了降雨后期径流中 N 的主要形态转变为溶解态；对于 P 而言，在整个降雨过程中径流中均以颗粒态为主导地位，虽然颗粒态 P 的占比随着降雨历时有减小趋势，但下降的幅度很小。该项研究的结果表明苏州城区的降雨径流初期冲刷效应不强，无初期效应的频次较高，存在初期效应的场次也均处于中、弱等级强度；从用地功能区来看，住宅区的初期效应较商业区、历史文化街区、文教区更加明显。

在《苏州城区非点源污染特性研究》中将城区划分成不同的 4 种用地类型：住宅区、商业区、混合区、工业区。其研究结果如图 3.1–8 所示，说明城区的雨水初期径流污染比较严重，初期雨水径流污染因地而异，因排水系统而异。城区由于人口密度大、社会活动频繁、排水体制复杂等原因，径流污染负荷较大。不同功能用地的径流污染特性不同。对于营养物来说，污染负荷的大小排序为住宅区、商业区、混合区、工业区；COD 的污染负荷排序为商业区、混合区、住宅区、工业区；SS 的污染负荷排序为工业区、混合区、商业区、住宅区。综上，说明住宅区以有机物和营养物污染为主，工业区以颗粒污染物为主，混合区和商业区则兼具这三种特性污染物。

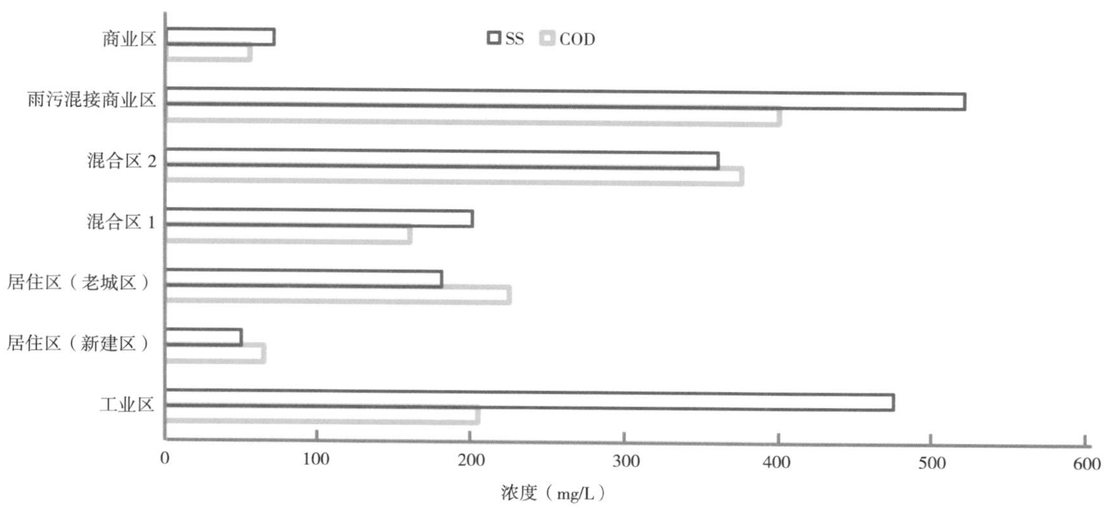

图 3.1-8 苏州城区各分类区域地面径流水质状况

3.1.4 水生态本底概况

3.1.4.1 苏州市域生态本底

苏州市生态本底条件良好，生态资源类型多样。全市共划定 103 块生态红线区域，总面积 3205.52km^2，占全市国土总面积的 37.77%，分为自然保护区、风景名胜区、森林公园、湿地公园、饮用水水源保护区、重要湿地、清水通道维护区、生态公益林、太湖重要保护区和特殊物种保护区等类型，不同类型的保护区占比如图 3.1-9 所示。其中，太湖重要保护区（占比 61.32%）、重要湿地（占比 19.03%）、风景名胜区（占比 7.96%）等生态区域面积较大，主要分布于苏州吴中区（占比 60.62%）、吴江区（占比 10.53%）和苏州城区（占比 8.74%），如图 3.1-10 所示。

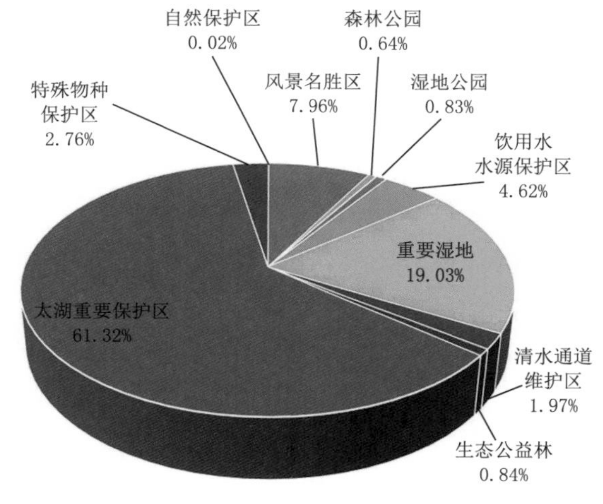

图 3.1-9 生态红线区分类的构成图

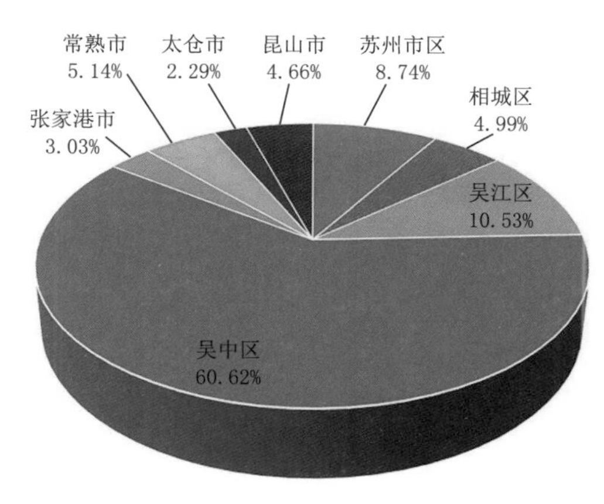

图 3.1-10 生态红线区分布构成图

苏州市域生态格局可以概括为“三片、四楔、一环”。“三片”是指北部生态田园片区、南部湿地水乡片区和中部城镇连绵片区。其中，北部长江沿线的生态田园片区主要由沿长江南岸的张家港、常熟与太仓三座城市和之间的生态农田空间构成；南部“湖苏沪”沿线的湿地水乡片区包括湖州东部、吴江中南部、上海东部的“水乡泽国”地带；中部城镇连绵片区是以姑苏区为核心的苏州城区和昆山。“四楔”地区架构的生态空间网络将生态田园片区、湿地水乡片区与城镇连绵片区有机地组织在一起，保证生态格局空间在市域范围内彼此关联。“一环”包括西半环的低山平湖带和东半环的湖荡水系带。

3.1.4.2 苏州市区生态本底

苏州市区及周边的山、水、林、田、湖等生态要素构成了城市的自然生态本底，其分布如图 3.1–11 所示。

苏州市山体主要分布于市区西侧，将主城与太湖东岸隔开。山体不高却绵延不断，有五峰山、鸡山、灵岩山、天平山、渔洋山、香山、尧峰山、七子山等，既是城市的屏障，又为城市的景观。

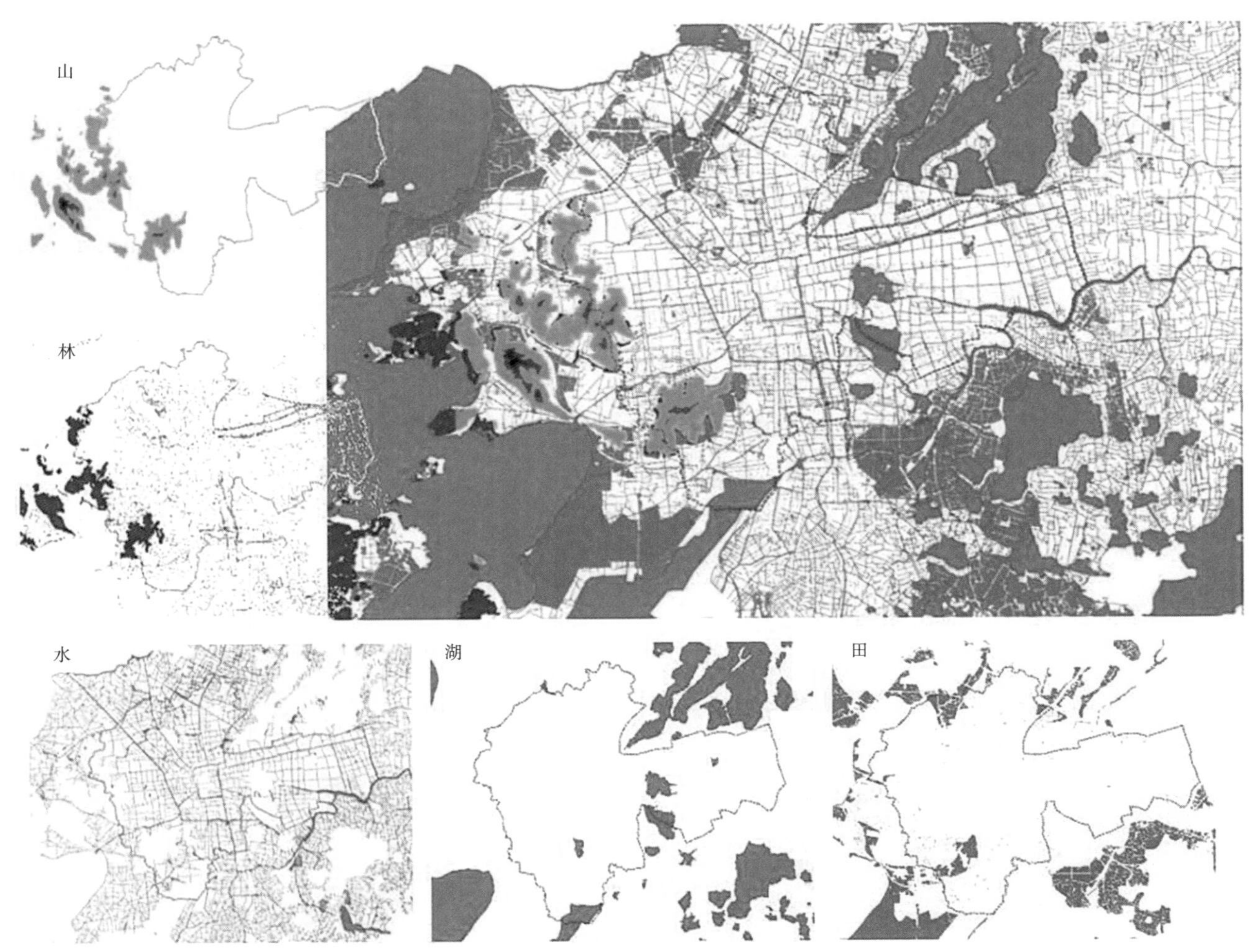

图 3.1–11 苏州市区生态要素及其组份要素山、林、水、湖、田分布图

苏州市区水面约68.59km²，约占总面积的11.40%，市（县）、区级以上河道42条。通江的河道主要包括娄江、吴淞江等；内部主要骨干河道有京杭大运河、元和塘等。

苏州市区及周边的林地资源主要分布在自然保护区、风景名胜区、森林公园，也包括农田林网、乡野树林以及防护绿地、城市绿地中的林木，区内较大的自然保护区有光福省级自然保护区。

农业用地主要分布于苏州市区内规划城市建设用地界线以外的地区，是农业生产用地。

苏州市区较大的湖泊包括太湖、石湖、金鸡湖、独墅湖、沙湖等。太湖是我国五大淡水湖之一，面积2425km²，62%的湖面在苏州吴中区境内。石湖位于苏州城西南方，水面面积为3.5km²，是太湖的内湖，是太湖风景名胜区的重要景区。金鸡湖是苏州工业园区内最重要的自然景观之一，湖面面积7.2km²，是天然吞吐型湖泊，具有一定的调蓄水量能力，是苏州市重要的水产基地之一。

3.1.4.3 热岛效应评价

城市热岛效应是指城市因大量的人工发热、建筑物和道路等高蓄热体及绿地减少等因素，造成城市"高温化"，使城市中的气温明显高于外围城郊的现象。在近地面温度图上，郊区气温变化很小，而城区则是一个高温区，就像突出海面的岛屿，由于这种岛屿代表高温的城市区域，被形象地称为城市热岛。城市热岛效应的形成主要有城市下垫面、人工热源、水气影响、空气污染、绿地减少、人口迁徙等多方面因素。

以太湖平均温度作为本底温度，在此基础上计算不同下垫面地表温度与太湖温度的差值得到的相对温度，按照相对温度差值大小分为6个等级来表征热岛效应的强度，从而得到苏州市区热岛强度等级分布。通过对1986—2010年的卫星反演资料进行研究，发现随着苏州城市化进程的加快，城市热岛效应有缓慢增强的趋势。从分布特征来看，苏州城市热岛效应呈明显的放射型分布特征，以市区为中心向周围呈放射状分布。2013年6—8月苏州城市热岛强度值为0.47℃，满足城市热岛效应强度"三星级"（≤2℃）的考核要求。整体来看，苏州城市热岛效应强度年际变化不大，近年来平均值为0.38℃，热岛效应强度不高是由于郊区温度上升更快，但是并不代表热岛效应的改善。下垫面的类型是造成热岛效应的重要因素，2016年下垫面对苏州城市热岛的贡献为1.4℃。

3.1.4.4 水系护岸生态型评价

苏州市区水系的护岸形式可归纳总结为硬质型、自然生态型、生态护砌型以及湿地生态型岸线，其中县级以上河道的生态岸线占比为12.8%，水系护岸硬化比例很高，硬化的河道护岸阻断了水与周边环境之间的生态联系与物质通量交换，不利于水生动植物的生长栖息，也影响了水体的自净能力。

3.1.5　水安全概况

3.1.5.1　降雨径流

（1）降雨特点

苏州市多年平均年降水量为 1093mm，降水日数平均每年达 130 天。图 3.1-12 为苏州市 1997—2018 年年降水量的变化趋势，从图中可以看出最大年降水量发生在 2016 年，为 1663.9mm；最小年降雨量发生在有水文资料记载的 1934 年，为 574.5mm。

苏州市 2016 年月降水量与月多年平均降水量对比如图 3.1-13 所示。从时间分布来看，月多年平均降水量的年际变化比较明显，年内雨量分配不均，主要是受季风强弱变化的影响。每年雨水多集中于夏秋两季，包括夏初的梅雨季和夏秋的台风雨。每年 4—9 月降水量占全年的 70% 以上，各月的平均降水量为 100 ~ 160mm，日最大降水量达 343.1mm（1962 年 9 月 6 日），其中，每年 6 月中旬至 7 月上旬受梅雨的影响，为一年中降水量最多的时间段。每年 10 月到次年 3 月，因为受到干冷冬季风（偏北风）的影响，降水量较少，各月平均降水量为 40 ~ 85mm。

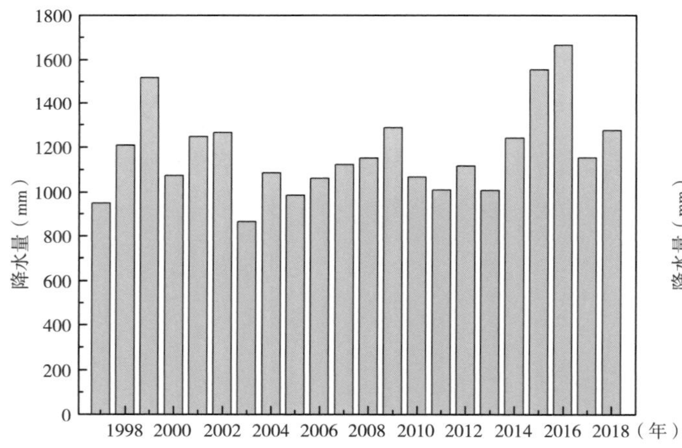

图 3.1-12　苏州市 1997—2018 年年降水量变化趋势

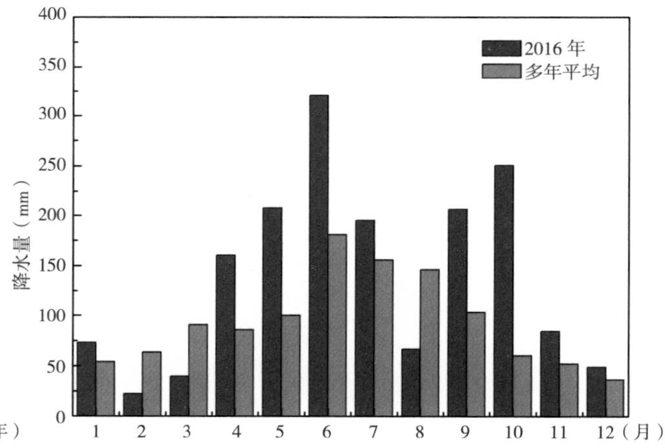

图 3.1-13　苏州市 2016 年月降水量与月多年平均降水量对比图

2018 年苏州市各雨量站降水量的变化范围是 1017.5（吴中区胥口站）~1615.8mm（太仓市太仓站）。从空间分布来看，2018 年降水量各区分布不均匀，降水量最大的地点位于东北部的太仓市；其次为工业园区、吴江区；高新区、吴中区降水量偏小；相城区降水量最小。从时间分布来看，降水量年内分布不均匀，汛期（5—9 月）降水量较大，占全年降水量的 67.0%；7 月降水量与多年平均降水量相比明显偏小，8 月和 10 月降水量与多年平均降水量相比明显偏大。

2019 年，苏州市水务局为了指导排水防涝工程规划、设计、建设和管理工作，更好地满足城市排水防涝和“海绵城市”建设要求，提高城市综合承灾防灾能力，根据国家和江苏省有关工作要求，组织开展了苏州市暴雨强度公式修订工作。2019 年 10 月 23 日，苏州市政府发布了苏州市区设计暴雨强度公式及设计雨型，其适用范围为吴中区、相城区、姑苏区、工业园区和高新区，吴江区为过渡区，可适当放宽设计重现期。当降雨历时≤ 1440min 时，暴雨强度公式为：

$$i=\frac{17.7111\left(1+0.88521\lg T_{\mathrm{M}}\right)}{\left(t+14.6449\right)^{0.7602}} \tag{3-1}$$

式中 i——设计暴雨强度（mm/min）；

t——降雨历时（min）；

T_{M}——设计重现期（年）。

采用 K.C 法计算设计暴雨雨型：

$$\begin{cases} i_{峰前}=\dfrac{A\left(1+c\lg T_{\mathrm{M}}\right)\left[\dfrac{(1-n)}{r}t_1+b\right]}{\left(\dfrac{t_1}{r}+b\right)^{n+1}} \\ \\ i_{峰后}=\dfrac{A\left(1+c\lg T_{\mathrm{M}}\right)\left[\dfrac{(1-n)}{1-r}t_2+b\right]}{\left(\dfrac{t_2}{1-r}+b\right)^{n+1}} \end{cases} \tag{3-2}$$

式中 i——设计暴雨强度（mm/min）；

t_1——峰前时间（min）；

t_2——峰后时间（min）；

b、n、A、c——暴雨强度公式的参数；

r——雨峰位置系数。

当历时为 120min 时：A=17.7111，c=0.8852，b=14.6449，n=0.7602，r=0.425；当历时为 1440min 时：A=17.7111，c=0.8852，b=14.6449，n=0.7602，r=0.7309。

采用 K.C 法对苏州雨量站 1983—2018 年共 494 场降雨数据进行统计分析，雨峰出现在各降雨时段的比例确定 120min 雨峰位于第 11 位，r=0.425，雨峰时段雨量占总雨量的 16.87%。不同重现期下苏州市 120min 设计暴雨雨型如图 3.1–14 所示。

（2）径流特点

地表径流主要受降雨强度以及下垫面的影响。研究人员将苏州市用地现状图（2014 年）与国土部分土地调查数据、高分辨率遥感影像图相结合，对市区的 602km^2 土地利用类型进行了综合评估，根据市区的下垫面分析结果和各类用地的径流系数，推导出市区的综合径流系数为 0.57（不含水域）。

在《苏州城区降雨径流污染特性及消减措施研究》中将城区下垫面划分为商业区、现代住宅区、老旧住宅区、交通区和园林旅游区等 5 种类型，分析了降雨强度和下垫面类型对降雨径流的影响。结果表明，降雨径流过程受城市不同功能区下垫面类型影响较大，交通区路面径流初期产流速率最快，商业区和现代住宅区次之，

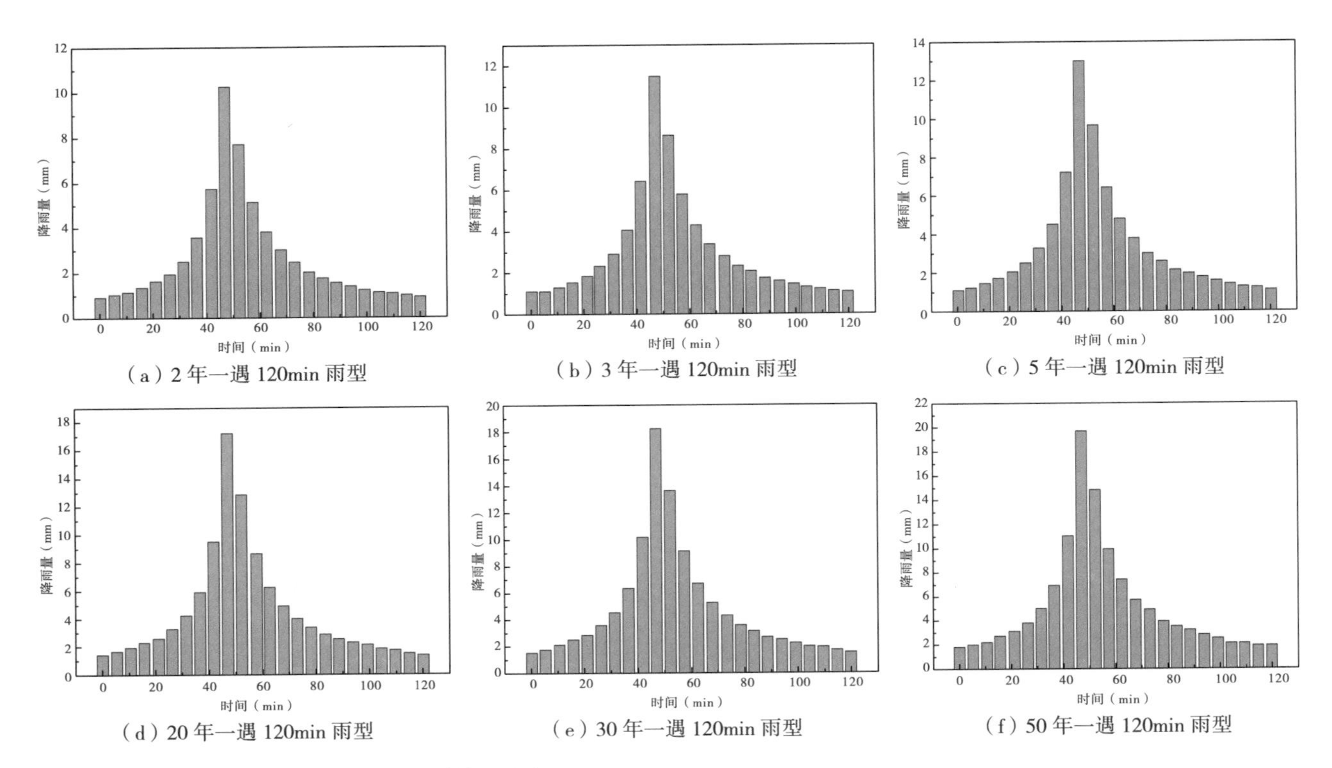

图 3.1–14 不同重现期下苏州市 120min 设计暴雨雨型

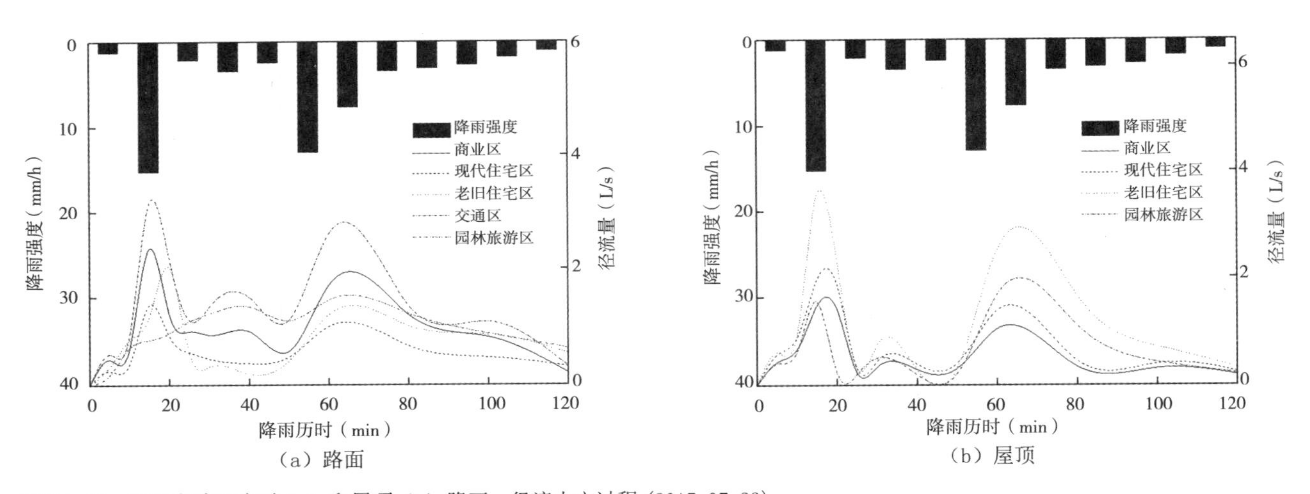

图 3.1–15 苏州古城区路面（a）和屋顶（b）降雨－径流水文过程（2015-07-23）

老旧住宅区和园林旅游区初期产流速率最慢，并且由于路面坑洼积水、初损等一系列因素，使这 5 种功能区路面径流过程线均滞后于降雨过程线。屋面由于独特的性质使得其初期产流速率要高于路面，且对于降雨过程的响应也较为灵敏。除了商业区平屋顶外，坡屋顶径流过程线几乎未出现滞后现象。此外，降雨过程线对于径流过程线有很大影响，降雨径流量峰值主要取决于降雨强度峰值的大小，如图 3.1–15 所示。

苏州古城区降雨径流中的污染情况十分严重，多数降雨事件中不同下垫面类型的降雨径流中 TCOD、TN、NH_4^+–N、TP 和 SS 均不同程度超出《地表水环境质量标准》和《污水综合排放标准》，如图 3.1–16 所示。

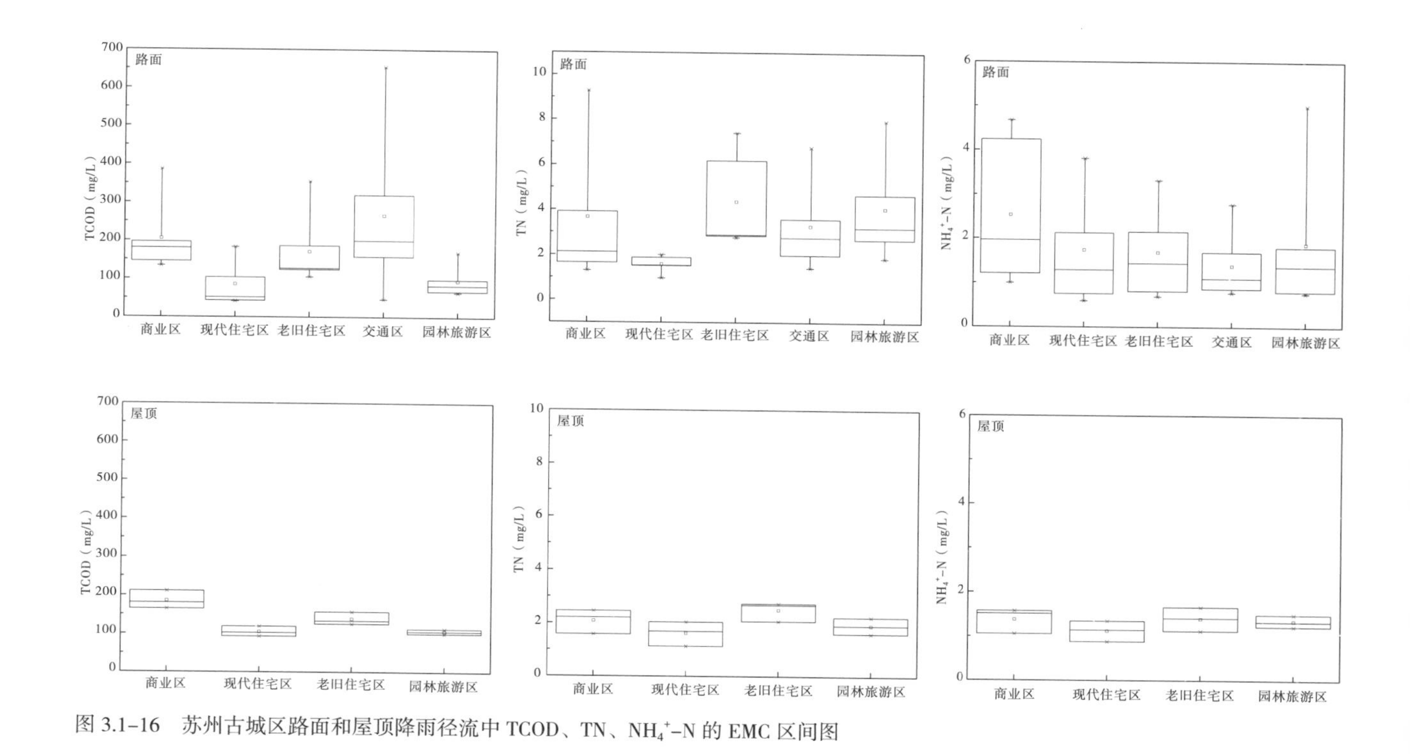

图 3.1-16 苏州古城区路面和屋顶降雨径流中 TCOD、TN、NH_4^+-N 的 EMC 区间图

商业区和交通区路面径流中各项污染物的浓度污染程度较高，其中 TCOD、TP 和 SS 污染程最为明显，并且商业区路面径流中 TP 的含量要显著高于其他功能区路面。老旧住宅区和园林旅游区路面径流中 TN 的污染物程度较为突出，而现代住宅区由于地表清洁度较高，因此其各项污染物的污染程度普遍处于最低水平。此外，NH_4^+-N 在 5 种功能区径流中的浓度较为平均，未出现较大差异。对于屋面径流而言，除了 TP 和 SS 表现出较为明显的空间分异外，TCOD、TN 和 NH_4^+-N 的污染水平基本保持一致。

在不同降雨情景下，苏州古城区不同功能区路面径流中污染物的变化过程表现出较大的差异性。在降雨量较小的小雨和中雨情景下，商业区和交通区路面径流中污染物浓度能很快达到峰值，并随着降雨历时呈下降趋势，老旧住宅区和园林旅游区污染物变化过程表现较为平稳，现代住宅区则呈锯齿状波动。在降雨量较大的大雨（如图 3.1-17 所示）和暴雨情景下，径流中污染物的变化表现与之不同，商业区和交通区路面径流中污染物在降雨初期迅速下降，很快便趋于稳定，而溶解性污染物则因为径流的稀释作用，变化趋势较为平缓；现代住宅区污染物变化过程因为降雨量的增加而开始趋于平缓；老旧住宅区和园林旅游区污染物的变化则呈现出较为明显的波动性，甚至在暴雨情景下，径流中的污染物出现了上升趋势。对于不同类型屋面径流中污染物变化过程而言，并未出现较大的差异性，其径流中污染物的变化过程主要受降雨特征的影响较大。

通过对苏州市古城区不同功能区路面以及各种屋面类型径流中各项指标进行 Pearson 相关性分析后发现，所监测的各项理化指标之间普遍存在着较显著的相关关系，如图 3.1-18 所示。通过某一项污染物的含量来预测其他指标的污染程度，尤其是 SS 与 COD、TN、TP 之间的相关性最为明显，因此可以通过去除 SS 快速去除径流中的污染物。由于屋面受人类活动影响较小，排除了较多的偶然因素，因此其径流中污染物之间的相关性要显著高于路面，但由于屋面径流中颗粒物污染程度较小，因此 SS 与 COD、TN、TP 的相关性要略低于路面。

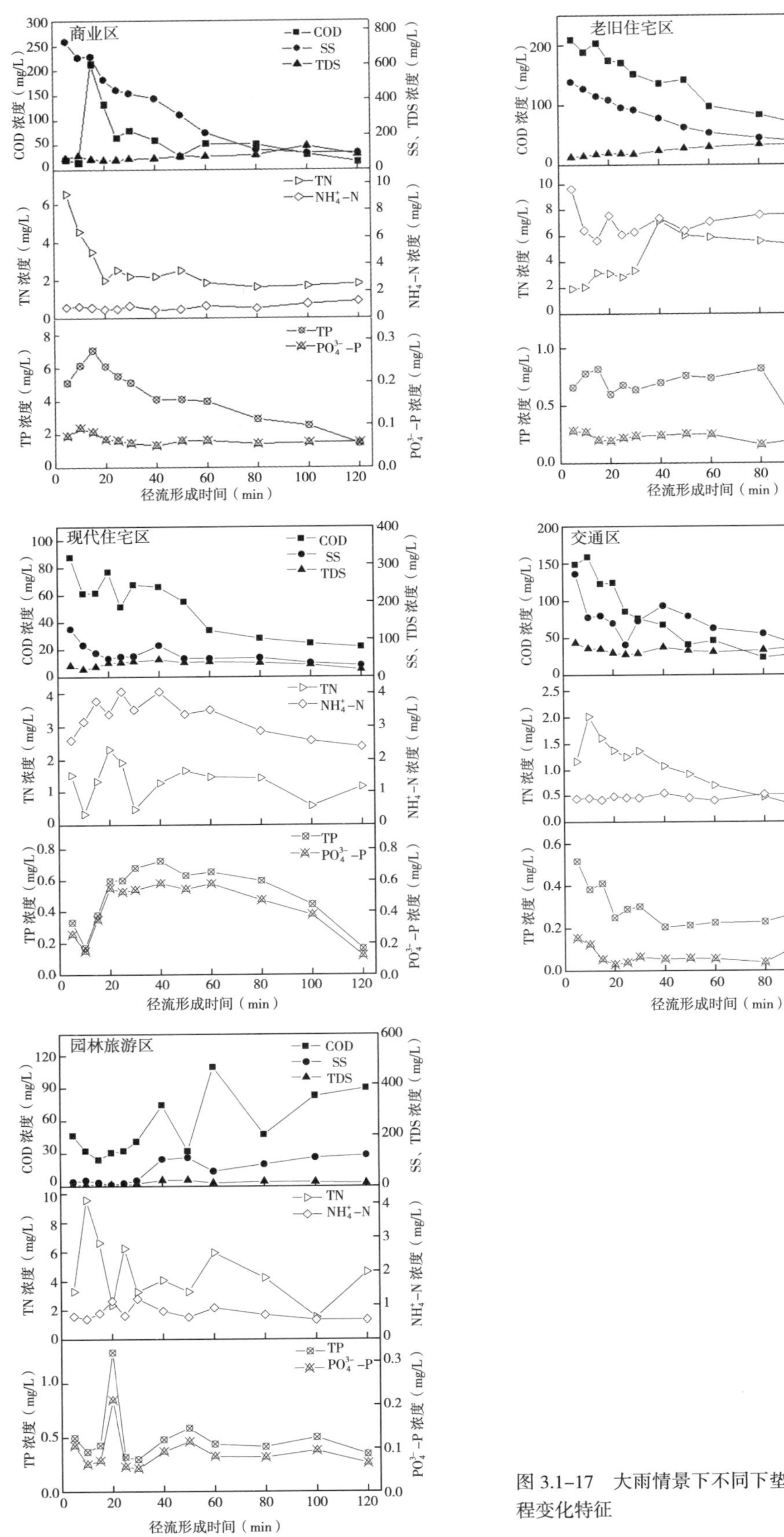

图 3.1-17 大雨情景下不同下垫面路面污染物过程变化特征

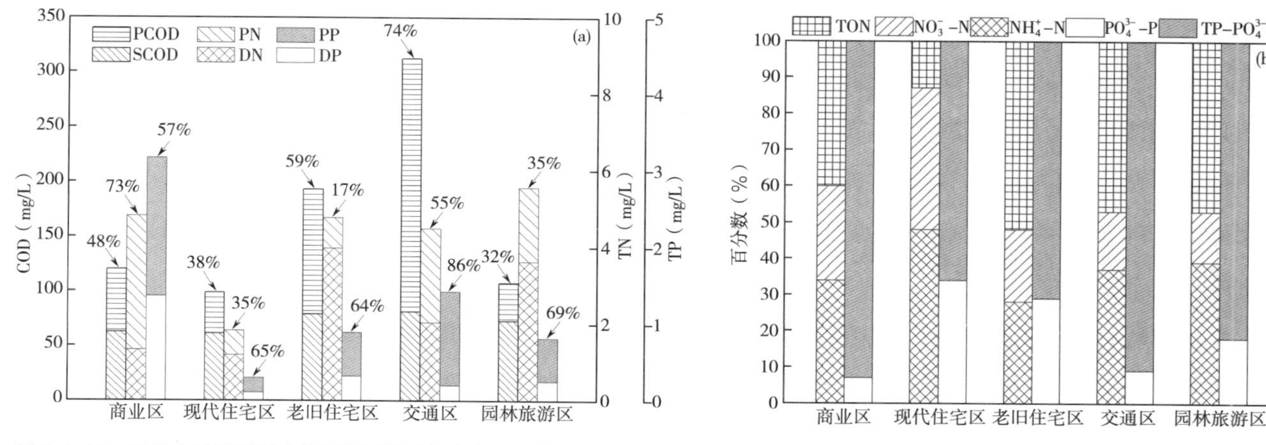

图 3.1-18　苏州古城区不同功能区路面降雨径流主要污染物赋存形态

3.1.5.2　洪涝特点

苏州市处于长江、太湖流域下游东部平原地区，地势低洼，排水不畅，是一个洪涝多发的地区。苏州市洪涝灾害形成的原因受气候、地形和人类活动等因素的影响，大致可分为两个方面：一方面是自然因素，当太湖流域降水丰沛时，苏州市作为太湖流域的洪水走廊，上游地区的洪水需要通过苏州市入江入海，历史上称为“洪水走廊”，给苏州市造成威胁；另一方面是人为因素，前些年围湖造田、兴建联圩，河道被挤占、填没现象严重，减少了调蓄面积和河道数量，排水不畅，增加了发生洪涝的风险，威胁到人民的生命财产。洪涝灾害一直是制约地区可持续发展的主要因素之一。

（1）发生频率高

据史料记载：自公元 278 年到 1931 年的 1653 年中，苏州地区平均每 10 年发生一次水灾，平均每 13 年发生一次因太湖暴雨成灾，平均每 48 年发生一次因台风影响成灾。1949 年以来，苏州全市发生较大洪涝灾害的大水年份主要有 1954 年、1957 年、1962 年、1991 年、1993 年、1995 年、1999 年以及 2016 年，其中 1991 年和 1999 年发生了太湖流域性大洪水。1991 年太湖平均最高水位达 4.79m，超出 1954 年 0.11m；1999 年太湖水位再创历史新高，达到 5.08m；同年 7 月 1 日京杭大运河枫桥水位达到 4.50m，超过历史最高水位 0.21m。

（2）季节性明显

虽然苏州市雨量丰沛，但是年内分布不均匀，其中 5—10 月的汛期占全年降水量的 60% 以上，这也是造成苏州地区洪涝灾害的主要因素。汛期洪水主要分为梅雨型流域性洪水和台风型区域性洪水，其中梅雨型流域性洪水降雨历时长、范围广，致使高水位持续时间长，退水缓慢，主要发生在 5—7 月份；台风型区域性洪水具有突发性强、暴雨强度大而集中的特点，河网宣泄不及，短时间内易出现高水位，主要发生在 8—10 月份，秋季台风对苏州地区降雨的影响程度为严重和特别严重的概率较大。

发生在 1954 年的太湖流域特大洪水，苏州全境梅雨期 5—7 月内雨日 56~69 天，普降大雨 8 次、暴雨 1 次，降雨量 678~783mm，大于同期多年平均值的 72%~92%；平望站高达 892.4mm，超过同期多年平均值的 1.26 倍。发生在 1991 年的洪涝灾害，苏州市梅雨总量达 497~855mm，平均达 690mm，是正常年梅雨量（207mm）的 3.3

倍。梅雨量多且强度大，主要集中在 6 月 14 日至 7 月 2 日 9 天的时间，降雨量达到 421mm，占整个梅雨量的 60%。2016 年汛期，江苏省太湖地区累计降雨 1146mm，是常年同期雨量的 1.7 倍，其中梅雨期（6 月 19 日—7 月 20 日）平均雨量 539mm，是常年同期的 2.4 倍。

由台风引起的特大洪涝灾害发生在 1962 年 9 月 5—7 日。受台风和特大暴雨的袭击，苏州站 39 小时降雨量达到 437mm，全市平均 275mm，两天的时间河水水位上涨 0.81~0.99m，苏州全境普遍受涝。

（3）危害程度大

洪涝灾害的发生不利于宏观经济的平稳运行和当地居民的正常生活。例如 1954 年的特大洪涝灾害，仅苏州城区就有 4000 多户居民住宅进水，10 多家工厂被淹或半停产，造成重大经济损失。1962 年发生台风引起的特大暴雨灾害时，苏州全境普遍受涝，受灾农田 240 万亩、重灾农田 74 万亩，部分工厂停产，6750 户居民住宅积水。发生在 1991 年的特大洪涝灾害给苏州的工农业生产和人民生命财产带来了巨大损失，其中在农业方面失收小麦 1.6 亿斤、油菜 3000 万斤；被淹水稻 53 万亩、棉花 31 万亩、蔬菜 5.5 万亩；在工业方面因灾停产、半停产企业 5800 家；在生命财产方面全市进水受淹学校 596 所、1.3 万间，医院 30 家、2500 间，城乡居民住宅进水 32 万户，倒塌房屋 1.2 万间，严重损坏 3.6 万间，因灾受伤 123 人，死亡 24 人；在基础设施方面 2500 余 km 的堤防、3000 多座闸站工程遭到水毁，29 只小圩子决堤，1347 套排涝设施损坏；苏州市因灾造成的直接经济损失达到 29.7 亿元。发生在 1999 年的洪涝灾害，苏州全境受灾人口 159 万人，受淹农田 180 万亩，企业 3191 家，直接经济损失达到了 20.15 亿元。2016 年汛期，苏州境内京杭大运河沿线的相城区、高新区受淹严重，受淹城镇 3 个，道路积水最大水深 1.1m，洪水围困 700 余人，紧急转移人口 5300 余人，造成直接经济损失 1.55 亿元。

3.1.6 水资源概况

3.1.6.1 水系概况

苏州市是我国典型的平原河网地区，在流域水利分区中分属澄锡虞区、阳澄淀泖区和杭嘉湖浦南区。苏州市内河湖资源丰富，有各级河道 2 万余条、大小湖泊荡漾 300 多个，河湖相连，形成“一江、百湖、万河”的独特水网，水域面积占比 36.9%（含长江、太湖水域），其中列入江苏省保护名录的湖泊 94 个，列入江苏省骨干河道名录的河流 93 条。

苏州市境内“一纵三横”（分别为京杭大运河、望虞河、太浦河和吴淞江）四条流域性骨干河道将市域河道划分为相对独立的新沙虞西、阳澄、淀泖、滨湖、浦南五片水系，河网总体自然水势由西北向东南。由于地势低平，河流比降小，水流平缓、迂回，在局部气象要素或沿江水闸引排水等人为因素影响下，日常流向顺逆不定。洪涝期间，望虞河以西新沙虞西片主要经南北向通江河道以及张家港河等北排长江、东排望虞河；吴淞江以北阳澄片河道在沿江口门排江期间以北排、东排为主；吴淞江以南淀泖片湖泊众多但缺乏骨干河道，洪涝水主要汇入淀山湖经拦路港东出黄浦江，北部沿江口门排江期间，淀泖北部河网有北排趋势；运河以西滨湖片河道相对较少，主要有浒光运河、青江、苏东运河等连运通湖河道，洪涝水东排汇入大运河后下泄外排；南部太浦河以南浦南片以湖泊为主，洪涝水主要通过頔塘和澜溪塘以及区内纵多南北向太浦河连接河（荡）等自西南至东北向的河道北排和东排。

苏州市区内，承泄太湖和上游来水的京杭运河、吴淞江、太浦河三大流域性河道穿城而过，也是市区涝水外排的重要通道；市区内部元和塘、娄江、浒光运河、青江、苏东河、牵牛河、頔塘等骨干河道，承担分区涝水外排任务；大型水域阳澄湖、金鸡湖、独墅湖、澄湖、石湖、九里湖、元荡、北麻漾等湖泊，为承纳洪涝水、削减洪峰发挥重要的调蓄功能。除骨干河湖外，城区内还有济民塘、黄棣塘、西塘河、三船路、横草路、大窑港、马运河等大量河道与上述骨干河湖沟通交汇，形成互联互通、纵横交错的城区水网。据统计，苏州市区有吴淞江、太浦河、京杭大运河3条流域性河道，长约149km；骨干引排河道58条，总长约515km；一般河道3200余条，总长约3300km；江苏省保名录湖泊67个，总面积285km^2。

3.1.6.2 水资源概况

（1）水资源量评价

苏州市本地自产水资源量相对较小，过境水资源量较大，2016年全市入境水量为自产水量的10倍，入境水资源主要包括太湖来水、浙江来水、无锡市来水、长江引水和境外提水，全市用水总量超过当地水资源量。由于水环境恶化，苏州本地水资源已经不能发挥正常效用，水质型缺水形势严峻。

（2）常规水资源利用评价

2016年全市总供水量为$8.298 \times 10^9 m^3$，其中地表水供水量为$8.292 \times 10^9 m^3$，地下水供水量为$6.1 \times 10^6 m^3$。苏州市区以太湖为第一水源、阳澄湖为第二水源，西塘河为备用水源。用水总量稳定，2009—2015年用水量稳定增长，2015年及2016年用水量又有所下降，2016年苏州市工业用水量占总用水量的75.4%。用水效率较高，苏州市人均用水量高于全国和东部地区平均水平，农田灌溉亩均用水量、万元GDP用水量、万元工业增加值用水量低于全国和东部地区平均水平。

（3）非传统水资源利用评价

近年来，苏州新建项目雨水资源利用得到推广，雨水回用用途主要为绿化浇灌、道路冲洗、景观补水等，但公共设施服务用水中雨水资源替代率仍较低。苏州市区再生水重复利用比率较高，2017年苏州市区污水处理量为$5.9912 \times 10^8 m^3$，再生水重复利用率约为31%。

3.1.7 水文化概况

苏州是吴文化的重要发源地，历史悠久，文脉盛泽，人才荟萃，是国家历史文化名城。从2500多年前伍子胥在此建城开始，逐步形成了光辉灿烂的地域文化，拥有丰厚的文化遗产资源。

3.1.7.1 水文化资源

水文化资源是指各种可供发展利用的水文化要素。从分类上来看，水文化资源既包括自然资源，也包括社会资源；既体现为有形的物质载体，也包括无形的精神、制度等。苏州重要的水文化资源主要包括长江文化、太湖文化、运河文化、古城水系、历史河湖、江南水乡古镇、山水园林、桥、井泉、治水名贤、塘浦圩田、历史水工程遗产、当代水工程、水文化民俗民风等等。在核心的水利文化资源中，物质类包括古城水系、河湖、湿地、圩田、水工程等；精神类包括治水科技、水乡民俗、涉水文学艺术等；制度行为类包括涉水制度、规范等。

（1）物质类水文化资源

苏州河湖湿地众多，港汊密如蛛网，苏州古城水系独具特色，太湖流域的塘浦圩田为古代水利灌溉系统的典型范本，长江沿岸的太仓海塘展示了苏州“通江达海”的格局。这些水工程、历史河湖，均是水文化发展的物质承载与依托。

1）古城水系

伍子胥建苏州城（时称吴大城）时，将天然河道扩展成遍布全城的水网，形成“通门二八，水道陆衢”之势。南宋复建苏州城时，河道被调整为二横四纵为主的水系，被后人称为“水陆并行，河街相邻”的双棋盘格局，如图 3.1–19 所示。环古城河以胥江、山塘河、娄江、至和塘、元和塘等，将城内水系与城外太湖、长江水系相连通，构成独特的水网系统。苏州古城水系体现了古城选址的科学性，富庶了一方经济，承载了苏州历史名城的核心内涵，是重要的发展资源。

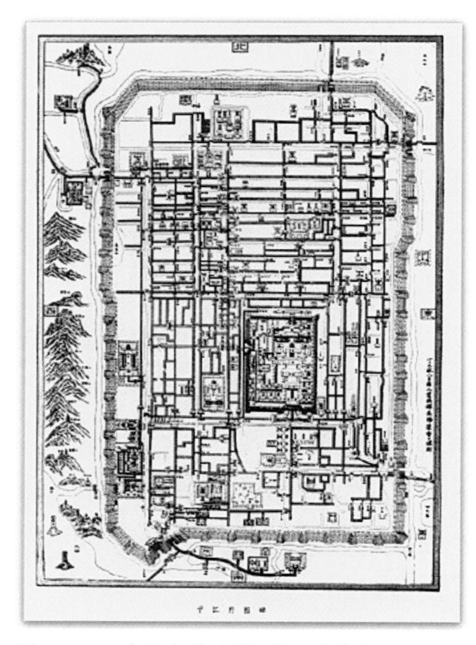
图 3.1–19 古城水系（平江图，宋代）

2）河湖湿地

苏州河道纵横、湖泊众多。在地域文化发展和治水过程中，通过大运河、元和塘、娄江、胥江、杨林塘、七浦塘、頔塘、澜溪塘、浏河、吴淞江等河道，以及阳澄湖、尚湖、澄湖、昆承湖、汾湖、莺脰湖、淀山湖等湖泊，形成了苏州水网水乡风貌。

根据第一次全国水利普查结果，苏州市共有河道 2.18 万条（其中列入江苏省骨干河道 93 条，占全省的 13%），全市 50 亩以上的湖泊 384 座（其中列入省保护名录的湖泊有 94 个，占全省的 69%）。全市仅 1 座水库，为高新区胜天水库，在马涧生态园，天然蓄水而成，总库容 $1 \times 10^5 m^3$。苏州市湿地众多，是全省首个出台湿地保护条例的设区市。在《江苏省首批省级重要湿地名录》中，共收录苏州市湿地 102 个。

3）圩田

苏州地处太湖流域平原河网地区，圩区治理已有 2000 多年的历史，经历了塘浦圩田、小圩体系、联圩建设三个阶段。

塘浦圩田是今人对历史时期以塘浦为四界构成圩田系统工程的简称，也是一种代表湖区水利的特殊灌溉工程类型。太湖平原地势平坦，塘浦纵横。沟渠东西向者称横塘，南北向者称纵浦。塘浦圩田就是利用湖区天然河渠开挖塘浦，疏通积水，同时以挖出的土构筑堤岸，将田围在中间，水挡在堤外。圩内开沟渠，设涵闸，有排有灌。太湖地区的圩田以大河为骨干，五里、七里开一纵浦，七里、十里挖一横塘，挖出的泥土就势于塘浦两旁筑成堤岸，形成棋盘式的塘浦圩田系统。

中华人民共和国成立后，圩田向联圩并圩发展。现在，常熟、太仓、昆山、吴江、吴中、相城等市区仍留有圩田系统。在水文化遗产调查中，属于坪田遗产的有金家大灯，其地址东靠辛安塘，西傍元和塘，南临张泾，北至杨家坝、乌枪坝、狄家坝、蛳螺坝一线，为明万历二十六年（1598年）建。现今，灌溉圩田已经向节水型、信息化、智能化转型发展，常熟董浜是现代高效节水灌溉基地，其物联网与信息化灌溉技术全国领先。

4）水工程资源

苏州古代水利工程遗留至今的大多包含在工程类水文化遗产中，包括江南运河苏州段的各节点、古城水系、古河道、涵闸水关等。

苏州古城水关遗址保存较为完好，初建时有水门8座，现存水关遗址5处。此外，太仓古城保存的元代西水关遗址。现今留存的遗产包括：相门汉水门遗址、齐门南宋水门遗址、唐代盘门、阊门遗址和中华民国金门遗址。

长江江苏段江堤，以常熟福山港为界，上游为江堤，下游为海塘。清光绪《江苏海塘新志》称，苏州海塘“开始元代，明兴建，清屡有修筑”。经调查，现有清乾隆十九年（1754年）常熟市梅李镇赵市圩港村耿泾口至新港镇浒浦老港海塘遗址。此外，太仓市江滩公园内有“太仓市修筑海塘纪念碑”，为当代重修江堤纪念设施。

苏州防洪堤防主要包括太湖堤防、长江堤防（在海塘中）、河道堤防等。唐朝时，苏州城外已有7座挡水的拦河堰，以御水之暴而护民居，故有“苏州七堰八城门，家家户户泊舟航”之说。根据水文化遗产调查，尚存的遗产型堤防涵闸主要有：白茆闸、太湖堤闸、浏河新闸、浏河节制闸、七浦塘浮桥水闸和三堰五闸。

苏州市是京杭大运河沿线唯一以古城概念申遗的城市，大运河对苏州经济发展影响深远，诸多城镇均与运河联系紧密。大运河沿线水文化资源是大运河文化带苏州段建设的重要依托。大运河故道，分别为开凿于春秋末期的苏锡段、市河段和形成于秦汉时期的苏嘉段。市河段原本流入阊门与古城河汇合由觅渡桥出，后改走横塘，循胥江入城。19世纪80年代按四级航道大规模整治，在横塘镇南另辟新河，弃胥江改走澹台湖，至宝带桥北与苏嘉段相接，使市河段运河绕过苏州古城，减轻市区防洪压力。

现今的水利工程类资源主要包括堤防、水闸、泵站等。苏州的水工程主要围绕重要的河湖设立，包括太湖、长江、大运河堤防，城市防洪大包围；集供水、航运、排涝、挡水等功能于一体的水利枢纽，如望亭枢纽、阳澄湖枢纽、七浦塘江边枢纽、胥口枢纽等；以及河湖沿岸的控制涵闸，如太浦河沿线水闸，长江边的张家港闸、三干河枢纽、常熟水利枢纽、浏河闸、白茆闸（新闸）和环太湖的诸多港闸等。

5）园林理水

园林理水指的是中国传统园林的水景处理，在治水的基础上更为微观与艺术化。在自然山水园中，理水要求以各种不同的水型配合山石、花木和园林建筑组景，如自然或人工形成的湖、塘、渠、瀑布、喷泉、送水、落水壁泉、水幕等多种形式。苏州园林甲天下，其最美之处在于灵动之水。水是苏州园林之血，没有水泉，园林没有活气生机，植物易于枯萎，空气不易湿润，可观赏性大大降低。虎丘有剑池等水“点景”，网师园、环秀山庄的水小而别有韵致，以及拙政园、艺圃、狮子林、沧浪亭等的园水均为人所称颂。苏州园林的山水构成的造园艺术体现了水文化建筑特色，折射出中国传统文化的内涵，如图 3.1–20 所示。理水之法常规为：一是疏源之去由，察水之来历；二是水有三远，动静交呈；三是以水为心，随曲含方；四是深柳疏芦之意境，堤岛洲滩之真如。

6）其他

包括井泉、桥等。苏州桥梁有宝带桥、垂虹桥等精品。历史上有数百位名人为苏州桥梁吟诗作画，留下了厚重的桥文化；水井是古代饮用水之源，记录了苏州人的生活，苏州井多，星罗棋布。早在崧泽文化时期，苏州境内就有古井，后有战国时期的土坑木底井、汉代陶井栏水井、宋代砖井等。

（2）精神类水文化资源

1）治水先贤及理念

苏州治水名人颇多，包括春申君黄歇、于頔、范仲淹、郏亶、郏侨、单锷、夏原吉、归有光等。历代名人治水、论水的行为和著述，是苏州水利史、水文化的重要组成部分，也为现今的水文化建设提供了参考。

2）治水技术

苏州治水技术自古以来走在全国前列，如唐及五代时期的吴越政权对塘浦圩田的发展，做到治水和治田相结合，特别是施行养护管理制度，得到后人的赞扬。苏州地势低洼，为了在低田、沼泽地中修筑塘浦圩岸，古人想出在水中用粗竹席和干草做成墙，捞起水中淤泥填实到竹席墙中间作为堤基的科学做法。北宋宣和元年（1119 年）立浙西水则碑，即将标尺刻在石碑上，用以观测水位的高低涨落，这是太湖地区最早的水文测量标志。清同治年间（1862—1874 年），苏州已用“机船”清除城中淤泥，是较早利用水利机械的地区。清光绪二十二年（1896 年），苏州海关二等帮办福开森用自制的现代化器具，对围绕苏州城的河道进行测量，绘制了《苏州新境图》，比较精确地反映了苏州地形与河道的面貌，在水利、交通等方面具有参考价值。清朝末年，李超琼修葑门外官塘、筑金鸡湖长堤时，运用了一些近代的测量方法。中华民国 2 年（1913 年）冬，时任江苏民政厅水利主任方还与技术官周秉清主持浚治白茆塘时，用现代技术测算、设计，自支塘至河口，拓浚 30 里，浚深 7 处，裁弯 8 处，并拆除旧闸，用现代理念建桥 7 座。民国以后在河道中设置水位标杆等一些水利设施，也多用现代化的工业材料。中华人民共和国成立后，苏州是最早提出“四分开，二控制”治理圩区的地区。“四分开”是内外分开、高低分开、排灌分开、水旱分开。“二控制”是控制内河水位，控制地下水位。“四分开，二控制”增加了圩内蓄水，防止外水倒灌，缓和了高低田的矛盾，增强了抗洪排涝能力。在应用水利先进技术方面，1975 年常熟县水利局在全国首次采用“水闸静水浮运新工艺”，使 3000 余吨的福山闸移位 1.8km。

3）涉水民俗

苏州的水上活动特别活跃，比较重要的有：观潮，古代苏州百姓在夷亭与昆山欣赏潮水；龙舟竞渡，每逢端午节，苏州会在为纪念伍子胥而命名的胥江河上以及金鸡湖、太湖等地举行盛大的龙舟赛事；戏曲表演，古代戏曲表演有水上傀儡戏，也有“水漫金山”等真人水戏；中秋节还有船拳的表演；八月十八游石湖、观“石湖串月”等等。此外相关的还有走三桥、水龙会、荷花生日、乞巧、河灯、太湖渔民婚礼习俗等。

拙政园

狮子林

沧浪亭

留园

图 3.1-20 苏州园林的典型代表

4）涉水文学艺术

涉水文学形式多样，有民谣、诗歌、散文等。自古以来无数文人墨客在苏州留下了千古佳句。从西晋陆机“阊门何峨峨，飞阁跨通波”，到唐杜荀鹤“君到姑苏见，人家尽枕河”，再到南宋范成大“年年送客横塘路，细雨垂杨系画船”，直至近代周瘦鹃的“五十三环环作洞，迎往送来万千艘”，映现了一幅幅苏州古城水、桥、船、人相互交融的优美画卷。“月儿弯弯照九州，儿家欢乐儿家愁。”吴文化地区江南水乡孕育的民歌——吴歌，已被列为首批国家级非物质文化遗产。从左思、冯梦龙、刘半农、顾颉刚等人的著作中不仅可以溯源到水文化元素在吴歌中的真实体现，而且为研究水文化软实力提供了广泛的素材。当代作家余秋雨、陆文夫、苏童等人均写出了江南水乡特色。昆曲作为苏州特有的民间艺术，其剧本创作和舞台艺术均蕴含了水的灵动之美，因此，昆曲又称“水磨调”。

（3）制度行为类水文化资源

1）古代管水制度

苏州水利管理机构的历史源远流长。早在五代吴越时期，钱镠置都水营田使，主持水事，组织撩浅军，在苏州一带专业治堤筑坝、开挖河道。北宋大中祥符年间（1008—1016年）置开江营兵1200人，专修运河至浙江的堤岸。北宋嘉祐四年（1059年），增置开江兵士，分隶吴江、常熟、昆山、城下（即苏州城）四指挥。南宋乾道五年（1169年），在平江（今苏州）增置撩湖军民，确定管辖范围。南宋淳熙二年（1175年）更立庸田司于平江，专门负责苏州的水利工程。元大德二年（1298年），在平江建立都水庸田使司，主持苏州水利事项。明成化八年（1472年），置苏松水利浙江佥事，专治苏州、松江二府的水利。清顺治元年（1644年），设江南河道总督。清雍正八年（1730年），在吴江同里特设太湖水利同知署。清同治十年（1871年），由江苏藩、臬二司与苏松太道主持，成立苏城水利局，总管苏属水利。中华民国时期成立了江南水利局，分管苏州水利业务。在不设水利机构的时候，明确由地方政府中主官与通判、税关主事等具体负责，分工责任明确。苏州水利管理机构在历代水利建设中，起主导作用。

2）古代治水制度

苏州的治水史主要围绕太湖地区的洪水下泄，与长江潮水的合理利用展开。太湖流域对营田、农收生产的重视，更催生出各类型的水利制度。

在水资源水环境保护方面，如今仍然保存在苏州市虎丘门口右侧的《奉宪勒石永禁虎丘染坊碑》颁布了严禁在虎丘设立染坊、保护河流水质的有关法令，是我国历史上最早成文的河流水质保护法。

水利工程管理方面，南宋绍兴二十九年（1159年）监察御史任古督浚平江水道，从常熟东栅至雉浦入丁泾；开福山塘自丁泾口至高墅桥，北注长江。是年，知平江府陈正同报经户部奏准禁止围垦湖田，并立界碑，约束人户。南宋乾道五年（1169年）增置平江撩湖军民，确定太湖管辖范围，不许人户佃种茭菱等阻水易淤的水生植物，以畅河流。明万历三十四年（1606年）常熟知县耿橘组织民工浚三丈浦、奚浦、盐铁塘等干河，水流通畅，并以治水经验和体会，撰成《常熟县水利全书》。其中，明确了水利行政单位。

农田水利管理方面，五代时吴越设“都水营田使”，使治水与治田结合起来；还有北宋熙宁二年（1069年）颁布的《农田水利约束》等。

图 3.1–21 江南水乡古镇

3.1.7.2 水文化发展优势与特征

水文化是苏州文化的灵魂，几乎渗透了苏州文化的各个方面。长江、太湖的水利互动、大运河的千年文脉以及古城水系的传承发展，架构起苏州水文化的基本脉络。苏州境内具有世界级声誉的水文化资源，如苏州的古城水系，太湖、众多水乡古镇等，共同营造出“东方水城”“人间天堂”的地域文化品牌（图 3.1–21）。

（1）太湖水网与水乡文化

“天下之美，无过苏州；苏州之美，无过水田”。太湖流域地势平坦，水网纵横密集，开发太湖地区的过程，在一定程度上就是围湖围海的过程。随着海塘和湖堤系统的发展和太湖流域的不断开发，逐步形成了苏州太湖地区始于春秋、成熟于宋代的塘浦圩田系统。历代治水官员围绕太湖水的下泄及有效防治江海潮汐的影响，就治田治水采取了很多措施，如范仲淹“灌排并用”思想，郏亶、郏侨父子“高圩深浦”理论，单锷“排水为主”的太湖水利规划等，逐步形成以水网密布、塘浦圩田、古桥古井众多、水乡生活气息浓厚为特色的江南水乡风貌。

（2）大运河与古城水系交汇、交融开放

苏州的大运河经历了环城而过到绕城而过的过程。经过 2000 余年的开发，苏州形成了以环古城水系为核心的运河网，将周边太仓、昆山、吴江、常熟、张家港等地进行了有效串联，实现了商品货物的吞吐融通，并通过大运河实现了内外部的交融开发，造就了古代苏州独特的经济文化中心的地位。

（3）人文荟萃，水文化遗产众多

苏州治水用水历史悠久，人才辈出。尤其是北宋以来，太湖地区水利事业得到大规模的治理和建设，逐步形成了以苏州古城和大运河为核心，以太湖水系畅通和长江潮水利用为特色的塘浦圩田系统，相关文献记载十分丰富，历代治水名人不断涌现，留下了体系完整的物质类和非物质类水文化遗产，其水文化遗产调查总量约占江苏全省的 40%，是苏州作为江南水乡和历史文化名城的重要文化载体。

（4）城市化率高，利于打造水文化全覆盖格局

苏州城乡发展一体化、现代化进展迅速，2016 年全市城镇化率达 75.5%，农村产权制度改革、城乡整体

环境面貌、新农村建设等均走在全国全省前列。苏州水文化传承保护利用是实现百姓对于美好生活追求的高质量发展的重要方式。全域覆盖的水文化资源和充足的经济基础，为苏州率先开展全域水文化体系建设创造了条件，让人水和谐、尚水顺水的理念深入人心，打造“苏式”水文化全覆盖格局。

3.1.7.3 水文化现状

近年来，苏州市深入贯彻习近平总书记新时期治水方针，积极践行创新、协调、绿色、开放、共享五大发展理念，将“做好水文章”作为全市重点水利工作之一，探索开展水文化建设，积极推进水文化传承，全社会水文化认知度和水利行业认同感有所提升。

（1）水文化遗产保护与利用情况

2014 年，京杭大运河被批准列入世界文化遗产名录，其中苏州共有 4 条运河故道（山塘河、上塘河、胥江、环古城河）和 5 个点段（盘门、山塘历史街区含虎丘云岩寺塔、平江历史街区含全晋会馆、宝带桥、吴江运河古纤道）列入申遗名录，苏州成为运河沿线唯一以“古城概念”申遗的城市。同时，2014 年以来，以大运河成功申遗为契机，拓展平江河、山塘河等遗产项目，实施古桥、古井保护，开展背街水巷改造，古城水系景观进一步提升。

（2）水工程与风景区文化优化与提升情况

近年来，苏州市在保障水安全、修复水生态、治理水环境等方面开展了一系列工作，通过调水工程将长江水引入太湖和古城水系，开展“引江济太”望虞河苏州段工程、西塘河引清工程建设等。全市范围内实施水系连通工程与活水畅流工程，水体健康度不断提升，为水文化水景观的提升打下良好基础。

苏州市借助水利工程除险加固或后续工程建设机遇，新建水文化小品、长廊，或在已有建筑物里添加水文化元素。胥口水利枢纽新增苏式园林建筑的屋顶，并在枢纽周边镇村挖掘伍子胥治水传说。阳澄湖水利枢纽整治七浦塘水体及周边岸线环境，形成具有江南水乡风貌的特色水景观。望亭水利枢纽新建科普展示角、科普展示牌等。

在水利风景区建设方面，截至 2017 年年底，苏州市共创建国家级水利风景区 6 个，分别是张家港环城河水利风景区、太仓市金仓湖水利风景区、吴江浦江源水利风景区、吴中区旺山水利风景区、苏州市胥口水利枢纽水利风景区、昆山市明镜荡水利风景区；省级水利风景区 5 个，分别是张家港凤凰水利风景区、太仓市凤凰湖水利风景区、昆山市巴城湖水利风景区、常熟南湖水利风景区、常熟市泥仓溇水利风景区。景区内不断打造水文化长廊等设施，进行水文化展示。

（3）生态河湖水文化建设

围绕境内重点河湖，重点开展水环境治理、水生态修复，并与地方规划衔接，合理开发利用。开展城镇农村生活污水治理，制定《农村生活污水治理三年行动计划（2015—2017）》，建设污水管网体系，实现了环太湖、阳澄湖等生态敏感区域村庄污水治理设施的全覆盖。

开展东太湖、阳澄湖综合整治。太湖湖体及周边环境得到极大改善，主要湖体水质稳定达到Ⅱ类水标准，退圩还湖 20 多万亩。同时，充分挖掘周边岸线历史文化资源，开发了吴江东太湖生态旅游度假区，建成了东太湖生态园、翡翠岛、东太湖大酒店、太湖渔湾、太湖绿洲、格林乡村公园、太湖大学堂等，打造苏州湾旅游区，开展“水上游”活动。自2013年起，实施两轮阳澄湖三年生态优化行动，保障饮用水安全、严控工业点源污染，着力提升阳澄湖水质情况。取缔多处船餐，内源污染进一步减少。湖岸周围建设了阳澄湖生态园、阳澄湖湖滨生态体育公园等，建成了阳澄湖生态旅游度假区。

湿地保护力度较大。2013年，苏州市颁布了第一批全市重要湿地名录，出台保护规划。大力建设环太湖、北部沿江、中南部湖荡湿地保护区，自然湿地保护率从试点前的45%提升至54%。划定海绵城市建设省级试点区 $2.645 \times 10^5 km^2$，海绵城市理念全面融入城市建设，全市建成生态河道957km、多种形式生态护岸850km。

（4）水文化制度行为体系建设

出台《苏州市生态补偿条例》，投入生态补偿资金近30亿元。苏州市一方面出台《苏州市河道管理条例》《苏州市蓝线管理办法》《苏州市湿地保护条例》《苏州市排水管理条例》《苏州市建设项目节约用水管理办法》等20余部法规，构建了较为完备的水生态文明建设法制体系，法治水利建设体系不断完善；另一方面完善执法联动机制，建设执法信息平台，推进执法能力信息化建设；此外，强化水域岸线管理，编制完成河道蓝线规划，继续推进河湖和水利工程管理范围划定工作，依托水质监测系统，精细化、精准化管理河湖水域岸线，严格控制水域占用行为。

（5）水文化公共服务体系建设

苏州市先后建成苏州太湖园博园太湖水保护馆、吴江同里太湖水利展示馆、苏州市水文化科普教育馆等水文化场馆；启动实施苏州古城水文化馆；充分发挥吴中区旺山国家级水土保持科技示范园、工业园区青少年活动中心等10余家苏州市级节水教育基地的示范教育作用。

（6）水文化产业培育

苏州市逐步打造水上游、水乡游等特色品牌。环古城河、金鸡湖等水上游旅游项目较为成熟，形成了特色旅游品牌，不断吸引游客前往。水乡古镇同里、角直、周庄全国知名，促进了地方经济发展。近年来，其他古镇也结合水环境整治行动，积极挖掘、结合水文化元素，打造特色水乡小镇，如锦溪、千灯等。

水文化活动丰富。开展环东太湖国际自行车赛事，金鸡湖、独墅湖帆船比赛等；将水产养殖与特色旅游、文化休闲结合紧密。如阳澄湖大闸蟹品牌持续具有影响力，同时挖掘“蟹文化”内涵，建造巴城湖螃蟹馆、阳澄湖文化馆等。培育“水八仙”产业，建成水八仙生态园，内设科普馆。

（7）水文化教育与传播

苏州市水利局与宣传、教育等部门协作良好，水文化宣传成效明显。水情教育活动逐步形成品牌。与教育部门合作，连续五年开展“我的天堂我的水”中小学生征文活动。结合“世界水日”“中国水周”举办讲堂，组织学生学习节水护水知识。每年组织500余名“水讲堂”青年志愿者深入社区、学校、企业开展节水宣传；编写《苏州市节水科普读本》并向全市中小学校发放。

苏州市高度重视水文化的基础研究。积极响应江苏者水文化与水利史专委会的课题研究，参与水文化论坛，成功申报“苏州市水文化初探”“苏州市水生态保护的历史与现状”“苏州当代治水史研究与思考”“吴歌中的水文化元素研究”等多项水利文史研究课题，并通过省级验收。同时，积极利用新媒体、“两微一端”（微信、微博、客户端）等平台开展宣传报道，为弘扬水文化强力发声。

3.1.8 水工程设施概况

3.1.8.1 城市供水设施

苏州市经江苏省政府批准的集中式饮用水水源地共有 15 个，其中县级以上城市集中式饮用水源地 13 个、乡镇水源地 1 个、应急备用水源地 1 个。苏州各市、区均按要求实现双源供水。苏州市水源地为太湖和阳澄湖，其中沿太湖岸线设置 5 个大型取水口，分别为庙港取水口、寺前取水口、渔洋山取水口、上山取水口和金墅取水口；阳澄湖设置 1 个大型取水口，紧邻阳澄湖水厂布置。苏州经济发达，人口大量集中，水资源和水生态环境方面的问题日益突出，饮用水源地保护和水环境治理任务艰巨，部分饮用水源地仍然存在安全隐患，长效管护机制还需要进一步健全，保障水源地安全的任务仍然十分繁重。

苏州市拥有自来水厂 22 座，日供水能力 717.7 万吨，年供水量约 16.5 亿吨。苏州市区范围内共有自来水厂 15 座，供水总规模为日供水量 391.5 万吨。除吴中区和吴江区部分乡镇自备水厂外，其余区域均已实现区域供水。苏州市各区之间以及各区与昆山、吴江都实现了供水管网互连互通。

3.1.8.2 污水处理设施

苏州市区新建地区均为雨、污分流制的排水体制。苏州各区的老城区已基本完成合流制向分流制的改造，对暂时不具备雨污分流改造条件的考虑截留式合流制系统，并因地制宜地采取截留、调蓄和处理相结合的措施予以补充。

苏州市区现状污水处理厂总体上片区集中、区域分散的形态。市区共有污水处理厂 19 座，日处理污水总规模为 136.5 万吨，各污水处理厂均达到《城镇污水处理厂污染物排放标准》GB 18918—2002 一级 A 的排放标准，尾水排入附近河道中。

3.1.8.3 排水防涝系统

苏州市水系众多、地势低平，防洪排涝体系较为完善；以内河围合地块为单元，分片排水，城市道路雨水管道一般随道路同步建设，雨水就近接入河道。苏州市区内大部分雨水管道按照旧版《室外排水设计规范》GB 50014—2006 设计，设计暴雨重现期偏低，难以满足现状要求。

苏州市水利设施数量多而分散，城市防洪排涝主要依靠防洪包围圈，依靠闸、坝控制河道水位，并利用泵站抽排涝水。众多闸坝等水利工程，在保障排涝安全的同时，也严重影响了河道水体的自由流动。

苏州城市中心区在防洪大包围方案的基础上建设了 7 个小包围防洪工程，利用排水设施，对局部低洼地区采取雨水强排等工程措施，确保大包围防洪工程启用后，低洼地不受淹、不积水。苏州高新区分平原区和山丘区，山丘区雨水可以依靠重力流自流排放，平原区通过地面填高、管网等设施建设解决雨水排放问题。

工业园区开发建设比较系统、规范，已开发地块均按规划要求进行了地面填高，雨水管道系统全部按照自流设计，管网建设与道路和地块开发同步实施。吴中区地势相对较高，将少量低洼地填高处理后，雨水排水管道全部按照自流设计。相城区地势平坦，雨水采用分片治理方案，通过地面填高和排水管道建设解决排水问题。

3.1.8.4　雨水调蓄设施

（1）水面调蓄

苏州市河道密布，水面率较高，暴雨来临前通过预先开启的城市防涝设施降低内河水位，有效增加调蓄空间，容纳雨洪，降低内涝风险。根据苏州市现状水系情况统计，目前苏州市区内水面面积约 68.59km^2，80% 以上的水体具有雨水收纳与调蓄功能，且调蓄容量很大。

（2）雨水收集利用设施

苏州是个多雨城市，收集和利用雨水可以有效控制面源污染、削减排水管道峰值流量、缓解水资源供需矛盾。苏州作为国家节水型城市，已建成很多雨水收集利用工程，雨水用途广泛，所采用的雨水处理技术也比较成熟。

截至 2015 年年底，苏州市区范围内利用雨水项目已达 50 余个，主要利用方式包括绿化浇灌、道路冲洗、景观补水、洗车、园艺育苗等，雨水收集池储存总量达 1.2 万 m^3。

3.2　苏州城市发展面临的问题

苏州是天然的海绵体，生态本底条件良好，有着降雨丰富、地势低平、水系发达、土壤渗透性差、地下水位高等特点。基于长江大保护、长三角一体化发展建设要求和太湖流域生态环境治理的需求，苏州水乡及滨水空间与经典的江南水乡形象仍有偏颇，亲水岸线缩减、水脉空间消退、文化景观削弱等问题仍未得到根除。虽然苏州在水系统各方面都存在不同程度的问题，但是以水环境问题更为突出，城市面源污染造成的地表径流污染对水环境影响较大。苏州市区灰色基础设施建设较为完备，在解决水系统问题上侧重以灰色基础设施为主，绿色基础设施的作用未得到充分发挥，且灰绿设施结合不够。

3.2.1　水环境方面

3.2.1.1　水环境质量评价

长江及 42 条支流流经苏州市的河段水质全部达Ⅲ类及以上，在全省最严格的水资源管理考核中名列第一。

近年来苏州市Ⅲ类以上地表水比例逐渐提高，但总体属于轻度污染级别，影响主要河流水质的首要污染物为氨氮，影响湖泊水质的首要污染物为总磷和总氮。在列入江苏省水环境质量考核的50个苏州市地表水断面中，水质达到Ⅱ类断面的比例为16.0%，Ⅲ类为48.0%，Ⅳ类为26.0%，Ⅴ类为10.0%，无劣Ⅴ类断面。苏州市集中式饮用水源地水质较好，属安全饮用水源，全市集中式饮用水源地水质达标率为100%。

从市民最直接的感官上来看，虽然苏州市水环境质量逐年都在优化提升，但离“青山清水新天堂”“东方威尼斯”的美誉仍有差距。

3.2.1.2 黑臭水体治理

近年来随着截污力度的加大以及自流活水工程的实施，城镇黑臭水体基本消除，苏州城区河道水质得到很大改善，特别是古城区河道，护城河范围以内的河道水质优于护城河以外临近京杭大运河的河道水质，这与自流活水线路走向以及大运河水质影响相关。

3.2.1.3 水污染源评价

点源污染方面，由于管网覆盖率和污水处理率的提升，生活污水和工业污水中的污染物产生量逐年下降。现状大部分污水处理厂的尾水能够达到《城镇污水处理厂污染物排放标准》GB 18918—2002 的一级 A 标准，但与地表水Ⅳ类标准仍存在一定差距，还会对水环境质量产生影响；现状国家重点监控的污染源废水排放企业排放达标率较高，但仍存在部分企业自行处理后直接排放进水体或超标排放的情况。

城市面源污染方面，苏州市区的雨水初期径流污染严重，雨水地表径流对地表沉积污染冲击效果显现，对河道水质影响很大。姑苏区由于人口密度大、商业等社会活动频繁、排水体制复杂等原因，径流污染负荷较大，其他行政区的中心城区以及集中工业区 SS 污染负荷较大。从污染产生途径可见，主要污染源已从点源污染转变为城市面源污染，解决面源污染问题迫在眉睫。

3.2.1.4 水体流动性评价

苏州地处平原河网地区，河道坡度小，水流速度缓慢，区域受上游水位的影响，水流流向顺逆不定。河道上修建众多水利工程设施用以控制和调节河道水位，形成相互独立的防洪包围，阻碍了水体之间的自然流动。在城市建设过程中，少数河道被建筑阻断形成“断头浜”现象，导致河流之间因无法连通而引起水体流动性差。局部地区如古城区借助水利设施进行人工抽排水的方式加强了水系的内部循环，一定程度上改善了水体的流动性。

3.2.2 水生态方面

3.2.2.1 自然生态本底评价

苏州市生态本底条件良好，生态资源类型多样。全市共划定国家级生态红线保护区面积 209.85km^2，生态空间管控区面积 3057.11km^2，共计 11 类 110 块生态红线区域，占市域总面积的 37.74%。其中一级管控区 209.85km^2，二级管控区 3057.11km^2。

3.2.2.2 自然生态格局评价

苏州市区现状建设用地面积为 1205.34km^2，占规划范围面积的 25.91%，其中城镇建设用地面积占建设用地总面积为 61.72%。经下垫面解译计算，苏州市区城市建成区现状年径流总量控制率约为 45%。城市开发割裂了原有生态系统，大片生态空间被分割为大量生态板块；城镇快速扩张，生态用地大幅萎缩，导致生态格局的破碎程度和异质性增加，连通性和稳定性下降。

3.2.2.3 热岛效应评价

苏州城市热岛效应强度年际不大，近年来平均 0.38℃，热岛效应强度不高是由于郊区温度上升更快，并不代表热岛效应的改善。下垫面的类型是造成热岛效应的重要因素，现状下垫面对苏州城市热岛的贡献为 1.4℃。

3.2.2.4 水系护岸生态型评价

苏州市区水系的护岸形式可归纳总结为硬质型、自然生态型、生态护砌型以及湿地生态型，其中县级以上河道的生态岸线占比为 12.8%，硬化比例很高，原因之一也是由于苏州传统河道水系风貌的建设需要。硬化河岸阻断了水与周边环境之间的生态联系，不利于水生植物的生长栖息，也影响了水体的自净能力。

3.2.3 水安全方面

3.2.3.1 洪涝灾害情况评价

太湖和京杭大运河洪水均给地势低洼的苏州市造成威胁，加之围湖造田、兴建联圩，减少了调蓄面积和河道数量，增加了发生洪涝的风险。苏州市和太湖流域洪水具有同步性，20 世纪以来共发过 5 次大洪水。梅雨型流域性洪水和台风型区域性洪水是造成苏州城区洪涝灾害的主要因素。

3.2.3.2 防洪安全评价

苏州城区水系众多、地势低平，防洪排涝体系较为完善。城市防洪体系分为城市中心区、高新区、工业园区、吴中区、相城区、吴江区六个水利分片。其中，苏州城市中心区防洪标准为200年一遇，其余片区防洪标准为100年一遇。

城市中心区以防洪包围圈抵御洪水，以闸控制水位，自排或以泵站抽排涝水；高新区以敞开式防洪为主，分平原区和山丘区，山丘区雨水根据地形依靠重力流自流排放，平原区通过地面填高、管网等设施解决雨水排放问题；工业园区总体为敞开式防洪治理模式，开发地块均按照规划做了地面填高，雨水管道系统全部按照自流设计，管网建设与道路和地块同步实施；吴中区地势相对较高，将少量低洼地块填高处理后，以包围和敞开式治理相结合；相城区地势平坦，雨水采用分片治理方案，通过地面填高和排水管道建设解决排水问题；吴江区以包围模式为主，雨水采用分片治理方案，通过圩堤建设、地面填高和排水管道建设解决排水问题。

3.2.3.3 排涝安全评价

苏州市雨水管网覆盖率较高，新建雨水管网按标准建设，老旧雨水管网由于受到当时设计标准的限制，市政雨水管道大部分按1年一遇标准建设，现状雨水管网设计标准普遍偏低。现状雨水泵站达到5年一遇建设标准的不到50%。目前除工业园区以外，其他各片区内雨污合流片区仍然存在。

苏州市区无大面积内涝灾害，遇短历时降雨局部有积水现象。易涝点集中于夏季汛期，多呈不规则点状分布。易涝点多为建设年代久远的道路和小区，多因地势低洼区造成局部排水不畅、地块雨水管与市政道路雨水管不协调、排水设施老化或损坏且排水标准偏低等。

3.2.3.4 调蓄能力评价

苏州市河道密布，水面率较高，大部分水体均具有雨水收纳与调蓄功能。暴雨来临前预先开启城市防涝设施，降低内河水位，可有效增加调蓄空间，容纳雨洪，降低内涝风险。

3.2.4 水资源方面

3.2.4.1 水资源量评价

苏州市本地自产水资源量相对较小，过境水资源量较大，全市入境水量为自产水量的10倍，入境水资源主要包括太湖来水、浙江来水、无锡市来水、长江引水和境外提水，全市用水总量超过当地水资源量。由于水环境恶化，苏州本地水资源已经不能发挥正常效益，水质型缺水形势严峻。

3.2.4.2 常规水资源利用评价

苏州全市总供水量为 82.98 亿 m^3，其中地表水供水量为 82.92 亿 m^3，地下水供水量为 0.061 亿 m^3。苏州市区以太湖为第一水源、阳澄湖为第二水源，西塘河为备用水源。

用水总量稳定，2009—2015 年用水量稳定增长，2015 年以后用水量又有所下降，现状苏州市工业用水量占总用水量的 75.4%。

用水效率较高，苏州市人均用水量高于全国和东部地区平均水平，农田灌溉亩均用水量、万元 GDP 用水量、万元工业增加值用水量低于全国和东部地区平均水平。

3.2.4.3 非传统水资源利用评价

近年来苏州新建项目雨水资源利用得到推广，雨水回用用途主要为绿化浇灌、道路冲洗、景观补水等，但公共设施服务用水中雨水资源替代率仍较低。

苏州市区再生水重复利用比率较高，目前苏州市区污水处理量约 59912 万 m^3，再生水重复利用率约 31%。

3.2.5 水文化方面

水是苏州与生俱来的城市"灵魂"与"命脉"。苏州既有具有 2500 年历史且被完整保留的"水路双棋盘"格局的古城、小桥流水的古镇水巷、精致优雅的园林，也有烟波浩渺的太湖以及金鸡湖环湖区。苏州的水为城市带来了独特的城市格局、景观以及繁荣的经济。苏州的兴盛与水利工程关系密切，保存至今的水利工程包括京杭大运河、山塘河、頔塘、三堰二池五闸、吴江塘路、吴江溇港等。而苏州名扬内外的古镇水巷、园林以及古桥，形成了粉墙黛瓦、小桥流水、人家枕河、船歌荡漾的水文化。随着现代城市对水系诉求的变化，部分历史水系被填埋和破坏，打破了传承千年的人水和谐互动关系，古代规划智慧和水文化亟待延续。

宋朝时期苏州古城内河道长度约 82km，呈现"七纵十四横加两环"的格局；明朝时期达到巅峰，河道长度约 86km；清朝时期河道填没较多，到清末河道长度缩减为约 57km；民国时期又填没了 8 条河道，河道长度缩减为约 47km；1958 年开始，第二直河北段和南段、十梓街河、西北内城河、大儒河、中张家巷河、钮家河等河道相继被填埋，古城内河道水网一度缩减至 25km；1986 年后，苏州市委市政府对古城河道进行了多次恢复，河道总长度恢复到约 38km，形成了如今"三横三直"的主干河网构架。

近年来，在成功恢复中张家巷河、平江历史文化街区东侧内城河和校场桥河中段等历史水系并完成一系列河道整治工程后，苏州古城河道水网的流通性及其滨水空间和总体水质水环境得到了较大改善。与此同时，古城河道依然存在水网骨架不完整、水文化逐步淡化、自然生态品质欠佳、河街景观风貌有待持续提升等问题。

3.3　得天独厚的城市本底条件

3.3.1　生态本底良好

3.3.1.1　生态资源丰富

苏州市植被覆盖度高，生物多样性较丰富，生态系统稳定，生态环境质量良好。苏州的生态资源丰富，包含自然保护区、风景名胜区、森林公园、地质遗迹保护区、湿地公园、饮用水水源地保护区、重要渔业水域、重要湿地、清水通道维护区、生态公益林、太湖重要保护区等 11 种类型。全市共划定生态红线区 3205.52km^2，占国土总面积的 37.77%。

3.3.1.2　水生态优势明显

苏州市河网水系纵横、湖泊湿地众多，市域范围处于沟通长江入海段和太湖两大生态热点地区建的平原河网地区，水量充沛，生物资源丰富，是我国水生态本底条件最为优越的区域之一。

苏州市域范围内水生态类型多样，河流、湖泊、湿地、洲滩、岸坡等景观单元交错分布，形成了具有鲜明特色的“江—河—湖—塘”区域水生态生境体系。全市水域面积占比约 40%，不同尺度生态栖息地景观类型完善。水生生物结构完整，生态系统结构相对稳定，是我国传统的水生态优势地区。

近年来，苏州市政府大力推进水生态综合治理工程，通过改善水质、保育水生栖息地和规范水产行业生产规模等措施，系统性解决区域水生态问题，取得了突出的成效，仅太湖流域即恢复湿地面积 188.7km^2，显著改善了流域湿地生态环境。通过清淤、环湖保护带建设等工作，基本实现了一系列重点湖泊的生境恢复。

3.3.1.3　水系调蓄能力大

通过分析近年的苏州市降水总量和出入境水量的关系（如图 3.3–1 所示），从图中可以看出，80%~85% 的降雨量在苏州本地得到利用、调蓄或蒸发、渗透，排到下游的径流量只占总降雨量的 15%~20%，说明苏州市本身对雨水滞留和调蓄的能力很强，是很好的自然海绵体。

根据苏州市区可用于调蓄的水面面积，预降河道水系 10cm，即可释放出 685.9 万 m^3 的容量用于调蓄水量，约折合 19mm 降雨。

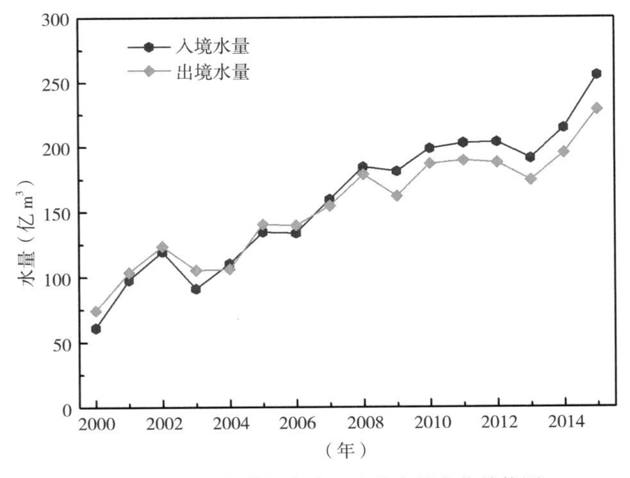

图 3.3–1　2000—2015 年苏州市出、入境水量变化趋势图

3.3.1.4 初步形成以水系为主的大海绵系统

苏州市持续实施多年的“中国水城”战略使得苏州市已经在水系综合整治、水城建设实施、雨水综合利用等方面取得了一定成效。苏州市打造了石湖、金鸡湖、独墅湖、虎丘湿地等一大批在国内享有一定知名度的集景观、娱乐、休闲、防洪、调蓄等多功能于一体的城市河湖水系治理的样板工程。这些大面积的绿地和河湖湿地等生态结构网络，可以在下雨时吸水、蓄水、渗水、净水，需要时将蓄存的水“释放”并加以利用，已经成为苏州市的“海绵骨架”，为苏州市建设海绵城市建设奠定了良好的基础。

3.3.2 规划体系完善

苏州市有完备的城市规划体系和详实的规划基础资料。在《苏州市城市总体规划（2007—2020）》编制的同时，各专项规划也同步编制，规划思想、规划原则一以贯之，一脉相承。

《苏州市城市总体规划（2007—2020）》提出的城市发展总目标为：构建以名城保护为基础、以和谐苏州为主题的“青山清水，新天堂”，实现“文化名城、高新基地、宜居城市、江南水乡”。规划始终贯彻生态资源保护、环境质量提升的要求，不仅做到对山、水、林、田、湖等自然海绵体的保护，还将城市发展与自然环境有机融合，力图通过规划指引将苏州建设成为和谐宜居的江南水乡。

大多相关规划已经包含低影响开发的相关内容，如排涝规划、节水规划、再生水利用规划、绿地系统规划、道路交通规划等。

在《苏州市城市中心区排水（雨水）防涝综合规划（2012—2030年）》中提出了源头控制工程、雨水排水工程以及内涝防治工程相结合的排水方式。其中源头控制工程以海绵城市的建设理念为基础，布局低影响开发措施，确定雨水资源化利用方式。规划还提出了综合径流系数、透水地面面积、雨水滞蓄等方面的具体指标。

在《苏州市区雨水及再生水资源利用规划（2007—2020）》中提出了苏州市雨水利用的类别，针对各类用户的水质要求提出雨水处理方式，并提出初期雨水控制的几大措施，如道路径流污染组合控制、设置绿化缓冲带、绿化洼地、长期滞留水塘、洼地沟渠渗透系统以及草地花池蓄水等。此外，该项规划还提出了2010—2020年的雨水利用工程和雨水利用量。

在《苏州城市节约用水规划（2014—2030）》中根据苏州地区的水文地质、水资源等特点，提出适宜选择的低影响开发技术及利用目标，同时提出了雨水利用工程2014—2016三年的实施计划。

《苏州市河网水系总体规划》则通过完善河网布局、实施河道整治，形成“通江达湖、大引大排”的水系格局。在该规划中提出了河道的防洪排涝标准，划分了河道等级和河道的功能定位，确定了河道控制宽度。

《苏州海绵绿地系统专项规划》则结合苏州市海绵城市建设的要求，提出了苏州市海绵型绿地系统的总体规划目标、海绵型绿地的系统结构和各项控制指标。在该专项规划中提出了具有苏州水乡特色的各项低影响开发技术，并针对适合苏州本土环境的海绵绿地的植物树种提出了百余种品种清单。此外，该规划还对海绵绿地建设提出了分期建设实施步骤，落实了近期、中期和远期海绵绿地建设的建设项目和规划要求。

《苏州市道路交通系统规划》修编对苏州市区道路系统提出了道路低影响开发控制目标和原则。根据低影响开发的理念对不同路幅形式的道路横断面设计提出了规划要求，包括道路海绵设施的选型和规划等等。该项规划还提出了市区道路低影响开发项目近期建设规划和海绵城市试点区道路海绵设施建设规划。

3.3.3 工程实践丰富

苏州作为我国经济社会发展最快的地区之一，其发展理念已从单纯追求 GDP 增长逐渐向经济社会和生态环境的协调和可持续发展迈进。苏州的城市建设也在这种先进的理念下，不断探索绿色发展、低碳发展和文明发展的新型发展路径。

早在海绵城市概念提出以前，苏州就已经通过各种措施降低内涝风险、消除黑臭水体、实现雨水收集利用，主要包括污水处理厂提标改造、雨污分流改造、建设改造排涝泵站、“自流活水”行动、绿色建筑和小区推广等等。

苏州市结合城市特点，采用了透水铺装、屋顶绿化、下凹式绿地、雨水花园、雨水湿地、建筑小区雨水利用系统等不同的方式，已建成一系列“渗、滞、蓄、净、用、排”等不同类型的低影响开发项目（部分项目见表 3.3–1 和图 3.3–2），工程实践方面以苏州园博园、中新科技生态城和太湖新城东二路为例进行简要说明。

苏州已建成的部分低影响开发项目　　表 3.3-1

低影响开发设施类型	项目名称
屋顶绿化	虎丘婚纱城、国发大厦、档案大厦、圆融大厦、苏州市妇女儿童活动中心、高新区展示馆等
透水铺装	大部分人行道和部分车行道、部分停车场
植草沟	观音山路、阳山西路、阳山东路、中环北线等
雨水花园	水岸空间、圆融大厦、桂花社区、狮山公园、翡翠湖公园、太湖大道、马涧路、中环维罗纳东侧公园等
雨水湿地	虎丘湿地公园、太湖国家湿地公园、阳澄湖生态休闲公园等
雨水利用	平江府酒店、拙政园、苏州供电公司、桂花社区、妇女儿童活动中心、金鸡湖学校、中新生态大厦、金鸡湖大酒店等 52 个项目
生态护岸	护城河南段、青阳河、东虎啸河、南园河、万河、小河浜等

实践案例一：苏州园博园依托苏州吴中 1486km^2 太湖水面，利用低影响开发技术理念，结合太湖水环境综合治理及江苏省村庄整治新技术的集成应用与示范，13 个城市园和 2 个国际友城园采用源头削减、过程控制、末端处理等雨水管理方法，通过综合采取“渗、蓄、净、用、排”等措施，实践水敏性生态技术、生活污水

（a）渗——姑苏区政府透水铺装置（左）与姑苏区政府雨水花园（右）

（b）蓄——圆融大厦雨水调蓄净（左）与妇女儿童活动中心雨水处理（右）

（c）用——桂花社区开口侧石（左）与护城河生态护岸（右）

图 3.3–2　苏州已建部分低影响开发项目

处理和雨水收集回用技术等的应用，是具有自然积存、自然渗透、自然净化功能的“海绵生态公园”。

实践案例二：工业园区中新科技生态城建设了发达的水系，具有生态驳岸的河道总长度约 9km，与周边其他自然水系沟通，并在核心区域建设了一个 22hm^2 的湿地公园，作为整个区域的公共蓄水池和水质净化场所，区域内铺设了约 7 万 m^3 的透水人行道，并在绿化带内铺设了 10000m 的盲沟、安装了 100 多个蓄水罐，以充

图 3.3–3　中新科技生态城道路雨水收集设施实景

图 3.3–4　太湖新城东二路雨水收集利用系统设施实景

分收集利用城市道路的雨水，减少地表径流，如图 3.3–3 所示。

实践案例三：吴中区太湖新城东二路在建设中引入低影响开发理念，推广透水地面、道路、停车场、广场等，全长 1.75km。道路两侧各有一个容量为 750m^3 的蓄水池，雨水收集总量为 1500m^3，收集满后可灌溉 140000m^2 的绿化用地，如图 3.3–4 所示。

3.4　城水共生方式的转变

海绵城市作为一种全新的城市建设理念，将绿色生态、低影响开发融入城镇建设发展中，具有普适性和

图 3.4–1　虎丘湿地

创新性。苏州市高度重视海绵城市建设工作，以江苏省第一批海绵城市建设试点为契机，依托苏州优良的自然本底条件，立足于平原河网、古典园林、历史文化等诸多自身特点，将海绵城市建设作为“青山清水新天堂”和“绿色、循环、低碳”目标实施的有效途径，区域统筹、聚焦市区、试点优先、市域推广，通过构建五个一保障机制、紧盯三控制目标、推行四创新苏州特色，逐步实现蓝绿交融、城水共生，如图 3.4–1 所示。

3.4.1　海绵城市，试点苏州

水是苏州千年传承的文脉和主题，苏州因水而兴。然而，苏州具有水位落差小、水体流动性差的自然缺陷，尤其是近年来极端天气频发和面源污染（特别是初期雨水污染）问题凸显，“城水共生”的绿色发展受到了制约。

国家关于建设海绵城市的要求，为苏州解决水的问题提供了历史性的机遇。2017 年政府工作报告中提到：推进海绵城市建设，使城市既有“面子”，更有“里子”。时任住房和城乡建设部部长王蒙徽在全国住房城乡建设工作会议上强调：全面提高城市规划建设管理品质，推动城市绿色发展，将海绵城市建设纳入城市建设程序，全面推进海绵城市建设，完善标准体系。

苏州市深入贯彻落实习近平总书记的重要讲话精神，科学谋划海绵城市发展蓝图，市委、市政府高度重视，制定了一套“条块结合、部门联动”的组织工作机制。市政府成立以市长为组长的海绵城市建设工作领导小组，在全市实现海绵城市建设专项机构全覆盖，同时制定了“苏州市海绵城市建设部门协调联动制度”的创新管理模式，相继出台了《市政府关于全面推进海绵城市建设的实施意见》《苏州市海绵城市规划建设管理办法》等文件，明确了苏州市海绵城市建设的指导思想、基本原则，并对苏州市海绵城市建设的规划、建设和运营等管控环节提出了总体要求，为海绵城市建设工作提供了政策依据。

在海绵城市建设初期，苏州市海绵城市建设工作领导小组下设的市海绵办多次召开专题会议，研究试点项目立项、环评、概算和评审等相关的审批环节，协调发展改革委、财政、环保等相关部门加大支持力度，统筹所有环节，开展并联审批工作，在依法合规的前提下开辟审批"绿色通道"。以虎丘湿地公园、京杭运河堤防加固工程、城北路等项目为契机，各相关部门探索方案审批、施工图审查等建设管理举措，将海绵规划指标纳入土地出让条件，建立建设项目海绵方案审批、施工图审查抽查制度；研究建设项目海绵设施部分的质量监督与竣工验收工作，形成了《苏州市海绵城市工程建设质量管理工作要点》，同时建立项目信息月报制度，对于出现的重大问题由市海绵办组织专题研讨。在《江苏高质量发展监测评价指标体系与实施办法》和《设区市高质量发展年度考核指标与实施办法》中将海绵城市建设纳入高质量考核监测体系。为了贯彻落实苏州市委、市政府对海绵城市高质量发展的要求，2019 年 7 月 5 日在昆山召开了苏州市海绵城市建设工作现场推进会。2020 年，苏州市政府发布了《市政府办公室关于印发苏州市海绵城市规划建设管理办法的通知》（苏府办〔2020〕33 号）。该办法的实施让苏州市海绵城市建设由试点工作进入到全面推进的新阶段。

3.4.2 高起点建设、严标准管理

3.4.2.1 高起点规划

时任江苏省委书记娄勤俭在苏州调研时强调"苏州要进一步解放思想、开阔视野、提高站位，以我为主进行科学规划"的高站位。为了贯彻落实关于推进长江经济带发展的重要战略思想，苏州结合长三角一体化、高质量的发展要求，实施新一轮规划修编。新编制的《苏州市海绵城市专项规划（2035）》围绕"保护山水林田湖丰富江南水乡特色、利用蓝绿本底条件改善城市水环境、融合治水与城市发展实现雨水生态管理、促使控源调蓄相结合以保障城市水安全、注重改造与文化传承提升品质"五大任务，明确苏州市海绵城市建设空间整体布局和年径流总量控制率等海绵城市建设指标体系，结合控制性详细规划动态调整，将海绵城市相关指标落实到每个地块。至 2025 年，通过海绵城市理念与城市开发建设的有机融合，苏州市探索改善水环境、保护水生态、强化水安全、弘扬水文化的协同模式，利用 50% 以上的城市建成区面积就地消纳和利用 70% 的降雨。到 2030 年，80% 以上的城市建成区面积达到目标要求。力争让苏州这座城市回归生态本源，促进城市生态循环，让城市与自然和谐共生，为苏州市民营造真正的绿水青山，建成"城水共生、青山清水、美丽宜居"的海绵水乡。

3.4.2.2 大空间布局

如前所述，苏州市在海绵城市建设中，将"一核、两带、多廊、多点"（参见第 6.3.1 节）的生态空间格

局纳入到城市建设范围里，将海绵城市理念与城市开发建设有机融合，探索改善城市内外整体水环境，优化城市整体山水自然系统，打造能自由、绿色呼吸的城市海绵体，保护江南水乡生态安全。

保护太湖生态核，重点治理和改善太湖水体环境，提升太湖水质，加强太湖沿线山体、湿地、林地的保护力度，严格管控开发活动。

南部水乡湿地生态带重点保护湖荡水网和湿地系统，治理水污染，改善水环境。沿长江田园生态带坚持“共抓大保护、不搞大开发”战略导向，重点推进沿江岸线功能调整，增加生态岸线比例，加强水源地保护，减少对长江的污染物排放，形成以田园为主体的生态基底。

依托大运河、吴淞江、望虞河、太浦河等主要河流形成的连系长江、太湖、东海等重要水体的生态走廊。重点加强水系连通和河道疏浚，增加流域生态空间，调整优化沿线功能，减少污染性生产岸线，探索建立流域生态协同保护、治理和补偿机制。

重点保护阳澄湖、淀山湖、虞山、穹窿山等重要生态斑块，湖泊、森林、湿地等自然生态系统，保障与其他生态空间的联系廊道，适当增加休闲游憩功能，严格管控周边地区的开发建设活动。

3.4.2.3 全流程管控

苏州海绵城市建设因地制宜，立足于全局视角，全市域统筹，试点优先，市域推广，构建了一套“全域全程全覆盖”的管控体系。

严格前期技术审批管理。发展改革部门对海绵城市建设相关内容在项目的立项、可行性研究和初步设计审批等环节予以把关。政府投资项目在项目建议书、可行性研究报告、初步设计文本中应编制海绵城市设计专篇；社会资本投资项目根据海绵城市相关规划要求，在备案阶段明确海绵城市建设目标、年径流总量控制率等海绵城市建设控制指标、建设内容、投资概算等。国有建设土地划拨相关文件、用地使用权出让公告文件中将建设项目落实海绵城市建设理念作为基本内容予以载明。资源规划部门在建设项目“一书两证”核发过程中应将年径流总量控制率等内容作为基本要求之一，并在规划审批环节予以落实；项目规划方案报批文件应包括海绵城市建设设计方案和指标核算情况表，未满足要求的不得报批。

加强建设管理。明确海绵城市施工图设计专篇要求，强化施工图设计文件技术审查。海绵城市建设按照“先地下、后地上”的顺序进行，科学合理统筹施工，相关分项工程的施工应符合设计文件及相关规范的规定。海绵城市设施的竣工验收应按照相关施工验收规范和评价标准执行，由建设单位组织勘察、设计、施工、监理，并对设施关键环节和部位进行验收，出具核验报告。由规划、建设、水务、园林绿化等单位部门对验收过程进行监督，验收合格后方可交付使用，随主体工程移交。

加强运营管理。各单位根据部门职责制定相应的市场化、长效化的海绵城市设施运营维护管理办法，落实措施责任。市政公用项目的海绵城市设施由相关职能部门负责维护管理，其经费由苏州市财政统筹安排；公共建筑的海绵城市设施由产权单位负责维护管理；住宅小区等房地产开发项目的海绵城市设施由其物业服务单位负责维护管理。

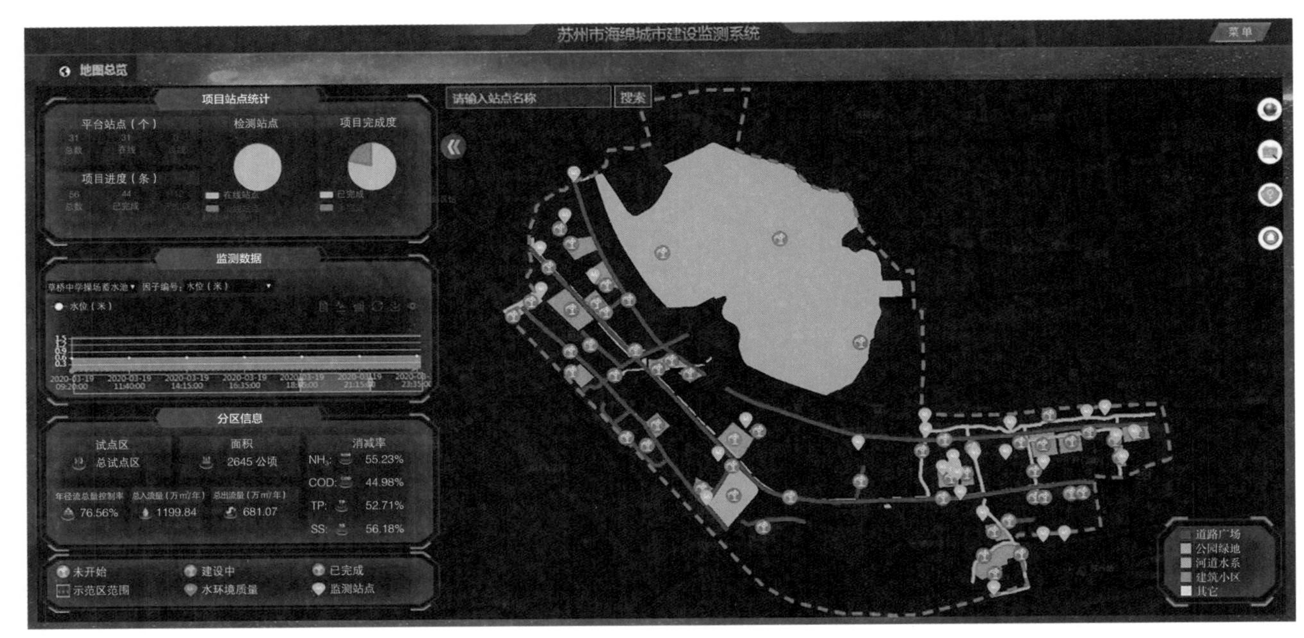

图 3.4–2　海绵城市建设监测平台

实现全流程监管。苏州市构建了海绵城市建设监测平台，如图 3.4–2 所示。通过 31 个站点、74 台在线仪表，构建数字化监测系统，实现数据采集、一张图管理，让苏州市海绵城市建设“看得见、看得清、看得全”。

3.4.2.4　内嵌式管理

创新的“内嵌融入”式管理模式。海绵城市建设是落实生态文明建设、推进绿色发展的重要途径，是一个全新的城市建设理念，综合性强、地域差异性大，涉及多部门、多专业之间的协调。将海绵城市纳入高质量考核监测体系，在短期内还需要继续健全工作制度、抓好典型示范引导、完善地方技术体系、鼓励多方协调参与，因地制宜，提升城市形象，增强居民获得感。苏州市立足于现有的城市建设体系，基于各部门职能分工，以省级试点为契机，探索适宜本地的海绵城市建设模式。苏州市海绵城市建设工作领导小组各成员单位将海绵城市建设理念融入各自的工作职责之中，由市海绵办具体负责统筹协调、组织实施、监督考核全市的海绵城市建设工作。苏州市各职能部门结合自身职责，负责海绵城市建设相关工作；各县级市、区政府（管委会）是本辖区内海绵城市建设的责任主体，成立海绵城市建设协调机构，完善工作机制，统筹规划建设；其他相关部门和单位依据《苏州市海绵城市规划建设管理办法》的有关规定，在各自的职责范围内负责海绵城市建设和管理的相关工作。

3.4.3　“植入互补”型建设道路

城市建设者们因地制宜、细致入微，不断探索路径、考验产品、改善工艺，秉持“精细化、精准化、精致化、精品化”的原则，以点带面，全力以赴面对新挑战，以“小精巧”技术措施，精雕细琢，“好园居”“乐山水”的苏式生活处处彰显海绵城市建设成效。

3.4.3.1 “小精巧”创新建设

（1）将打造园林技艺手法运用于海绵城市建设之中，因地制宜采用预制透水基块，实现“装配式”透水铺装施工，可满足居民小区出行即铺即走的需求，大大方便了居民出行。

（2）巧妙设置自控污系统，实现双向净化，在雨水管道末端设置一体化设施，根据降雨情况控制设施启停，实现降雨初期处理路面初期雨水、非雨天处理河道水体的双向功能，并结合周边绿色设施，形成景观功能协调统一。

（3）探索古城区海绵城市建设模式。探索古城区“控源截污、源水削污、清淤贯通、活水扩面和生态净水 + 长效管理”的“5+1”清水工程方案，大力推进虎丘湿地净水工程和平江历史片区高品质清水工程。

（4）探索各具特色的海绵城市建设体系和技术措施，太仓生态田园型海绵城市、吴江水乡泽国海绵城市效应初显，太仓中心公园、合兴路、真山公园、东苑新村老旧小区改造、天鹅湖公园（图 3.4–3）等大批项目逐步树立了海绵城市建设的示范引领作用，其技术手法、施工工艺等都可圈可点。

图 3.4–3　天鹅湖公园

3.4.3.2 “植入互补”推广建设

海绵城市建设承载着城市发展理念的巨大转变，有机融合蓝、灰、绿系统，发挥城市灰色基础设施以及河网水系诸如滞蓄、调节等功能，将海绵城市建设理念渗入城市建设各个环节，对河流、水源、林地、湿地、沟渠进行合理保护，在城市建设中采用透水铺装、多功能树池、旱溪、生物滞留池、雨水花园、绿色屋顶等一系列措施，并进行系统化、集成化使用，尤其注重城市发展过程中城市湿地公园、下沉式绿地、集雨型绿地和河道调蓄功能的发挥，保留自然海绵、修复半人工海绵、修建人工海绵。

（1）将海绵城市建设理念植入黑臭水体治理中

苏州的水是城市靓丽的名片，也是城市特色所在，苏州水系密布、排水管线短、随形就势、多点分散。以往过多侧重河流的引水排水功能，因此河流水岸多采用硬质护岸，加之苏州地势平坦，河流流速较缓，局部河道淤积，开发建设逐步侵占河流用地并对河流沿岸造成污染，导致部分河道被束窄甚至消失，局部出现断头浜的现象，河流排水能力下降。此外，点源污染溯源不清、控源截污常有反复等问题，使得水生态和水环境也受到破坏。

从生态系统服务出发，推进城乡污水治理，强化源头管治，突出系统治理，强调综合施策、水岸同治，实施对雨污水管网的精准排查和修复。通过跨尺度构建水生态系统，充分利用城市自然水体设计湿塘、雨水花园等具有雨水调蓄与净化功能的低影响开发设施，湿塘、雨水花园的布局、调蓄水位等应与城市上游雨水管渠系统、超标雨水径流排放系统及下游水系相衔接。充分利用城市水系滨水绿化控制线范围内的城市公共绿地，在绿地内设计湿塘、雨水花园等设施调蓄、净化径流雨水，并与城市雨水管渠的水系入口、经过或越水系的城市道路的排水口相衔接。滨水绿化控制线范围内的绿化带接纳相邻城市道路等不透水路面产生径流雨水时，应设计植物缓冲带，以削减径流流速和污染负荷。

苏州市提前一年基本实现消除城乡黑臭水体目标，在 64 个国、省考核断面中，优Ⅲ类水断面比例达到 86%，中心城区的考核断面中总磷、溶解氧、高锰酸盐指数均值 100% 优于Ⅲ类水标准，氨氮 100% 优于Ⅳ类水标准，透明度在 40cm 左右，其中平江历史片区的河道透明度保持在 100cm 以上，初步达到了“水清见鱼”的效果。

（2）将海绵城市建设理念植入老旧小区改造中

海绵城市建设是一次对苏州市整体城市建设及老旧城区修复、改造、升级的过程，归根结底是一件民生实事，除了“宁静、和谐、美丽”的自然，还要体现“以人为本”的核心，展现户外、自然、健康、邻里、舒适的元素，通过增加和改造车位、减少硬质铺装、美化居住环境，打造一个以生态健康雨水循环系统为核心的海绵景观示范小区，给普通百姓带来实实在在的获得感和不断攀升的幸福感。

试点期间集中开展的金阊体育场馆（图 3.4–4）、姑苏软件园等建筑小区类海绵城市建设，通过地块内低影响设施建设，如绿色屋顶、雨水花园、透水铺装、高位花坛、地块初期雨水弃流等，从源头提高径流污染削减率，实现建筑小区内的雨水控制与合理利用。

（3）将海绵城市建设理念植入学校建设中

充分考虑校园特点，利用学校教书育人的氛围，在进行海绵化改造的过程中，为孩子们建设一座参与体验式的“海绵校园”和自然课堂，如图 3.4–5 所示。

图 3.4–4　金阊体育场馆海绵建设项目

（4）将海绵城市建设理念植入园林绿化中

苏州的公园绿地建设大多具有部分下沉式绿地及较大面积的水面，局部使用透水铺装，尤其是具有苏州特色的历史名园更是应用了大面积的透水铺装。在综合公园的建设中，大型湿地公园，如虎丘湿地公园、荷塘月色公园、真山公园（图 3.4–6）等，大量应用了雨水花园、湿塘等技术设施。在海绵型专类公园的建设当中，大量的历史名园（如苏州的古典园林与风景名胜公园）采用的多是透水铺装。在海绵型带状公园的建设当中，则以改造的方式助力海绵技术设施的落地，如苏州环古城滨水绿带采用了雨水花园、透水铺装等。

（5）将海绵城市建设理念植入城市道路建设中

根据传统道路排水存在的问题，按照海绵城市建设理念要求，重点解决道路积水、雨水径流污染等问题。苏州市因地制宜制定符合实际的道路海绵建设指标要求，深化研究，形成了《市政道路工程项目海绵规划指标要求》。

图 3.4-5 草桥中学海绵城市建设

图 3.4-6 真山公园建成后效果（2020 AZ 年度大奖）

（6）将海绵城市建设理念植入百姓生活中

苏州市不定期举办海绵城市建设专题培训等系列讲座、研讨会，对相关职能部门和建设单位组织进行系统培训，推动和提升了各海绵建设的管理部门和各建设主体在思想观念、体制机制、技术研究、建设运行等方面的认知。同时，苏州市住房和城乡建设局组织编制并印发了《苏州市海绵城市建设施工图设计与审查要点（试行）》，并组织相关单位宣贯学习。

在公众宣传方面，编印《海绵城市建设工作简报》，推送典型案例，不断总结海绵城市建设的有效做法。组织开展小学生夏令营海绵专题活动，发放海绵城市宣传物品，加强市民对海绵城市建设的认知等。通过《姑苏晚报》《苏州日报》等媒体宣传海绵城市建设理念，展示苏州海绵城市建设风采，在全社会形成共同参与海绵城市建设的良好氛围。

3.4.4 “海绵城市”助力绿水青山

“海绵”让苏州市民感受着城市安全、城市生态、城市自然气息带来的满满归属感，也因此赢得了普通民众对“海绵城市”建设的理解、支持和积极参与。

海绵城市建设是落实生态文明绿色发展的重要举措，苏州“依水而居，因水兴城”，水文化脉络贯通古今，“适水规划，借景布局”是苏州新时期水文化传承发展的重要体现，苏州将在国家、省、市政府的正确领导下，持续推进海绵城市建设不断向纵深发展，努力探索改善水环境、保护水生态、强化水安全、弘扬水文化的协同模式，力争将苏州市建设成为平原河网城市“城水共生”的典范！

第4章

海绵城市建设的基础创新研究

4.1 加强基础研究

4.2 编制法规指南

4.3 探索园林绿地海绵建设

4.4 学习先进经验

4.5 深化技术措施

海绵城市建设是一个全新的理念，需要全新的工程思维和建设管理机制，其核心目标是维持城市水文生态指标的自然特征，需要研究城市的水文机制和生态环境，了解本底指标，采用适当的宏观与微观相结合的工程手段，是多学科交叉、多部门协同治水的重要契机。各种不同尺度的雨洪基础设施将与其他市政设施同时存在甚至联合设计施工。在实践的过程中，既不能直接照搬国外经验，更不能陷入单一部门单一学科治水的怪圈，应在深刻理解海绵城市概念的基础上进行。海绵城市建设是一个系统的概念，不能脱离流域来谈，否则将失去理论支撑。我国海绵城市建设起步较晚，发展潜力大，还需要加强基础创新方面的研究，以知识支撑决策，用规范引导技术。

4.1 加强基础研究

苏州市住房和城乡建设局邀请专业机构为海绵城市建设服务。在加快海绵城市建设工作的同时为了保证海绵城市建设工程项目的设计水平和建设质量，建立了“苏州市海绵城市建设技术咨询单位名录库”，并对这些技术咨询服务单位进行动态化核查，不定期抽查库内单位设计咨询项目的质量，切实为苏州市海绵城市建设提供科学合理的技术服务。

为了进一步加强海绵城市技术人才支撑，苏州市海绵城市建设工作领导小组办公室（以下简称“苏州市海绵办”）基于相关单位推荐、行业专家审定，建立了专业技术咨询服务团队——苏州市海绵城市建设专家库成员，并制定《苏州市海绵城市建设专家库管理制度》，以对专家库成员的权力、义务和职责等进行规范。截至 2020 年 6 月，共确定了 107 位苏州市海绵城市建设专家，这些专家来自高校等企事业单位。

为了持续开展有关苏州城市水环境治理的相关研究工作，苏州市住房和城乡建设局与苏州科技大学、清华大学、同济大学等科研单位合作，形成了大量的基础性研究成果与应用技术。其中，理论研究的成果有《轨道交通施工对苏州城市水系的综合影响评估及对策研究》《苏州农村生活污水治理工程现状及长效管理研究》《苏州古城区排水达标区工作方案》《苏州古城区降雨径流水文水质特征研究》《苏州城区非点源污染特征研究》《苏州城区降雨径流污染特性及削减措施研究》《苏州城区雨水管网排水的生态安全性评价》《苏州市城区排水系统渗入量调查研究》和《海绵城市建设背景下苏州地区雨洪调控策略构建研究》等；应用技术研究成果有《苏州城区河道水环境改善集成技术应用研究报告》《城市降雨径流控制 LID-BMPs 实证研究》《植草沟在平原河网地区的应用研究》《海绵城市技术在小城镇建设中的应用》和《海绵设施及产品在苏州海绵城市建设中的应用》等。这些成果的取得为苏州市系统开展海绵城市建设提供了科技支撑。

苏州市与同济大学合作，针对不同功能用地的面源污染物特征进行监测，并结合苏州市本地情况，对不同功能用地类型的植草沟的适应性进行了研究，如植草沟的停留时间和长度、植草沟的类型（转输型或渗透型植草沟）、垫层厚度、结构等因素对污染物去除效率的影响。基于上述研究结果，针对平原河网地区，在植草沟类型、附属设施、植物配置、建设和管理维护等方面提出了适应于苏州地区的植草沟，如图 4.1-1~ 图 4.1-3 所示。

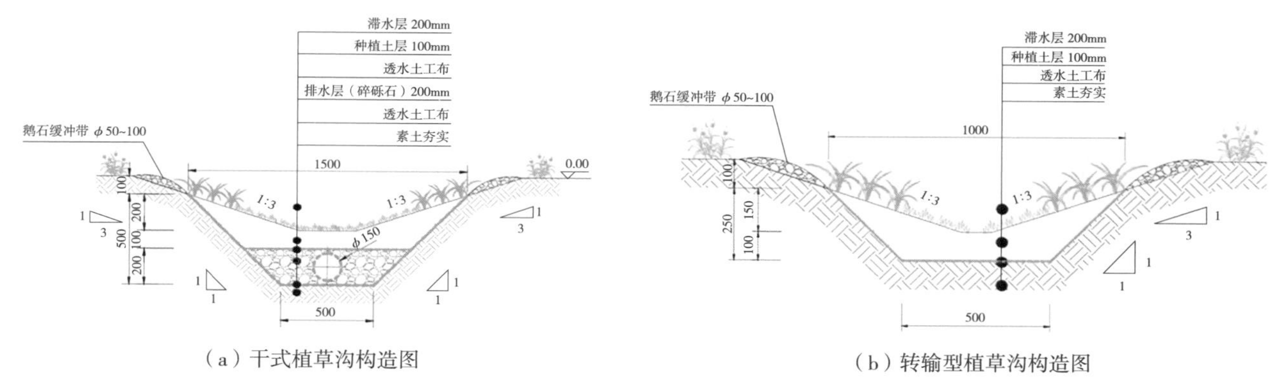

（a）干式植草沟构造图

（b）转输型植草沟构造图

图 4.1-1　平海路海绵改造工程适用的植草沟断面图

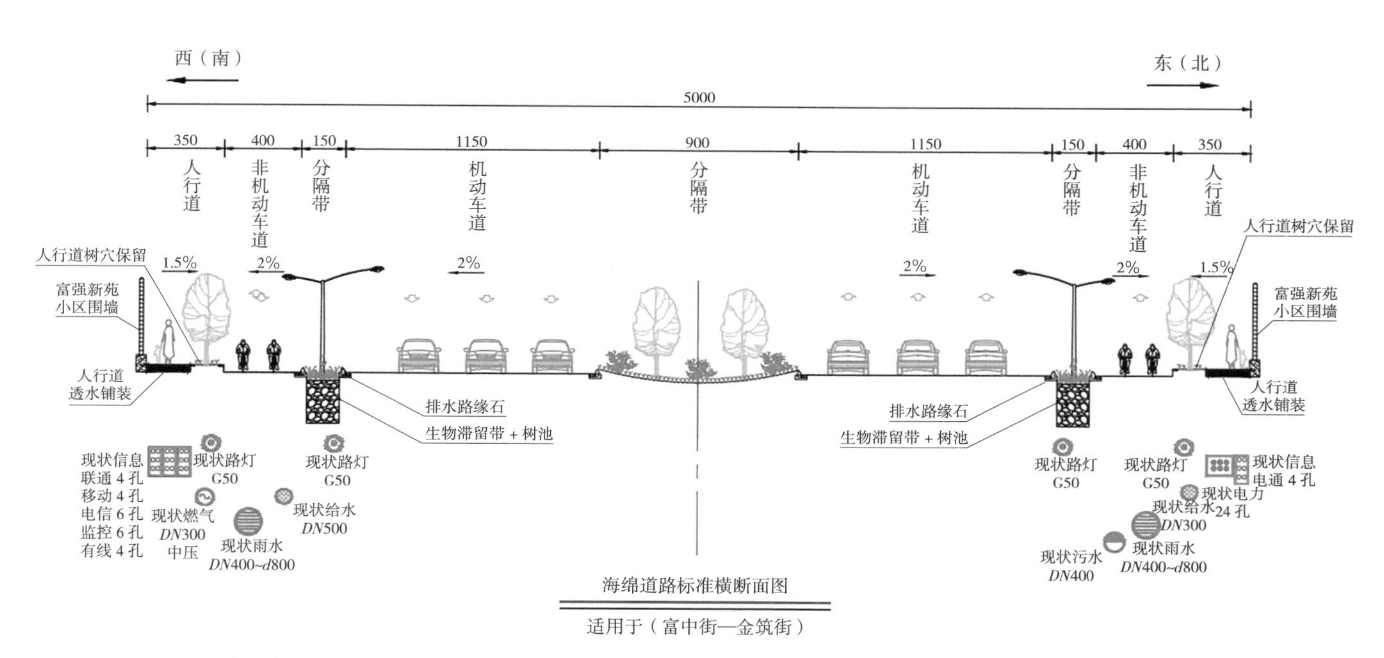

图 4.1-2　城北西路海绵改造道路断面图

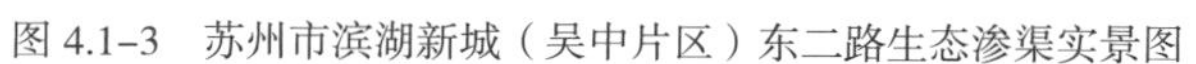

图 4.1-3　苏州市滨湖新城（吴中片区）东二路生态渗渠实景图

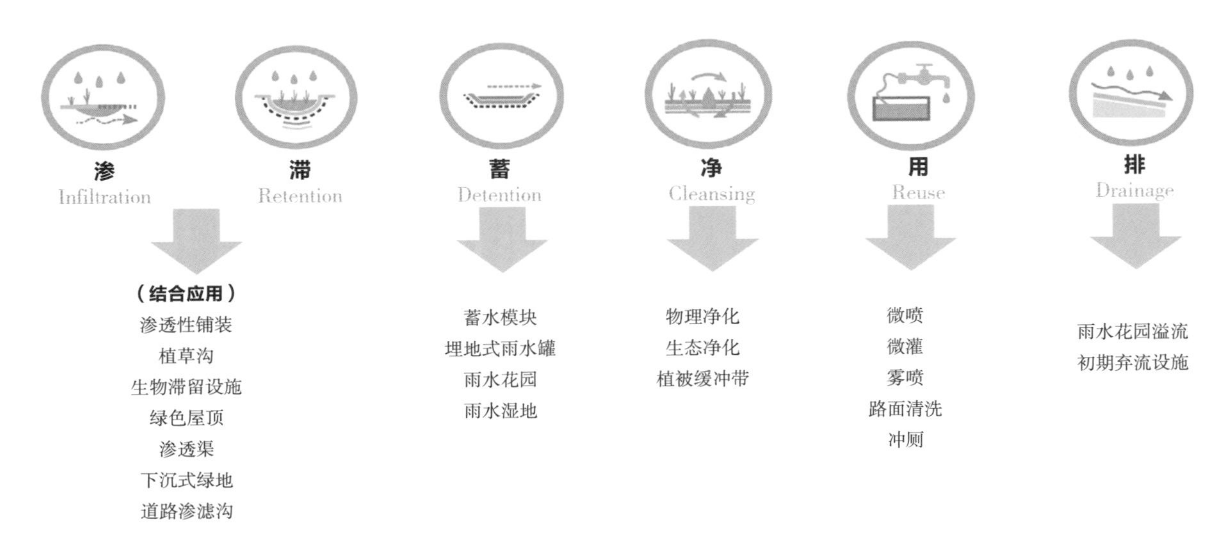

图 4.1–4 海绵改造技术导向图

苏州市住房和城乡建设局委托苏州同科工程咨询有限公司研究并编制《海绵设施及其产品在苏州海绵城市建设中的应用》，针对海绵城市试点区内河网密布、湖荡发达，具备天然海绵体能够通过自然水系进行有效的雨水调蓄的特点，提出试点区海绵城市建设方式应以其天然海绵生态本底为基础，优先保护和修复自然水体，发挥毛细水网的自然调蓄能力，避免蓄水设施的重复建设，技术导向如图 4.1–4 所示。并综合考虑不同区域土壤渗透条件、下垫面情况、建筑改造难度、景观要求等因素提出了适应于苏州地区的各类海绵设施与适应技术，见表 4.1–1 和表 4.1–2。双方合作推出的海绵产品中高标准钢渣透水铺装实现了强度和透水效果稳定双达标；装配式透视混凝土基块让建筑废弃物再度利用，采用搭积木式施工，实现了即铺即走；缝隙式铺装，能让雨水自由选择渗透路径，大大提升了自净截污功能，让平面铺装具有立体感；高位花坛、净水储罐让建筑屋面排水方式更具有趣味性，实现了教育与功能的协调统一；将苏州园林技艺手法融入海绵城市建设中，更有文化韵味；改良式雨水花园，在满足净化功能的同时，赋予了更美的景观效果；湿地公园是城市之肾，能串联河网水系，发挥净化器的作用。这些成果让苏州的水更具有灵性和魅力，实际应用如图 4.1–5~ 图 4.1–23 所示。

（a）白洋街人行铺装

（b）草桥中学车行道

图 4.1–5 钢渣透水铺装

图 4.1–6　透水水洗石铺装

图 4.1–7　透水混凝土铺装

图 4.1–8　彩色透水沥青铺装

图 4.1-9　缝隙式透水铺装结合苏州园林特色设置

（a）平屋面

（b）坡屋面

图 4.1-10　既有建筑改造屋面种植构造

（a）墙体垂直绿化

（b）善耕实验小学宣教园

图 4.1-11　垂直绿化

（a）善耕实验小学宣传牌下沉绿地

（b）草桥中学运动场地周边下沉式绿地

图 4.1-12　下凹式绿地

（a）善耕实验小学绿地改造后效果

（b）草桥中学改造后效果

图 4.1-13　生物滞留池

（a）草桥中学内雨水花园

（b）草桥中学内雨水花园

图 4.1-14　雨水花园（一）

（c）雨水花园建成运行图

（d）雨水花园建成运行图

图 4.1-14　雨水花园（二）

图 4.1-15　生态树池

（a）昆山司徒街小学落水管断接花箱

（b）草桥中学高位花坛

图 4.1-16　高位花坛

图 4.1–17 虎丘湿地姑苏区段旱溪

（a）苏州园博园湿塘

（b）虎丘湿地雨水湿塘

图 4.1–18 湿塘

图 4.1–19 雨水湿地

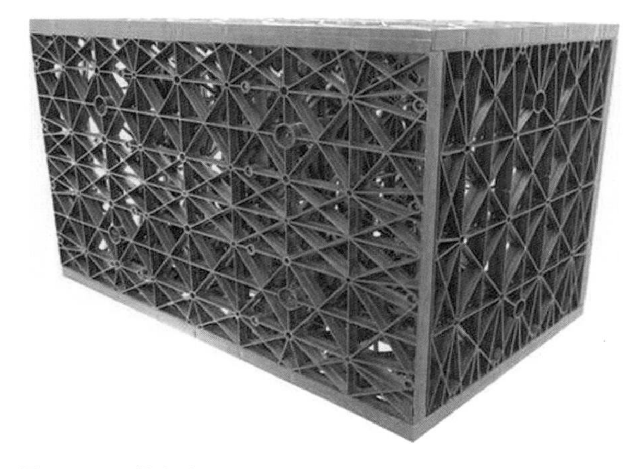

植被
原土
沙子
土工膜包裹雨水收集箱子
入口管
雨水收集箱子
出水管
沙子
原土

图 4.1-20 蓄水池

图 4.1-21 雨水罐

（a）草桥中学植草沟

（b）园博园植草沟

（c）园博园植草沟

图 4.1-22 植草沟

（a）植被缓冲带　　（b）虎殿路与河道交叉口护坡

图 4.1-23　植被缓冲带

针对苏南地区水环境中污染负荷高、构成复杂、水系缓流明显等问题，苏州市水务局与清华大学等科研院所合作申请了国家“十二五”水专项项目——“产业密集型城镇水环境综合整治技术研究与示范”，以此为契机研发了物理—生物过滤一体化净化技术、黑臭河道高通量低耗快速水体净化和水体流态调控——增氧循环生态修复技术，实现了水体流态的改善、水体自净能力的提高和生态系统的修复。

海绵设施推荐一览表　　表 4.1-1

用地类型	推荐海绵设施
建筑与小区	透水铺装、屋顶绿化、下凹式绿地、生物滞留设施、蓄水池、雨水罐、初期雨水弃流设施
道路与广场	透水铺装、生物滞留设施、植草沟、旱溪
公园与绿地	透水铺装、下凹式绿地、生物滞留设施、湿塘、调节池、调节塘、雨水湿地、植被缓冲带、植草沟、旱溪
河道水系	透水铺装、生物滞留设施、植草沟、调节池、调节塘、植被缓冲带、初期雨水弃流设施

苏州海绵城市建设适用技术一览表　　表 4.1-2

海绵技术	设施分类	特点	适用范围
透水铺装	钢渣透水铺装	透水性能高、施工简单，但不易切割，破损严重	适用于人行道铺装，休闲步道、停车场等路面
	缝隙式透水铺装	设计标准化、预制工厂化、施工装配化，抗压强度高、承载性能强，抗冻融效果好	适用于工期短、场地较开阔的学校、小区改造等项目
	透水混凝土铺装	高透水性、高透气性、高承载力、高散热性、重量轻、抗冻融性	适用于人行道、非机动车道、园林景观道路、城市广场、小区内休闲地面
	彩色透水沥青铺装	耐高低温、耐老化、抗水损性能好、路面经过长期使用后仍保持较好的路用性能	适用于自行车道、人行道、广场、园林景观等轻交通路面铺装，或高速路公路、快速路
	透水水洗石铺装	透水率高、抗折强度高、抗压强度高、不褪色、材料环保	适用于自行车道、慢行车道、公园、学校等园林景观和市政道路广场

续表

海绵技术	设施分类	特点	适用范围
屋顶绿化	简易式绿色屋顶	基质深度浅、重量轻、养护频率低	适用范围广，适用于屋顶承重差、面积小的住房
	花园式绿色屋顶	基质深度可超过 600 mm，雨水蓄积能力强，但维护成本高，需定期浇灌和施肥	适用于屋顶承重性能好、面积较大的公共服务场所
	立体绿化	墙面绿化需考虑墙面的高度、朝向、质地，维护成本高	适用于墙面承重性能好的建筑
下凹式绿地	简易下凹式绿地	工艺简单、施工方便、建设及维护费用低，大面积应用时，易受地形条件影响，调蓄容积小	广泛适用于城市建筑与小区、道路、绿地、广场内
	蓄滞下凹式绿地	可根据现状进行搭配，采用新型产品，调蓄容积大	适用于居住区绿地，商业服务业及工业用地的建筑物、街道、广场、停车场等不透水地面周边的绿地
生物滞留设施	生物滞留池	形式多样、径流污染控制效果好，建设费用与维护费用低	适用于建筑与小区内建筑、道路及停车场的周边绿地，以及城市道路绿化带等城市绿地内
	雨水花园	可与景观结合，利用植物减少降雨径流污染，景观效果好	适用于居住小区、商业区等地势低洼的地区，具有一定绿地的地区也宜采用雨水花园
	生态树池	能有限收集地面雨水，延缓地表径流峰值	适合于市政道路或铺装等径流污染严重区域，公园绿地、城市广场等地区
	高位花坛	雨落管断接至设施，屋面径流雨水进行预处理，去除大颗粒的污染物，减缓流速	适用于靠近建筑雨落水管区域
旱溪	—	可与雨水管渠联合应用，晴天作为景观，雨天存水	适用于小区、公园内道路的周边
湿塘	—	可结合绿地、开放空间等场地条件设计为多功能调蓄水体，既能发挥景观、休闲、娱乐功能，也能发挥调蓄功能，实现土地资源多功能利用。但占地面积较大，对空间和地形地貌有一定要求	适用于城镇居住小区、公共绿地、广场等具有一定空间条件的场地
雨水湿地	潜流湿地	保温性能好、处理效果受气候影响小、卫生条件较好、有机物和重金属等去除效果好，但脱氮除磷效果欠佳	适用于具有一定空间条件的建筑与小区、城镇道路、公共绿地、滨水带等区域
	表流湿地	负荷低、占地面积大、建设费用低，但受季节气候影响大、卫生条件较差	适用于河滩湿地、湖滨带湿地
蓄水池	砖砌蓄水池	雨水管渠易接入，储存水量大，但容易滋生蚊虫	适用于有雨水回用需求的建筑与小区、城市绿地，不适用于无雨水回用需求和径流污染严重的地区
	PP 模块拼装蓄水池	运输成本低、搭接方便，可搭配其他产品使用，但后期养护困难	
雨水罐	—	多为成型产品，施工安装方便，便于维护，但存储容积小、雨水净化能力有限	适用于单体建筑屋面雨水的收集利用
植草沟	干式植草沟	对雨水有净化作用，提高径流总量	适用于建筑小区内道路、广场、停车场等不透水路面的周边，城市道路及城市绿地等区域
	湿式植草沟	可收集排放径流雨水，控制径流污染	
	转输植草沟	可输送径流雨水，衔接其他单项设施	
渗管 / 渠	—	对场地空间要求小，但建设费用较高、易堵塞、维护困难	适用于建筑小区及公共绿地内转输流量较小的区域，不适用于地下水位较高、径流污染严重及易出现结构塌陷等不宜进行雨水渗透的区域
植被缓冲带	—	建设与维护费用低，对场地空间大小、坡度要求较高，径流控制效果有限	适用于道路等不透水路面周边，也可作为预处理设施及城市水系的滨水绿化带，但坡度较大时，雨水净化水质较差
初期雨水弃流设施	弃流井	占地面积小，建设费用低，但径流污染物弃流量不易控制	是其他低影响开发的重要预处理设施，主要适用于屋面雨水的雨落管、径流雨水的集中入口等海绵设施的前端
	成品弃流设施	施工安装方便、产品多样、选择性多	

为了统筹推进海绵城市建设，规范化本地技术措施、严格化海绵标准、有效化建设系统评估、智慧化产业链条管控，推动苏州市以海绵城市建设为特色的绿色生态技术产业发展，打造海绵建设“苏州工匠”，创建苏州“海绵品牌”，苏州市住房和城乡建设局依托苏州科技大学环境科学与工程学院，设立海绵城市产业发展研究咨询管理服务机构——苏州市海绵城市研究院。研究院致力于海绵城市规划、设计、绩效评估、新工艺新材料研发、产品检测、云共享等方向，提供“产品 + 服务 + 技术 + 系统解决方案”，建立健全协同创新与联合攻关机制，开发产业关键共性技术，促进产业技术进步和核心竞争能力的提高；组织开展重大课题策划研究，开展国际、国内学术交流；为本土企业、政府部门提供全方位的管理咨询服务，为苏州做大做强海绵城市产业贡献力量。

苏州市海绵城市研究院实行管理委员会领导下的院长负责制，由苏州市住房和城乡建设局局长王晓东任管理委员会主任，苏州科技大学分析检测中心主任黄天寅任研究院院长，其组织架构如图 4.1–24 所示。

（1）办公室（兼管理委员会秘书处）负责全院行政事务管理工作；重点联系研究院产业联盟、学术委员会，对口联系共建单位，承担研究院管理委员会秘书处工作。

（2）规划建设研究室针对苏州特点，开展海绵城市建设相关的规划、设计、施工、验收、维护以及海绵建材新产品、新装备等“苏州标准”研究、管理及制度制定指导，协同推进产品研发与标准制定，提供专家咨询技术服务。

（3）技术创新实验室开展海绵城市建设绩效分析研究、前瞻性技术的探索、新产品新技术应用检测研究、现有建设成果的提炼和提升，培养海绵城市建设高端人才。作为产业发展的公共平台，主动引导和参与新兴应用领域的新产品、新技术研发，充分发挥联盟平台和人才优势，集中突破一批基础共性和核心关键技术，

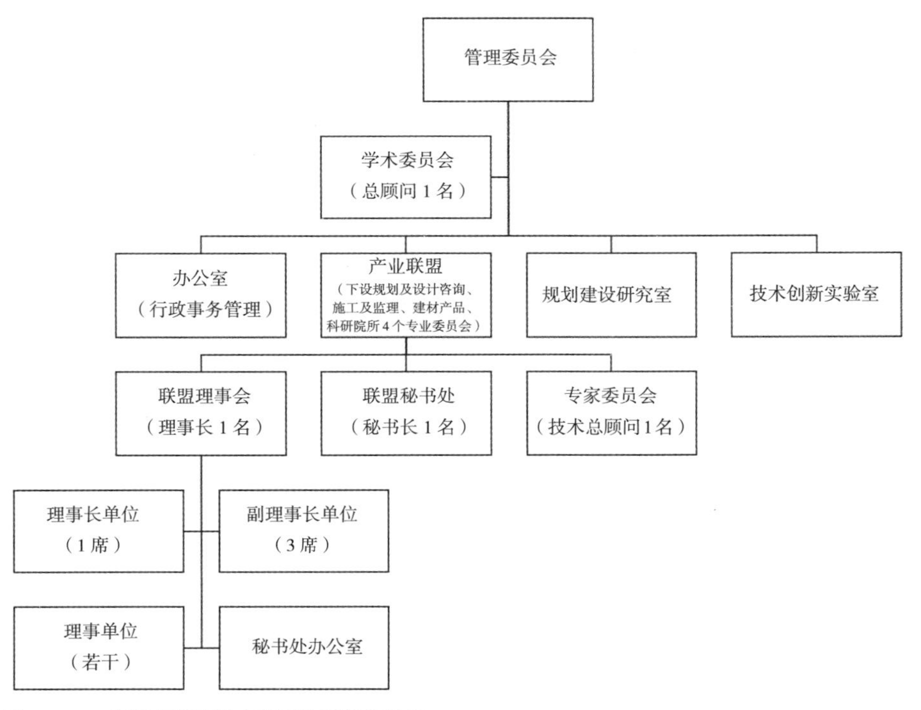

图 4.1–24　苏州市海绵城市研究院组织架构图

积极申报和参与国家重大科技专项、国家重点研发计划和重大科学基础设施建设，开展“定向研发、定向转化、定向服务”的订单式研发和成果转化。

（4）海绵城市产业联盟是本着自愿、平等、合作、共赢的原则，由市内外从事海绵城市规划设计、建设管理、产品设备研发、咨询服务等产业链上各有关主管部门、企事业单位、科研院所、高校等自愿组成的联盟，是一个非营利性的合作共建平台，相关单位在本行业领域具有专业技术强、资本实力雄厚、影响力较大等特点。

4.2 编制法规指南

为进一步加快推进海绵城市规划建设，提升城镇化建设水平，提高城市生态环境质量，根据《中华人民共和国建筑法》《中华人民共和国城乡规划法》《建设工程质量管理条例》以及国务院《关于加强城市基础设施建设的意见》等有关规定，结合苏州地区实际情况，苏州市住房和城乡建设局牵头制定了《苏州市海绵城市规划建设管理办法》《苏州市海绵城市建设部门协调联动制度（试行）》《苏州市海绵城市建设考核绩效评价与考核办法（试行）》等相关制度与办法。

在贯彻落实海绵城市相关标准、规范的同时，不断探索和总结经验教训，组织研究适宜江南水乡地理特色的海绵城市规划设计导则、建设技术指南等，指导海绵城市建设，苏州市各建设管理部门分别制定了《苏州市海绵城市专项规划（2035）》《苏州市海绵城市规划设计导则（试行）》和《苏州市海绵城市建设技术指南》系列（河道水系专篇、建筑小区专篇、市政专篇和园林绿化篇）、《苏州市海绵城市基础设施运行维护技术指南——道路专篇（试行）》等。为了推动市海绵城的科学建设，指导海绵城市建设工程的施工图设计和审查工作，苏州市住房和城乡建设局组织编制了《苏州市海绵城市建设施工图设计与审查要点（试行）》《苏州市海绵城市设计导则园林绿化篇》及《苏州市海绵城市园林绿化养护指南》等相关专项设计导则和指南。

在《苏州市海绵城市专项规划（2035）》中，针对苏州地区降雨丰富、地势低平、水系发达、土壤渗透性差、地下水位高等特点和面源污染突出、水质相对较差等重要问题，提出：① 苏州海绵城市建设遵循以“净化、蓄滞”为主，综合“渗、用、排”等功能需求的思路，将海绵城市建设理念与城市开发建设有机融合，保护苏州山水田湖等天然海绵体要素，丰富江南水乡特色；② 源头控制与水系调蓄相结合，保障城市排水安全；③ 探索防洪排涝安全与水质改善的协同治理模式，实现雨水资源化和生态化管理，把苏州建成平原河网城市城水共生的典范。

在传统海绵城市建设的基础上，苏州市住房和城乡建设局制定的《苏州市海绵城市建设试点实施方案》中提出了协调改造建设与历史文化街区保护的关系，提升试点区水文化品质，建成“蓝绿交融、城水共生”的海绵水乡。此外，在2018年制定的《苏州市海绵城市建设试点实施方案》《苏州市水文化发展规划2018—2025》《苏州市海绵城市规划建设管理办法》和《苏州市海绵设施移交养护管理办法》等多项法规文件，为推进海绵城市建设、运营、维护、监督提供了更好的法制保障。

4.3 探索园林绿地海绵建设

公园和绿地是海绵城市建设中容量大，吸收率高的海绵体，是建设“海绵城市”的重要组成部分。“海绵型公园”将雨水花园、湿塘沟渠等与城市水系、河道互通，并将区内集水、蓄水、排水设施与市政管网衔接起来。“海绵型绿地”强调与其他海绵设施衔接，统筹开发地块内部的雨水管理。

在园林绿化海绵建设方面，苏州市注重利用自然河湖水系的水乡海绵生态格局，推广节地、节土、节水、节材型园林绿化建设，实现雨水渗透、收集、净化和利用的最大化。同时引入集雨型道路绿化模式，发挥绿地系统的生态防护、雨洪管理、环境净化等功能。

由于苏州有着自然河湖水系的水乡海绵生态格局，因此可以充分利用道路两侧绿地及周边集雨型洼地，经过自然地表的渗透作用，减缓地表径流速度，将积蓄的雨水资源用于城市景观和绿地养护，充分体现江南水乡道路景观特色。近年来，苏州市积极探索建设“海绵型”园林绿化，取得了一定的成效。

4.3.1 组织开展“海绵城市”试点工作

在江苏全省率先启动了“海绵城市”试点城市创建工作，确定了城北片区 26.45km^2 的海绵城市建设试点区域，建成了中新生态科技城、吴中区太湖新城、高新区西部生态城等城市局部“海绵示范区”。

在园林绿化海绵建设方面，注重利用自然河湖水系的水乡海绵生态格局，着力推广节地、节土、节水、节材型园林绿化建设，实现雨水渗透、收集、净化和利用的最大化。目前已建成的第九届江苏省园博园是苏州市首个大型“海绵公园”（图 4.3–1），围绕建设示范性、先进性、观赏性相结合的生态节约型展园要求，各展园大量采用生态造园的新工艺、新材料、新品种进行设计布展，努力打造领先的绿色低碳展馆。园博园有效发挥了园林绿化自然吸水、自然蓄水、自然净水、自然释水等“海绵体”功能。在石湖生态园项目中，由于上方山和石湖之间的山湖自然关系严重割裂，在山与湖之间构建生态缓冲带，充分利用自然地形，通过小溪、河流、植草沟，将山上雨水引入沟渠，汇入与石湖自然连通的人工湖（水禽湖），从而形成整体水系并提升其功能，如图 4.3–2 所示。未来苏州东园独岛改造后，将会成为古城区最大的开放式海绵公园。

4.3.2 积极探索建设集雨型道路绿化

从环境友好型和资源节约型两方面入手，引入集雨型道路绿化模式，发挥绿地系统的生态防护、雨洪管理、环境净化等功能。结合苏州水系众多的特点，充分利用道路两侧绿地及周边集雨型洼地，通过自然地表的渗透作用减缓地表径流速度，将积蓄的雨水资源用于城市景观和绿地养护，充分体现江南水乡道路景观特色。

图 4.3–1 开放式海绵公园——江苏省第九届园博园

4.3.3 系统构建水路相伴城市绿网

注重建设“水路相伴”的城市绿网，将雨水调蓄利用与道路景观、生态环境更好地融合，有效地节约土地资源。同时，全面整合城市自然水系、道路、绿廊和城市慢行系统，促进不同生态系统之间的物质循环和能量流通。

图 4.3–2　面积 10 万平方米的“水禽湖”

4.3.4　充分发挥城市海绵体的生态功能

在雨水收集净化、再生水利用、城市立体绿化建设等方面作了有益的探索，建成了一批雨水收集利用示范项目、多个下沉式绿地和一大批屋顶绿化示范项目，特别是昆山市建成了全国首例高架雨水处理系统，通过绿地式生态雨水滞留和过滤，实现了雨水排放、收集的系统处理和精细化管理。

此外还编制了《苏州市海绵城市设计导则园林绿化篇》及《苏州市海绵城市园林绿化养护指南》等相关专项设计导则和指南，专题研究园林绿化项目在开展海绵城市建设的审批、建设和后期养护等问题。

4.4　学习先进经验

虽然苏州市具有生态资源丰富、水生态优势明显、水系调蓄能力大、海绵系统已初步形成四大优势，推进海绵城市建设也需要各建设管理部门以及各建设主体在思想观念、体制机制、技术研究、建设运行等方面进行大胆的改革创新，需要多部门、多专业的统筹协调，需要因地制宜、科学理性推进，需要积极借鉴、学习国内外的成功经验。因此，为了进一步促进国内外海绵城市建设方面理念和经验的学习、交流和总结，加强各单位、各学科间的沟通交流，进而提升苏州市海绵城市建设水平，助力推动海绵城市建设工作再上新台阶，2018 年 8 月 20 日，由苏州市海绵办、英国埃克塞特大学水系统中心、清华大学环境学院共同主办，苏州科技大学、清华苏州环境创新研究院承办的为期 4 天的“中英海绵城市（雨洪管理）战略性规划研讨会”在苏州顺利召开。该研讨会由苏州市海绵办副主任、苏州市住房和城乡建设局副局长王晋主持；时任苏州市人民

图 4.4–1 中英海绵城市（雨洪管理）战略性规划研讨会

图 4.4–2 苏州市海绵办副主任、市建设局副局长王晋主持研讨会

图 4.4–3 时任江苏省住房和城乡建设厅副处长何伶俊致辞

政府副秘书长汪香元，时任江苏省住房和城乡建设厅城建处副处长何伶俊，时任苏州市海绵办主任、住房和城乡建设局局长邵庆，苏州高新区管委会副主任周晓春出席会议并致辞，中英双方研究团队代表分别作了发言。苏州市住房和城乡建设局、自然资源和规划局、市容市政管理局、水务局、园林绿化管理局相关负责人，各市、区建设局相关负责人，平江新城、金阊新城建设局相关负责人以及国内外海绵城市相关专家、学者和学员参加了此次研讨会。英国埃克塞特大学、清华大学环境学院、苏州科技大学等高校的多位教授和国内外专家作了主题报告，如图 4.4–1~ 图 4.4–3 所示。

江苏省住房和城乡建设厅每年会组织第三方技术调研评估专家对苏州市海绵试点城市建设开展技术调研评估。调研组将现场调研海绵城市改造项目的建设情况，并查阅相关台账资料，与海绵建设相关单位进行座谈交流，对苏州的海绵城市建设进行总结评估和技术指导。

4.5 深化技术措施

深化《苏州市海绵城市建设试点实施方案》，科学制定控制目标和指标，提出“净化、滞蓄”为主，兼顾“渗、用、排”等功能需求的海绵城市建设主体思路，结合苏州园林的文化生态，突出苏州城市特色风貌，强化内涝防治和水环境改善的有机融合，统筹规划试点区、市区以及市域范围的海绵城市建设总体布局，科学推进苏州地区的海绵城市建设工作。

在以京杭大运河堤防加固项目为试点的项目中，严格落实海绵专项规划要求，对项目中单独的绿化项目开展海绵规划方案审批、施工图审查及竣工验收，探索在公园绿地建设过程中贯彻海绵城市建设理念，实现景观性与功能性的有机统一，如图 4.5–1 所示。

此外，吴中区以江苏省第九届园博园省级海绵城市示范项目为引领（图 4.3–1），在重大工程建设、民生项目建设、基础设施建设等领域先行先试。常熟市、太仓市的省级示范项目也在有序推进，如苏州市第一所省级海绵示范学校——常熟市锦荷学校，该校的海绵校园建设与校园总体设计相结合，校园具有开放空间面积大、绿地比例高、教学科研活动丰富等特点，适合开展以绿色基础设施为主体的雨水控制利用系统的建设。在保障校园各项基本功能的基础上，实施可持续雨洪管理理念，如图 4.5–2 所示。太仓市太仓港区生态修复

图 4.5–1　京杭大运河风光带海绵城市项目

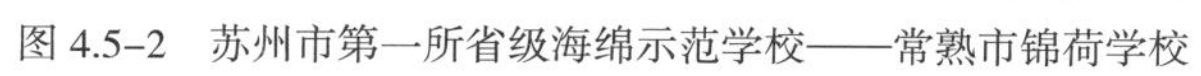
图 4.5–2　苏州市第一所省级海绵示范学校——常熟市锦荷学校

工程结合公园布局和生态景观要素，因地制宜建设人工湿地、雨水花园、下凹式绿地、植草沟等，从而提升绿地滞蓄和净化雨水的能力，在消纳自身雨水的同时，为滞蓄周边区域的雨水提供空间，如图 4.5–3 所示。

张家港市、昆山市、吴江区、相城区均划定重点建设区域并实施完成了一批新建以及海绵改造项目，在实践中探索海绵城市建设理念的运用（图 4.5–4~ 图 4.5–6），其中昆山市的“昆山杜克大学”“中环高架海绵型道路”和“江南理想—康居公园”3 个案例入选全国海绵城市建设典型案例。工业园区推广公共建筑、住宅小区、工业用地等的雨水收集利用设施建设，同步配套建设低洼草坪、渗水地面、屋顶绿化等海绵元素，提高雨水综合利用效率。

图 4.5–3 太仓市太仓港区七浦塘生态修复工程

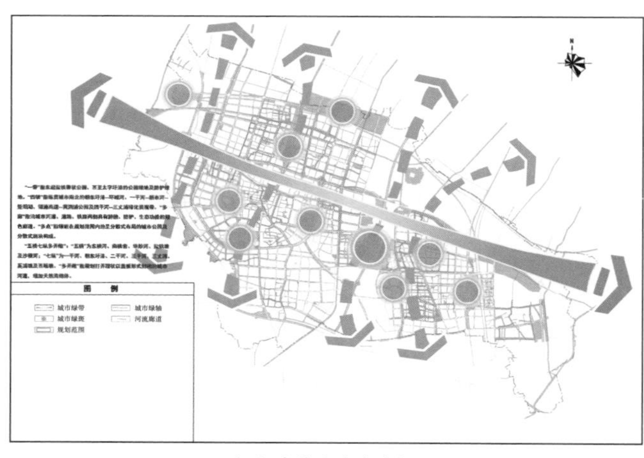

（a）自然空间规划

（b）张家港市清水湾

图 4.5–4 张家港市海绵城市建设自然空间规划图（a）和建设项目（b）

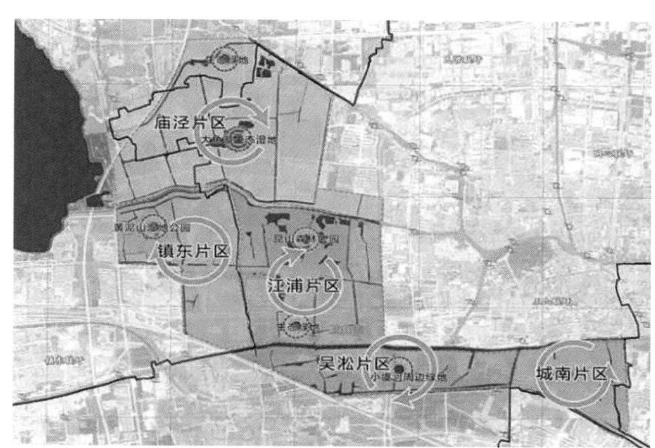

（a）昆山市海绵城市建设示范区

（b）苏南自主创新示范区核心区域

图 4.5–5　昆山市海绵城市建设示范区（a）和建设项目（b）

（a）吴江公园钢渣透水混凝土路面

（b）东太湖综合整治后续工程——提升水生态环境

图 4.5–6　吴江区海绵城市建设项目

第5章

海绵城市建设体系的构建

5.1 建立全主体参与的长效推进机制

5.2 建立全方位保障的政策法规机制

5.3 健全全层次覆盖的规划引领机制

5.4 建立全流程监管的项目管控机制

5.5 制定全要素统筹的绩效考核激励机制

5.6 实现全维度支撑的技术保障机制

5.7 建立全链条带动的产业发展机制

苏州积极贯彻落实“节水优先、空间均衡、系统治理、两手发力”的治水思路，树立尊重自然、顺应自然、保护自然的生态文明理念，大力推进建设自然积存、自然渗透、自然净化的“海绵城市”。苏州因地制宜，全域系统化推进海绵城水建设，将其作为实现“青山清水新天堂”和“绿色、循环、低碳”目标的有效途径，采用“内嵌融入”式管理模式，立足试点建设、聚焦全域推广，严格全流程建设管控环节，形成了全主体参与、全方位保障、全层次覆盖、全流程监管、全要素支撑、全链条带动等七大机制，制定了苏州市海绵城市建设技术导则 / 指南，建立了全市海绵城市监控平台，构建了苏州市海绵城市研究院“产、学、研、用”发展平台，在全省率先常态化开展了全市海绵城市高质量考核和示范项目评选等工作，苏州下辖昆山市、张家港市、太仓市、常熟市和吴江区、吴中区、相城区、姑苏区、苏州工业园区、虎丘区也形成了自己的海绵城市建设特色。

5.1 建立全主体参与的长效推进机制

苏州市成立了以市长为组长的市海绵城市建设工作领导小组，制定了部门协调联动制度，明确了各部门职责，建立了“内嵌融入”式管理模式，形成了“条块结合、部门联动”的市、区、镇三级推进机制。苏州牢牢坚持“人民城市为人民、人民城市人民建”的理念，通过海绵进校园、进社区等百余次科普宣传，全民参与“共建、共治、共享”海绵城市建设。

5.1.1 建立组织机构

苏州市于 2015 年 9 月正式启动了“海绵城市”建设相关工作，出台了《关于成立苏州市海绵城市建设工作领导小组的通知》（苏府〔2015〕141 号）和《关于开展海绵城市建设工作的通知》（苏府〔2015〕142 号），明确了苏州市海绵城市建设工作领导小组的组织机构、成员单位职责和工作要求，全面推动苏州市海绵城市建设。

苏州市海绵城市建设工作领导小组由市长为组长，成员由市委宣传部、发改委、财政局、住建局等 15 家市委市政府职能部门的主要领导以及吴江区、吴中区、相城区、姑苏区、工业园区管委会、高新区管委会的区长（主任）任组员，统领全市海绵城市建设工作，部署和监督全市海绵城市建设，协调解决工作中的重大问题。领导小组下设办公室，办公室设在市住建局，负责日常具体工作。

2016 年，为进一步推动海绵城市建设工作有效开展，新增张家港市、常熟市、太仓市、昆山市市长作为小组组员，办公室常设在市住建局，由市住建局局长兼任办公室主任。苏州市下辖 10 个市、区结合当地需求，相应成立了由人民政府或管委会分管负责人任组长的海绵城市建设工作领导小组，逐步完善建立了市（区）、镇（区）、街道组织架构，明确了海绵城市建设工作目标，为各地推进海绵城市建设提供了组织保障。从现有推进过程中，各区域结合“十四五”工作推进重点、以机构职能调整为契机，进一步加强组织领导、健全组织机构，完善“条块结合、部门联动”的工作机制。昆山继续推行专职人员协调推进海绵城市建设，其他地区结合自身需求，由各县级市、区住房和城乡建设主管部门通过购买服务的方式为海绵城市建设提供技术支撑，所需经费纳入同级财政预算予以保障，聘请专业技术团队提供全过程咨询、方案审查咨询、验收咨询、评估咨询等不同的技术支撑服务。

5.1.2 部门统筹协调

苏州市海绵办出台《苏州市海绵城市建设部门协调联动制度（试行）》，从信息沟通、规划统筹、联审会商、协调服务、跟踪问效等方面的制度建设保障海绵城市建设顺利实施（图 5.1–1）。

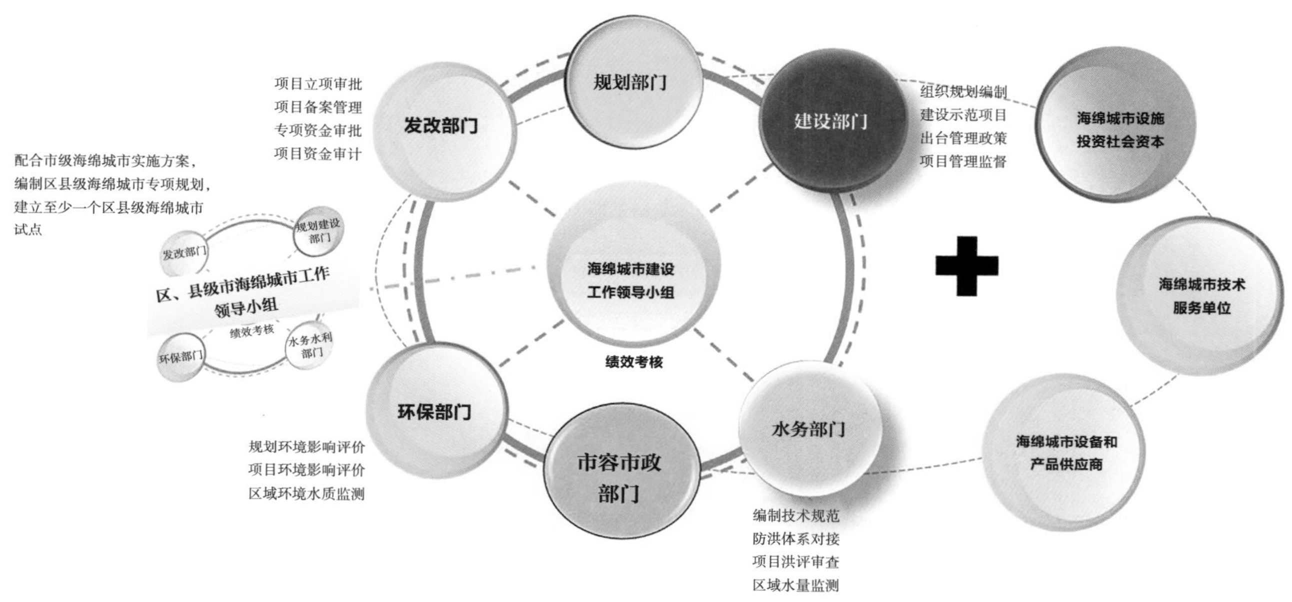

图 5.1–1　苏州市海绵城市建设联动机制框架图

（1）健全信息沟通制度。利用信息平台等各种方式，按照决策公开、管理公开、服务公开、结果公开的要求，加强部门之间的信息沟通，提高信息利用效率，协同推进重大项目海绵城市建设。

（2）建立规划统筹制度。根据需要制定推进海绵城市建设的专项规划和实施方案，充分发挥规划的统筹指导作用，协调、引导各部门将各项工作任务落到实处。

（3）建立联审会商制度。通过集中办公和召开专题会、不定期会办等方式，共同协商研究重点项目，通报重点项目进展情况，分析存在的突出问题，提出解决问题的对策，督促相关部门抓紧落实。

（4）建立协调服务制度。强化主动服务意识，采取提前介入、现场办公、不定期协调等多种形式，加强合作联动，做好督促指导、协调服务工作，确保重大事项顺利推进。

（5）实行跟踪问效制度。建立督办制度，对各部门重点项目协调推进情况进行跟踪问效、督查督办，切实将各项措施任务落实到位，确保协调联动推进机制高效运行。

5.1.3 全方位宣传科普

苏州市自开展海绵城市建设以来，通过各种媒体渠道，开展海绵城市建设宣传，充分调动社会公众参与海绵城市建设的积极性。以专题培训、系统专题讲座、海绵进校园、海绵进社区等多种形式普及海绵城市理念，通过共建、共治、共享模式共同推进海绵城市建设。

（1）《学习时报》分享苏州经验。2021 年，《学习时报》约稿苏州市分享海绵城市建设经验，时任苏州市副市长吴晓东从海绵城市建设推进的政策制定、管理体制等方面进行了专题分享（图 5.1–2）。

（2）住房和城乡建设部官媒报道苏州做法。苏州以江苏省海绵城市建设试点为契机，试点示范、全域推广，《中国建设报》从紧抓机遇乘势而上、总结经验继续前行、巩固成果创新升华等几个方面，报道了苏州系统化全域推广海绵城市建设的一些管理体系、系统技术和典型做法，也为苏州更好地全域推进海绵城市建设提供了经验的积累（图 5.1–3）。

（3）专题培训。苏州市海绵办等单位组织了多项海绵城市专题培训、宣贯和研讨会活动，海绵城市建设的监管、施工、监理、设计等相关技术人员参加培训，强化了海绵城市的建设理念，提高了对于海绵城市建设的系统理解。据统计，截至目前，苏州累计开展海绵城市建设相关业务培训、组织开展专业会议 40 余次（图 5.1–4）。

06 学习时报 高端智库

海绵城市，怎么建才有效

系统化全域推进

建设不怕水的城市

重点构建城市健康循环水系统

图 5.1–2 《学习时报》分享苏州海绵城市建设实践

4 海绵城市

中国建设报

水韵苏州 城水共生

——谱写系统化全域推进海绵城市高质量建设篇章

图 5.1–3 《中国建设报》专题报道苏州系统化全域海绵城市建设

（a）姑苏区海绵城市建设培训会

（b）2020 年度海绵城市建设专题培训班

（c）吴中区海绵城市建设专题培训

（d）中英海绵城市（雨洪管理）战略性规划研讨会

图 5.1–4　苏州市住房和城乡建设局组织多场海绵城市专题研讨会

（4）海绵城市进校园、进社区。苏州市海绵办、各区县每年组织多次海绵城市亲子科普、进校园、进社区活动，使孩子们、社区居民知晓和了解海绵城市建设的目的、作用，对海绵城市的建设效果有了更加深入的认识，有力推动了区域海绵城市建设的发展（图 5.1–5）。

（a）虎丘实验小学海绵校园宣传活动

（b）苏锦社区海绵城市推广会

（c）亲子科普活动

（d）善耕实验小学海绵城市宣传活动

图 5.1–5　开展海绵进校园、进社区等多形式宣传活动

（5）媒体宣传深入人心。江苏公共频道、苏州广播电视台、《苏州日报》《张家港日报》多次对海绵城市建设情况进行跟踪报道，充分宣传了海绵城市理念，让广大市民了解、支持、参与海绵城市建设，调动了社会各阶层的积极性（图 5.1–6）。

图 5.1–6　多家媒体报道宣传苏州海绵城市建设成效

另外，新媒体也持续关注海绵城市建设，"苏州住建""吴江住建""家在吴中""苏州工业园区规划建造""苏州高新发布"等微信公众号推送了多篇海绵城市相关的原创文章，及时报道海绵城市建设的最新进展，提高了信息传播的时效性和覆盖面（图 5.1–7）。

蓝绿交融 城水共生丨谱写新时代海绵城市高质量发展的苏州篇章

苏州住建 1月5日

2016年，苏州市入选江苏省首批省级海绵城市建设试点城市，由此开启了海绵城市试点建设工作，通过几年的探索，逐步形成了全主体参与、全范围保障、全流程覆盖、全要素统筹、全维度支撑、全链条带动的海绵城市建设“苏州模式”。

雨水地表径流实现综合管控丨苏州海绵城市建设成效初探

苏州住建 2020-07-16

“江南黄梅无干处，雨脚如麻难断绝”，闷热多雨的江南黄梅天，对于植物来说是一个滋润的季节，但同时也严重影响了人们的生活。海绵城市的出现，让持续连绵阴雨中的城市重获“自由呼吸”，描画出一幅人水和谐、相映成趣的城市生活图景，展露出城市独有的柔情魅力和人文情怀。

苏州将海绵城市建设作为实现“青山清水新天堂”和“绿色、循环、低碳”目标的有效途径，强调在源头控污减流，构建以分布式低影响开发设施和自然水系为主、绿色和灰色基础设施并重的生态雨水系统，将海绵城市建设理念渗入城市建设各个环节，系统化、集成化使用灰、绿海绵设施，注重城市湿地公园、集雨型绿地和河道调蓄功能的发挥，保留自然海绵、修复半人工海绵、修建人工海绵，让城市与自然和谐共生，延续苏城与水的千古情缘。

图 5.1–7　苏州市住房和城乡建设系统宣传海绵城市建设成效

苏州新闻网、苏州高新区新闻网、名城苏州网等多家网络媒体也对苏州市海绵城市建设进度、建设成效开展报道（图 5.1–8）。

苏州高新区新闻网

http://news.snd.gov.cn

[姑苏晚报]苏州高新区海绵城市　建设规划出炉

“海绵”苏州：打造城水共生的典范

图 5.1–8　新媒体推出海绵城市建设系列报道

此外，吴江区、高新区住房和城乡建设局在学习强国平台上对本区海绵城市建设成效展开报道（图 5.1–9）。

2021/3/11

江苏苏州高新区：建设海绵城市 提升城市韧性

苏州学习平台
2020-12-07

+订阅

海绵城市建设是实践生态文明建设的重要内容，是江苏省苏州高新区践行高质量发展、践行新发展理念的重要方面。苏州高新区一直坚持“山水林田湖”系统治理模式，通过生态环境修复、城市内涝治理等手段推进新型城镇化建设，打造可持续发展的城市发展模式。

围绕大阳山“生态绿核”建设海绵城市试点片区

大阳山“绿核”是苏州高新区的城市绿肺，也是“真山、真水”城市特质的具体表现。2018年6月，大阳山片区被列为苏州市海绵城市重点建设区域。苏州高新区以生态优先，打造出了苏州乐园森林世界、太湖大道等一批典型海绵城市示范项目。

苏州乐园森林世界位于大阳山脚下，面积约52.3公顷，规划前是一片采石场遗留下的废弃之地，原生植被遭到严重破坏，留下了大大小小的矿坑和裸露的岩石地表，荒凉的场地与周边郁郁葱葱的大阳山森林形成了强烈反差，生态亟待修复。苏州乐园森林世界的开发给予了这片土地蜕变的契机，顺应山形地势，梳理山水资源，因地制宜地利用了场地多级高差及现有矿坑等要素，将生态草沟、湿塘、下沉绿地等海绵设施与场地景观进行有机融合，做到海绵即景观，景观即海绵。随着苏州乐园森林世界对外开放，吸引了一批批游客流连忘返。大阳山宕口生态修复不仅将人与

苏州学习平台

江苏苏州吴江：高质量推进海绵城市建设

苏州市吴江区住房和城乡建设局 2021-02-23

展开

播放 5,534　　点赞 277

进入看自然频道查看更多内容 >

图 5.1–9　学习强国平台推广苏州海绵城市做法成效

5.2 建立全方位保障的政策法规机制

苏州率先出台了《苏州市海绵城市规划建设管理办法》，自2016年起，苏州市政府以及相关部门先后制定印发了7项海绵城市建设相关的政策法规，相关部门制定了20余项涉及海绵城市建设的全流程管控制度；10个板块也相应印发了海绵城市建设实施细则；在投融资方面，苏州不断加大政府财政投入力度，整合专有资金，出台了海绵城市建设引导资金管理办法、地下综合管廊财政补助资金管理办法、地下综合管廊收费标准等资金管理和使用制度；在老旧小区改造方面，创新“政、银、企、民”四方合作机制，确保了海绵城市建设有法可依、有章可循。

5.2.1 完善的海绵管理制度

2017年3月1日，苏州市海绵建设工作领导小组印发了《苏州市海绵城市规划建设管理办法（暂行）》，用于指导市内规划区范围新建、改建、扩建项目。通过近几年海绵城市建设的探索，不断发现试点过程中出现的问题和薄弱环节，积累经验。2020年2月，苏州市政府办公室印发《苏州市海绵城市规划建设管理办法》，作为苏州海绵城市建设的纲领性文件。

《苏州市海绵城市规划建设管理办法》根据《国务院办公厅关于推进海绵城市建设的指导意见》《省政府办公厅关于推进海绵城市建设的实施意见》《市政府关于全面推进海绵城市建设的实施意见》等有关规定，结合苏州市推进海绵城市建设的实际需求制定。《苏州市海绵城市规划建设管理办法》共分为总则、海绵城市规划的编制、立项规划用地设计管理、建设管理、竣工验收及移交、运营管理、其他等七大部分，涵盖了海绵城市建设的全过程管理规定，依托工程建设项目审批制度改革，苏州将海绵城市的要求嵌入建设流程各个环节。明确土地划拨或出让公告必须注明海绵城市规划指标；明确规划方案、施工图海绵城市专篇技术要求，结合建设项目联合审查，强化规划方案、施工图专项审批；明确海绵设施质量监督、竣工验收及养护管理要求，确保海绵设施长久健康运行。通过源头管控、闭合管理等措施，新改扩建项目均全面落实了海绵城市建设理念，海绵设施与主体工程同步规划、同步设计、同步建设、同步使用。此外，相关部分也分别制定了相应的多项海绵城市建设相关的政策法规，覆盖了海绵建设全过程，实现了海绵城市建设有章可循（表5.2–1）。

苏州海绵城市建设部分政策文件一览表　　表5.2-1

序号	发布部门	文件名称	发布时间	主要内容
1	苏州市政府	《市政府关于全面推进海绵城市建设的实施意见》（苏府〔2016〕48号）	2016–4–7	明确海绵城市建设的总体目标和重点工作，完善保障措施
2	苏州市政府办公室	《苏州市海绵城市建设省级引导资金管理办法》	2017–5–12	明确省级引导资金的职责单位、奖补资金申报审批拨付的实施细则

续表

序号	发布部门	文件名称	发布时间	主要内容
3	苏州市政府办公室	《市政府办公室关于印发苏州市海绵城市规划建设管理办法的通知》	2020-2-14	明确领导机构和相关部门职责，细化规划编制、项目立项、设计管理、建设管理、竣工验收及移交、运营管理等方面的细则
4	苏州市海绵城市建设领导小组	《苏州市海绵城市建设部门协调联动制度（试行）》	2016-3-24	明确各成员单位协调联动的方式方法
5		《苏州市海绵城市建设绩效评价与考核办法（试行）》	2020-8-18	对海绵城市建设效果分为水生态、水环境、水资源、水安全、制度建设及执行情况、显示度六个方面进行评价和考核
6	苏州市住房城乡建设局	《市住房城乡建设局关于推进海绵城市建设的通知》	2016-3-24	在城市基础设施建设中，贯彻落实海绵城市建设理念，并加强对海绵城市建设项目的监管
7		《关于“苏州市海绵城市建设技术咨询单位名录库”申报工作有关事项的通知》	2017-8-16	设立苏州市海绵城市建设技术咨询单位名录库，保证海绵城市建设工程项目的设计水平和建设质量
8		《市住房城乡建设局关于印发〈苏州市海绵城市建设施工图设计与审查要点（试行）〉的通知》	2017-9-4	苏州中心城区海绵建设施工图设计文件审查技术要点，其他区域可参照执行
9		《关于印发苏州市宜居示范居住区评价办法的通知》	2019-3-21	评价方法中纳入了海绵城市相关要求，提出通过加强居住区规划建设管理，充分发挥居住区内部建筑、道路和绿地、水系统等对雨水的吸纳、蓄渗和缓释作用，有效控制雨水径流，实现对居住区场地雨水的自然积存、自然渗透、自然净化
10		《关于组织开展全市海绵城市建设示范项目评选工作的通知》	2020-6-22	开展全市海绵城市建设示范项目评选工作
11		《市住房城乡建设局关于印发〈苏州市海绵城市设施施工和验收指南（试行）〉的通知》	2020-12-7	进一步提高建设项目海绵设施施工质量，加强建设项目海绵设施竣工验收管理
12	苏州市水务局	《关于在京杭大运河堤防加固加固项目中加强海绵城市建设的通知》	2018-2-28	加强京杭大运河堤防加固工程项目中海绵城市建设工作

5.2.2　健全的防洪管理体系

苏州城市防洪在苏州市人民政府统一领导下，由市水务局牵头，各县级市（区）水务局分工负责各区工程建设以及工程运行后的长期管理。苏州市和各县级市（区）人民政府（管委会）分别设立防汛防旱指挥机构，实行两级管理。市防指负责流域性、区域性骨干水利工程的调度，并指导其他水利工程防汛调度；其他水利工程，由所在县级市（区）防汛防旱指挥部明确调度权限；在汛情紧张时，苏州市防汛防旱指挥部可对本行政区域内所有的水利工程设施直接发出调度指令（上级有规定的除外）。

5.2.2.1　管理规范化

苏州市陆续出台了《苏州市中心城区河道管理技术规定》《苏州市城市排水管理条例》《苏州市河道管

理条例》《苏州市长江防洪工程管理条例》《苏州市农村圩区试点镇堤防达标管理办法（试行）》等一系列法规和办法，城市防洪管理工作逐步完善。

5.2.2.2 管理信息化建设

苏州作为水利部明确的智慧水利城市建设试点城市之一，从2016年起开始推行数字化水务创新工作，实施“智水苏州”建设，以提升精准治水能力、满足现代化管理需要、实现水利水务跨越式发展为愿景。

5.2.2.3 防汛应急管理

苏州市先后滚动修编了《苏州市防汛防旱应急预案》《苏州市防台风应急预案》，有效规范全市防汛及应急抢险工作，提高全市水旱灾害的预防和应急处置能力；建成了覆盖市、市（区）、镇水务局会场的防汛异地会商电视会议系统，实现了远程会商、远程视频会议；形成了群众抢险队伍、非专业部队抢险队伍和专业抢险队伍通力协作的防汛队伍。供电、交通运输、卫生、治安、资金等防汛应急保障能力不断提高。

5.3 健全全层次覆盖的规划引领机制

海绵城市建设是城市转型发展新理念，从水出发，但不是“就水论水”。要注重生态系统的完整性，避免生态系统的碎片化，牢固树立“山水林田湖草”生命共同体思想，坚持规划引领、系统谋划，统筹推进，建立宏观、中观、微观三级海绵城市规划体系。

5.3.1 宏观层面

苏州市级先后编制了《苏州市海绵城市专项规划（2035）》《苏州海绵绿地系统专项规划》《苏州市城市防洪排涝专项规划（2035）》《苏州市城市内涝治理系统化实施方案》等工作，相关规划围绕“保护山水林田湖丰富江南水乡特色、利用蓝绿本底条件改善城市水环境、融合治水与城市发展实现雨水生态管理、促使控源调蓄相结合保障城市水安全、注重改造与文化传承提升品质”五大任务，明确全市海绵城市建设空间整体布局和年径流总量控制率等海绵城市建设指标体系，结合控制性详细规划动态调整，将海绵城市相关指标落实到每个地块，构建海绵城市规划体系，先规划后建设，发挥规划的控制和引领作用。

5.3.2 中观层面

规划引领是开展系统化全域推进海绵城市建设的基本前提。各地高度重视顶层设计，在海绵城市建设“十三五”规划经验基础上，继续坚持系统谋划、规划引领、统筹推进，编制更符合本地发展的海绵城市专项规划，四个县级市及六个区实现海绵城市专项规划全覆盖，各地在规划编制过程中也逐步体现个异化、特色化，吴江区结合长三角绿色发展示范区建设定位，以湖荡文化为引领，编制世界级湖区典范海绵城市专项规划；张家港为精准化做好建成区存量用地的海绵化提升，在专项规划基础上编制了《张家港市海绵城市建设系统化实施方案》，其中《昆山市海绵城市专项规划》入选全国范本。

5.3.3 微观层面

控制性详细规划是实现海绵城市建设任务的重要建设管控手段，控制性详细规划应协调相关专业规划，分解和细化海绵城市专项规划中的建设要求，将指标分解到具体地块，根据地块的汇水条件，结合用地分类

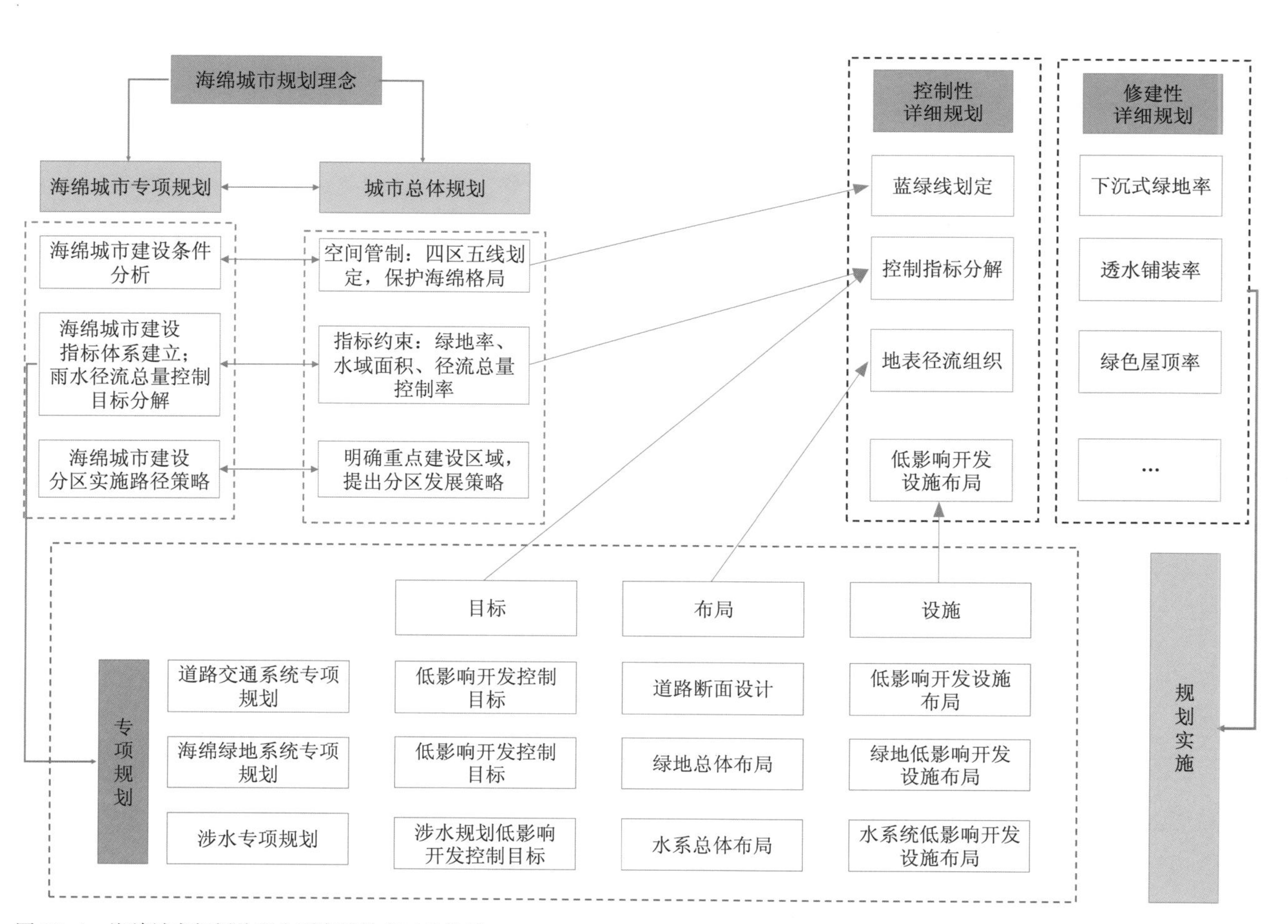

图 5.3–1 海绵城市规划从理念到实施技术互动体系

的比例和特点，明确提出地块的低影响开发控制指标，实现控规落实海绵指标纵向到底，区块海绵实施方案统筹建设横向到边，使得土地出让或划拨后开发实施有据可依。

5.3.4 规划协调反馈机制

海绵城市的规划管控需要整个规划体系在规划编制的技术层面从规划理念、规划目标、总体布局、设施布局等方面进行整体的协调，也需要在建设管理层面对现有的建设项目规划管控制度进行创新。

5.3.4.1 规划编制技术管控制度

在制定国土空间规划、详细规划、相关专项规划（包括城市水系规划、城市绿地系统规划、城市排水防涝规划、道路交通专项规划等）时，需纳入海绵城市建设相关要求，使海绵城市建设内容成为城市规划编制技术体系中的法定组成部分。

要实现城市规划的上述管控，需要修订苏州市规划编制的多项文件，将海绵城市建设的要点纳入规划编制技术规定中。其中包括《苏州市城乡规划条例》《苏州市城乡规划管理实施办法》以及其他地方性规划编制管理条例、法规、技术手册等内容。

5.3.4.2 在国土空间规划中落实海绵城市建设理念

对应“生态之城、宜居之城”，市国土空间总体规划提出了几点配置要素与海绵城市理念紧扣，包括：以水环境治理为重点，加强生态修复和环境污染治理；构建复合多元的“水网体系”，塑造具有吸引力的滨水空间；构建绿道体系，串联生态斑块、滨水空间和历史文化资源。将年径流总量控制率和年 SS 去除率作为约束性指标纳入市国土空间规划目标指标体系，明确海绵城市建设分区发展策略和重点建设区域。根据城市地形和排水特点，合理确定排水出路，保护和修复自然径流通道，并结合用地性质、改造难易程度、功能布局及近远期发展目标，明确提出苏州市海绵城市分区建设策略，提出分区设施建设指引，并确定重点建设区域。

5.3.4.3 在城市详细规划中落实海绵城市建设要求

城市详细规划结合建筑密度、绿地率等约束性控制指标，提出各地块的径流总量控制率、透水铺装率、绿色屋顶率、雨水利用等控制性指标及要求。控规应明确低影响开发设施在控规单元中的弹性布局，通过将低影响开发设施用地与其他建设用地进行有效结合，促进土地混合、集约利用和低影响开发设施的高效利用。合理组织地表径流，控规应对开发场地内的建筑、道路、绿地、水系等布局和竖向进行统筹考虑，使地块及道路径流有组织地汇入周边绿地系统和城市水系，并与城市雨水管渠系统和超标雨水径流排放系统相衔接，充分发挥海绵设施的作用。

5.3.4.4 在相关专项规划中协调海绵城市的建设要求

苏州市已完成的《苏州市海绵绿地系统专项规划》和《苏州市道路系统专项规划》，与海绵城市专项规划在规划理念、原则、目标及指标、规划布局上进行了紧密的衔接。已编制完成的大部分涉水专项规划均已包含低影响开发方面的建设要求，如排涝规划、雨水利用规划、节水规划等。

5.4 建立全流程监管的项目管控机制

依托工程建设项目审批制度改革，构建了海绵城市建设全过程管控体系。明确土地划拨和出让中海绵城市建设指标，并在“一书两证”核发中予以审查落实；制定了苏州市海绵城市专项文件编制要求，结合建设项目联合审查平台，制定了专项方案审查、施工图专家论证制度；印发了海绵设施施工和验收指南，明确了海绵设施质量监督、竣工验收及养护管理要求；四部门联合发文强化海绵设施运行养护管理办法及要求。通过源头管控、闭合管理等措施，建设项目全面落实海绵城市建设理念，实现海绵设施与主体工程的“四同步”（图 5.4–1）。

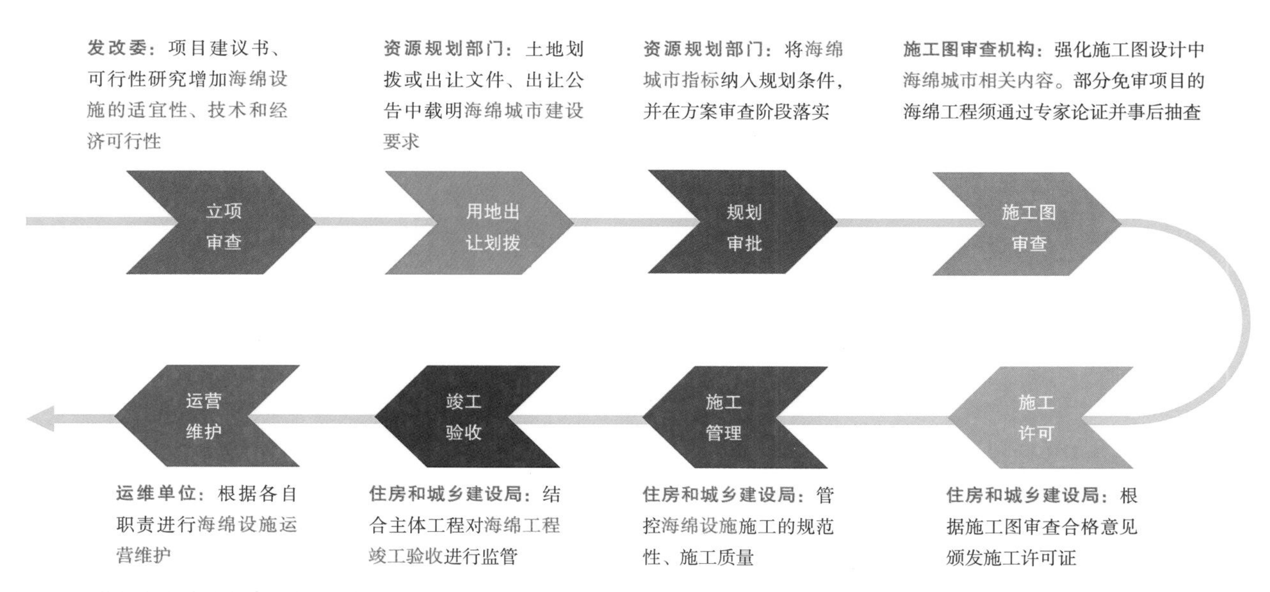

图 5.4–1 苏州市海绵城市建设全流程管控

5.4.1 立项审批

《苏州市海绵城市专项规划（2035）》对相城区、吴江区、园区、吴中区、高新区的各类用地类型的年径流总量控制率和SS去除率进行了约束。对市政道路用地等各类建设用地的海绵规划指标作了明确要求，但在实际项目规划方案编制及审批过程中，部门市政道路因条件有限无法满足海绵规划指标要求。苏州市海绵办组织市住房和城乡建设局、市自然资源和规划局等部门进行深化研究，形成《市政道路工程项目规划指标要求》。在建设项目用地预审与选址意见书、建设用地规划许可证和建设工程规划许可证的核发过程中，自然资源规划部门将年径流总量控制率等指标纳入规划条件，在规划方案审查等审批环节中将其落实。

5.4.2 土地出让

自然资源规划部门在国有建设用地划拨或出让文件、使用权出让公告中将建设项目落实海绵城市建设理念作为基本内容予以载明。已出让或划拨的建设项目，应通过设计变更、协商激励等方式，落实海绵城市建设相关内容和要求。

5.4.3 方案审查

项目方案设计中应有海绵城市设计专篇，包括海绵城市设计方案和指标核算情况表。项目海绵城市设计方案应满足国家、江苏省和苏州市海绵城市相关技术规范和标准，并基本达到初步设计深度，方案文本应包括海绵城市设计依据、设计原则、设计基本控制目标、海绵设施类型及规模计算等。

2020年7月，为进一步提升建设项目海绵城市专项设计文件质量，苏州市海绵办印发《关于进一步规范建设项目海绵城市专项设计文件的通知》（苏海绵城市办〔2020〕3号），规定海绵城市专项设计文件实行以“一文一表四图”为核心的文件要求，即“一文”为指方案设计说明文本；“一表”为指海绵城市专项方案基本信息表；“四图”分别指项目竖向设计图、项目汇水分区图、项目下垫面及海绵设施布局图、雨水管网平面图。设计方案重点关注技术适宜性、方案系统性、目标可达性、项目精品性，内容具体包含且不限于问题与需求分析、设计目标与原则、设计方案、目标及指标可达性分析等。

苏州市建设项目海绵城市专项方案审查基本纳入建设项目联合审查平台，各市、区根据本区域的实际情况，由海绵办或自然资源和规划局组织方案审查，审查意见作为发放规划许可证的前置条件。

5.4.4 施工图专家论证

建设项目施工图设计对于项目整体至关重要，海绵城市专项设计与道路、景观、建筑等专业都相互联系，但又不能划分为一个专业实施，在3年的试点建设期间，苏州市住房和城乡建设局印发了《市住房城乡建设局关于印发《苏州市海绵城市建设施工图设计与审查要点（试行）》（苏住建设〔2017〕16 号），用于指导苏州市海绵城市建设的施工图审查工作。苏州市政府办公室印发的《苏州市进一步深化工程建设项目审批制度改革工作实施方案的通知》（苏府办〔2020〕114 号）明确，应发挥专家优势，通过专家论证的方式对海绵城市工程项目开展施工图审查，把控施工图设计质量，不再另行进行施工图审查。根据规定，由建设单位负责组织论证，从苏州市建设工程施工图审查中心等施工图审查机构中抽取人员组成专家组，对年径流总量控制率等约束性指标和绿色屋顶率等引导性指标进行审查，不满足指标要求的项目由设计单位进行整改，经专家组复审通过后加盖专家会审专用章。

苏州市对提交的建设项目海绵城市专项设计文件也进行了相关的规定和技术指导，《关于进一步规范建设项目海绵城市专项设计文件的通知》（苏海绵城市办〔2020〕3 号），对需提交的施工图海绵城市专项设计资料和施工图海绵城市专项设计要点进行了明确规定，文件要求项目施工图设计中应编制海绵城市设计专篇；提供的施工图设计文件，应包含雨水控制与利用工程说明、竖向设计及雨水控制与利用设施、措施等具体设计内容，满足国家、省和苏州市海绵城市相关技术规范和标准。施工图审查机构强化对施工图设计文件中海绵城市相关内容的审查。对于不满足海绵城市建设要求的，审查机构不得出具施工图审查合格书。海绵城市施工图设计文件未经审查不得用于施工。施工图设计文件确需变更的，应按规定程序重新进行施工图审查，同时审查海绵城市建设内容，设计变更不得低于其原海绵城市设计目标。

5.4.5 施工管理

建设项目的海绵城市专项建设应按照“先地下、后地上”的顺序，科学合理统筹施工，城市绿地建设应注重利用适宜本地的生态化设施。已建成的基础设施及公共建筑等，有条件的应按计划进行海绵化改造，鼓励已建成的住宅小区、商业区、单位庭院等进行海绵化改造，并提出了实施措施。

在近几年海绵城市建设探索中，苏州市海绵办组织技术力量对各种类型建设项目进行方案和施工图审查的基础上，定期组织专家对工程项目施工过程开展抽查，对存在不按照设计图纸进行施工、不能达到海绵建设要求等违规行为的项目提出整改意见。建设单位及监理单位组织设计单位及施工单位对整改意见进行分析后，提出整改方案，报海绵办复核后落实整改工作。苏州市不断总结经验、创新实践，将建设项目海绵城市专项施工形成了指导性文件《苏州市海绵城市设施施工和验收指南（试行）》，使得苏州市海绵设施施工更加规范化、标准化，充分保证海绵设施的建设效果。

5.4.6 竣工验收及移交

海绵设施竣工验收不单独组织，与建设项目竣工验收一并执行，由建设单位组织勘察、设计、施工、监理对设施规模、竖向设计、进水口、溢流排水口、初期雨水收集设施、绿化种植等关键环节和部位进行验收，并出具核验报告，由建设、水务、园林绿化、市政设施管理等单位部门对验收进行监督，验收合格后方可组织单位工程竣工验收，并将验收情况写入验收结论，海绵设施竣工验收后随主体工程移交。由苏州市住房和城乡建设局组织编制的《苏州市海绵城市设施施工和验收指南（试行）》对海绵设施的验收内容及标准进行了相应的规定。

5.4.7 运营管理

苏州贯彻“三分建、七分管”理念，海绵城市建设的设施应制定相应的运行维护管理制度、岗位操作手册、设施和设备保养手册和事故应急预案，并应定期修订。

2021 年住房和城乡建设局、财政局、园林绿化局、城市管理局和水务局联合发布《苏州市海绵设施移交养护管理办法（试行）》，明确了海绵城市建设设施应有专职运行维护和管理人员，各岗位运行维护和管理人员应经过专业培训后上岗。定期对设施进行日常巡查，在雨季来临前和雨季期间，加强设施的检修和维护管理，保障设施正常、安全运行。建立海绵城市设施数据库和信息技术库，通过数字化信息技术手段，进行科学规划、设计，并为海绵城市设施建设与运行提供科学支撑。

文件明确，主体工程属于政府投资的城市公园与绿地、市政道路等工程建设项目的，海绵设施与主体工程同时移交。市政道路主体部分（含铺装下设置的渗渠、渗管、多孔纤维棉等设施）由道路管养部门负责运行养护管理，排水设施（含溢流井、溢流井盖、溢流管、弃流井等）由水务部门负责运行养护管理，绿化（含土基层、土工隔离层、排水层、过渡层、过滤层、蓄水层、超高层及植物）由绿化部门负责运行养护管理。城市公园与公共绿地内海绵设施由绿化管养部门负责运行养护管理。

政府投资的公共建筑，其海绵设施随主体工程一并移交给项目权属单位，由项目权属单位负责海绵设施的运行养护管理。

社会投资的建设项目，由项目权属单位负责海绵设施的运行养护管理。

对于没有明确运行养护管理主体的海绵设施，按照“谁建设，谁管理”的原则，由该设施的所有人或其委托的养护管理单位负责设施的具体运行养护管理工作。

政府投资的城市基础设施、公共建筑等建设项目的海绵设施由相关管理部门、权属单位负责运行养护管理，海绵设施运行养护管理费用由各级财政根据城市基础设施运行养护管理相关规定分别予以保障。

社会投资的建设项目，其海绵设施的运行养护管理费用由项目权属单位负责。

5.5 制定全要素统筹的绩效考核激励机制

苏州将海绵城市纳入全市高质量发展考核体系，以考促建，以建成区为评价对象，从体制机制、建设管控、建设成效等方面，多维度考核评价海绵城市建设，张家港、吴江等板块也相继制定区、镇级的考核评价制度；

开展全市海绵城市建设示范项目评选，每年评选建筑小区、公园绿地、道路广场、河道水系等类型海绵城市建设示范项目，并将示范项目纳入企业信用综合评价得分。

5.5.1 高质量考核

苏州市将海绵城市建设工作纳入高质量发展考核体系，高质量发展年度考核结果作为年度综合考核的重要组成部分，真正为鼓励激励政府部门推进海绵城市建设事业发展提供有力保障。为全面高效推进海绵城市建设，加强对全市海绵城市建设的监督和管理工作，科学考核评价全市海绵城市建设工作情况，2020年苏州市海绵城市建设工作领导小组印发《苏州市海绵城市建设绩效评价与考核办法（试行）》（苏海绵城市发〔2020〕1号），办法适用于对各市、区海绵城市建设成效进行绩效评价与考核。由市海绵办组织相关部门、邀请各行业专家，共同组成考评工作组，具体开展相关考评工作，并形成最终考核评估报告，年度考核结果报送市海绵城市建设工作领导小组，并通报各相关单位，纳入各级政府年度考评。

《苏州市海绵城市建设绩效评价与考核办法（试行）》对各市、区人民政府（管委会）考核内容主要为能力建设情况、进度情况、规划编制与执行情况3大项、12小项，每个子项量化为具体分数，根据考核标准对各子项进行打分，满分为100分。考核结果分为4个等级：优秀（≥90分）、良好（80～89分）、合格（60～79分）、不合格（≤59分）。未能按时完成考核周期内工作任务的地区，不得评为良好及以上等次（表5.5–1）。

苏州市海绵城市建设绩效评价与考核指标（试行） 表5.5-1

考核内容	考核要求	分值	考核要点	考核方式	数据采集	评价依据
（一）能力建设情况考核（10分）	1. 成立海绵城市建设工作协调机构	2	落实《苏州市海绵城市规划建设管理办法》要求，完善工作机制，统筹规划、有效推进海绵城市建设	查看机构设置文件以及协调机构运转台账资料	各市、区海绵办提供资料	市政府《关于全面推进海绵城市建设的实施意见》《苏州市海绵城市规划建设管理办法》
	2. 建立专业技术团队，组织相关培训、讲座，开展宣传报道等	1	建立高水平技术团队，提供技术支撑，提升业务管理水平；科普宣贯，普及海绵城市建设知识	查阅相关台账资料	各市、区海绵办提供资料	市政府《关于全面推进海绵城市建设的实施意见》
	3. 建立全过程管控机制并运行良好	5	对房建、市政、水务、绿化等建设项目进行规划建设全流程管控，确保达到海绵城市建设要求	建筑小区、公园绿地、河道水系、道路广场等类型项目，每种类型至少抽查1个且总数不少于5个建设项目，翻阅规划用地、设计管理、建设实施、验收及移交、运营管理等文件，根据海绵城市规划建设管控情况进行评分，有1个满足管控要求的得1分，最多得5分	各市、区海绵办提供资料	《苏州市海绵城市规划建设管理办法》

续表

考核内容	考核要求	分值	考核要点	考核方式	数据采集	评价依据
（一）能力建设情况考核（10分）	4. 有序推进既有项目海绵改造	2	结合老旧小区改造、基础设施维护等，落实海绵城市建设要求：已建成的城市基础设施、公共建筑等，有条件的应按计划进行海绵化改造；鼓励已建成的住宅小区、商业区、单位庭院等进行海绵化改造	查阅改造类项目建设文件要求及项目建设相关台账资料	各市、区海绵办提供资料	《苏州市海绵城市规划建设管理办法》
（二）进度情况考核（70分）	1. 海绵城市建设新增项目占地总面积	20	各市、区年度海绵城市建设任务完成情况、项目实际推动情况	新增项目占地面积 =“海绵城市建设项目库”中本年度实际完工的项目占地面积之和，年度实际完成值小于考核目标值60% 得0分，完成60% 得1分，完成100% 及以上得20分，其他完成情况得分可用内插法求得	各市、区海绵办提供资料。面积与数量的核算方式详见《年度新增海绵城市面积认定细则》	《江苏高质量发展监测评价指标体系与实施办法》 《设区市高质量发展年度考核指标与实施办法》 市政府《关于全面推进海绵城市建设的实施意见》 《苏州市海绵城市规划建设管理办法》 住房城乡建设部《海绵城市建设技术指南》 《海绵城市建设评价标准》
	2. 既有设施海绵改造项目个数	5		既有设施海绵改造项目个数 =“海绵城市建设项目库”中本年度实际完成的海绵改造项目个数之和，年度实际值小于考核目标值60% 得0分，完成60% 得1分，完成100% 及以上得5分，其他完成情况得分可用内插法求得	各市、区海绵办提供资料。数量的核算方式详见《既有设施海绵专项改造项目个数认定细则》	
	3. 海绵城市建设项目质量	10	注重实效，对项目建设成效进行评估	抽查“海绵城市建设项目库”中本年度实际完工的项目（含新、改、扩建项目）不少于5个，翻阅方案、设计图、竣工资料及监测数据、现场踏勘与质询，根据《海绵城市建设绩效评价与考核办法（试行）》《海绵城市建设评价标准》及当地规划条件要求，进行综合评判，有1个项目满足要求的得2分，最多得10分	各市、区海绵办提供资料	
	4. 海绵城市建设示范项目	10	项目要充分体现苏州海绵城市特色，成效显著，生态、景观、服务等功能效益显著	根据年度全市海绵城市建设示范项目评选成果，每个项目类型有一个示范项目得2分，每个项目类型最多得4分	年度全市海绵城市建设示范项目评选成果	

续表

考核内容	考核要求	分值	考核要点	考核方式	数据采集	评价依据
（二）进度情况考核（70分）	5. 建成区面积达标率	20	海绵城市建设形成连片效应、高显示度，年度建成区海绵城市面积达标率完成情况	现场查看海绵城市建设项目，查看各地规划设计文件、降雨及排水过程监测资料、相关说明材料、竣工验收资料和自评报告等佐证材料，项目按照“源头减排、过程控制、系统治理”的要求建设，年度目标区域中80%以上的区域达到海绵城市建设要求，形成整体效应的得20分，60%的得1分，其他完成情况得分可用内插法求得	各市、区海绵办提供资料	《江苏高质量发展监测评价指标体系与实施办法》《设区市高质量发展年度考核指标与实施办法》市政府《关于全面推进海绵城市建设的实施意见》《苏州市海绵城市规划建设管理办法》住房城乡建设部《海绵城市建设技术指南》《海绵城市建设评价标准》
	6. 常态化运行维护	5	建立、健全海绵设施的维护管理制度和操作规程，落实设施的维护管养主体及经费来源，明确维护管理质量要求，加强对管理人员和操作人员的专业培训，长效管理机制完善	建立、健全的海绵设施的维护管理制度和操作规程，落实设施的维护管养主体及经费来源，有得2分，无不得分；查看项目现场，有明确维护管理质量要求，得2分，无不得分；对管理人员和操作人员进行专业培训，长效管理机制完善，有得1分，无不得分	各市、区海绵办提供资料	《苏州市海绵城市规划建设管理办法》
（三）规划编制与执行情况考核（20分）	1. 编制海绵城市专项规划及控制性详细规划，落实海绵城市建设相关指标要求	4	落实苏州市海绵城市建设管理相关规定，推进各市、区海绵城市规划管控工作	完成规划编制、论证工作且已批复得2分；控制性详细规划落实海绵城市建设相关指标要求得2分，否则不得分	各市、区海绵办提供资料	《苏州市海绵城市规划建设管理办法》
	2. 实施计划与项目库编报	10	明确建成区范围，分解年度目标，根据海绵城市专项规划或实施方案编制年度实施计划，积极做好项目库的编制工作	明确建成区范围、面积的得3分，年度目标分解合理得3分，合理编制项目库得4分，否则不得分	各市、区海绵办提供资料	《市政府关于全面推进海绵城市建设的实施意见》《苏州市海绵城市规划建设管理办法》
	3. 信息报送	6	及时向市海绵办报送海绵城市建设月报和工作信息	按照文件要求，每月及时向市海绵办报送海绵城市建设和工作信息，且内容完整、数据准确，每月得0.5分	各市、区海绵办提供资料	《关于做好苏州市海绵城市建设信息报送工作的通知》《关于建立苏州市海绵城市建设高质量发展指标相关数据月报制度的通知》
（四）加分项（10分）	1. 海绵项目后评估	5	采取第三方或专业技术服务，对建成项目进行后评估，确保海绵城市建设成效	建立后评估办法得2分，对当年完成项目60%以上实施定期评估得3分，其余不得分	各市、区海绵办提供资料	《苏州市海绵城市规划建设管理办法》
	2. 监管设施	5	建立和运行海绵城市综合监管平台，实现数字化智能化管控	建立监测和管控平台且运行良好得5分，建立监测和管控平台但未正式运行得3分，其余不得分	各市、区海绵办提供资料	《苏州市海绵城市规划建设管理办法》

5.5.2 示范项目评选

秉持“全域推广、示范引领”的高效建设模式，苏州市自2020年开始，由苏州市住房和城乡建设局组织开展全市海绵城市建设示范项目评选，参与评选项目应符合国家、省、市有关工程建设相关的法规、规范及行业标准，符合国家、省、市倡导的海绵城市建设发展方向，符合《海绵城市建设评价标准》GB/T 51345—2018相关要求，项目整体或海绵设施有BIM技术应用，生态、景观、服务等功能效益显著，能充分体现苏州海绵城市建设的特点特色。评选工作按照“自主申报、材料初审、现场检查、专家评审、公示公布”的程序，采取竞争性评审方式确定海绵城市建设示范项目。根据《市住房城乡建设局关于进一步做好苏州市建筑业企业信用综合评价工作的通知》（苏住建建〔2020〕25号），“苏州市海绵城市建设示范项目”计入企业的信用综合评价分。建筑业企业的信用综合评价结果可以应用于苏州市范围内的工程建设项目和企业的差别化管理、评优评先、建筑业企业综合考评以及应急抢险队伍的确定等方面，激励参与建设海绵城市的企业积极创优、推进苏州海绵城市高品质建设。

5.6 实现全维度支撑的技术保障机制

生态优先，科技加持。苏州充分发挥国家重大水专项、省市科研成果本地化应用优势，创新性地开展了钢渣混凝土在海绵城市建设中的应用、首次实现雨水管网末端免维护净化技术、构建了苏州区域水质提升与水生态安全保障技术体系，先后印发了10余册海绵城市建设相关标准、导则和指南，建立了海绵城市建设的“苏州标准”。

5.6.1 开展技术体系研究

5.6.1.1 苏州城区初期雨水径流污染特性研究

研究对苏州城区11个代表性监测点的径流水质进行了监测分析，对不同区域和用地类型的初期雨水径流污染特性进行了研究，对代表性排水系统雨天出流的水质变化规律进行了分析，结合管道系统质量平衡方程，对不同类型排水系统污染物负荷来源的贡献进行了探讨，研究了苏州城区径流污染的初期效应，结合苏州市的初期雨水径流特性，初步探讨了适合苏州城区初期雨水径流污染的控制措施和综合管理策略。

5.6.1.2 初期降雨污染控制研究

自 2006 年起，苏州市开始启动对面源污染，尤其是初期降雨污染的研究，苏州科技大学、清华大学、同济大学等高校也纷纷参与，还得到了“十二五”“十三五”水专项的支持，研究的内容从径流污染物输出特征逐步深入到径流污染控制和径流污染物生态安全。针对研究区降雨量高、河网密度高、地下水位高、土地利用率高和土壤入渗率低（“四高一低”）的显著特点和淹没式出流的雨水排水体系，开展高适性 LID–BMPs 控制技术、淹没式自排系统径流污染过程控制技术、基于源头减排—过程优化—末端控制的耦合模型技术、地表径流污染控制非工程措施等集成，研发了区域径流多维立体控制成套技术，实现全过程、全方位的区域径流污染控制。选用不同模型对试点区现状管网进行评估和模拟，结合试点区水文水理特性对低影响开发设施进行筛选。利用 Infoworks ICM 对试点区海绵城市建设基础条件、管网情况进行径流模拟，评估试点区典型地块海绵城市建设条件和建设内容；围绕多河多湖多降水的实际状况，构建“净化、蓄水”为主、“渗、用、排”为辅的海绵城市。

5.6.1.3 暴雨强度研究

为科学指导城市排水规划、建设和管理，进一步优化城市雨水排水规划设计，保障城市排水工程建设的安全可靠和经济合理，2010 年，苏州市水务局和河海大学对苏州市暴雨强度公式进行修订。2019 年，苏州市水务局组织对暴雨强度公式再次进行修订。新暴雨强度公式自 2020 年 1 月 1 日起启用，适用范围为吴中区、相城区、姑苏区、苏州工业园区、苏州高新区，吴江区为过渡区。启用后雨强计算值显著提高，据此设计的城市排水设施抵御短历时暴雨和特大暴雨的能力显著提高。

5.6.1.4 设计暴雨雨型研究

《苏州市设计暴雨雨型研究》中，长历时（24h）设计暴雨参照江苏省暴雨洪水图集最大 24 小时设计暴雨雨型分配表，以 1 小时为单位时段，采用同频率分析方法，分别得出 20 年、30 年、50 年一遇的长历时设计暴雨。短历时（120 分钟）设计暴雨采用芝加哥雨型方法，以 5 分钟为单位时段统计分析 120 分钟内的设计暴雨雨型，得出雨峰位于第 8 个降雨时段、综合雨峰系数 r 为 0.399、雨峰比例为 16.22%；进而得出 1 年、2 年、3 年、5 年一遇的短历时设计暴雨。

《苏州城市暴雨强度公式及雨型研究》长历时（5~1440 分钟）设计暴雨采用同频率分析法推求雨峰位置及系数，结合江苏省普遍采用的 K.C 法实际状况，推荐采用 K.C 法雨型。短历时（5~120 分钟）设计暴雨采用芝加哥雨型方法，确定苏州雨峰位于 11 位，雨峰位置系数 r 为 0.425。

5.6.1.5 海绵城市技术在小城镇建设中的应用

为“建设自然积存，自然渗透，自然净化”的现代化新型小城镇，强化以低影响开发为核心理念的海绵城市建设相关技术在苏州小城镇建设中的实际应用，切实提升小城镇低影响开发技术的建设、实施效果，苏州市住房和城乡建设局联合苏州科技大学开展“海绵城市技术在小城镇建设中的应用”研究，以此为苏州市各级管理者在小城镇建设规划、设计、实施过程中有效提升“海绵”功能提供专业参考和借鉴。

5.6.1.6 苏州特色海绵城市建设研究

为避免海绵城市建设出现“千城一面”的景象，苏州立足于自身平原河网、古典园林、历史文化等特点，摒弃“拿来主义”，苏州市海绵城市建设工作领导小组在充分调研的基础上，提出具有苏州特色的海绵城市建设理念、思路和技术措施。

《苏州特色海绵城市建设研究》在总结苏州海绵城市建设本底优势的前提下，分析了苏州系统全域推进海绵城市面临的问题，针对性地提出了强化苏州特色的海绵城市建设具体举措，包括：深入理解苏州海绵城市建设内涵、深化释义海绵技术指标、厘清海绵城市建设思路、创新海绵技术措施、彰显苏州园林特色、提升苏城水系品质。

5.6.1.7 植草沟在平原河网地区的应用研究

为因地制宜地推进苏州市海绵城市建设，结合苏州地区“四高一低”特点，即土壤渗透率低、地下水位高、硬化地面率高、径流污染浓度高、开发强度高的下垫面特点，苏州市有针对性地研究植草沟在平原河网地区的应用。《植草沟在平原河网地区的应用研究》主要包括针对不同用地面源污染高适性研究和针对河网密布、小地块空间高适性研究，分析了转输型植草沟和渗透型植草沟的特点以及污染物去除效率，提出了不同植草沟的设计计算方法步骤、施工要点、竣工验收要点、管理维护办法等，对进一步提高苏州市海绵城市建设的科学性和可实施性，进而有效指导苏州市的海绵建设技术措施合理实施，削减径流总量和径流污染负荷、保护和恢复城市生态环境，起到科学的指导意义。

5.6.1.8 本地植物选型研究

苏州市在《苏州市海绵城市规划设计导则（试行）》和《苏州市海绵城市建设技术指南（园林绿化篇）》均对海绵城市建设的绿色植物种类进行了阐述，根据苏州气象气候特点、土壤条件等因素，列出了 5 大类 80 种植物的推荐名录，并逐一对其耐长期水淹、耐短期水淹、耐干旱、耐盐碱等特性进行了评价，提出了相应海绵设施中应配置的植物类型和品种的建议。

5.6.1.9 高性能再生骨料混凝土透水砖的研究与开发

苏州开展的高性能再生骨料透水砖的研究与开发，首先对再生粗骨料的性质进行为期7期的性质监测，对骨料在级配、吸水率、压碎指标和成分含量等方面进行定量的变异分析，然后选用其中某些月份的材料进行全再生骨料透水混凝土的试配和抗压强度、抗折强度、劈裂抗拉强度以及透水性质测试，以期初步验证材料配合比设计和基本性质。

5.6.1.10 苏州中心城区水文循环机制及适应性海绵城市构建技术研发与应用

2016年6月，苏州市民生科技项目“苏州中心城区水文循环机制及适应性海绵城市构建技术研发与应用”在收集、整理苏州中心城区降雨、下垫面等水文循环基本参数与规律的前提下，针对苏州中心城区复杂水网、高地下水位、不均匀降雨、黏重土壤和高度城镇化等基础制约条件，结合海绵城市建设的“渗、滞、蓄、净、用、排”的功能强化目标，开展下凹式绿地、透水铺装、生态护坡以及雨水调蓄池等关键海绵城市构建技术研究，并结合水文循环机制提出苏州市及相似的河网城区海绵城市的适宜建设方式建议。

以上是对苏州地区部分关于海绵城市建设的研究梳理，目前苏州每年都会有不同部门、级别的相关研究推进，更好地引导和精准指导苏州市海绵城市技术体系的健全和建设。

5.6.2 规范化建设指引

苏州市在系统化全域推进海绵城市建设中始终秉持“精细化、精准化、精致化、精品化”的原则，结合自身特点和城市发展需求，充分发挥国家重大水专项、省市科研成果本地化应用优势，不断创新技术研究，广泛调研、先行先试、专家研讨，总结技术经验，逐步形成了“苏州市海绵城市建设技术指导丛书”，形成了从规划到建设、养护全流程闭合技术体系，指导苏州海绵城市建设更加规范化、标准化。截至目前，已发布《苏州市海绵城市规划设计导则（试行）》《苏州市海绵城市建设施工图设计与审查要点（试行）》《苏州市海绵城市设施施工和验收指南》《苏州市海绵城市建设技术指南》系列、《苏州市海绵设施运行养护技术指南》等涵盖规划设计、施工验收、管理养护等的全流程技术导则共10册，逐步建立和完善技术体系“苏州标准”（图5.6–1）。

新材料、新技术的出现和应用，也是苏州系统化全域推进海绵城市建设的重要内容之一，在海绵城市建设中要严格把控技术和产品的质量，逐步由新技术、新材料、新应用向新规范、新要求、新标准转变，不断更新和推动“苏州标准”更加完善，推动苏州市海绵城市建设行业领域高质量发展。

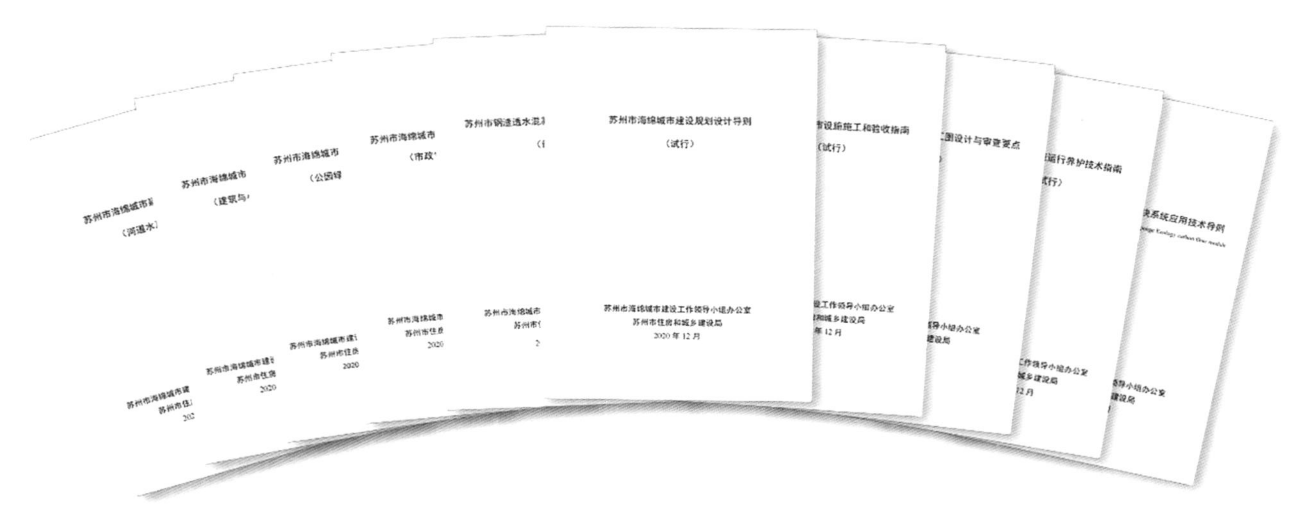

图 5.6–1 已发布的苏州海绵城市建设系列指导丛书

5.7 建立全链条带动的产业发展机制

苏州抢抓机遇，充分激发市场参与的活力，围绕设计、施工、维护以及新材料、新产品形成了全链条海绵城市产业发展体系，组建“产、学、研、用”融合发展的海绵城市研究院，建立海绵城市产业联盟，实现跨区域、跨行业合作共赢，打造海绵城市“苏州品牌”。

5.7.1 制定海绵城市建设产业发展政策

根据《苏州市海绵城市规划建设管理办法》《市住房城乡建设局关于进一步做好苏州市建筑业企业信用综合评价工作的通知》（苏住建建〔2020〕25 号）等文件要求，苏州市住房和城乡建设局开展了全市海绵城市建设示范项目评选工作，采取竞争性评审方式确定海绵城市建设示范项目，并在全市范围内通报表扬。海绵城市示范项目评选结果可运用于建筑业企业信用综合评价工作，即获得“苏州市海绵城市建设示范项目”的建筑业企业在信用综合评价中可获得奖励得分。

《关于推进苏州市海绵城市建设产业高质量发展的实施意见》中提出“充分发挥科技成果转化在海绵产业发展中的作用，鼓励企业和高校科研院所等科研机构及其他相关企业组建研究开发中心”。支持建立市级及以上相关工程研究中心、重点实验室等创新平台，充分利用高校、科研院所、龙头企业的研发平台和人才优势，激发高校、科研院所海绵技术创新活力，支持高校设立海绵技术创新人才培养基地，加大海绵技术创新领军人物、拔尖人才和企业家培养引进力度，集中突破一批基础共性和核心关键技术。支持龙头企业整合创新资源建立一批海绵技术创新联合体、海绵技术创新联盟。

图 5.7–1　苏州市海绵城市研究院成立大会

5.7.2　建立海绵城市产业发展平台

为进一步推进苏州市海绵城市建设高质量发展，整合优势资源，促进“产、学、研、用”融合发展，2021 年 4 月 8 日，“苏州市海绵城市研究院暨苏州市海绵城市产业联盟”成立大会召开，抢抓海绵城市建设机遇，立足于平原水网、古典园林、历史文化等众多自身特点，充分激发市场参与的活力，推动本地技术措施规范化、海绵标准严格化、建设系统评估有效化、产业链条管控智慧化，建设科技创新载体，助力苏州海绵城市高质量发展，从而推动以海绵城市建设为特色的苏州绿色生态产业发展，进而打造海绵建设“苏州工匠”，创建苏州“海绵品牌”（图 5.7–1）。

5.7.3　创新技术推进海绵城市建设

苏州重视推进产业创新体系建设，构建以企业为主体、市场为导向、政产学研用相结合的海绵城市创新体系。引导鼓励企业、科研单位加大研发投入，攻克一批基础性、关键性核心技术，形成具有自主知识产权的技术标准，抢占产业发展制高点，支持有关单位承担国内、地方相关标准的组织编制工作，推动自主创新成果标准化，培育一批海绵城市建设企业技术中心和技术创新企业。苏州市在试点建设期间共申请海绵城市建设相关专利 6 项，其中发明专利 1 项、实用新型专利 5 项，主要为透水铺装、生物滞留池、植草沟、建筑用雨水花箱等新型海绵设施。

苏州积极贯彻习近平总书记关于生态文明建设的一系列重要讲话精神，将海绵城市建设作为解决城市积水和水环境质量提升的新思路。在近 5 年推进海绵城市建设的进程中，对遇到的诸如存在大量透水砖、透水混凝土易发生堵塞，生物滞留设施换填介质成本高、表层土壤易板结，使用过程中渗透性、蓄水和净化能力下降快等问题，结合城市发展实际积极寻求解决思路和方法。固废再生骨料因孔隙率高、吸水性强等特点进入了海绵城市建设领域。

随着我国城镇化建设进程的不断加快，全国每年产生的建筑垃圾超过 35 亿吨，占到城市垃圾总量的 70% 以上，苏州市区建筑垃圾总量每年约为 2000 万吨，已经成为城市管理及生态环境保护亟需解决的问题和面临的严峻挑战。从城市产业发展角度看，中国钢铁行业每年产生的钢渣数量近 1 亿吨，但由于钢渣成分复杂、存在安定性不良等负面影响，钢渣尾渣的利用一直是钢铁行业的痛点和难点，甚至很多企业随意丢弃、堆放，形成渣山，对环境造成潜在的威胁，苏州积极贯彻落实习近平总书记“全面促进资源节约集约利用，推动各种废弃物和垃圾集中处理和资源化利用”和生态文明建设的重要指示要求，充分利用海绵城市建设机遇，坚持创新驱动、坚持绿色发展、坚持因地制宜、特色发展，落实国家《关于“十四五”大宗固体废弃物综合利用的指导意见》，以及国家“双碳”战略发展思路，引导传统建材企业根据自身优势加快向新型海绵材料制造企业和海绵产业装备企业等方向转型，鼓励发展以建筑垃圾、钢渣等固体废弃物为原材料的海绵产品，苏州通过近 5 年的海绵城市建设实践，逐步形成了资源能源利用高效化与海绵产业发展相得益彰的转型发展新路径，形成了系列新产品新技术。

江苏沙钢集团有限公司、江苏永钢集团有限公司、苏州易斯特建材科技有限公司、苏州巨力复合材料有限公司等企业在市海绵办的大力支持下，开展固体废弃物在海绵城市建设中的应用研究，取得了较为突出的成果。

江苏沙钢集团有限公司是中国最大的民营钢铁企业，每年产生各类钢渣近 250 万吨，以“创新驱动，环保优先”为发展理念，坚持“减量化、再利用、资源化”的循环经济理念，建成 2 条 120 万吨 / 年转炉钢渣处理线，1 条 90 万吨 / 年电炉钢渣处理线，年钢渣处理能力达到 330 万吨，为全球最大的钢渣处理生产线，可实现钢渣的高效资源化利用。江苏永钢集团有限公司坚持以“集聚化、产业化、市场化、生态化”为导向，探索大宗固体废弃物整体解决方案，投资 6.5 亿元建设循环经济产业园，引入冶金尘泥资源化处理、建筑垃圾资源化处理、钢渣综合利用等项目，成为全国 50 个大宗固体废弃物综合利用基地之一，正努力成为钢厂与城市共生共融的典范。沙钢和永钢也积极响应绿色产业发展政策，紧抓海绵城市建设契机，成立钢渣综合利用联合攻关小组，研究钢渣作为骨料在透水铺装方面的应用。经回收、去害、萃取、磁选、破碎、筛选等环节处理合格后作为骨料的特种钢渣集料，具有微孔、毛糙面、硬度高等特性，以此作为骨料制成钢渣透水混凝土，能有效解决透水铺装的孔隙与强度的矛盾关系。大量的研究表明，并不是所有的钢渣尾渣都可以作为透水骨料，钢渣中游离氧化钙、氧化镁等不稳定成分的含量成为主要限制因素。钢渣综合利用联合攻关小组通过优化钢渣热闷工艺，实现钢渣中游离氧化钙和游离氧化镁的快速消解，经第三方权威机构检测，钢渣游

图 5.7–2　焖渣及钢渣集料筛选设备

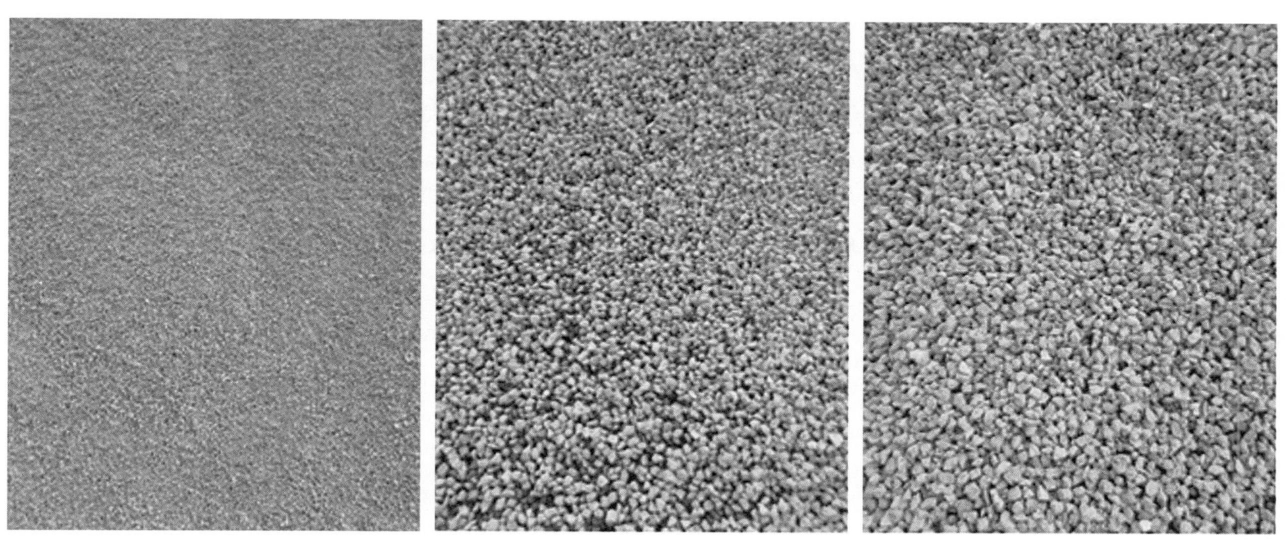

图 5.7–3　通过筛分后的骨料（从左至右分别为 0~5mm、5~10mm、10~15mm）

离氧化钙含量小于 3%，可以满足应用要求（图 5.7–2）。

企业联合高校及科研院所深入开展“钢渣在道路工程方面高效综合利用技术的研究”，集料化的钢渣可在整个集料范围内取代部分碎石用于道路的面层、水稳层和基层，钢渣掺加量可达 50% 以上；粒径为 5~10mm 和 10~15mm 的钢渣集料可 100% 替代石料生产透水水泥混凝土，用于海绵城市建设（图 5.7–3）。

为加快推进钢渣材料在海绵城市建设中的示范引领应用，选取梁丰路（东环路—园林路段）作为钢渣材料和产品应用的海绵化建设示范路段，道路全长 401.24m，改造面积 11160m^2，在机动车车行道、停车场采用钢渣排水沥青，在人行道采用钢渣制品透水砖；钢渣排水沥青混合料的空隙率达到 20%左右。钢渣排水沥青原材料采用规格为 10~15mm 和 5~10mm 的尾渣产品，细集料采用石灰岩石屑，矿粉采用石灰岩经磨细得到的矿粉，添加剂采用高粘度改性剂 TPS，掺量为油石比的 8%，钢渣添加量高达 80%（图 5.7–4）。

建成后，对排水沥青路面进行了现场压实度检测和透水性能测试，压实度平均值达到 95.8%，实测透水率达到 70mL/s（图 5.7–5）。

基础清扫　防裂贴和粘油层　粗粒沥青铺设　细粒钢渣沥青摊铺　排水沟修整

图 5.7–4　梁丰路钢渣排水沥青摊铺工艺流程

图 5.7–5　梁丰路钢渣排水沥青铺设前后对比

根据人行步道、广场等透水结构和施工特点，企业也逐步形成了以钢渣和建筑垃圾为主要原料制备再生砌块和铺砖的应用技术，通过筛分、拌合、压制成型、养护窑养护，采用钢渣颗粒 46%、建筑再生骨料 38%、固化材料及添加剂 16% 的原料组成，固废全量化替代天然石英砂骨料，抗压强度可达到 Cc40~Cc60、抗折强度大于 3.2MPa，保水性大于 $0.6g/cm^2$，透水系数（透水砖）（15℃）大于 $2.0\times10^{-2}cm/s$、防滑性 BPN 不小于 65，产品完全可用于海绵城市建设（图 5.7–6）。

土层夯实　防渗膜及盲管铺设　碎石层铺设　透水钢渣混凝土铺设　透水砖铺设

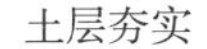

图 5.7–6　梁丰路全钢渣透水人行道铺设工艺

对梁丰路铺装及车行道实施成本测算，同样是摊铺 400m 长的排水沥青道路，钢渣比传统玄武岩节省了 10% 的成本，实现了经济与环保的双重效益。

基于基础研究，结合实体工程验证，目前沙钢和永钢两家钢厂企业在钢渣应用方面形成了《钢渣 / 碎石水稳基层施工技术规程》《钢渣沥青混凝土路面施工技术规程》《钢渣透水混凝土路面的施工技术规程》《钢渣集料在公路工程中应用施工技术规程》《钢渣路面结构及其施工方法》《钢渣路面结构》《钢渣在城镇道路沥青路面中的应用技术规程》《钢渣在城镇道路路面基层中的应用技术规程》等江苏省地方标准和企业标准。除了将钢渣应用于道路工程，目前攻关小组还在积极开展钢渣制备烟气和水处理吸附剂、配重块以及碳酸钙等方面的探索，提高钢渣的资源化利用水平和应用领域，真正意义上实现变废为宝。

新材料、新技术、新标准的出现和应用，也是苏州系统化全域推进海绵城市建设的重要内容之一，2020 年发布的《苏州市钢渣透水混凝土路面应用技术导则》为苏州市发展钢渣利废型海绵建材产品提供了标准和依据，钢渣的无害化资源利用解决了高透水和高强度需求之间的矛盾关系，具有较强的推广价值，在上海、南通等地取得了较好的应用效果，钢渣排水沥青、钢渣透水沥青技术也已经在多个项目中开展应用研究，苏州市海绵城市建设助力苏州市钢铁传统产业绿色发展和转型升级。另外，在建筑废料资源化利用方面，不断推出新型透水建材及基层材料。

5.7.4 苏式园林催生景观海绵发展

2017 年政府工作报告指出：“推进海绵城市建设，使城市既有‘面子’，更有‘里子’”。“里子”是通过大中小海绵协同运作、系统运行，充分发挥区域流域、城市、设施、社区等不同层级的“渗、滞、蓄、净、用、排”功能作用，构建健康循环的城市水系统，是海绵城市建设的关键，是良心工程；“面子”是城市景观绿化，是赏心悦目的城市生态空间，极具自然的审美意趣，直接影响美丽城市的宜居性。

城市公共空间是海绵城市建设成效的最大载体，从公共绿地布局看，则应从强调城市整体性、景观异质性和生态多样性出发，与海绵城市生态格局进行充分衔接，充分发挥城市绿地园林植物在海绵城市建设中的重要作用，合理预留或创造空间，保证园林绿地、生态湿地、水系河道等生态敏感地区的总面积在城市用地中的比例，均衡分布城市绿地，保护修复原有的大型生态斑块，使其与周边汇水区域有效衔接，实现雨水的自然积存、自然渗透、自然净化；在重要节点、滨河绿地建设湿地公园，通过建设雨水花园、下凹式绿地、蓄水池等，加强公园绿地的城市海绵体功能，同时考虑雨水花园、湿塘沟渠等与城市水系、河道的相互连通，构建城市生态海绵体系。在城市公园绿地、附属绿地及防护绿地建设中，则更加强调景观效果与城市建设的协调性，海绵设施应与园林绿化工程有机融合，系统规划，同步设计，同步施工，同步验收，结合场地条件与特点，明确绿地雨水控制利用目标，优先利用汇水明沟、生物滞留设施、景观水体、雨水湿地等绿色雨水基础设施。受地面空间限制及其他条件限制时，也可结合雨水管渠、泵站、调蓄池等灰色雨水设施达到控制要求，但不宜作为主要径流控制方式，并应注意雨水设施的景观化及与周边景观的协调，尤其是防护型绿地，必须以满足防护功能为前提，根据港渠、道路、高压走廊等不同防护用地类别，确定是否用下沉式绿地。以苏州市虎丘湿地为例，通过整治外联通道，引水入虎丘湿地公园；遵循现有水陆布局，连通部分水塘、河道，利用公园水系较浅区域，发挥原有池塘基底，形成60余个“海绵泡”，并串联为“多塘系统”；对于与周边建设区域衔接的水塘、水体，经过竖向调整，改造为湿塘；在上游片区建设生态净水区，为下游城区提供优质生态水产品供给；模拟根孔系统，改造水塘为根孔湿地，展现为芦苇碧塘；对于湿地内部的节点，设置有钢渣透水主干道、透水园路、生态植草沟、雨水花园、生态旱溪、小微湿地等海绵设施，并通过生态净化后的水体进行绿化的浇灌和广场、路面的冲洗；梳理改造水系岸坡植物系统，建立生态漫滩体系，在兼顾整体效果的前提下，以种植净化效果较好的水生植物为主，并体现多样性；逐步丰富湿地系统的生物多样性，开展科普宣传教育，实现多功能的融合统一。

从城市建设项目看，无论是国家海绵城市试点建设还是省级海绵城市试点建设期间，海绵城市建设项目由于缺乏经验，有不少项目呈现出简陋的、工程化的外表，在雨水管理与景观艺术方面缺少高效的有机融合。景观艺术是人为手法与山水草木的和谐融和，讲究的是借景变化、层次丰富、曲折蜿蜒、写意抒情。海绵城市建设的内涵是利用自然生态设施实现雨水的管理，是多种低影响开发设施的系统优化布局，其作用主体同样是山水草木，在平面布局上网络串联，为实现“渗、滞、蓄、净、用、排”雨水，必然采取曲折路径，乔灌草高低错落，不同植物品种搭配净化。若设计合理，配以廊、桥、亭、榭、轩、碑、石等，赋予其一定的城市文化内涵，则会以海绵促“园林”，彰显美丽城市特色。在源头设施应用中，使用的低影响开发措施以植草沟、雨水花园、生物滞留池等下凹式绿地为主，下凹式绿地雨季时可能会积水，要求植物耐淹耐泡；生物滞留设施拦截去除污染物，需要植物短期耐水、长期耐旱耐污，如何将下凹式绿地与城市园林景观相结合，既保证园林景观效果不失特色，又能满足低影响开发的要求，是海绵城市建设需要探索的重要课题。

“海绵景观”应运而生，将海绵城市的功能与景观的审美优势有机融合，实行在海绵设施生态设计总控下的多专业合作模式，形成优势互补，实现多重目标、效益和价值，从而推动海绵城市的推广及传播，使得景观设计的功能不仅仅体现在表面美，更能够实现具体的城市功能。因此，笔者结合多年海绵城市建设技术支撑服务的经历认为，在海绵城市系统化设计中，首先根据项目性质和功能需求，布置灰绿海绵设施，然后结合景观主题，根据设施功能要求将其融入景观绿化设计中，将海绵设施景观化，甚至将部分海绵设施打造成为景观中的一个亮点。以透水铺装促“渗”，以旱溪 + 植草沟利“净、渗”和有序转输雨水，以雨水花园、湿地作为“园林”景观节点，以生态驳岸护河塘水系，实现景观格局优美和海绵效果优良的低影响开发。例如，在建筑小区中，结合住宅区的特色设置合理的园林式雨水花园，兼有雨水收集、净化以及再利用的作用，可以利用本土植被净化水质，控制径流污染（图 5.7–7）。雨水花园低于地面 20cm 左右，道路两旁设置卵石等拦污设施阻隔颗粒物，地面可采用自然石材拼接或砾石等孔隙度大的材料，既能缓解硬质铺装对水循环的阻碍作用，又能营造自然化的景观空间。下凹绿地吸满水后通过围绕绿地的生态植草沟缓慢流入周边河中或排入市政管网内，减少管网压力，将建设项目的海绵设施功能与景观绿化设计有机融合起来，优势互补，实现多重目标、效益和价值，更加容易让公众接受。

海绵城市建设作为城市雨洪管理和城市可持续发展的新理念，是最广泛接纳、最真实受益、最管用长效的人城水和谐发展的方式，在建设项目融入海绵城市建设理念时，坚持重“功效”、抓“实效”、要“颜值”，

《苏州市海绵城市建设技术指南（园林绿化篇）》给予了极大的指导帮助，尤其在植物设计配置要点中对于植物性能的选择、单种设施植物配置给出多模式推荐；在海绵设施成片区、组团、系统布置植物选配种方面，提出整体意境设计原则和推荐配置模式，让园艺手法在海绵城市建设中得以彰显（图 5.7–8）。

图 5.7–7　居住社区结合小区特色在公共空间设置雨水花园等设施

图 5.7–8　城市空间发挥雨水滞蓄功能的同时提升颜值

第6章

海绵城市建设系统方案的制定

系统治理、因城施策、因地制宜是有效推进海绵城市建设的核心原则，苏州是典型的江南平原河网城市，大小湖泊300多个，各级河道2万余条，具有典型的“四高一低”的特点，在点源污染得到明显遏制、地表水环境质量稳步提升、水体富营养化短时间内依然存在及初雨效应不明显的水系统治理关键拐点期，海绵城市建设的内容与北方城市、西部地区有较大区别，多类型多水质水系交错的生态雨水管控体系的建立成为苏州海绵城市建设的首要任务。苏州系统谋划，坚持能力建设和制度创新相结合，在建立七大推进机制的同时，以问题和需求为双导向，构建苏州海绵城市建设的技术体系，在系统化全域推进海绵城市建设中，统筹水环境、水生态、水安全、水资源、水文化、水科技“六水”方案，通过全参与、全区域、全方位、全过程、全保障的建设体系，协调“大、中、小”海绵系统运作，发挥区域流域、城市设施、社区单元等不同层级的作用，构建城市健康循环水系统。重点保护山水林田湖草，构建全市域生态海绵格局，逐级逐项落实指标要求，实现市、区、镇三级海绵城市专项规划全覆盖；聚焦雨水径流特征污染物防控，构建靶向精准的以“滞”“截”“净”污染物输移总量为主的海绵设施系统，随形就势构建多点分散、网络串联、蓝网绿廊的综合海绵体系，推行活水循环，实现城市水质和透明度再提升。

（1）基于四高一低的苏州方案。针对苏州市降雨丰富、地势低平、水系发达、土壤渗透性差、地下水位高等特点和水体富营养化、初雨效应不明显、面源污染突出等重要问题，提出“净化、蓄滞”为主，兼顾“渗、用、排”等功能需求的海绵城市建设主体技术思路，并将海绵城市建设内容和目标落实到城市规划、建设、管理各个环节。

统筹自然水生态敏感区保护和低影响开发设施建设，开展针对平原多类型多水质水系交错地区的水系重构与生态修复，有效削减城市面源污染。城市建成区外重点加强河湖、湿地、林地、草地等水源涵养区的保护和修复，城市地区重点加强对已受到破坏水体的生态修复和恢复，按照低影响开发理念，控制开发强度，结合苏州水系发达、排水管道路径短、已实现雨污分流等排水特点，强调在源头控污减流，构建以分布式低影响开发设施和自然水系为主、绿色和灰色基础设施并重的生态雨水系统。

（2）双目标导向的建设思路。以解决城市水安全、水环境具体问题为导向，系统梳理内涝积水问题、黑臭水体问题、水资源利用效率问题、水生态问题等城市涉水问题，提出系统的解决方案，改善城市民生。积极落实《国务院办公厅关于推进海绵城市建设的指导意见》（国办发〔2015〕75号）、《水污染防治行动计划》等国家要求，以目标为导向，高标准高质量建设“自然积存、自然渗透、自然净化”的海绵城市。苏州一贯以提升城市基础设施建设的整体性和系统性为核心，把“人民城市人民建，人民城市为人民”重要理念落实到海绵城市建设发展全过程。统筹实施城市防洪排涝设施建设、地下空间建设、老旧小区改造、黑臭水体治理等，围绕水生态恢复、水安全保障、水环境改善、水资源涵养、城市人居环境提升、增强城市发展的整体性系统性、提高城市的承载力宜居性包容度、人民群众获得感幸福感等角度，在思想观念、体制机制、技术研究、建设运行等多方面改革创新，精准化制定苏州路径，为全面开启社会主义现代化建设新征程奠定城市可持续发展基础。

提出苏州《海绵城市建设绩效评价与考核办法（试行）》要求，结合城市建设发展，以海绵城市建设为统领，加快构建海绵生态格局、全面提升城市御灾能力、精准化提升城市水环境、高质量建设城市宜居环境、智慧化海绵城市全流程管控、高标准推动海绵城市产业发展，全面推动海绵城市建设，明确建设时序，合理有序保障海绵城市按既定目标完成建设，全力打造宜居城市、绿色城市、安全城市、智慧城市和人文城市。

（3）多维系统的实施途径。苏州以海绵城市建设为统领，把生态和安全放在更加突出的位置，因地制宜，分类推进，以目标导引和问题导向的双驱动建设思路贯穿全径流管控系统，统筹水环境、水生态、水安全、水资源、水文化、水科技“六水”系统方案，通过“大、中、小”海绵协同运作、系统运行，充分发挥区域流域、城市、设施不同层级的作用，全方位高标准构建健康循环的城市水系统。在具体实施层面，全参与、高起点的系统组织海绵城市建设，全区域、高统合的在顶层设计中贯彻与落实海绵设计理念，全方位、全区域地推进海绵城市系统化建设，全过程、高标准地落实项目建设管控，全保障、高质量地构建海绵城市建设保障体系。

6.1 系统化全域推进海绵城市建设面临的新形势

基于长江大保护、长三角一体化发展建设要求和太湖流域生态环境治理的需求，苏州水乡及滨水空间与经典的江南水乡形象相比仍有不足，亲水岸线缩减、水脉空间消退、文化景观削弱等问题仍未得到根除。苏州市区灰色设施建设较为完备，在解决水系统问题上侧重以灰色设施解决为主，绿色设施的作用未得到充分发挥，且与灰绿设施结合不够。从问题导向出发，提出“十四五”期间的建设重点应围绕水环境整体改善、水生态保护与修复以及防洪排涝安全格局优化等方面。

6.1.1 从国家发展形势看

《国务院办公厅关于推进海绵城市建设的指导意见》（国办发〔2015〕75号）明确2020年和2030年的建设目标要求，2020年6月《住房城乡建设部办公厅关于开展2020年度海绵城市评估工作的通知》（建办城函〔2020〕179号）要求开展2020年的评估考核工作，海绵城市已成为国家和省市“以评促建、以评促管”的有效手段并列入住房和城乡建设部2020年9项重点工作之一，是生态文明建设的有效途径和绿色生态发展的重要措施。2020年10月29日第十九届中央委员会第五次全体会议通过的《中共中央关于制定国民经济和社会发展第十四个五年规划和二〇三五年远景目标的建议》中提到“推进以人为核心的新型城镇化，实施城市更新行动，推进城市生态修复、功能完善工程……增强城市防洪排涝能力，建设海绵城市、韧性城市”，将海绵城市建设作为长期常态化的重要建设工作。

6.1.2 从长三角一体化发展要求看

实施长三角一体化发展战略要紧扣一体化和高质量两个关键词，并提出了七点要求，其中夯实长三角地区绿色发展基础成为核心要点之一，《长三角生态绿色一体化发展示范区国土空间总体规划（2019—2035）》明确发展模式转型，生态优先、绿色发展，通过蓝绿道贯通、郊野公园建设、海绵城市建设等方式，着力扩大蓝绿生态空间，丰富生态空间功能价值，将海绵城市作为实现人与自然和谐共生的重要发展模式。

6.1.3 从长江经济带生态发展要求看

长江是我国水量最丰富的河流，年均水资源总量 9960 亿 m^3。长江流域森林覆盖率达 40% 以上，河湖湿地面积约占全国的 20%。推动长江经济带高质量发展，必须坚持共抓大保护、不搞大开发，统筹江河湖泊丰富多样的生态要素，构建江湖关系和谐、流域水质优良、生态流量充足、水土保持有效、生物种类多样的生态安全格局，使之成为实施生态环境系统保护修复的创新示范带。

近年来，全市坚决贯彻落实习近平总书记重要指示精神，从全市域、全岸线、全方位、全领域推动长江大保护工作，各项工作取得阶段性成果。目前，苏州长江干流水质稳定达到Ⅱ类，42 条主要入江支流水质优Ⅲ比例达 100%。下一步要深入落实河（湖）长制和“断面长制”，最基层的河长更要自己跑、实地测，下决心用半年时间摸准摸清存在的问题；对劣Ⅴ类等突出问题要通过每月通报、暗访等形式，加强治理、及时修复，修复一个销号一个。加快推行运河全段监控，对偷排泥浆、垃圾的行为严惩不贷。狠抓太湖、阳澄湖综合治理，强化太浦河、淀山湖等重点跨界水体联保共治，探索以市场化机制推进重点水域清淤固淤试点、控源截污、蓝藻打捞处置等工作。

6.1.4 从江苏省海绵城市建设要求看

海绵城市作为城市发展的新理念，江苏省委省政府高度重视，从政策制定到技术导则的发布，已逐步形成了一套引导性支撑体系，并将海绵城市新建项目达标率作为高质量发展监测指标。

《江苏省国民经济和社会发展第十四个五年规划和二〇三五年远景目标的建议》指出，建设美丽宜居城市，围绕实施城市更新行动，推动美丽宜居城市系统建设、地区集成改善，促进城市发展向内涵提升、品质提高转变。加强城市设计和标志性建筑设计，强化历史文化保护和城市风貌塑造，全面推进城镇老旧小区改造和社区建设，加快城市生态修复、空间修补、功能完善，建设海绵城市、韧性城市、智慧城市，构建城市幸福生活服务圈。

6.1.5 从苏州自身发展需求看

苏州市将海绵城市建设作为实现“青山清水新天堂”和“绿色、循环、低碳”目标的有效途径，2020 年 2 月印发《苏州市海绵城市规划建设管理办法》（苏府办〔2020〕33 号），正式全域高标准推进海绵城市建设，《苏州市海绵城市建设绩效评价与考核办法》综合考评结果纳入高质量考核指标体系，海绵城市成为常态化高质量推进的必然之路；美丽宜居城市建设及《苏州市宜居示范居住区评价办法》中都将海绵城市建设作为重要要求纳入其中，强化城市的生态、自然、邻里、舒适。

《苏州市国民经济和社会发展第十四个五年规划和二〇三五年远景目标的建议》提出，提升城市功能品质。推进全国城镇老旧小区改造试点，着力拓展老旧小区改造内涵，采用“微改造”的绣花功夫，对历史文化街区进行修复，形成传统型老旧小区改造模式。开展美丽宜居城市试点建设，以建设美丽宜居住区、街区、小城镇为载体，提升道路交通精细化治理水平，加大城区绿化建设力度，积极发展绿色建筑，提升城市设计水平，加强标志性建筑设计，打造更多的城市亮点和建筑精品，充分利用各类闲置空间，不断完善全民健身场地设施。全面提升城乡防洪排涝标准，加快构建海绵城市的生态空间格局。结合轨道交通建设，积极推进地下空间和地铁上盖综合开发利用，逐步启动市域综合管廊建设，构建层次化、骨架化、网络化的综合管廊系统。

6.2 系统化全域海绵城市建设

“十四五”期间，深入推进海绵城市建设全域高质量发展，立足苏州本底特点，突出“生态绿色”“智慧化”关键词，充分应用信息化技术，提升城市基础设施智能化建设管理水平，将海绵城市理念与开发建设有机融合，逐步加快城市公园、老旧小区、基础设施的海绵化升级改造，探索古城海绵城市建设模式，推进城区高品质清水工程，大力推进美丽宜居城市“+ 海绵”建设，积极开展城市闲置用地海绵化升级，构建“一核、两带、多廊、多点”的海绵城市格局，打造宜居城市、绿色城市、安全城市、智慧城市、人文城市。

6.2.1 加快构建海绵生态格局

结合苏州市国土空间规划中提出打造“创新之城、开放之城、人文之城、生态之城、宜居之城、善治之城”，高水平建成充分展现“强富美高”新图景的社会主义现代化强市、国家历史文化名城、著名风景旅游城市、长三角重要中心城市，为建设世界级城市群作出积极贡献。苏州海绵城市的建设将山水林田湖的自然生态本底和众多城市水系、绿地相联系，构建海绵型的生态格局。在城市开发建设过程中保护和修复自然海绵体，并通过完善城市水系、绿地系统构建蓝绿空间，实现对雨水的自然积存、自然渗透和自然净化。

6.2.2 全面提升城市御灾能力

2020年7月17日，中共中央政治局常务委员会议强调要全面提高灾害防御能力，坚持以防为主、防抗救相结合，把重大工程建设、重要基础设施补短板、城市内涝治理、加强防灾备灾体系和能力建设等纳入“十四五”规划中统筹考虑。苏州需积极落实国务院印发的《关于加强城市基础设施建设的意见》《国务院办公厅关于做好城市排水防涝设施建设工作的通知》和《苏州市城市排水（雨水）防涝综合规划（2020—2035年）》等，转变城市雨洪管控方式，从单纯的雨水排除转向系统考虑从源头到末端的全过程雨水控制和管理，构建可持续的城市排水防涝系统，保障城市排水防涝安全，提高城市综合防灾减灾能力。

6.2.3 精准化提升城市水环境

要适应社会经济发展新形势和生态环境保护新要求，在“十四五”规划期间系统谋划好水生态环境治理工作。苏州正面临全面提升水环境质量、治理面源污染等问题，全域系统化推进海绵城市建设，是解决城市水环境问题的关键。“十四五”规划期间海绵城市建设应在巩固污染防治攻坚战阶段成果的基础上，通过海绵城市的建设，保护和修复城市水系，打通断头浜，完善水系结构，改善水系微循环，提升水体自净能力，结合透水铺装、绿色屋顶、雨水花园、湿地等低影响开发设施的建设，能有效去除降雨径流污染，改善水环境质量，确保长制久清。持续打好污染防治攻坚战，持续推进结构调整和绿色发展，持续改善水生态环境质量，持续加强山水林田湖草系统保护，加快推进生态环境治理体系和治理能力现代化，为美丽苏州建设起好步开好局。

6.2.4 高质量建设城市宜居环境

海绵城市建设有利于减轻热岛效应，减少碳排放，改善城市人居环境、提升城市宜居品质。要在城市建设项目，融入海绵城市理念，因地制宜进行项目精细化的设计、建设和管理，有利于进一步提高城市建设标准和水平，切实提高城市生态人居环境。

6.2.5 智慧化海绵城市全流程管控

基于苏州市海绵城市监管平台，统筹全域城市生态修复、生态基础设施建设、老旧小区改造、宜居住区建设、地下空间建设等海绵城市规划设计、技术标准、施工管理、评估评价、在线监测、运维管理、产业发展，实现分层管理，构建高敏感性的全方位海绵城市管理系统体系。

基于海绵城市建设管理的业务需求，结合海绵城市建设、排水业务以及供水业务信息化建设现状，整合海绵城市建设情况信息、排水信息和供水信息，建设苏州市智慧海绵管控平台。平台包括可视化展示平台、行政审批平台、数据监测平台和辅助决策平台，通过智慧海绵管控平台的控制，实现项目管理信息化、评价决策智能化，并为海绵城市网站建设提供基础数据。

6.3 海绵城市建设目标体系

以习近平新时代中国特色社会主义思想为指导，全面贯彻党的十九大和十九届历次全会精神，深入贯彻落实习近平总书记关于海绵城市建设和考察江苏重要指示精神，认真落实习近平总书记生态文明思想、总体安全观、“两个坚持、三个转变”防灾减灾救灾新理念和内涝治理重要批示，坚持以人民为中心，把保障人民群众生命财产安全放在第一位，把治理内涝作为保障城市安全发展的重要任务抓实抓好，着力解决广大人民群众最关心、最直接、最现实的问题。紧紧围绕“争当表率、争做示范、走在前列”的新使命新任务，立足新发展阶段，贯彻新发展理念，构建新发展格局，坚持系统思维，以海绵城市建设为统领，聚焦城市内涝治理成效，统筹实施城市防洪排涝设施建设，围绕高质量发展的要求，构建健康的城市水循环系统，提高城市的承载力、宜居性、包容度，增强人民群众获得感、幸福感，为建设“创新之城、开放之城、人文之城、生态之城、宜居之城、善治之城”提供安全基础，为建设向世界展示社会主义现代化的“最美窗口”提供重要支撑，为建设充分展现“强富美高”新图景的社会主义现代化强市提供最实保障。

6.3.1 工作目标

高标准高质量建设“自然积存、自然渗透、自然净化”的海绵城市。海绵城市建设以提升城市基础设施建设的整体性和系统性为核心，把“人民城市人民建，人民城市为人民”重要理念落实到海绵城市建设发展全过程。统筹实施城市防洪排涝设施建设、提升城市排水防涝能力、加强雨水管理和控制等，基本形成“源头减排、管网排放、蓄排并举、超标应急”的城市排水防涝工程体系，城市排水防涝能力显著提升，内涝治理工作取得明显成效，基本实现流域工程向 100 年一遇过渡、区域和市域向 50 年一遇过渡、城市主城区总体 100 年一遇、城市中心区大包围 200 年一遇的防洪标准和 20 年一遇的治涝标准，主城区重要道路达到小时降雨 64mm 不发生内涝，一般道路达到小时降雨 56mm 不发生内涝；各县级市按照各自的内涝防治标准，确保重要道路 5 年一遇小时降雨不发生内涝，一般道路 3 年一遇小时降雨不发生内涝；将严重影响生产生活秩序的易涝积水点全面消除，着力打造内涝防治标准内的智慧韧性城市。

围绕水生态恢复、水安全保障、水环境改善、水资源涵养、城市人居环境提升以及增强城市发展的整体性和系统性，提高城市的承载力、宜居性、包容度，增强人民群众获得感幸福感等角度，在思想观念、体制机制、技术研究、建设运行等多方面改革创新，精准化制定苏州路径，巩固、拓展、深化海绵城市建设成果，完善、示范与城市相适应的长效机制，**打造平原河网海绵城市建设示范、历史文化名城海绵城市建设示范、智慧化基础设施综合示范，**为全面开启社会主义现代化建设新征程奠定城市可持续发展基础。

6.3.2　指标体系

苏州海绵城市建设应立足“强富美高”新图景的社会主义现代化强市、国家历史文化名城、著名风景旅游城市、长三角重要中心城市特点和规律，围绕生态文明建设发展理念、城市建设补短板、防灾减灾、改善城市环境质量等方面，全域推进海绵城市建设，综合采取渗、滞、蓄、净、用、排等措施，实现修复城市水生态、改善城市水环境、涵养城市水资源、保障城市水安全、畅通城市水循环，实现人水和谐可持续发展。

将海绵城市理念与城市开发建设有机融合，探索改善水环境、保护水生态、强化水安全、弘扬水文化的协同模式，把苏州市建成平原河网城市城水共生的典范。苏州海绵城市建设分类指标见表 6.3–1。

苏州海绵城市建设分类指标表　　表 6.3-1

序号	一级指标	二级指标	三级指标	指标属性
1	产出绩效	内涝防治	内涝防治标准	①城市主干道以上道路正常通车，即车行道积水不超过 15cm；②其他道路积水不超过 25cm，积水范围不超过一个街区，积水时间不超过 2h；③学校、医院、防洪防涝指挥部等敏感地区以及重要和特别重要地区主出入口道路车行道积水不超过 15cm；④居民住宅和工商业建筑物底层不进水，积水不对人民群众生命财产产生威胁
2			内涝积水区段消除比例	100%
3			城市防洪标准	流域骨干工程按照防御 100 年一遇洪水标准建设；区域防洪逐步向防御 50 年一遇洪水的标准过渡，区域骨干工程按照防御 50 年一遇洪水标准建设；城市中心大包围按防御 200 年一遇洪水标准；主城区其他区域和县级市城区按防御 100 年一遇洪水标准
4			天然水域面积比例	城镇≥ 6%，其他地区不低于现状值
5			可透水地面面积比例	不小于 40%
6		雨水收集和利用	雨水资源化利用	2%
7		其他	城市生活污水集中收集率	≥ 98%
8			城市污水处理厂进水 BOD 平均浓度	110mg/L
9			黑臭水体消除比例	100%

续表

序号	一级指标	二级指标	三级指标	指标属性
10	管理绩效	立法及长效机制	拟完成的立法或长效机制	《苏州市海绵城市规划建设管理办法》立法
11		规划建设管控制度	拟建立的海绵城市规划建设管控制度	建立全流程管控制度
12		绩效考核制度	市政府对各区、各部门的绩效考核制度	《苏州市海绵城市建设绩效评价与考核办法》
13		培训宣传及公众参与	拟开展的海绵城市建设培训、宣传次数	25次
14	资金绩效	资金下达及时性	中央奖补资金及时下达到项目	100%
15		资金的协同性	地方按方案筹集资金，充分带动社会资金参与	政、银、企、民多元筹集资金
16		资金使用的有效性	中央资金合规使用，有力支撑项目建设	合规使用
17	满意度	公众对海绵城市建设满意度		95%

6.4 海绵城市建设总体策略

借鉴国内外先进经验，立足苏州平原水网和高度城镇化的特点，基于现状分析与评估，融入海绵城市建设理念，坚持系统思维，统筹区域流域生态环境治理和城市建设，统筹城市防灾减灾和水资源利用、统筹城市防洪和内涝治理，“绿灰蓝”融合，推进源头绿色控制、过程灰色蓄排、末端蓝色调蓄，全过程多措削污，管理相得益彰，量质并重，实现城市内涝根本治理和科学防范，有效保障苏州城市内涝治理“保安全、稳功能、促发展、优生态”功能（图6.4–1）。

源头绿色控制：地块、道路中充分运用海绵设施，实现雨水径流源头控制；

过程灰色排放：通过高标准建设排水管网、泵站、调蓄设施等，实现安全蓄排；

末端蓝色调蓄：增加水面率、河道综合整治、水位调控等提升河道调蓄能力；

全过程多措削污：通过源头—过程—末端全过程设置生物滞留设施、弃流设施、净化设施、植被缓冲带、湿地等，削减雨水面源污染；

管理相得益彰：加强管网检测修缮，强化设施长效养护和监管，落实智慧管控。

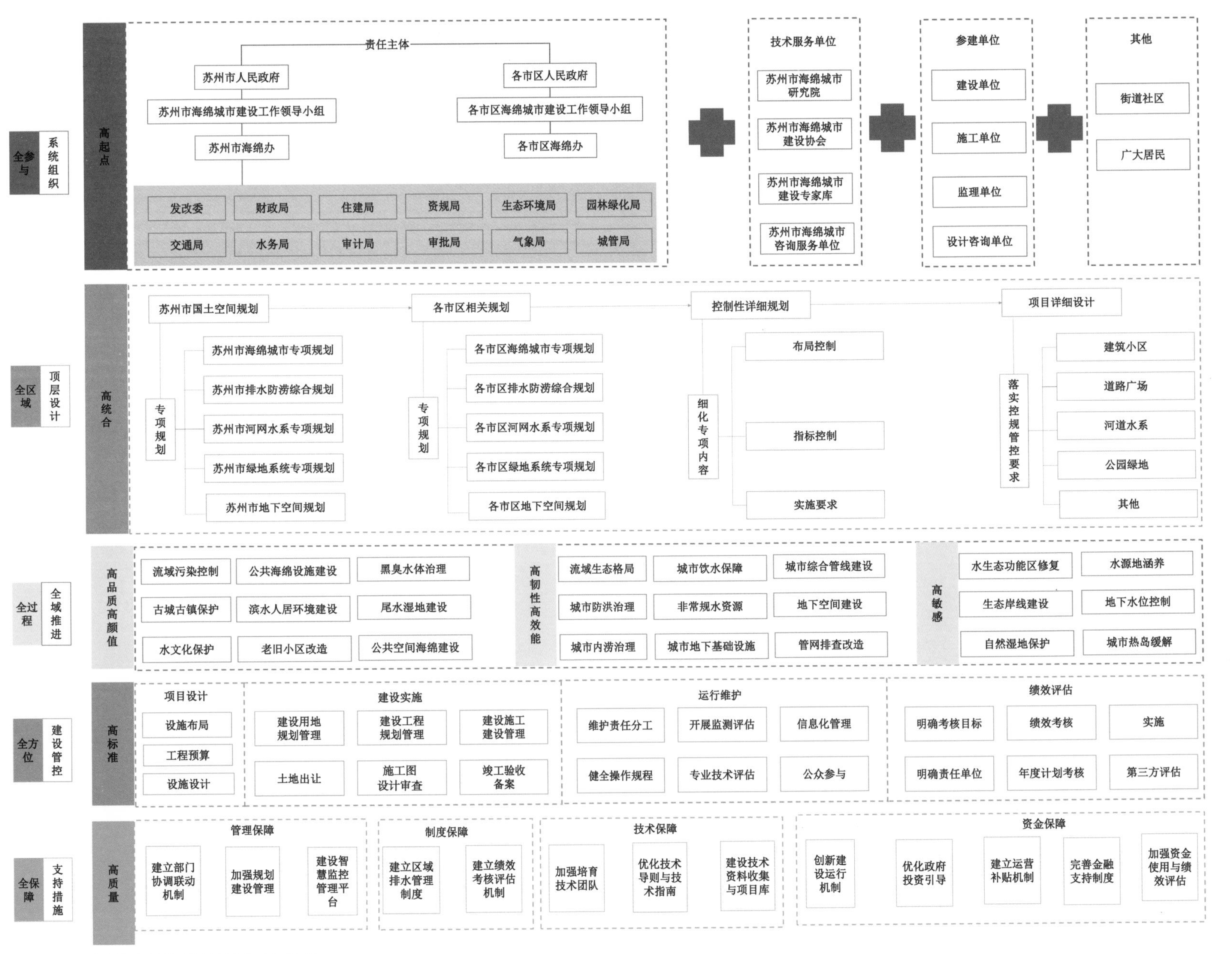

图 6.4–1 系统化全域推进海绵城市建设路线

6.4.1 全参与、高起点的系统组织海绵城市建设

以各政府部门为责任主体；以海绵城市专业技术人员为技术主体；以项目业主、项目设计单位、监理单位等为建设参与主体；同时组织街道社区和广大市民共同参与海绵城市建设管控的环节。

苏州市已成立苏州市海绵城市建设工作领导小组，领导小组下设办公室，办公室设在市住房和城乡建设局，具体执行领导小组各项决策，统筹全市海绵城市规划、建设和管理工作。苏州市已成立“苏州市海绵城市研究院、苏州市海绵城市产业联盟”，并建立海绵城市建设专家库，为行业主管部门、高等院校、科研院所及设计、施工、监理、检测等单位提供交流合作的平台。

项目业主、设计单位、监理单位等建设相关单位全力配合政府部门工作，建设项目的海绵城市设计方案愈加合理化、方案设计至落实的流程愈加成熟化，已充分融入海绵城市常态化、长效化建设。

街道社区和广大市民是海绵设施最直接的使用者，在苏州开展海绵城市建设以来，已利用新媒体和网络等渠道宣传和报道海绵城市建设的实时进展，并在市规划展示馆等公共场馆开辟了海绵城市专栏和专区，提高广大市民对海绵城市建设的认知度和参与度。在许多已建成的校园项目中，学校会通过多种方式给学生们科普校园内的海绵设施。

6.4.2 全区域、高统合的在顶层设计中贯彻与落实海绵设计理念

市国土空间总体规划对应“生态之城、宜居之城”的建设目标提出了几点配置要素并与海绵城市理念紧扣，包括：以水环境治理为重点，加强生态修复和环境污染治理；构建复合多元的“水网体系”，塑造具有吸引力的滨水空间；构建绿道体系，串联生态斑块、滨水空间和历史文化资源；已将降雨就地消纳率作为约束性指标纳入市国土空间规划目标指标体系。随着市国土空间总体规划的编制，其他相关专项规划特别是涉水专项规划，在同步编制的过程中已经与海绵城市专项规划有一定的协调和反馈。

苏州市区6个行政区的分区规划、专项规划也在同步编制中，已自上而下落实生态低碳、海绵城市理念。

在市区控制性详细规划编制、调整过程中，细化海绵城市建设布局，并提出各地块和道路的指标管控及实施要求，以便在出让用地的规划设计条件中落实海绵城市控制要求；在项目详细设计过程中，根据控规管控要求具体落实，选择适宜苏州、适宜项目的低影响开发设施建设方式。

6.4.3 全方位、全区域推进海绵城市系统化建设

6.4.3.1 高颜值、高品质

保护古城、古镇“河街相邻、水陆并行”的空间格局，创造优美的滨水人居环境，提升水体品质，协调“城”与“水”的关系，彰显苏州独特的水乡特色，传承利用好苏州丰富的水遗产。推进老旧小区的适老化

和海绵化改造，推进历史城区渐进式和小规模的海绵化改造，在新建区域建设与海绵相结合的滨水人居环境，城市公共空间、社区公共空间和海绵城市建设相结合，突出其生态功能，同时注重综合利用。不仅要做好流域区域生态环境修复治理，还要从源头减排、过程控制、末端处理的全过程进行苏州本地水环境系统方案构建，通过灰绿设施结合，全面打好碧水持久战，实实在在让人民群众感受到青山清水新天堂。

6.4.3.2　高韧性、高效能

构建“一核、两带、多廊、多点”的流域区域生态安全格局，守好“北城市南湿地、四环四楔”的城市生态底线；构建与城市发展相匹配并适度超前的防洪排涝体系，从单纯雨水排除转向系统考虑从源头到末端的全过程雨水控制和管理，构建可持续的城市排水防涝系统，保障城市排水防涝安全；倡导节水，推动中水回用和雨水资源回收利用，保障城市饮用水安全；推进城市地下空间、综合管廊和地下基础设施建设，着力筑牢城市的基础设施及安全防线，全面提升城市发展的韧性和底力。

6.4.3.3　高敏感

修复水生态功能区，全面开展生态美丽河湖建设；统筹山水林田湖草系统治理，加快形成森林、湖泊、湿地等多种形态有机融合的自然保护地体系；历史城区内探索既能体现苏州传统风貌又兼顾海绵功能的岸线建设，历史城区外增加生态岸线建设比例；通过海绵城市建设推动应对气候变化，缓解热岛效应、向碳中和的目标迈进。

6.4.4　全过程、高标准落实项目建设管控

构建从项目设计、建设实施、运行维护到绩效评估的海绵城市建设项目管控体系。

在项目设计阶段，明确海绵设施的布局与容量，确保控规提出的各项海绵指标管控要求得以落实。在建设实施过程中加强监管，严格施工图设计审查和竣工验收流程，确保海绵设施建设到位。

加强海绵建设的运行维护和定期绩效评估。搭建海绵城市信息平台，推进数据实时监测和信息化管理。明确责任分工，责任落实到部门和人，分年度细化考核目标，使政府管理部门和项目管理人员齐心协力推动海绵城市建设工作。

6.4.5　全保障、高质量的海绵城市建设保障措施

从管理、制度、技术、资金各方面保障海绵城市建设的顺利实施。

管理保障方面，苏州市已出台《苏州市海绵城市建设部门协调联动制度》，从信息沟通、规划统筹、联审会商、协调服务、跟踪问效等方面的制度建设保障海绵城市建设顺利实施。建设苏州市智慧海绵管控平台，

通过智慧海绵管控平台的控制，实现项目管理信息化、评价决策智能化，并为海绵城市网站建设提供基础数据。

制度保障方面，苏州市已出台《苏州市海绵城市规划建设管理暂行办法》《苏州市海绵城市建设绩效考核与评价指标（试行）》《苏州市海绵城市建设施工图设计与审查要点（试行）》等相关制度、指导文件。建立海绵城市建设绩效考核机制，并将考核结果作为评价各级政府、部门和领导干部工作实绩的重要内容。同时拟建立区域雨水排放管理制度。

技术保障方面，苏州市已建立海绵城市建设专家库，为苏州市海绵城市建设提供技术人才支撑。苏州市已编制《苏州市海绵城市规划设计导则（试行）》《苏州市海绵城市设施施工和验收指南》等技术导则或指南，完善苏州市海绵城市建设的技术体系。苏州市已建设海绵城市项目库，将项目信息与现有苏州市规划管理信息系统结合，为规划、建设管理提供技术支撑。

资金保障方面，苏州市推广运用政府与社会资本合作（PPP）模式，鼓励社会资本参与海绵城市建设和经营管理。对纳入政府年度投资计划的海绵城市建设项目，确保项目建设资金需求。

6.5 海绵城市建设技术路线

贯彻落实“节水优先、空间均衡、系统治理、两手发力”治水思路，树立尊重自然、顺应自然、保护自然的生态文明理念，大力推进建设自然积存、自然渗透、自然净化的“海绵城市”。

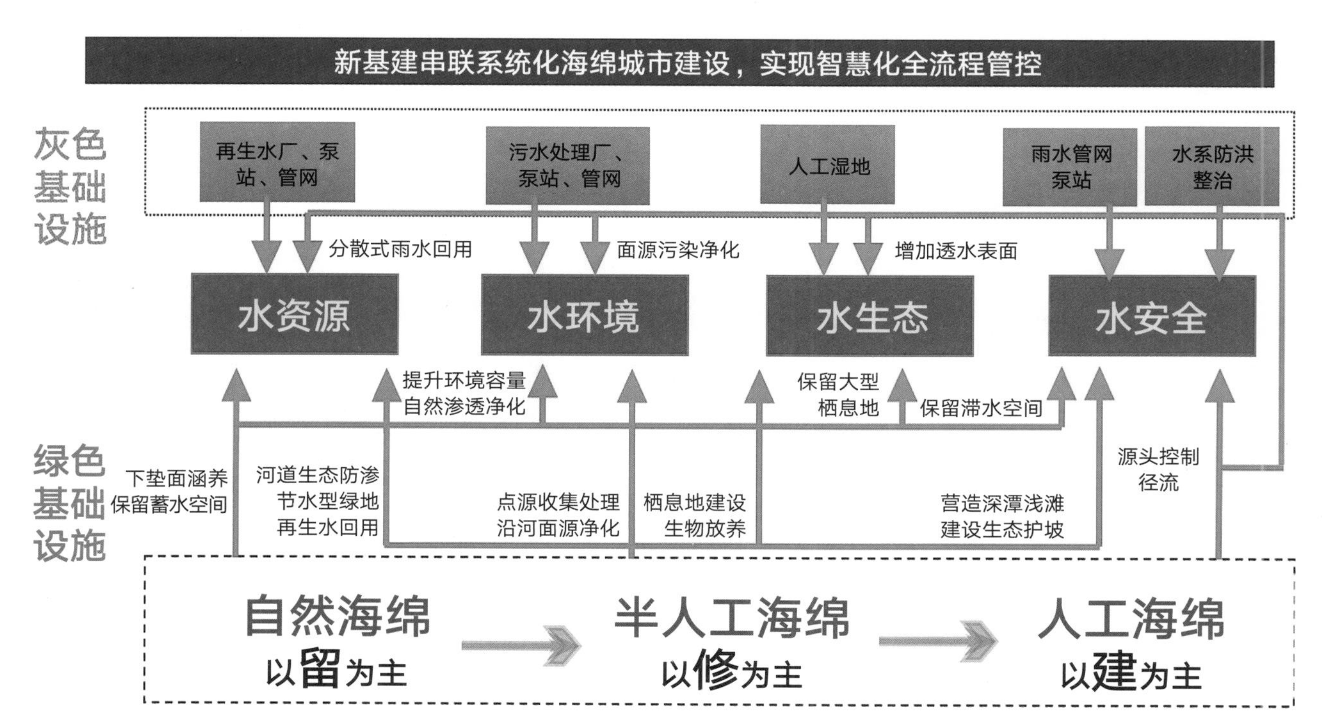

图 6.5–1　苏州市海绵城市建设技术路线

针对苏州市降雨丰富、地势低平、水系发达、土壤渗透性差、地下水位高等特点和面源污染突出等重要问题，提出“净化、蓄滞”为主，兼顾“渗、用、排”等功能需求的海绵城市建设主体思路，并将海绵城市建设内容和目标落实到城市规划、建设、管理各个环节。

统筹自然水生态敏感区保护和低影响开发设施建设，开展针对平原多类型多水质水系交错地区的水系重构与生态修复，有效削减城市面源污染。城市建成区外重点加强河湖、湿地、林地、草地等水源涵养区的保护和修复，城市地区重点加强对已受到破坏水体的生态修复和恢复，按照低影响开发理念，控制开发强度，结合苏州水系发达、排水管道路径短、已实现雨污分流等排水特点，强调在源头控污减流，构建以分布式低影响开发设施和自然水系为主、绿色和灰色基础设施并重的生态雨水系统。苏州市海绵城市建设技术路线见图 6.5–1。

6.6 海绵城市建设实施方案

海绵城市建设是一个雨水综合管理体系，是通过大中小海绵协同运作、系统运行，充分发挥区域流域、城市、设施、社区等不同层级的作用，构建健康循环的城市水系统（图 6.6–1）。

“大海绵”是指山、水、林、田、湖生态格局要素，与城市规划建设紧密关联。城市建设首先要识别生态格局，对原有的生态格局进行保护，对已经破坏的生态进行修复。“中海绵”是指建成区内排水管网、调蓄设施、泵站等，传统雨水管渠系统将溢流的雨水外排至河道等自然水体，保证设计场地安全。“小海绵”是指源头控制，是城市中的小海绵体，如绿色屋顶、下沉式绿地、雨水花园、植被草沟等。促进雨水下渗，维持水的生态系统及其循环，小海绵系统重点处理雨水源头。管控好山水林田湖草等大尺度空间海绵本底，强化水务

图 6.6–1 系统化海绵城市建设概念图

基础设施与空间管控，建设完善浅表排水系统等中尺度海绵，精细化打造绿色屋顶、下凹式绿地、雨水花园、透水铺装等微观精品小海绵，统筹区域流域生态环境治理和城市建设，统筹城市水资源利用和防灾减灾，统筹城市防洪和排涝工作，遵循区域生态基础设施连续性完整性，结合开展城市防洪排涝设施建设、地下空间建设、老旧小区改造等，在所有新建、改建、扩建项目中落实海绵城市建设要求，集腋成裘，久久为功，先行示范，构建韧性海绵城市。

6.6.1 双目标导向的建设思路（图 6.6–2）

目标导引：落实《国务院办公厅关于推进海绵城市建设的指导意见》《水污染防治行动计划》等国家要求，提出的具体目标和指标达到《海绵城市建设绩效评价与考核办法（试行）》要求，全面推动海绵城市建设，明确建设时序，合理有序保障海绵城市按既定目标完成建设。

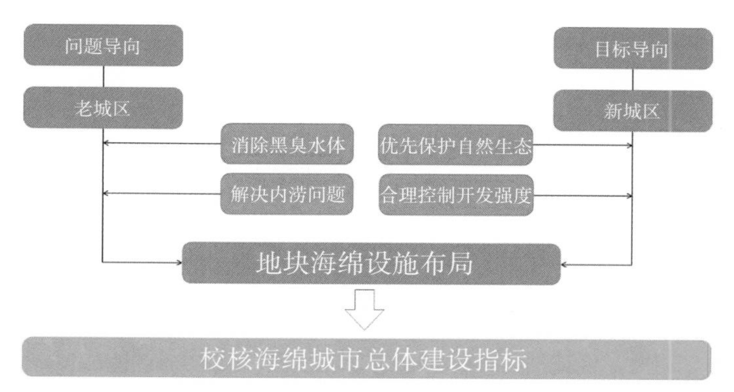

图 6.6–2 双目标解决思路

问题导向：以解决城市水安全、水环境具体问题为导向，系统梳理内涝积水问题、黑臭水体问题、水资源利用效率问题、水生态问题等城市涉水问题，提出系统的解决方案，改善城市民生。

6.6.2 全径流控制实施策略

根据海绵城市建设目标和具体指标，按照源头减排、过程控制、系统治理的思路，从保护城市水生态、改善城市水环境、保障城市水安全、提升水资源承载能力等方面提出实施方案。

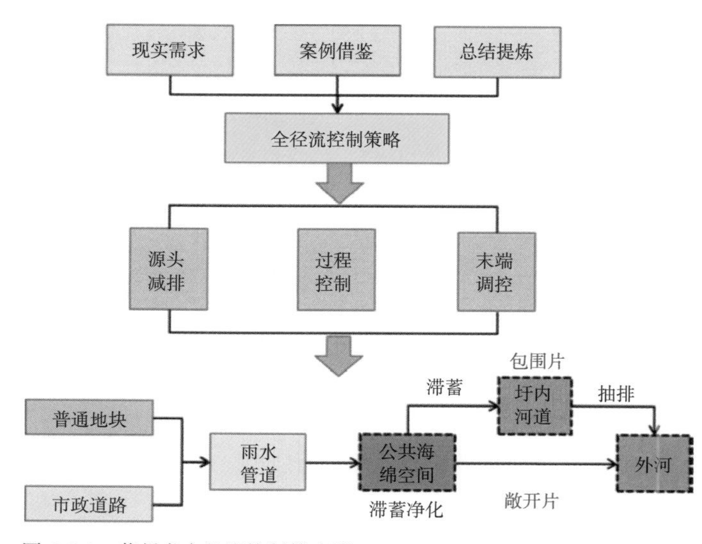

图 6.6–3 苏州市全径流控制策略图

根据对苏州市排水情况、水系及水环境情况的分析，目前苏州水问题综合治理主要以提高城市应对灾害性气候的排水能力、改善水环境质量、恢复水生态系统为基本目标，以提升水景观价值、为市民提供更多的亲水空间为增值目标。为实现此目标，需基于海绵城市理念，构建生态型绿色基础设施和传统灰色基础设施相结合的设施体系，并制定“源头—过程—末端”系统整体化治水策略（图 6.6–3）。

6.6.3 源头治理策略

地块或道路实现雨水面源污染控制，首先要赋予景观更多生态功能，利用地块内景观绿地或道路中绿化分隔带，建设生态型雨水处理设施，合理组织场地径流，实现项目雨水量与面源污染控制。

6.6.3.1 场地型绿色基础设施建设

场地型绿色基础设施主要指布置于规划地块内，具备生态型、柔性工程型特征，且能够通过调蓄、下渗、滞留等方式，对降雨径流进行源头削减、净化、缓释的设施（图 6.6–4）。此类设施具体包括与建筑相结合的如屋顶绿化、梯级绿化、垂直绿化等；与小区道路相结合的透水铺装等；与绿地相结合的生态滞留塘、雨水花园等；单体设施形式的雨水罐、地下调蓄池等。根据苏州市地下水位较高、径流峰值削减、污染削减要求较高的特点，在具备条件的区域应倾向于采用具备净化、缓释效果的场地型绿色基础设施，如建筑绿化、雨水花园等。在现状建成改造区应倾向于采用便捷、具备可实施性的设施，如屋顶绿化、雨水罐、屋面雨水断接至小区绿地等设施或改造途径。

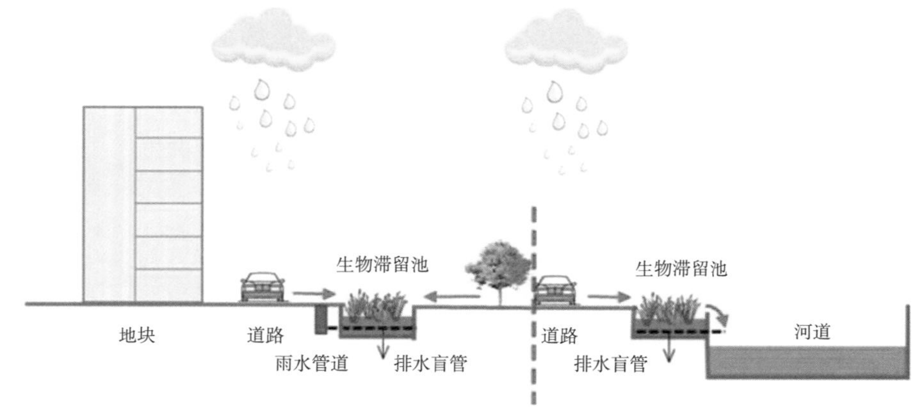

图 6.6–4 场地型绿地设施径流策略

6.6.3.2 绿地生态系统建设

绿地生态系统在海绵城市的建设中具有重要作用，包括公共绿地及小区内部的绿地等。绿地生态系统能够通过调蓄、下渗、滞蓄等多种方式，对降雨径流进行源头控制，起到径流总量削减、径流峰值延迟、径流水质净化等作用（图 6.6–5）。绿地生态系统建设，包括增加绿

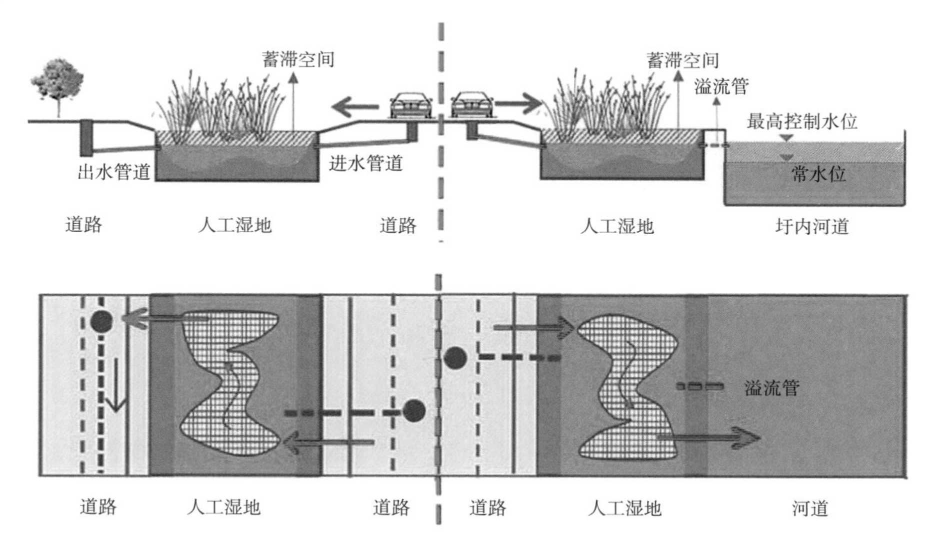

图 6.6–5 公共绿地空间海绵城市径流控制策略

地覆盖率，进行分散式绿地布局，以及具体的绿地系统海绵城市相关设施建设等。根据主城区开发建设强度高、绿地率相对较低的特点，推进主城区进行绿地生态系统建设，对降雨径流的源头控制具有重要作用。

6.6.4 过程控制策略

过程控制的主要对象为雨水管道和公共空间。雨水管道设计时，应按照《室外排水设计标准》GB 50014—2021 的相关要求，按标准设计，保证管网通畅。公共空间的过程控制同样包括径流污染、削减峰值流量和超标准暴雨的有序排放等三方面内容。径流污染控制是指承担其他地块或道路的雨水面源控制任务，同时承担非雨期的水体环境改善任务；削减峰值流量是指在雨期承担雨水调蓄的功能，削减雨水峰值流量，减缓峰现时间；合理规划超标准暴雨时公共空间的地表漫流路径，实现超标暴雨的雨水安全排放（图 6.6–6）。

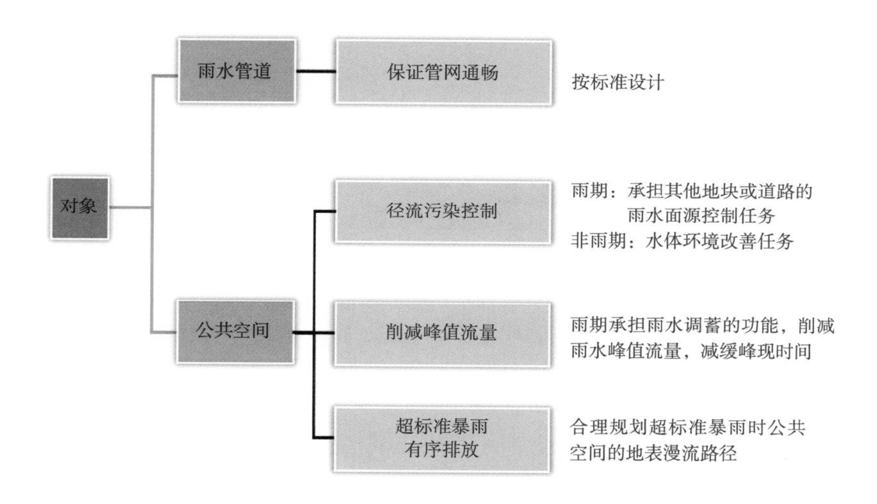

图 6.6–6　过程控制策略

6.6.4.1 市政排水系统优化提升改造

市政排水系统优化提升改造，属于传统的灰色基础设施，主要包括对合流制排水管道，或分流制的雨水、污水管网系统进行优化提升，使得排水管网的排水能力达到最新的雨水管渠设计重现期 3 ~ 5 年的标准。对现状建成改造区，尤其是合流制区域，进行市政排水系统的优化提升改造，增加其传输排水能力，具有重要的作用。

6.6.4.2 市政排水系统调蓄设施建设

市政排水系统调蓄设施，主要是指增加市政排水系统的调蓄容量，增强整个排水系统弹性的调蓄设施。具体措施可包括降低浅埋干管的水位、在局部管段设置大调蓄管道、利用暂时储存管道、建设地下调蓄系统等。市政排水系统调蓄设施，在应对短时间强降雨时具有重要作用。不仅可收集后缓排水，延长汇流时间，削减径流峰值，同时可将收集到的雨水回收利用，提高雨水资源化利用率。

6.6.4.3 传输型绿色基础设施建设

传输型绿色基础设施，与场地型绿色基础设施相比，主要指在雨水传输过程或路径中，能够通过调蓄、下渗、滞留等方式，对降雨径流进行削减、净化、缓释的设施。此类设施具体包括屋面雨水断接、下凹式绿地、植草沟、生物滞留设施等。传输型绿色基础设施的作用以削减径流总量、延缓径流洪峰为主。在具备条件的区域，可结合道路建设和市政排水系统建设同步进行。在现状建成改造区，主要考虑便捷性和可实施性，可集合建筑改造采用屋面雨水断接，在排水路径上建设下凹式绿地等设施。

6.6.5 末端治理策略

6.6.5.1 河网水系结构建设

苏州自然水系发达，但在城市建设过程中，由于各种原因，逐步造成了现状很多地区河流之间连通不畅，水系末端形成断头浜等现象。通过河网水系结构建设，增加区域水系连通性，改善水系水动力条件，能够有效增加河网水系的调蓄能力，同时亦可对河流，尤其是末端支流的水动力、水质起到有效改善作用。对现状河网水系进行连通，改善水动力条件，使水“活”起来（图 6.6–7）。

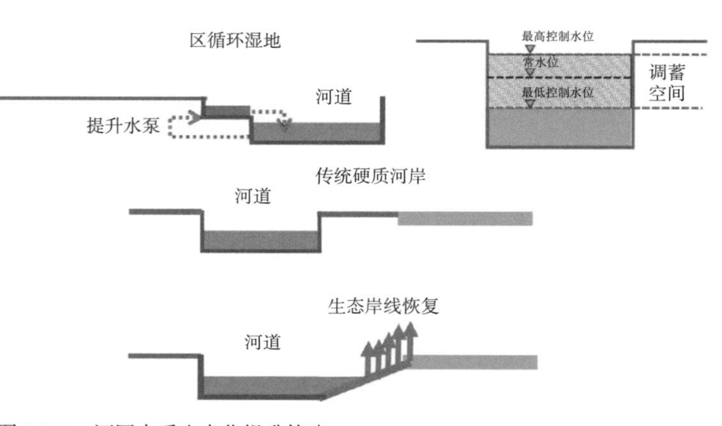

图 6.6–7 河网水系生态化提升策略

6.6.5.2 除涝泵站等水利设施升级改造

水利设施的升级改造，属于传统的灰色基础设施。与排水系统的升级改造类似，在绿色基础设施较难系统建设的区域，具有重要作用。末端水利设施，如除涝泵站等的建设，对区域的调蓄能力、内涝防治能力等，起到托底保障的作用，是海绵城市水安全建设领域的重要措施。

6.6.5.3 污水处理厂优化改造

包括对污水厂处理规模、污水处理效果、中水回用等各方面的优化改造。在有实施条件的区域，初期雨水截流后输送至污水处理厂进行处理，需对污水处理厂的规模和处理工艺等进行优化改造。在现状合流制区域，污水处理厂的优化改造，也需配合排水管网系统的优化改造同步推进。

6.6.5.4 水系生态建设

苏州水资源丰富，但面临水质型缺水问题。通过建设完善的水系生态系统，提升水系的调蓄能力和自净能力。具体措施可包括恢复生态护岸、建设雨水花园等措施。建设完善的水环境生态系统，营造滨水休憩空间，打造景观亲水岸线，建设城市水文化，提升城市品质。

6.6.5.5 人工湿地建设

针对自然生态水处理，对降雨径流进行末端处理、调蓄。在有实施条件的区域，进行人工湿地建设，可兼顾景观效果。

6.7 系统推进，统筹“六水”高标准建设

6.7.1 水环境提升

梳理苏州市内外水系上下游关系，分析影响苏州市水环境的主要污染因素，地表水环境污染属综合型有机污染，影响全市主要河流水质的首要污染物为氨氮，影响全市主要湖泊水质的首要污染物为总氮。针对污染成因及现状问题，提出区域层面水环境质量提升的措施，推进以“控磷降氮、水生态保护”为主导方向的太湖水环境治理，对阳澄湖周边区域进行环境整治和相关污染企业专项整治，建立长江水污染防治统筹协作机制，全面治理点、面源污染，改善氨氮、总磷和石油类污染物等流域性水环境问题（图 6.7–1）。

苏州市应结合区域及当地污染现状，持续加强工业和生活污染源治理，进行污染源控制，加强工业污染集中和深度处理；另外，通过海绵城市建设，布设一系列低影响开发的海绵设施，从

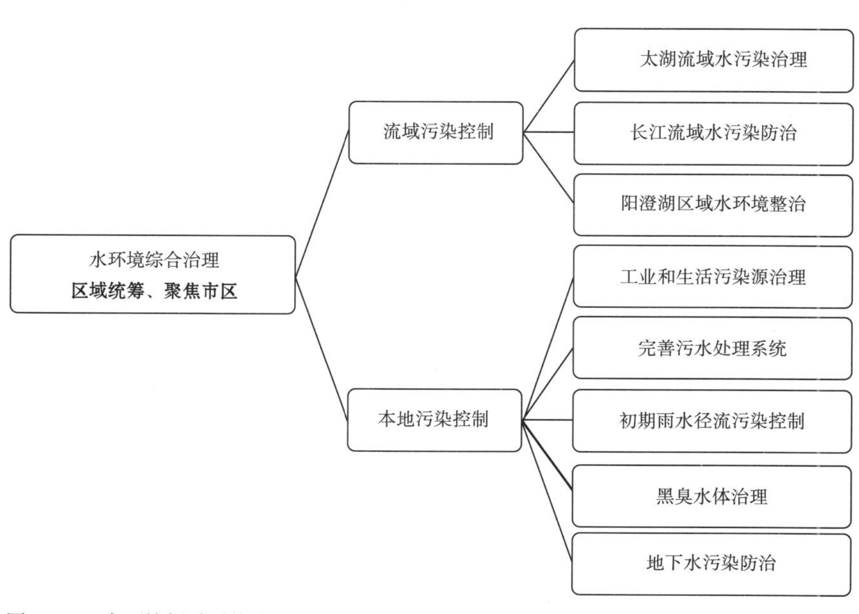

图 6.7–1 水环境提升系统流程图

源头到末端，逐级消纳净化雨水，控制初期雨水径流污染；针对黑臭水体现象，提出控源截污、内源治理、水动力提升、水生态修复等措施提高水环境容量，对水污染问题进行彻底整治，全面消除黑臭水体，使河流、湖泊水质总体达标。此外，苏州市地下水位较高，与地表水交互影响作用明显，建议全面开展地下水资源普查和污染状况调查，建立健全的地下水污染检测和预警应急体系，推进地表水、地下水污染协同控制和系统管理。

6.7.1.1 流域污染控制对策

加强流域水污染综合防治，严格按照《太湖流域水环境综合治理总体方案》的要求，完善流域管理机构和治理政策，加强统一管理，促进地方政府合力治污，完善排污收费制度，加大利益调节力度，完善公共参与机制，加大社会监督力度等。

随着太湖流域工业点源和城市污水治理逐步到位，面源污染占污染负荷的比例逐步提高，成为太湖治理的主要矛盾，应加强城乡污水和垃圾处理，推进太湖流域农村环境、农业面源污染综合治理及循环型农业体系建设，在太湖流域实施农村连片综合治理、循环型农业体系建设工程，统筹农业生产及农村生活废弃物资源化利用。根据《太湖流域水环境综合治理总体方案》的要求，2020 年前要全面实现生活垃圾无害化处理。实现垃圾资源化利用，完善农村生活垃圾处理体系，全面推进垃圾管理城乡一体化及有机垃圾就地集中堆肥项目的建设进程，建立和完善适合农村的生活垃圾畅销管理体制，实现垃圾减量化、资源化和无害化；重视化肥和农药减施、生态拦截沟渠建设、农村清洁工程、打造循环化产业链接等，形成农林牧渔多业共生的生态循环体系。按照有关政策法规和规划中对太湖流域城镇污水处理率的基本要求，2020 年苏州市区、县级市生活污水处理率分别达到 98%、90%，农村生活污水处理率达到 80%。对于乡村生活污水，推荐采用生态组合处理技术，主要通过资源化利用方式去除污水中的氮和磷，优化组合各单项生物、生态处理技术，实现对村镇生活污水的处理和资源综合利用。此外，太湖流域结构性污染问题依然突出，第二产业中，纺织、化工、冶金等重污染行业污染排放量依然偏高，调整产业结构和布局、治理工业点源污染仍是太湖流域水污染防治的必行之路，同时要保障太湖水源地的饮用水安全。

对于长江上下游省市水环境统筹综合治理，按照水资源和水环境承载能力，完善流域污染联防机制，推进区域水环境保护和治理设施共建，治理成果共享，共同提升水环境质量。在治理措施上，强化流域工业点源污染治理，根据水功能区对水质的要求和水体的自然净化能力，核定流域内湖泊、水系的纳污能力，限制排污总量，统筹城乡污水与垃圾处理，防治流域面源污染，健全城镇污水管网，完善雨污分流体系。结合流域水资源配置和防洪工程，进一步完善水利工程建设和流域统一调度，健全监测体系和预警系统；在保障防洪安全的前提下，协调流域内不同城市用水量之间的关系，以疏导和稀释污染物为目的，合理规划引调水工程，节水减排，控制上游下泄至苏州的流量，缓解苏州市的排污压力。

此外，良好的生态环境对提高水体自净能力具有重要作用，在保障防洪安全的同时，加强太湖流域及长江沿线城市的水生态修复治理工作，通过河道综合整治、湿地恢复与重建、河湖岸线治理、生态林建设、水生态修复和科学清淤等措施，改善生态环境，提升流域水环境质量。

6.7.1.2 本地水环境系统方案构建

（1）控源截污

按照“旱天污水零直排、雨天污水少溢流、入厂浓度有提高”的要求，完善污水管网，消灭污水直排，提高污水收集处理率；减少合流制管网溢流频次，控制溢流污染；减少面源污染。具体可采取完善改造排水口和管网、沿河截污入污水处理厂、消灭混接错接、临时就地处理、设置合流溢流污染控制调蓄池、生态湿地处理、地块雨水源头减排、雨水口在线处理等措施，在定量数据分析的基础上，多方案比较、系统考虑，确定工程与建设规模。

（2）内源治理

对漂浮垃圾等进行清理，根据底泥污染特征和水体特征，科学制定清淤方案，做好底泥的处理处置，保证河道内好氧区、兼性区、厌氧区生态平衡。

（3）生态修复

充分利用河道水位消落带对低污染合流溢流污水和初期雨水进行生态处理，利用人工湿地进一步净化再生水，恢复河道生态基流，构建河道内部良好生态系统，充分利用沉水植物，提高水体自净能力，提升河道景观。地面作为休闲游憩空间，地下作为生态处理空间。

（4）活水保质

合理布局城市污水再生利用和雨水利用设施，充分利用城市再生水、雨水等作为补充水源，增加水体流动性和环境容量。要坚决反对以恢复水动力为理由的各类调水冲污、大引大排等措施。

（5）长治久清

建立长效机制，落实河长制，明确河道维护责任人、责任单位和维护要求、维护经费。

规划从源头减排、过程控制、末端处理的全过程进行系统方案构建。本地污染主要由源头和过程污染构成，

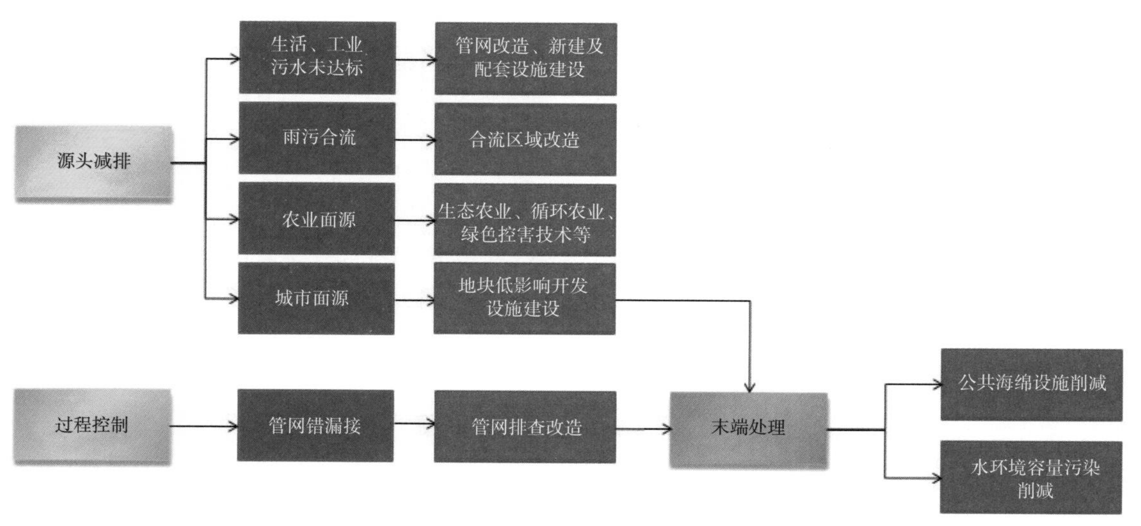

图 6.7–2 本地污染物削减策略示意图

源头污染包括生活工业污水未达标排放、雨污合流、农业面源污染及城市面源污染。过程污染包括管网错漏接造成的污染。因此，源头减排的措施包括：针对生活、工业污水未达标的进行管网改造、新建配套设施建设；针对雨污合流区域进行雨污分流改造；针对农业面源污染推行生态农业、循环农业及绿色控害技术；针对城市面源污染进行地块及道路等低影响开发设施建设。过程控制的措施包括针对管网错漏接的区域进行管网排查并改造（表 6.7–1）。

排水分区污染产生及削减分析

表 6.7-1

污染产生途径	污染削减措施	污染控制过程
a 点源污染：生活、工业污水未达标排放	①管网改造、新建及配套设施建设	源头减排
b 点源污染：合流雨污水溢流	②合流区域改造	源头减排
c 点源污染：管网错漏接等未见因素	③管网排查改造、水环境容量污染削减、公共海绵设施污染物削减	过程控制、末端处理
d 面源污染：城市面源污染	④地块海绵化改造、水环境容量污染削减、公共海绵设施污染物削减	源头减排、末端处理
e 面源污染：农业面源污染	⑤生态农业、循环农业、绿色控害技术、测土配方施肥技术	源头减排

6.7.2 水生态修复

针对地处平原水网地区、防洪安全级别要求高、水生态服务功能强、水体污染严重、水生态系统受干扰大等特点，统筹考虑生态环境保护与防洪排涝等要求，以保护和改善水质、保护和恢复生物栖息地进而恢复河流生物多样性为目的，完善规划区河湖水系功能，保护和修复水生态系统，构建城市蓝绿空间，实现人水和谐的局面。

系统梳理各级河道水系，对河道功能进行区划，划定水生态修复与保护功能分区，划定河道蓝线，严格进行管理，强化湿地、湖泊、水系的水生态保护与修复，保护河网水系的多样性，提升水系统的综合功能，打造高品质的水生态环境。在具体措施上，对不同分区和级别的河道施以不同的生态修复措施，使其与海绵设施、现状条件、文化保护等要求统筹衔接，增强水生态系统的稳定性，并提高水生态的服务功能。

6.7.2.1 水生态修复与保护策略

（1）划定水生态功能分区和河道蓝线。结合海绵生态空间格局、生态保护要求、开发建设程度及文化保护要求等多方面因素，划定科学合理的水生态功能分区，在此基础上进行水生态修复和保护；依据河流等级、功能要求、现状限制等条件，划定苏州市的河道蓝线，营造良好的生态空间，形成连续宽敞的滨水绿化景观带。蓝线范围内禁止从事破坏河网水系、与防洪排涝和水环境保护要求不符的活动。

（2）在岸线改造中，鉴于古城区的历史文化价值，古城区内的河流岸线应在侧重其历史风貌保护的前提下进行局部生态改造，其他区域的硬质岸线则应因地制宜地利用不同方式改善岸线的自然生态性，提升现有生态型岸线景观功能，逐步提高生态岸线比例及岸线品质。

（3）古城保护

在水生态功能分区的基础上，针对古城区、新区、工业园区等不同类型的分区，提出水生态修复的目的和要求，明确不同分区水生态的修复和保护策略。对河流的岸线进行生态化改造和修复，恢复河流的植被缓冲带，尽可能恢复河道的自然形态，保护和修复湿地、湖泊，丰富生物栖息地类型和物种多样性，净化水质、改善景观，修复苏州水网城市良好的水生态基底（图6.7–3）。

古城区：为了保护古城风貌和江南水乡小桥流水的特色，维持古城区河道现有的基本形态，进行保护性修复。通过局部疏浚，保持宽窄有致、收放有度的河道形态；保持原有驳岸、古桥等河道设施完好，在此基础上按照“修旧如旧”的原则通过垂直绿化等方式适当生态化改造古城的垂直驳岸，在水面开阔的地方修建人工湿地，或与古城的园林、绿地水系相结合，从横平竖直的河道引水入园林及绿地，营造湿地、雨水花园、湿塘等景观效果、水质净化效果均较好的海绵设施，净化后的水流回原来河道，形成局部水循环；古城环城

图6.7–3　古城水生态修复景观图

河等水面较宽、景观要求较高的河道，适当拓宽河流两侧的植被绿化带，改善局部微气候，过滤、沉淀外围地区地表径流中携带的污染物，减小地面径流对河流水质的影响。

新区及工业园区：

1）注重湖泊、湿地的生态保护与修复。将生态红线区范围内的湖泊、湿地划分管控等级进行严格管理。规范开发、利用活动，防止现有湖泊、湿地面积减少，提高蓄水能力，防止水质污染，改善生态环境。对于生态系统受损的湖泊和湿地，应加快实施生态修复工程，采取植被恢复、鸟类栖息地恢复、污染防治、定期组织湖泊清淤等系列手段进行综合治理，恢复和提升湿地生态系统的整体功能。

2）加强河流水生态修复。首先，在保证防洪安全的前提下，合理拆除现有阻水结构，尽可能恢复河流的自然形态。根据河流生态学理念，宜宽则宽、宜弯则弯，将人工的规则河道断面改造为自然形态，在建设条件有限的地方可采用复式断面，疏浚工程施工中尽可能避免河道断面的均一化，水利工程设计时应为植物生长和动物栖息创造条件，因地制宜地恢复河流浅滩—深潭序列或设置生态浮岛，丰富河流湿地类型，恢复河流形态的多样性。

其次，恢复河流生态岸线。生态护岸是河岸与水体之间水分交换和调节功能，创造动物栖息和植物生长所需的重要生态空间，同时可改善城市景观，提供休闲游憩的公共空间。生态岸线的型式多种多样，如草坡护岸、湿地驳岸、生态土工技术、垂直绿化等，实际工程中应结合现实限制、排水能力和水质改善要求、景观需求等多种要素，因地制宜进行合理选择。设置岸坡形态时应根据现状限制分析，合理设置护岸坡度和选择护岸材质，根据陆地、水体的不同界面和水位的季节性变化，配植相应的植被群落，形成从水生植物、湿地植物到陆地植物的自然过渡，在景观上形成滨水湿地、亲水坡地和平台、水岸林带等层次丰富的效果。

最后，应逐步恢复河流植被缓冲带。河流两岸一定宽度的植被缓冲带可以通过过滤、渗透、吸收、滞留、沉积等河岸带功能效应，降低污染对河流水质的影响，植物还能起到稳固河岸和调节微气候的作用，同时河流缓冲带形成的特定空间是众多动植物的栖息地，能够增加河流生物多样性。设计河岸植被缓冲带时应充分考虑缓冲带位置、植物种类、结构和布局等要素，以充分发挥其功能。从地形的角度而言，缓冲带一般设置在下坡位置，与地表径流的方向垂直；从河道等级的角度而言，对于级别较低的内部河流，缓冲带可以紧邻河岸设置，而对于等级较高的区域性河流，考虑到暴雨期洪水泛滥的影响，缓冲带应选择在洪泛区边缘。缓冲带植物宜选用乡土植物或已适应本地气候条件的外来植物，以及适应粗放管理、成本合理、周年常绿的物种，植物配置上应乔、灌、草结合，形成立体效果；绿化与美化相结合，营造自然舒适的视觉效果。同时，要充分发挥生态化改造技术的作用，在河道内增设曝气设施，进行底泥生态疏浚，设置生态浮床，利用水生植物修复技术、微生物菌剂投加技术等，加强污染物转移和降解，净化水质，创造适宜多种生物生息繁衍的环境，重建并恢复水生态系统（图 6.7–4）。

3）把握河网水系的生态特征，保护苏州市水系统的多样性和稳定性。苏州水系密度大、等级多，自流域级河道至城市内部毛细水系，具有丰富的河流形态及生态景观功能。骨干河道在生态上具有区域水系生态廊道的作用，同时承担区域防洪排涝的功能，建议定期进行疏浚，对束窄河段进行适当拓宽，提高河岸绿化率，设置海绵型雨水径流截留设施，防止水体污染。内部毛细水系主要发挥调蓄、生态、景观的作用，

图 6.7–4 湿地水生态景观效果图

保护和恢复城市及地块内部的毛细水系结构，对保留苏州水网城市特色及维持水系统的生态稳定性有重要意义。建议在不影响防洪的前提下，恢复水生、湿生植被覆盖度，有条件的地区恢复生态岸线，保证水系的亲水空间。

4）重点加强修复和治理若干主要河流的水生态，打造高品质水系。在水系景观要求较高且有条件在短期内较大程度改善水生态环境的地区，对该地区的水系进行深度的水生态修复和保护。运用多种先进的水生态修复技术，恢复健康的水生态系统和水环境，营造宜人的亲水水岸及休憩平台，使水系与城市充分协调融合，同时对水生态修复与保护技术进行示范。

6.7.2.2 落实年径流总量控制率

新建地区应落实生态本底对应的年径流总量控制率要求，作为用地管控指标。已建地区应结合城市更新、旧城改造，因地制宜实施，避免大拆大建。源头减排设施和技术应综合考虑城市降雨、地质特点、用地情况、经济性、居民接受度等因素，按照经济可行、技术合理的原则确定。

6.7.3 水安全保障

保障水安全要在评估城市现状排水防涝能力和内涝风险的基础上，构建源头减排、排水管渠、排涝除险、应急管理的城市排水防涝体系，并与城市防洪系统衔接。

（1）源头减排系统。在建筑小区等产汇流源头实施雨水径流管控，削减径流峰值和流量，延缓径流时间，提升原有设施排水能力。采用微地形竖向设计、景观设计、园林绿化等措施，在地块（项目）落实年径流总量控制率指标，实现削峰错峰，定量评估源头改造对既有排水管渠能力提升的贡献。源头减排设施应加强与排水管渠系统的衔接，确保安全溢流。

（2）排水管渠系统。在充分考虑源头减排等功效的基础上，优化改造排水管渠，达到《室外排水设计标准》确定的排水管渠设计标准。新建地区应高标准规划设计排水管渠系统。已建地区以治理易涝点为突破口，综合采取措施使排水管渠达到标准要求。易受河水或潮水顶托的排水管渠出水口应考虑河道水位影响。对可能产生溢流污染的管渠要采取溢流污染控制措施。

（3）排涝除险系统。利用自然水体、自然与人工调蓄设施的调蓄能力和涝水行泄通道、强排泵站等的排水能力，明确城市内涝积水排干时间，在整体蓄排平衡的基础上，提出具体积水点的解决措施，实现《室外排水设计标准》确定的内涝防治标准下的蓄排平衡。

（4）应急管理系统。对超过《室外排水设计标准》确定的内涝防治标准的降雨，落实人防、物防、技防等综合应急措施，确保不发生人员伤亡和重大财产损失事件，雨后迅速恢复城市正常秩序。此外，还要综合采用模型分析、监测评估等技术手段提高应急措施的科学性，逐步做到智慧化调度。

6.7.3.1 区域防洪体系

（1）落实太湖流域防洪工程布局

苏州市位于太湖东北部，主要受京杭运河、太湖来水及西部洪水威胁。在太湖流域防洪体系中承担着提高东太湖防洪安全、维护太湖行洪通道的重要任务。

根据《太湖流域综合规划（2012—2030 年）》，保证太湖洪水安全蓄泄，合理安排太湖洪水外排出路，妥善处理太湖洪水和区域涝水外排的关系，是流域防洪减灾的关键所在。

区域防洪减灾体系规划主要内容有：

坚持蓄泄兼筹、洪涝兼治，以太湖洪水安全蓄泄为重点，统筹兼顾防洪与水资源利用、水环境保护及航运等各方面需求，妥善处理局部与整体、上游与下游、防洪与除涝之间关系，坚持防洪工程措施与非工程措施相结合，综合协调流域、城市和区域三个层次防洪除涝，建成标准协调、调度科学、运行高效、质量达标、管理规范、法制健全的现代化防洪减灾体系。

以防御流域 100 年一遇洪水为目标，通过实施综合治理工程，完善洪水北排长江、东出黄浦江、南排杭州湾的流域防洪工程布局。按照流域、区域和城市三个层次相协调的要求，实施城市及区域防洪工程，提高城市防洪标准，疏浚整治区域性骨干排水河道，实施病险水库除险加固、泵站改造，加快上游水库建设，加强中小河流治理、圩区建设管理和滨湖地区治理。

加强防洪安全管理，加强流域骨干、城市防洪等水利工程调度管理，建设流域防洪与水资源调度系统，加强监测、预报，提高流域洪水调度水平，切实提高社会防灾减灾意识，积极推行洪水风险管理。

在现有水利工程体系基础上，进一步完善“利用太湖调蓄、北向长江引排、东出黄浦江供排”的流域综合治理格局，构建防洪减灾、水资源配置、水环境改善三位一体的流域综合治理工程布局。

（2）保障京杭运河安全泄洪

随着京杭运河上游沿线无锡、常州等城市防洪大包围相继建成及沿线圩区排涝动力的不断加强，改变了运河两岸汇流条件，加大了运河集中抽排水量。对于相对下游的苏州市来说，运河洪水位提高，洪水持续时间变长，增加了苏州市的防洪压力，也对京杭运河沿线区域安全造成了威胁。

建设京杭运河沿线城镇群联合防洪体系，统筹沿线防洪工程建设，建立健全运河上下游城市防汛减灾制度，实现沿线泵站、闸站等控制工程实时联控，缓解下游城市防洪压力，降低京杭运河洪涝风险。

6.7.3.2 城市防洪体系

（1）总体格局

苏州城市防洪形成“一纵两横三线四湖六区”总体格局：

“一纵两横”外排通道：配合推进流域、区域治理骨干河道治理，以穿城而过的大运河、吴淞江和娄江三条流域、区域性河道为骨干外排通道，城区涝水经内部河道汇集后由三条通道南排、东排出城。

“三线”防洪屏障：以环太湖控制线、大运河控制线和吴淞江两岸控制线为城区三条重要防洪控制线，抵挡外洪入城，在环湖大堤基本达标基础上，结合大运河堤防和吴淞江整治，进一步完善运河和吴淞江控制线，为城市防洪保安提供坚实屏障。

“四湖”洪涝调蓄：充分发挥城区阳澄湖、金鸡湖、独墅湖、石湖等重要湖泊洪涝调蓄作用，蓄纳水量，削减洪峰，减轻城市防洪和抽排压力。

“六区”分片治理：在外洪可挡、外排通畅、河湖调蓄基础上，按照地形、水系分布、排水格局等特征，进行不同类型、不同标准的分区控制，建立分区、分片防洪排涝体系。

（2）防洪标准

总体为100年一遇，其中城市中心区大包围为200年一遇，苏州新区、工业园区、吴中区、相城区均为100年一遇。山洪防治标准为20年一遇。

（3）防洪分区规划

城区内部根据地形、水系等条件，遵循“高水自排、低水抽排”原则进行分区防洪，设计洪水位以上高片区域，重点加强河道整治，进一步畅通河湖水系，提升河道快速外排和洪涝调蓄能力；设计洪水位以下低洼地区或现状已建包围区域，统筹城市建设发展需求与可能，有条件整体抬高区域规划填高后为敞开式防洪，其余保留包围治理格局，结合排水条件改善需求，适当联圩并圩和新建包围，通过堤防达标建设巩固完善包围圈防洪能力。

6.7.3.3 内涝防治体系

（1）总体思路

从单纯依靠城市排水设施外排向城市雨洪全过程管理转变，依据城市水文循环全过程，遵循“源头削减、中途滞蓄、末端强排”的治理思路，在保证城市安全的基础上，综合考虑雨水资源的合理利用。“源头削减”指采用低影响开发的建设理念，通过增加生物滞留设施、可渗透路面、绿色屋顶等的建设，降低城市产流量和汇流速度；“中途滞蓄”指分散布设雨水滞留塘等雨水调蓄设施，滞蓄部分来不及排的雨水；“末端强排”指增大雨水排水系统排水能力，同时结合城市水系调控和排涝工程，及时排除城市涝水。

（2）内涝防治标准

2017年，为深入贯彻《国务院办公厅关于做好城市排水防涝设施建设工作的通知》（国办发〔2013〕23号），全面落实国务院关于灾后水利薄弱环节和城市排水防涝能力“补短板”工作部署，住房和城乡建设部发布了《住房城乡建设部关于公布全国城市排水防涝安全责任人名单的通告》（建城函〔2017〕99号），并在附件“地级及以上城市排水防涝标准及应对降雨量”中明确苏州内涝防治设计重现期为50年。

苏州市有效应对50年一遇设计暴雨（231mm），城市不发生内涝灾害。

雨水管道：总体为3~5年，其中重要地区为5~10年、地下通道和下沉式广场为30年。

（3）内涝防治标准

有效应对50年一遇设计暴雨（231mm）城市不发生内涝灾害。其中：河道和泵站：防洪包围圈内排涝泵站和河道行水能力满足20年一遇，最大24小时暴雨不超过最高控制水位。

雨水管道：总体为5年，其中重要地区为10年、地下通道和下沉式广场等为30年。

（4）平面与竖向控制

苏州城市建设的地面标高应分类按下述要求进行严格控制：

1）规划敞开式治理的区域，地块开发建设或改造地坪标高按不低于所在分区的防洪设计水位加超高0.5m控制。

2）包围圈以外建设用地中住宅、大中型工厂用地、主要交通道路等重要基础设施的室外地坪按不低于防洪设计水位加超高0.8m控制；一般建设用地按不低于防洪设计水位加超高0.5m控制。

3）各包围圈内建设用地中住宅、大中型工厂用地、主要交通道路等重要基础设施标高按不低于最高控制水位加超高0.8m控制。一般建设用地按不低于最高控制水位加超高0.5m控制。

4）建设区特别是重要的建设用地，规划时应尽量避开低洼地段；低洼地区不宜建设住宅、工厂等永久性建筑物，必须建设时需按防洪要求填高。

（5）治涝措施

1）提高水系滞蓄能力

城市水面对滞蓄雨洪、提升城市防涝能力有重要作用，通过对内河的整治，提高城市水系的滞蓄能力。打通局部地区水系，提升水系连通性；实施河道疏浚工程，保证河道过流能力；实施危旧驳岸治理工程，减小河道水位预降对部分危旧驳岸带来的影响。

①姑苏区

姑苏区新开河道4条，打通断头浜2条，整治束水段2段；实施3个新城河道疏浚工程；实施危旧驳岸治理工程。

姑苏区共计河道整治86.95km，包括河道新开3.57km、断头浜打通1.79km、河道疏浚75.98km、驳岸整治5.61km。

②相城区

相城区新开河道37条（段），打通阻水节点5处；实施城区17条河道及高铁新城现状河道疏浚工程；实施10处危旧驳岸治理工程。

相城区区共计河道整治116.02km，包括河道新开31.45km、河道疏浚75.81km、驳岸整治8.76km。

③高新区

枫津河、金山浜增建排涝泵站后，将河道疏浚至0m底高程，整治河长10.2km；拓浚徐思河近大轮浜段河道0.17km的缩窄段。路东圩规划沿沪宁高速东侧新开沪宁高速河，北接浒东河、南连黄花泾，新开河道长3.62km。九图圩新开河道0.67km，打通庄前浜、盛家浜、严巷浜至骨干河道，拓浚钟埂上河道2.1km。规划结合景观和西部生态城绿化建设，清淤整治明巷浜—阳山河—大白荡6.1km、中桥港2.6km、九曲港3.8km，拓浚整治环山河0.65km，保障西部山洪下泄和周边区域排水安全。北部浒关片运西地区结合引排水需要，规划对浒光运河南岸支河—建林河进行全线清淤，清淤河长3.7km，提高利用浒光运河引太湖水南下进入老城区能力。

高新区共计河道整治40.66km，包括新开4.29km、拓浚6.97km、清淤29.4km。

④工业园区

娄葑镇区圩疏浚整治东西向二号河1.98km、杨树巷河0.75km。胜浦镇区圩疏浚整治东西向沽浦河2.08km。唯亭蠡塘圩疏浚整治蠡塘河1.84km。规划对小水泾2.9km、大水泾2.9km、陆泾河3.2km、娄斜港4.8km、凤凰河0.7km、三星河4.1km、金墅西河0.9km、金墅东河1.9km等河道进行清淤，同时拓宽大水泾、陆泾河过沪宁铁路地下涵洞，扩大河道行水能力。

工业园区共计河道整治28.05km，包括圩内河道疏浚6.65km、高片区河道清淤21.4km。

⑤吴中区

城南包围加强内部水系沟通，对内部南北向骨干河道西塘河5.3km、古塘河5km以及包围内其余35km淤积严重河道进行清淤整治。姜家圩疏浚整治泵站所在河道南长河1.6km。实施白塔浜5.2km、木横河5km、官渡港2.1km、张墓港1.1km、新大港3.6km、绣球港2.1km、莫家荡3.3km，共22.4km河道整治。

吴中区共计河道整治 69.3km，包括圩内河道清淤 46.9km；高片自排区河道疏浚 22.4km。

⑥吴江区

松陵城区的现有河道（除取消外苏州河顾家港以南段、翁家港以及连接外苏州河和内苏州河的三段河道）基本保留，拓宽 30 条河道，打通新开 14 条河道。

吴江区共计河道整治 63.78km，包括河道拓浚 40.71km、河道新开 23.07km。

2）增加地面调蓄能力

新区建设应严格控制绿化率，减少不透水面积比例，降低径流系数，减缓汇流速度，严格按照竖向规划要求确定场地竖向。绿地标高宜低于周边地面标高，形成下凹式绿地。结合新建建筑及新建道路，宜配套建设雨水蓄水设施及雨水利用设施，以相城区和吴中区为例。

①相城区

小区水体调蓄工程可采用景观水体、雨水塘、雨水湿地等形式，还可建立屋面雨水收集系统，应根据地理条件、小区环境等因素，选择单一形式或组合形式，建议每年每个包围圈至少新建或改造 1~2 处小区水体调蓄工程。

在实施设置泵站、提高排水管网能力等措施后还是可能存在积水的区域，规划通过设置人工调蓄池的方法，削峰滞洪，减少地面积水，达到排除内涝的目的，经分析建议设置人工调蓄池在唐家社区、元和公园、殷家桥、梅家巷、唐家村、李埂郎、嘉和丽园、天伦小区、万泾花园、宋泾新村、南村巷、香城花园、尊园、南亚花园等内涝风险区。

圩内河道（湖、湿地）是城市最重要的调蓄水体，利用河（湖）较大的调蓄能力来调节暴雨时的峰值流量，达到提高排涝片区的标准或减小强排时的泵站规模，是城市防涝最重要的途径。调蓄水体容量由调蓄水体的面积和调蓄水深决定，规划各片区水面率和调蓄水深见表 6.7–2。

相城区圩内河（湖、湿地）调蓄水深及规划水面率 表 6.7-2

序号	片区	调蓄水深（m）	规划水面率（%）
1	北区	0.7	5.53
2	中区	0.7	4.47
3	西区一片	0.5	10.21
4	西区二片	0.5	7.23
5	东沿塘圩	0.8	5.55
6	胡巷包围	0.6	7.50

②吴中区

小区水体调蓄工程可采用景观水体、雨水塘、雨水湿地等形式，还可建立屋面雨水收集系统，应根据地理条件、小区环境等因素，选择单一形式或组合形式，建议每年每个包围圈至少新建或改造 1~2 处小区水体调蓄工程。

50年一遇设计降雨条件下，在实施设置泵站、提高排水管网能力等措施后还是可能存在积水的区域，规划通过设置人工调蓄池的方法，削峰滞洪，减少地面积水，达到排除内涝的目的，经分析建议在怡锦工业园、苏豪工业园、舍郎小区、田上村、溪东小区、群星苑三区、姜家三期、小区团、姜庄、四季青鞋服市场、郭巷街道文体服务中心、尹山村、范仲淹实验小学、枫江路工业小区、南行实验小学、金枫高新产业园、神斧雕塑厂工业园、木渎商城、苏胥湾等内涝风险区设置人工调蓄池。

圩内河道（湖、湿地）是城市最重要的调蓄水体，利用河（湖）较大的调蓄能力来调节暴雨时的峰值流量，达到提高排涝片区的标准或减小强排时的泵站规模，是城市防涝最重要的途径。调蓄水体容量由调蓄水体的面积和调蓄水深决定，规划各片区水面率和调蓄水深见表6.7–3。

吴中区圩内河（湖、湿地）调蓄水深及水面率 表6.7-3

序号	片区	调蓄水深（m）	规划水面率（%）
1	城南包围	0.7	5.28
2	姜家圩	0.8	5.00
3	镇区圩	0.8	4.89
4	郭巷包围	0.8	3.07

3）提标改造雨水设施

①姑苏区

结合城市连片开发（如金阊新城、平江新城、沧浪新城）与综合整治（如虎丘地区综合整治、桃坞片区综合整治，“两河一江”综合整治等），以提高地区排水管网覆盖率为主线，完善排水管道建设。市政道路规划新建雨水管道总长71.2km，管径范围为*DN*400 ~ *dn*1500；规划改造雨水管道总长221.6km。

姑苏区规划新建立交雨水泵站7座，改造现状立交雨水泵站22座。

②相城区

相城区中心城区新建雨水管道68.0km，改建雨水管道长182.5km，相城区高铁新城新建雨水管道145.4km，改建雨水管道长24.5km，新建立交雨水泵站4座，改造立交雨水泵站6座。

③高新区

高新区已建雨水主干管网总长约58.3km，雨水主干管渠密度约0.26km/km^2。狮山片区近期规划改造管网26km。规划新建一座运河路狮山路下穿立交泵站。

④工业园区

工业园区规划改造雨水管道总长648.72km，其中近期改造管网345.96km。

工业园区改造立交雨水泵站12座，新建立交雨水泵站3座，新建地块雨水泵站2座。

⑤吴中区

吴中区全区合计新建雨水管道186.75km，改造雨水管道136.09km，改造立交雨水泵站4座。

⑥吴江区

松陵老城区原有雨水管道由于设计或者是人为因素等造成雨水排水不畅，容易造成积水情况，规划对城区原有雨水管道进行校核。需吴江区松陵老城区需优化雨水管道 14.67km，需新建雨水管道 7.16km。

城南新区需改造雨水管道 4.88km，管径范围为 *DN*400 ～ 600；需新建雨水管道 30.38km，管径在 *DN*400 ～ *dn*1200 范围内。

太湖新城需改造雨水管道 1.19km，管径 *DN*400 ～ 600；需新建雨水管道 7.7km，管径 *DN*200 ～ *dn*1000。

吴江区近期规划在城区共布设 26 座雨水提升泵站，提升流量约为 11.26m^3/s，26 座雨水泵站全为小区泵站。雨水提升泵站的汇水面积约为 1.146km^2。远期将近期新建的 19 座雨水泵站被废弃。同时，远期需新建 6 座雨水提升泵站，提升流量约 2.33m^3/s，全部为小区提升泵站，雨水提升泵站的汇水总面积约 0.24km^2。

4）建设地面快速排水通道

针对城市易涝路面建设快速排水通道工程，使道路涝水经路面汇流后直接就近排入河道，即：降雨→雨水口（雨水沟）→河道。针对部分临河易涝小区建设快速排水通道工程，使小区涝水经地表汇流后直接或经调蓄池调蓄之后就近排入河道，即：降雨→调蓄池→雨水口（雨水沟）→河道，以姑苏区为例。

姑苏区道路产生内涝灾害的标准为道路任一条车道积水深度超过 15cm，且积水历时超过 2h。选取齐门外大街、学士街（干将路—道前街）、十全街等 15 条道路布设快速排水通道。

姑苏区小区地块产生内涝灾害的标准为居民住宅和工商业建筑物底层进水，选取桃花坞、小河浜、五十六间、北园等地区 20 个易涝小区布设快速排水通道。每个小区拟建 1~5 个调蓄池及排水通道，每个调蓄池的容积约为 100 ～ 200m^3，每条排水通道长度约为 30 ～ 120m。

6.7.4 水资源利用

在城市整体水资源供需平衡的基础上，以古代先贤“一方水土养一方人”的哲学思想智慧，提高雨水收集利用水平，保障城市的生活、生产、生态用水。根据水资源承载力，确定再生水、雨水等非常规水资源利用目标，积极推进再生水、雨水等用于城市河道生态用水；进而确定雨水综合利用设施等的规模、用地布局。结合绿色建筑建设，提高再生水、雨水的就地利用水平。

苏州市现状存在本地水资源不足，过境水资源丰富，同时可利用水资源的水质、利用率尚待提高，雨污水的回用利用率低等情况。针对这些情况，在水资源的开发利用中应充分考虑水资源和水环境的承载能力，以提升城市弹性、可持续性和宜居性为目标，坚持“综合利用、治污为本、多渠道开源”的原则。

6.7.4.1 综合利用——水利用减量化

苏州市现状 GDP 用水量尚高于全国东部城市平均水平，用水效率具有提升的空间。随着苏州市经济社会的不断发展，用水需求始终保持逐年增长趋势，尤其是工业用水。而苏州市本地水资源量远远不足，对过境水资源的依赖程度高，水资源供需矛盾日益突出。

从自身实际出发，提高水的综合利用率，减少水利用量，顺应当前“节水优先、空间均衡、系统治理、两手发力”的治水思路，苏州市的水资源开发利用原则也应坚持并落实综合利用和节水优先方针。要从观念、意识、措施等各方面把综合利用放在优先位置，纠正水浪费现象，避免过度调水和无序调水，多方面、多途径提高用水效率，实现水资源利用的可持续发展。

规划采用分质供水、雨水回用的策略，以优化水资源利用效率，缓解区域内水质性缺水问题。

分质供水策略是指把自来水中的生活用水和直接饮用水分开，生活用水中的一部分由污水处理厂出水经深度处理后回用的再生水替代，以减轻区域水质性缺水的压力。再生水主要用于城市杂用水，包括工业、公建部分用水及绿化、道路浇洒用水。考虑到未来项目的可实施性，将工业用地和公共服务与设施用地作为再生水潜在的用户，工业用水中30%由再生水替代，公共服务与设施用地用水中50%由再生水替代，建设再生水管网，提供公共管理与服务设施用地和工业用地中的非饮用水。绿地和道路浇洒用水不单独设置再生水管道，而是通过车辆运输送达。

雨水收集利用主要是对单体和小区内部的屋面雨水等场地雨水进行收集、蓄积、净化处理，再将其用于内部的绿化景观灌溉和道路路面冲洗。相比于分质供水策略的管网建设和车辆运输的集中性，雨水回用策略主要是针对每个单体的，具有分散性。

6.7.4.2 治污为本——改善水质型缺水

苏州市作为典型的水质型缺水城市，水质直接关系到可利用的水资源量。苏州市目前已基本形成长江、太湖与内部河湖多源供水的格局。随着近年来水环境综合整治工作的推进和城区“自流活水”等水质改善工程的建设，现状集中式饮用水水源地达标率100%，其中太湖（苏州境内）、阳澄湖等水源地水质基本可以达到Ⅲ类，但仍处于轻度富营养化状态。市内仍有劣Ⅴ类水质断面和部分黑臭水体，存在典型的水质型缺水问题。水环境治理仍然是苏州市水资源开发利用的重点，只有良好的水环境质量才能提高水环境承载能力，加强苏州市供水安全保障，从而实现全市经济社会的健康发展。

6.7.4.3 多渠道开源——增加水资源供给

节流不能完全解决水资源供需矛盾，必须同时进行多渠道开源建设。苏州地势西高东低，自古以来水的总体流向为自东向西。但由于近年来太湖上游用水量增加，导致太湖水位变低，同时苏州东的昆山太仓从长江引水，造成下游水位变高，从而导致了苏州上下游失去了落差，使得苏州上下游水位差发生了变化，导致自古以来西高东低的水位差变成了东西持平。因此在保持水体自然流动性方面也需要开源。

除望虞河引江济太工程外，阳澄湖、西塘河也是苏州市重要的补充水源。在加大开发常规地表水源的同时，苏州市应当加大再生水、雨洪水等非常规水源的开发利用程度。苏州市降水丰沛，做好雨洪水集蓄利用，可以有效增加可供水量，也能适当减轻雨洪水对城市防洪体系的威胁；而污水再生回用，既能够增加可供水量、替代低质用水需求，还能削弱水环境的污染负荷，一定程度上改善生态环境。

6.7.5 水文化传承

建成区突出亲水和文化，郊区突出自然和生态，打造集景观、休闲、游览等多功能于一体的景观水系，建设人水和谐共处的宜居人居环境。高度重视海绵城市建设的科普宣传工作，强化媒体宣传，提高群众水生态文明建设认知度。

苏州作为一个历史悠久、文化厚重的东方水城，作为吴文化的发源地，苏州的水文化脉络贯通古今、源远流长，与吴文化交相辉映、紧密相融。因水而生、因水而兴、因水而美、因水而名，水作为城市构架的一部分，已经融入了苏州的灵魂与命脉。

苏州境内河港交错，湖荡密布，西隅有太湖和漕湖，东有淀山湖、澄湖，北有昆承湖，中有阳澄湖、金鸡湖、独墅湖；京杭运河贯穿市区、沟通南北；更兼有稠密的河网及湖荡漾塘。

苏州城是一座“河街相邻、水陆并行”古城，被称为水都、水城、水乡，“君到姑苏见，人家尽枕河”是苏州最具代表也最独特的水城特色。苏州又是一座园林之城，到清末苏州已有各色园林 170 多处，现在仍保存完整的有 60 多处，对外开放的有 19 处，主要有沧浪亭、狮子林、拙政园、留园、网师园、怡园等。

古井、古桥、古埠头、水巷山塘和静水园林共同构成的传统水文化图景，让苏州成为世界著名的八大水城之一。

将水文化遗产中所蕴藏的治水理念和文化脉络与海绵城市建设理念进行结合。保护与学习一系列治水理论著作，探索和借鉴古人的治水理念与方略，并将其融入海绵城市建设理念中，用于指导苏州海绵城市建设。

不同发展时期具有不同文化内容的水工程、水遗迹和传统水利用方式，均蕴藏着丰富的文化内涵。

在新发展阶段，“尊重自然、顺应自然、保护自然”的生态文明理念开始引领绿色可持续发展，特色的水文化内涵得以传承和发扬。海绵城市建设过程中，“自然积存、自然渗透、自然净化”的建设要求，是水文化的自然延续，也是水文化在新发展阶段的具体落实和体现。苏州的水文化建设可以从以下几方面开展。

6.7.5.1 水文化遗产保护

苏州历史悠久、内涵丰富的水文化，形成了许多宝贵的物质与非物质文化遗产。这些文化遗产作为水文化的重要载体，既为研究特定时代的历史文化提供线索，也可继承和弘扬苏州水文化中蕴含的生态伦理思想和生态文明意识。海绵城市建设过程中，应该将海绵建设内容与文化遗产保护相结合，根据遗产类型和分布，分类别采取相应措施，加强保护与研究，充分演绎水城形象。

将水文化遗产保护目标纳入海绵城市建设的目标体系。苏州有以太湖为首的众多湖泊、水陆并行的苏州古城，贯穿南北的京杭大运河，还有水乡古镇和散布的大量古河道、古井、古水埠、古典园林等，作为水文化遗产的重要组成部分，目前仍然在雨水积存和调蓄中发挥着重要作用。因此，在划定海绵城市管控单元和确定各单元管控目标时，需充分考虑以上遗产的调蓄功能，合理设定海绵城市建设控制指标，并将水文化遗产保护工程与海绵建设工程进行有机结合。

（1）传统城镇格局保护

苏州古城的水路双棋盘格局，古镇的水巷街区在雨水积存和调蓄中起到了很重要的作用。整个苏州古城就是良好的海绵体，保护苏州古城的双棋盘格局，使之能更好地发挥雨水积存调蓄的作用。

保护治理措施有：对于现有河道，避免建设中的侵占和污染；对于淤塞、黑臭的水体，进行清淤治理，以增加调蓄容积；对于古城内已废弃填埋的古河道，也可结合历史文化典故和海绵城市建设要求进行恢复。

（2）水利工程

古河道的驳岸改造、河道疏浚等遗产保护工程中，可吸收先人对于治水的理念和精神，结合海绵设施的要求进行建设。

（3）滨水古迹及古典园林

制定古桥古井古水埠名录，并逐步加以重点保护和合理开发；加强对治水古遗迹、碑记碑亭、祀水寺庙和治水名人论著的保护。

古典园林建设维护过程中，在不影响景观性的前提下，可小规模适当增加海绵建设内容；雨水花园、湿地等海绵设施的建设中，也可充分结合古典园林的景观特征手法进行设计施工。

6.7.5.2 水文化风貌构建

（1）河湖风貌构建

太湖及重要湖泊注重生态修复、水源涵养、滨水湿地景观营造和动植物种群恢复，在改善生态环境的同时，给人们提供舒适休闲的水域环境，促进人与自然和谐发展。

在其他河湖治理中，结合海绵城市中的水系整治，改善生态环境，维护水生态系统的连续性和完整性，从过去单纯注重防洪、供水功能，向注重河流生态修复、滨水景观建设、文化内涵挖掘方向转变。

（2）滨水空间利用

城区建设中，以城市总体规划为依据，加强城区水系与水巷保护，保持特有的街巷格局与景观。控制内河（水巷）的带状空间，结合海绵城市建设将建筑、道路、河道和绿地公园等与水相关的元素串联起来，构成层次丰富、互相呼应的连续空间，构建水文化风貌。

水乡古镇建设中，水文化的景观建设以保护为核心，重点挖掘古镇古村的历史文化内涵，加强独特河道形态、历史建筑与民俗风情的保护。对现存的水乡古镇、古村落加大对其独特河道形态的保护，维持其原有的建筑亲水、前街后河、临水构屋、水巷穿宅的人与自然和谐相处的历史风貌。

6.7.5.3 水文化素养提升

苏州古城独特的格局、众多的湖泊均为重要的水景观资源，应充分利用此类资源，保持并发扬内涵深厚的水文化优良传统，尤其要继承人文历史中先贤思想的精髓。

梳理水文化发展脉络是提升水文化素养的坚实基础。摸清当地水文化资源的内容、存在形式、种类和分布，对水文化资源进行分析、整合、提升。以古城区护城河、古运河、胥江的“两河一江”综合整治工程为抓手，打造流动的“传统文化水廊”；制定古桥古井古水埠名录，并逐步加以重点保护和合理开发；加强治水古遗迹、碑记碑亭、祀水寺庙和治水名人论著的保护与研究，挖掘历史治水理念、治水方略和治水精神；编纂治水专志，全面、系统反映治水历史，阐述的水文化发展史与城市发展史的紧密关系。

打造水文化载体是提升水文化素养的重要平台。通过文学、艺术、影视、科普、纪念品等产品的开发，使水文化产品在数量和内涵方面得到拓展。组织水文化著作的写作、出版，加强水文化的学术研究，在体制、人力、财力方面对水文献出版给予政策性倾斜。如建造水博物馆，以水为主线，开展水生态、水安全、水环境、水资源和水文化的科普宣传；编制电视文化系列片，展示水文化精神，深入挖掘水文化底蕴；设立水论坛，定期开设水利发展论坛，汇集有关专家、学者，交流研究成果和经验，探讨现代水利科学技术、工程技术、管理以及政策等问题。

开展水文化主题活动是提升水文化素养的重要途径。水文化活动形式可归纳为：以理论探讨和宣传传播为主的教育类水文化活动；以水为主题开展的文学艺术创作和演艺类水文化活动；以水和水域为舞台开展的运动旅游类水文化活动，如游泳、垂钓、龙舟赛、赛艇、水上旅游、水上夜景游览等。各类水文化活动也应划定在相对集中的区域或时间内开展，有利于形成水文化建设的品牌。

同时，对于污染水体、破坏水体的行为也要采取惩罚措施。

6.7.5.4 水文化建设内容

在苏州已有水文化基础，结合城市总体规划、旅游规划、绿地规划等相关规划以及古迹保护、水系治理、水源保护、防洪建设等相关工程，在满足水体防洪排涝、输水调蓄、灌溉、航运等功能的基础上，基于水文化建设策略，按照建设历史文化与现代文明相融合的文化旅游城市的目标，彰显水文化内涵，围绕“一核、一区、两片、两线、多斑、多点”开展文化建设工程。

“一核”指太湖生态核心展开水文化建设。以太湖及湖中岛屿湖边湿地为生态核心，结合太湖水源地保护、东西山生态旅游、古村落文化旅游、湿地公园等内容，构建集生态休闲、文化体验、观光游览于一体的水文化体系。

“一区”指以苏州城区为核心开展水文化建设。以泰伯文化、唐寅文化和非遗文化为核心，依托深厚的文化底蕴和独特的区位优势，打造虎丘名胜古迹区、山塘历史文化街区、石路休闲商务区和白洋湾乡村生态区，建设古城文化深度游核心区，构建融生态休闲、文化体验、观光游览于一体的水文化体系。

“两片”指以苏州古城保护区和海绵城市综合试点区建设水文化集中展示区，分别体现苏州作为世界水城的悠远历史和与时俱进。苏州古城保护区包括 5 个历史文化街区和 38 个历史地段。通过加强古城水系与水巷保护，保持特有的水陆平行的双棋盘格局和街道景观；逐步恢复被填埋的历史河道，从现有的“三横三纵加一环”的水系布局，恢复到明清时代“三横四直加一环”的骨干河网格局；增加城东、北、南地区的河道，纳入古城河网水系。海绵城市综合试点区位于古城北侧，包括平江新城、金阊新城、虎丘及周边地区和虎丘湿地公园等重要区域。试点区依托海绵城市建设，围绕道路广场、建筑小区、河道水系和绿地公园等区域，将先进的低影响开发理念融入到生态文明建设过程中，实现自然景观与工程技术的有机结合，开展水文化建设。

“两线”指沿太湖线和沿运河线打造水文化观光线。沿太湖线，以浦江源水利风景区为起点，充分利用环湖资源优势，将水源地、生态农业园、太湖大堤、环湖古镇、水利枢纽、湿地公园等水景观巧妙串联起来，着力体现太湖风情。沿运河线，以望亭枢纽为起点，围绕盘门三景、觅渡桥、吴江塘路等历史遗迹，结合大运河历史文化遗产保护，打造运河水上观光游，着力体现运河沿线的历史古韵。

“多斑”指沿阳澄湖、金鸡湖、独墅湖、澄湖、石湖等湖泊的生态斑块打造的水文化景观。既包括对沿湖湿地、湖中岛屿、文物古迹的保护，也包括滨湖商业区和居民区的建设，在开发建设中应融入海绵理念，将湖光山色与城市建设统一考虑。

“多点”指结合水文化遗产和海绵设施打造的水文化景观。苏州水文化景观包括古桥、古建筑和水利设施遗址、涉水风景区和城市公园等。以宝带桥、吴门桥、灭渡桥等为代表的古桥，应结合周边建筑进行景观打造，避免通航船只对古桥遗址的破坏。以灭渡桥水文观测站、永丰仓船埠、盘门等为代表的古建筑和水利设施遗址，应通过梳理水文化历史进行水景观打造。以虎丘景区、苏州园林、虎丘湿地公园等为代表的涉水风景区和城市公园，应将海绵城市建设理念融入景区建设中，重点体现水文化的传承与发展。

重要水文化建设内容一览表　　表 6.7-4

序号	名称	类型	特色	建设内容
1	太湖	郊野湖泊	湖岛湿地、水源涵养、水产养殖、文物古迹	对湖泊本体、沿湖湿地、湖中岛屿、文物古迹进行保护，注重生态修复、水源涵养、滨水湿地景观营造和动植物种群恢复，严格控制沿湖开发建设，适度水产养殖，禁止污染物排放入湖，保证水质
2	阳澄湖	郊野湖泊	生态湿地、水源涵养、水产养殖	
3	澄湖	郊野湖泊	生态湿地、水源涵养、水产养殖	
4	三角嘴	湿地	生态湿地、水源涵养	—
5	荷塘月色	湿地	主题湿地、水源涵养	
6	金鸡湖	城市型湖泊	城市中心区	周边滨湖商业区和居民区的建设中应融入海绵理念
7	独墅湖	城市型湖泊	城市中心区	
8	石湖	城市型湖泊	自然人文相融	注重对沿湖湿地、湖中岛屿、文物古迹的保护，在周边新建滨湖商业区和居民区建设中应融入海绵理念，避免工业企业污染物排放入湖
9	澹台湖	城市型湖泊	自然人文相融	
10	漕湖	城市型湖泊	自然人文相融	
11	尹山湖	城市型湖泊	自然人文相融	
12	盛泽湖	城市型湖泊	自然人文相融	

续表

序号	名称	类型	特色	建设内容
13	京杭大运河	运河	航运、灌溉、自然人文相融	保护历史和文化遗存，疏浚河道、修筑塘岸、设置闸牐等，保证河道航运和灌溉能力
14	山塘河	运河	航运、灌溉、自然人文相融	
15	頔塘	运河	航运、灌溉、自然人文相融	
16	溇港	农业圩田	防洪、灌溉、雨水调蓄	保护现有格局
17	苏州引清工程水利风景区	水利枢纽	集防洪、挡污、通航、景观等功能于一体	以胥口国家水利风景区为基础，纳入阳澄湖枢纽、江边枢纽、西塘河枢纽，包括船闸一座、单孔16m节制闸一座、太湖接堤，及复线船闸等，集旅游、水利、文化科普等于一体
18	水利枢纽科普基地	水利枢纽	集防洪、挡污、通航、景观等功能于一体	结合工程与周边环境景观，打造科普教育基地，形成水文化园与科普园
19	苏州古城（一城两线三片）	古城	水路双棋盘城市格局	加强古城水系与水巷保护，保持特有的水陆平行的双棋盘格局和街道景观；逐步恢复被填埋的历史河道，从现有的“三横三纵加一环”的水系布局，恢复到明清时代“三横四直加一环”的骨干河网格局；增加城东、北、南地区的河道，纳入古城河网水系
20	古典园林	园林	以水池为中心打造，布局精巧的园林	保护格局，修复活水系统，学习借鉴古人海绵与景观结合的经验和方法
21	水乡古镇	古镇	粉墙黛瓦、小桥流水、人家枕河、船歌荡漾	—
22	古桥古井古水埠	—	展现水城风情	制定名录，并逐步加以重点保护和合理开发
23	治水古遗迹、碑记碑亭、祀水寺庙	遗迹	如三堰二池五闸、禹王庙、横塘驿站等	挖掘历史治水理念、治水方略和治水精神；编纂治水专志，全面、系统反映治水历史，阐述水文化发展史与城市发展史的紧密关系
24	治水名人论著	非物质文化遗产	—	挖掘历史治水理念、治水方略和治水精神；编纂治水专志，全面、系统反映治水历史，阐述水文化发展史与城市发展史的紧密关系
25	传统水文化活动	非物质文化遗产	如治水先贤庙会、吴歌、游泳、垂钓、龙舟赛、赛艇、水上旅游、水上夜景游览等	挖掘历史治水理念、治水方略和治水精神；建造纪念馆、开展传习活动；定期举办展演
26	水产	餐饮文化	水八仙、太湖三白等	保护水质及物种多样性，避免过度捕捞及过度养殖污染水体

6.7.6 水科技提升

基于新城建方案布局，充分发挥各个部门已建平台，以海绵城市监测平台为纽带，大力发展智慧水务，鼓励新科技和新产业发展，推进基于物联网、5G、大数据等ICT技术的排水智能化建设、精细化管理；推进针对地下管廊、供水、公共停车场、海绵设施等基础设施的一批智能化改造项目落地，逐步建成覆盖全流程、全系统的智慧排水系统，实现对市政基础设施运行数据的全面感知和自动采集。加强智慧水务总体规划，保障智慧水务建设有效落实。健全智慧水务组织建设，确保智慧水务建设稳步推进。拓宽智慧水务建设融资渠道，加大智慧水务资金投入。

6.8 统筹谋划，多层级全方位建设

6.8.1 提升社区宜居品质

在社区建设中，充分运用“渗、滞、蓄、净、用、排”等措施，优先解决污水管网不完善、雨污水管网混错接等问题。在解决居住社区设施不完善、公共空间不足等问题时，融入海绵城市理念，充分利用居住社区内的空地、荒地和拆违空地增加公共绿地、袖珍公园等公共活动空间，实现景观休闲、防灾减灾等综合功能（图 6.8–1）。

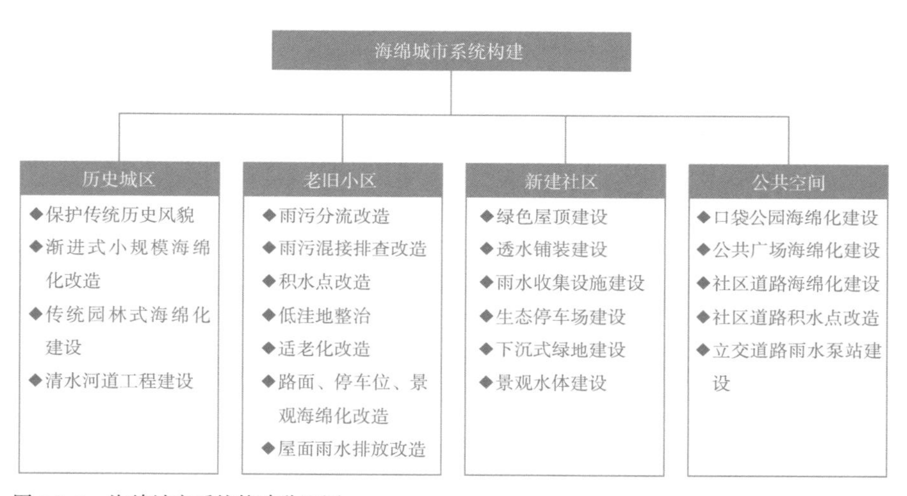

图 6.8–1　海绵城市系统构建分配图

（1）新建住区

新建建筑与小区严格执行海绵城市建设要求，海绵城市建设设计应以目标为导向，实现年径流总量控制目标。

建筑与小区海绵城市设计内容主要包括场地设计、建筑设计、小区道路设计、小区绿地设计和雨水系统专项设计，根据《海绵城市建设技术指南（试行）》《江苏省海绵城市建设导则》及《江苏省建设工程海绵城市设计审查要点（试行）》等文件，结合场地的基本条件，对各专业总体设计提出要求（图 6.8–2）。

根据场地整体景观两轴四点的布局形式和南北两侧动静分区的特点，将海绵设施进行合理分布，综合考虑场地内健身运动场地、康体花园、儿童活动区、阳光草坪区域、宠物园及植物园等区域，协调植物空间的塑造原则，选择雨水花园、下凹绿地、雨水回用池等对场地雨水进行调蓄控制。

（2）既有建筑与小区

老旧小区和城市改造以问题为导向，以期解决内涝积水、雨水收集利用、雨污混接等问题（图 6.8–3）。

图 6.8-2 建筑住区海绵城市建设技术路线图

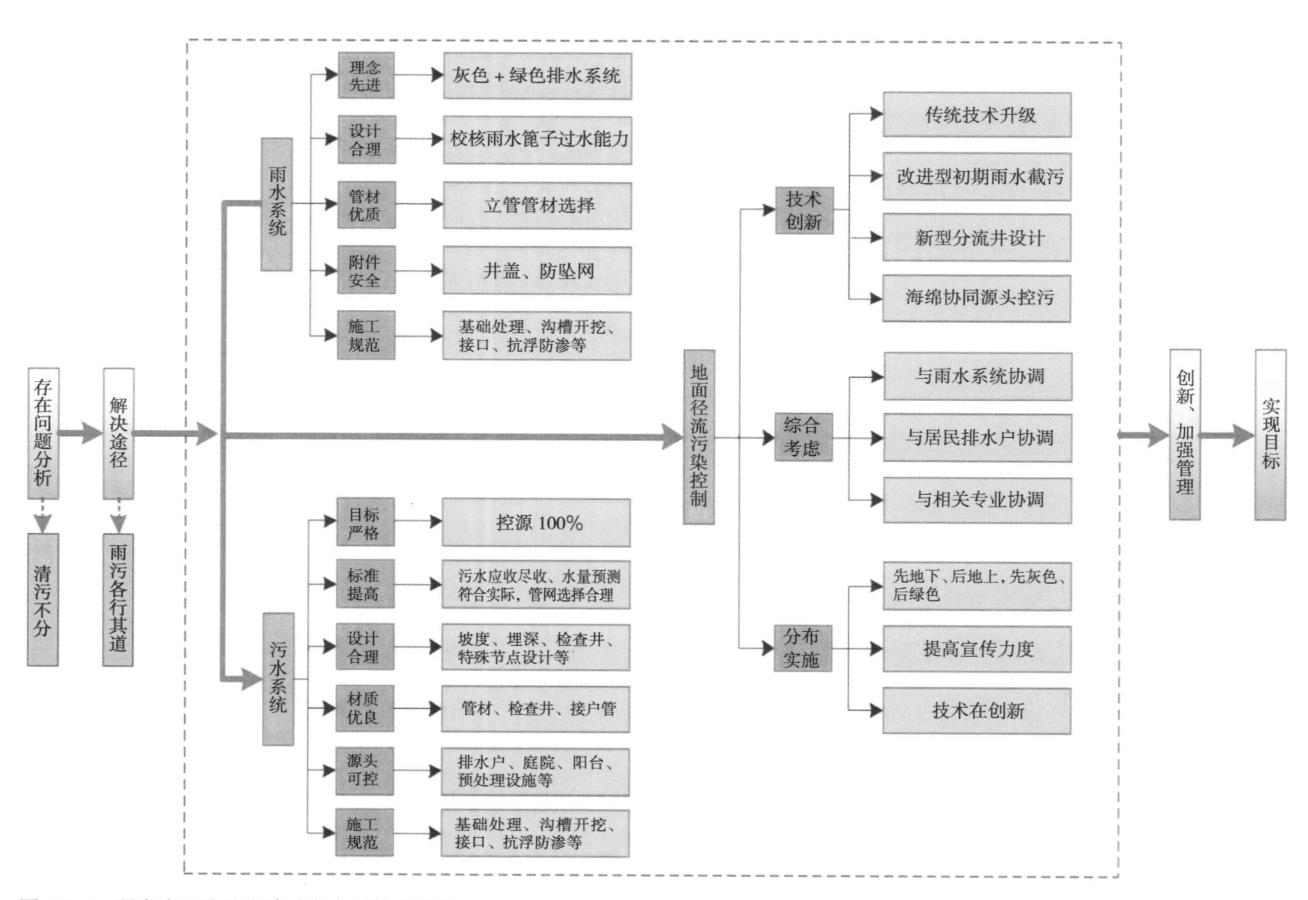

图 6.8-3 既有小区改造海绵城市专项技术路线

集中开发区、片区海绵化改造、城市双修和老旧小区改造的海绵城市建设设计应进行片区海绵建设方案设计，细化海绵指标分配和设施布局，达到科学合理。

历史文化街区应以保护文物和历史风貌为前提，主要解决内涝积水、雨污混接、水体黑臭等问题，不宜设置控制指标。老旧小区改造应以解决内涝、污染等问题为主，经可达性分析制定其他海绵指标。建筑与小区系统应满足如下要求：①新建项目中，集中绿地率≥ 10%、公建绿色屋顶率≥ 30%、住宅和公建透水铺装率≥ 70%；②改建项目中，公建绿色屋顶率≥ 30%、公建透水铺装率≥ 70%。

6.8.1.1 推进老旧小区的适老化和海绵化改造

采用“绣花功夫”实施历史文化街区修复，探索传统街坊型老旧小区改造新模式。推动海绵城市、地下管廊、人防空间建设，深入推进城市雨污分流改造。目前老旧小区海绵城市改造主要存在雨污混接、建筑密度高、可改造空间有限、改造受住户意愿影响较大、海绵设施的维护保养不便等问题。针对老旧小区本底条件并结合改造难度，将小区分为：重改造区域（改造难度小、本底条件差）、轻改造区域（改造难度小、本底条件好）、定指标区域（改造难度大、本底条件差）、不改造区域（改造难度大、本底条件好）。排水体制在满足上位规划的基础上，属于分流制排水系统的合流制小区，应开展雨污分流改造；存在雨污混接的，应开展雨污混接改造。老旧小区基础设施陈旧、复杂，现状调研需确定地面易涝点位置和地下管线混接、排水不畅、管道破损的位置，海绵改造时应对其进行改造和更新。已建项目海绵城市改造宜采用竖向设计解决地块积水和内涝问题，应结合现状小区竖向，不宜进行大范围调整。必要时可增设排水设施。目前老旧小区改造海绵适用技术主要有：

（1）屋面雨水断接。可结合平改坡改造对屋面雨水有组织排放，对于建筑落水管下方具有大片可利用绿地的情况（居民小区内一般为建筑南侧绿地），落水管断接后设计雨水直接排入绿地内雨水花园对屋面雨水进行滞留与净化。对于建筑落水管下方无可利用绿地的情况，落水管断接后雨水排入散水明沟，经盖板沟将雨水引入道路另一侧的雨水花园。

（2）小区排水排污系统改造。改造解决小区雨污水无法及时排出、管网堵塞、污水井溢流等问题，改善小区排水排污。

（3）植草沟技术。建筑附属绿地内适当位置设植草沟，起到对屋面雨水的转输作用，将落水管雨水就近接入雨水花园。植草沟深度 20cm，设 1 ∶ 3 横坡、1% 纵坡，宽度根据实际情况调整，可局部放大或缩小，以达到一定景观效果。

（4）绿化改造。在较大面积的集中绿地内设置雨水花园，下凹深度 300mm，蓄水层深度 250mm，结构层构造由上至下分别为植被层、300mm 原土、透水土工布、300mm 砾石排水层。雨水花园内设置雨水溢流井，溢流井井顶标高高于原土层顶 250mm，溢流井设置间距约为 30m，溢流雨水排入小区雨水井。在雨水花园距建筑距离小于 3m 时，开挖面需设置防水土工布，土工布密封高度与溢流口标高齐平。

（5）路面改造。有条件的场地以及停车位可改造为透水铺装，控制场地自身雨水，减少径流外排量，同时结合小区改造，实现景观效果的提升，提升小区品质。

（6）停车位透水改造。生态停车位是一种具备环保、低碳功能的停车位，还具有高绿化、高承载、使用寿命长等特点。生态停车位国际标准是绿化面积大于混凝土的面积，达到高绿化的效果，同时具有超强的透水性能，保持地面的干爽。

（7）康体设施改造。在老旧小区改造中应因地制宜，适当增加一些康体设施，可以丰富小区居民的日常生活、完善小区的配套服务功能。

（8）集中渗透装置。适用于绿地空间不足，或地下管线复杂处绿地“下凹绿地不下凹”。

（9）蓄水模块。雨水蓄水模块是一种可以用来储存水，但不占空间的新型产品；具有超强的承压能力；95% 的镂空空间可以实现更有效率的蓄水。配合防水布或者土工布可以完成蓄水、排放，同时还需要在结构内设置好进水管、出水管、水泵位置和检查井。

（10）雨水收集利用。雨水收集利用是指通过汇总管对雨水进行收集，通过雨水净化装置对雨水进行净化处理，达到符合设计使用标准。

6.8.1.2 推进社区积水点改造和低洼地整治

（1）积水点原因分析

1）地势低洼区造成局部排水不畅。水往低处流的现势性特征决定了地势低洼地区必然成为积水成涝的重灾区，造成一定经济或财产损失即产生内涝灾害。从积水消退通路角度，分为受纳水体顶托甚至倒灌导致积水、雨水管网或涝水行泄通道缺失或能力不足导致地表汇流积聚达到一定程度导致积水两种情形。

2）地块雨水管与市政道路雨水管不协调。地块雨水管内底标高偏低于接入的市政道路雨水管，导致雨水倒灌。地块雨水管道设计标准低于市政道路管道设计标准，影响整体排水能力。

3）排水设施老化或损坏，排水标准偏低。苏州市 2013 年之前雨水管渠基本为 1 ~ 2 年一遇，相当比例管网甚至还不足 1 年一遇，且 2012 年前雨水管渠设计流量是以旧暴雨强公式计算，整体排水标准偏低。另外，城市排水设施存在雨水管线老旧、雨水边井缺失、雨水下游缺少出路、排水设施标准偏低等问题，严重降低了城市排水能力。

4）地面产流汇流特征的改变加大管渠排水负荷。城市化的快速推进导致城市下垫面显著改变，不透水性比例大幅上升，尤其是城市建筑屋面、硬化路面、广场成为城市化的象征，绿化占比较小，彻底改变开发前各类松软透水性强的农林、草地和水面，综合径流系数明显增大。下垫面的改变导致降雨在雨水口前的产流汇流特征改变，下渗减少、洼地滞蓄减量或消失，汇流时间大幅缩短，汇流速度加快，峰值流量不但增加而且提前，加大了排水管渠负荷，对现有管渠及时输送雨水进入受纳水体提出严峻考验。

5）城市建设项目的影响。城市内正在进行的轨道交通、房产开发、道路改造等项目，如施工泥浆、砂浆排入城市排水管网，会损坏排水设施，对市政雨水管网正常排水造成影响。

（2）系统措施

灰绿结合，因地制宜。首先，雨污分流是有效解决目前排水系统存在的雨污合流、污水直排等问题的重要途径。雨污分流改造让雨水和污水各行其道，按可持续发展的要求，减轻区域污水对受纳水体的污染，也是完善区域污水管理体系的有效途径，实行雨污分流改造是排水系统改造的必然趋势。进行分流制改造将进一步提高污水收集率，提高污水厂进水质量，减轻对城市水体的污染。通过对居住小区的雨污分流改造提高区域排水系统的排涝能力，大力缓解了雨季内涝问题，雨水经过沉淀自净之后可作为天然的景观用水或城市市政用水，从源头上截断河道污染，从而改善小区水环境和人居环境。其次，因地制宜采用绿色生态措施，小雨不积水、大雨不内涝。

1）片、点、线系统结合的雨水系统设计思路

以就近排放雨水为纲，根据下游受纳体的水面线要求。雨水排水系统方案采用片、点、线三者结合的思路来进行设计。以片作为整体，保证收集系统的整体性和完整性；以点作为雨水系统的切入点和着手点，确保片内低洼、易涝点雨水的有效排出；以线作为雨水排水的经络，保证全流域各点的排水整体安全。三者不是割裂的，而是相互制约、相互影响，有机联系成一体（图6.8–4）。

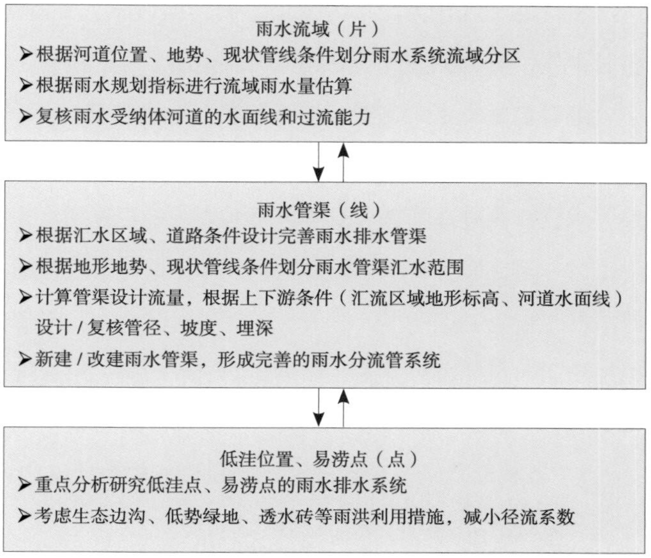

雨水流域（片）
➢根据河道位置、地势、现状管线条件划分雨水系统流域分区
➢根据雨水规划指标进行流域雨水量估算
➢复核雨水受纳体河道的水面线和过流能力

雨水管渠（线）
➢根据汇水区域、道路条件设计完善雨水排水管渠
➢根据地形地势、现状管线条件划分雨水管渠汇水范围
➢计算管渠设计流量，根据上下游条件（汇流区域地形标高、河道水面线）设计/复核管径、坡度、埋深
➢新建/改建雨水管渠，形成完善的雨水分流管系统

低洼位置、易涝点（点）
➢重点分析研究低洼点、易涝点的雨水排水系统
➢考虑生态边沟、低势绿地、透水砖等雨洪利用措施，减小径流系数

图6.8–4　雨水排水系统设计思路

2）科学划分的雨水系统分区

雨水系统分区的划分是雨水规划的重点，每个雨水分区都可视作一个独立、基本的规划管理单元，对排水体制选择、雨水管网规划、提升泵站与调蓄池等设施的规划有很强的指导意义。在本次设计中将雨水系统分区分为雨水分区和雨水子分区两类。

3）合理确定雨水排水模式

①城市自流排水模式

形式：雨水口——雨水管（明渠）——河道城市强排水模式。

②强排模式

形式：雨水口——雨水管（明渠）——泵排河道。

③调蓄排水模式

形式：雨水口——雨水管——内河——泵（闸）排外河道（河道高水位）；雨水口——雨水管——内河——自排外河道（河道低水位）。

4）彻底解决区内内涝等突出问题

针对各片区内的易涝区和低标区的雨水管网进行改造，彻底解决内涝等突出问题。

对现状小区严重淤塞的排水管渠系统清疏是十分必要的，尤其是雨水主管清疏。清淤工程可增加管渠的过流能力，降低流水位，其实施对于发挥整个系统的设计排水功能非常重要。

5）围绕河道范围确定雨水系统改造

雨水排水主要考虑就近排放。局部雨水排水系统不完善的、现状排水系统有瓶颈的，考虑结合系统需求，新建 / 改建雨水管渠，确保达到雨水排水标准。新建 / 改建雨水管渠工程，必须结合流域系统上下游的要求，充分考虑受纳体水面线的影响，合理确定管径、坡度、埋深。在满足技术可行的基础上，考虑经济性和可实施性的要求。

（3）海绵城市改造

建筑与小区作为城市占地最多的功能区域，是海绵建设源头控制的重点，应作为雨水渗、滞、蓄、净、用的主体，实现源头流量的污染物的控制。

既有建筑小区大多建设时间较长，物业管理较为薄弱，因此大多存在问题较为相似：①排水管网设计标准低。②建筑密度高，景观破碎，绿地率低。③基础设施建设滞后。

因此，在进行既有老旧小区海绵改造中，遵循生态优先原则，以解决区块内涝、环境不佳等突出问题为主要目标，结合周边市政基础设施，整体推进分阶段实施，因地制宜采取屋透水铺装、雨水调蓄、植草沟、生物滞留器等措施，提高小区的雨水积存和蓄滞能力，改变雨水的快排、直排的传统做法，增强绿化区域对雨水的消纳功能，实现雨污分流，控制初期雨水污染，结合雨水利用、居住区排水防涝等要求，科学布局建设雨水调蓄设施，解决小中雨排水不畅问题，控制面源污染，改善居住环境，增加可视度，提升居民生活舒适度。

1）区域性背景下合理确定控制目标。根据《昆山市海绵城市建设实施方案研究》有关试点区海绵控制性指标分解任务，指导小区海绵建设措施。

2）分析和协调居住区块与周边排水系统、地块以及绿化之间的关系，通过平面布局、地形控制、下垫面改良等多种措施，将低影响开发措施融入本次改造中。

3）统筹协调建筑、给排水、景观园林、道路等专业，依据目标性、示范性、可操作性、整体性、精品性、节约性、协同性的原则，落实居住区海绵的建设。

4）总体方案应结合现状居住区的特点，以安全为重，兼顾设施的功能和景观要求。

5）针对昆山市降雨丰富、地势低平、水系发达、土壤渗透性差、地下水位高等特点和面源污染突出、水质相对较差等重要问题，以问题为导向选择海绵技术，以“净化、蓄滞”为主，兼顾“用、排”等功能。

6）因地制宜，生态优先。以建设目标和问题为导向，统筹规划、合理布局，技术集成、因地制宜。

7）建管结合，持续改进。“重建轻管、建管分离”是制约居住小区持续发展的重要原因，在规划方案和后续实施过程中也应实行“建管结合”模式。

6.8.1.3 推进历史城区渐进式和小规模海绵化改造

历史城区范围内因为风貌等保护要求和场地受限、不适宜进行低影响开发的区域，不能为了海绵体的建设破坏场地文化、历史名木。历史文化街区内应以保护文物和历史风貌为前提，主要解决内涝积水、雨污混接、水体黑臭等问题，不宜设置过多控制指标。

对苏州历史城区来说，应大力推进街头绿地等小型公园绿地的海绵化。同时，在进行规划建设时要注重内外联动，外部要考虑雨水花园、湿塘沟渠等与城市水系、河道的相互连通，同时要考虑海绵型公园绿地与外部城市区域中间的灰色地带，使园区内部的集水、蓄水、排水设施与市政管网设施进行衔接。海绵设施的建设中，也可充分结合古典园林的景观特征手法进行设计施工，古典园林具有深厚丰富的人文及艺术价值，传统苏州园林在空间结构体系方面，一般都有水系、池塘，并且常常与外部水系形成沟通关系，雨水排水与绿化浇灌都很好利用了水系池塘的调节和蓄水效用，具体技术方面建造一般采用透水铺装（花街铺地等）、透水驳岸等手段。

6.8.1.4 推进“大分散、小集中、一体化、多样化”的社区公共空间建设

“大分散”体现在大力推进海绵型公园绿地、公共广场的建设，突出海绵型公共空间在海绵城市体系之中的雨水管理的分担作用。“小集中”则需要在居住地块尺度上聚焦相对集中的附属绿地，有效实现地块内的雨水管理目标，起到节点的支撑作用。社区内的带状绿地在海绵格局中具有重要的廊道作用，还具有十分重要的联动特征，强调其与城市水系、公共绿廊的沟通整合，形成生态网络的蓝绿基础与雨水管理的调蓄作用。“一体化”即海绵型公共空间应强调与其他海绵设施相衔接，诸如与道路广场、建筑等所采用的低影响开发技术设施相连接，统筹协调开发地块内部的雨水管理。“多样化”则是由于社区内地块使用性质的不同，决定了社区公共空间的丰富性，建设过程中应多样化、综合性地运用各种开发措施。

在满足公园功能需求的前提下，根据绿地系统结构，保护修复原有的大型生态斑块；内外联动，外部要考虑雨水花园、湿塘沟渠等与城市水系、河道的相互连通，内部要考虑海绵型公园绿地与外部城市区域中间的灰色地带，使园区内部的集水、蓄水、排水设施与市政管网设施进行衔接，大力推进小型公园绿地的海绵化，比如街头绿地这些有条件进行低影响开发建设的，通过植草沟、下沉式绿地、植被缓冲带、滨水湿地及沿岸截留带建设等措施从传输途径减少径流污染物，开展街头绿地、城市公园等数十个公园绿地、城市湿地等海绵城市建设，更好地适应环境变化和应对自然灾害等方面具有良好的“弹性”。

公园与绿地系统应满足如下要求：①新建项目中，下凹式绿地率≥ 10%、绿色屋顶率≥ 50%、透水铺装率≥ 50%。②改建项目中，下凹式绿地率≥ 7%、绿色屋顶率≥ 50%、透水铺装率≥ 30%。

不同类型绿地海绵化改造的方式：①综合公园：广场采用透水砖、车道采用生态碎石铺装、植草格停车场、车慢跑道采用透水混凝土，有条件应建立海绵化排水净化系统利用自然湿地及乡土水生和湿生植物群落构建水质净化——蓄滞水——地下水回补多级多功能湿地系统；采用人工措施将地表水或其他水源的水注入地下以补充地下水；改善天然水体循环、用生态滤池净化初期雨水，保障水质。②带状公园：将湖泊与池塘连成生态廊道。③居住区公园：构建雨水花园和高位花坛收集周边硬化地面雨水。④街旁绿地：构建生物滞留设施或植草沟等海绵设施收集周边雨水。

6.8.1.5 推进社区内部道路海绵化改造建设

道路排水采用生态排水，也可利用道路及周边公共用地地下空间设计调蓄设施。海绵城市低影响开发技术措施优先选择在道路红线宽度范围内合理布置，当红线内空间不足时，由项目建设单位报项目所在地政府主管部门协调，利用道路红线外城市绿地布置海绵设施进行雨水消纳。海绵设施应通过溢流排放系统与城市雨水管渠系统相衔接，保证上下游排水系统的顺畅（图 6.8–5）。

根据待建或新建道路现状条件分析及目标要求，按照规划指标要求，在满足道路交通安全等基本功能的基础上，充分利用道路本身及周边绿地空间设置低影响开发设施。结合道路的横断面设计，利用道路的人行道、绿化带建设下沉式绿地、生物滞留池、雨水湿地、透水铺装、湿塘等低影响开发设施，通过渗透、净化方式，实现低影响开发控制指标。

道路与广场作为线性用地，海绵城市建设过程中重点要利用人行道透水、中间绿化隔离带、红线内绿地，解决自身雨水问题。道路与广场系统应满足如下要求：①新建项目中，道路绿地率≥ 15%、人行道透水铺装率≥ 50%、广场透水铺装率≥ 70%。②改建项目中，人行道透水铺装率≥ 30%、广场透水铺装率≥ 50%。

城市道路“海绵化”改造具体方式如下：①道路两侧改造：人行道外侧镶边石抬高、下沉式树池带。②道路铺装改用渗透铺装。③结合生物滞留设施，可采用下凹式绿地、生态树池、生态植草沟、绿化缓冲带等。④结合管道排水优化设计，在进行排水系统设计时，应在海绵城市理念的指导下优化设计，增加排水管径、增加道路积水点的强排能力、积水点增设泵站等措施，以寻求用最科学、合理、经济的方式安排排水设施，通过排水管道设施尽快将路面积水排出去，确保路面通畅。

道路雨水径流可通过降低绿化带标高、增加路缘石开口等方式引入绿化带，绿化带内应设置消能设施、

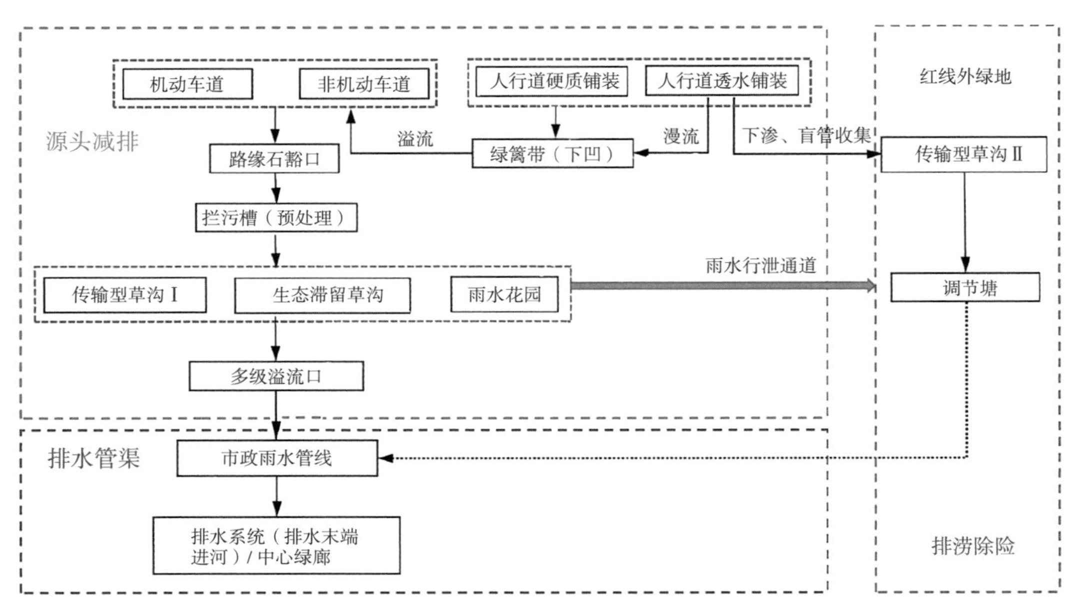

图 6.8–5 道路海绵城市建设基本思路

植草沟、雨水花园、下凹式绿地等海绵城市建设设施净化、消纳雨水径流，并应与道路景观相结合。新建区域内干道网两侧均需规划预留沿街绿地，其中主干路及以上等级的路侧绿地宽度应不小于10m（单侧），次干路的路侧绿地宽度应不小于3m（单侧），支路在用地条件允许的情况下，宜布置路侧绿地。绿化带植物宜根据绿地竖向布置、水分条件、径流雨水水质等进行选择，宜选择耐盐、耐淹、耐污等能力较强的本土植物。道路竖向设计中，竖向高程除满足道路设计要求外，还应高出沿街绿地不小于100mm。针对城区内已建下穿式立交桥、低洼地等严重积水点进行改造时，应充分利用周边现有绿化空间，建设分散式调蓄设施，防止汇入低洼区域的“客水”。人行道、专用非机动车道和轻型荷载道路，宜采用透水铺装；高架道路、景观车行道路宜采用透水沥青铺装，并设置边缘排水系统，接入雨水管渠系统。行道树种植可选择穴状或带状种植，应采用透水基质材料。有条件的地区，行道树种植可与植草沟相结合，提升人行道对雨水的蓄渗和消纳能力。

6.8.1.6 推进新建社区的高标准海绵化建设

新建建筑与小区场地的海绵性设计应合理利用场地内原有的湿地、坑塘和沟渠等，应优化渗透、调蓄设施的场地布局，建筑物四周、道路两侧宜布局可消纳雨水径流的绿地。建筑的海绵性设计应充分考虑雨水控制与利用，地下室顶板和屋顶坡度小于15°的单层或多层建筑宜采用绿色屋顶技术，无条件设置绿色屋顶的建筑宜采用雨水管断接的方式将屋面雨水汇入地面绿化或景观水系统进行消纳。小区绿地的海绵性设计应结合规模与竖向设计，在绿地内设计可消纳屋面、路面、广场和停车场径流雨水的海绵设施；应合理配置绿地植物乔灌草的比例，增强冠层雨水截流能力。小区道路的海绵性设计应优化路面与道路绿地的竖向关系，便于径流雨水汇入绿地内海绵设施，小区道路应优先采用透水铺装。

6.8.2 发挥设施功能功效

在各类建设项目中落实海绵城市建设要求，统筹规划建设和改造完善城市河道、水库、泵站等防涝设施，改造和建设地下管网（管廊、管沟）、城市雨洪行泄通道、城市排涝沟渠等，做好排水管道、内河与水利承泄河道、湖泊、洼地之间的水位水量衔接，充分发挥河湖等天然海绵体的蓄滞作用，推进城市排水管道、涝水外排能力和应急排涝设施建设，提升城市应对洪涝灾害的能力。新建城区应提出规划建设管控方案，统筹城市水环境治理、污水提质增效等工作要求，高标准规划、高标准建设基础设施，先地下后地上，高起点规划、高标准建设城市排水设施，并与自然生态系统有效衔接，与地下空间开发利用等协同推进。老城区结合城市更新，针对积水内涝、面源污染、水环境质量差、公共空间品质不高等问题，有针对性地加强排水管网、雨水泵站、调蓄设施等排水防涝设施的改造建设，有效缓解城市内涝问题。建设基于城市信息模型（CIM）基础平台的城市综合管理信息平台，对城市降雨、防洪、排涝、蓄水、用水等信息进行综合采集、实时监测和系统分析等（图6.8-6）。

图 6.8-6 海绵城市系统构建方案

6.8.2.1 合流区域雨污混接点改造

虽然通过控制合流制溢流污染也可以达到消减入河污染物的效果，包括改造合流管道、改进管道中截污装置、建设溢流截留设施等，但要有效控制合流制溢流污染必须与城市面源污染控制结合起来。对于提倡“污水全收集”“城镇建成区基本消灭污水直排点和雨水排口非雨出流”的苏州来说，建议仍以雨污分流制改造为主要手段。

6.8.2.2 雨水管网提档升级建设

对于新建管网，严格按照排水防涝规划确定的设计标准建设。对于改造官网，近期以消除内涝积水问题为先导，按照轻重缓急逐年稳步推进雨水排水管网改造；远期以逐步提高管网达标率、全面提升城市雨水排水管网系统排水能力和防灾减灾能力为目标，结合道路改造、片区更新、重要管线改造等逐步推进雨水管网提标改造。

6.8.2.3 雨水泵站新建提升建设

根据雨水排水管网布局和雨水排水分区，结合城市道路和地块建设，合理设置泵站。

6.8.2.4 包围圈及涝水外排通道建设

校核包围圈的堤防达标建设情况，并根据需求安排建设计划，整治涝水外排通道。

6.8.2.5 公共海绵设施建设

公共海绵设施对源头和过程仍未完全削减的污染物进行处理。苏州作为国家生态园林城市，有较高的水面率和绿化率，应充分运用排水分区循环策略，通过公共海绵设施与河道的联合作用进行末端污染削减，实现排水分区内污染的产生和削减平衡，达到河道污染物不累计的目的。

苏州的公共海绵设施分为防洪排涝河道、湖泊、人工湿地、湿地、生物滞留池等。其中，人工湿地是结合污水处理厂设置的，对污水处理厂出水拟采用尾水湿地进行深度处理，以减少污染负荷、改善城市河湖水质；湿地、生物滞留池是为了实现排水分区内的雨量控制和污染控制的双重目的而设置的末端处理设施。

防洪排涝河道——京杭大运河、吴淞江、太蒲塘、护城河、娄江、胥江、元和塘、西塘河、黄花泾、蠡塘河、斜塘河、老运河、浒光运河、马运河、頔塘、瓜泾港等一、二级河道。上塘河、山塘河、外塘河、北河泾、朝阳河、徐图港、建林河、阳山河、金枫运河、金山浜、白塔河、小石河、相门塘、葑门塘、外河、青秋浦、界浦河等河道。防洪排涝水系为周边各圩区或自排区的雨水排放主要受纳水体，负责将雨洪排入城市下游，不承担调蓄雨水的作用。

湖泊——太湖、阳澄湖、漕湖、盛泽荡、石湖、金鸡湖、独墅湖、东沙湖、白荡、澹台湖、九里湖、同里湖、元荡、北麻漾、长漾等。湖泊主要承担周边汇水的作用。

人工湿地——结合污水处理厂设置尾水湿地，近期因建设用地紧张无法建设尾水湿地的，应逐步对污水处理厂工艺进行改进，深度处理后保证主要指标达到四类水标准。

湿地——包括大型湿地、内设小型湿地的城市公园、较宽防护绿带内的小型湿地以及滨河湿地，主要有：虎丘湿地公园、东太湖生态公园、胜地生态公园等；大白荡公园、思古山公园、白鹤山公园、中央公园、东沙湖生态公园、青剑湖公园、澹台湖公园、石湖公园等；苏绍高速、常台高速等道路沿线；吴淞江、塘河等河道沿岸。湿地在滞蓄雨水的同时，还可起到净化水质的作用。

城市公园、滨河绿地、街头绿地、防护绿带——包括内设生物滞留池的城市公园、滨河绿地、街头绿地、防护绿带。主要有：苏州公园、桂花公园、桐泾公园、澄园、陆慕公园、高铁新城公园、狮山公园、何山公园、诺贝尔湖公园、白塘公园、方洲公园、南施公园、吴江公园、庞山湖公园、尹山湖公园；大运河、胥江、西塘河、蠡塘河、徐图港、浒光运河等河道沿岸；沪宁铁路、京沪铁路、京沪高速、沪常高速、常台高速等交通廊道沿线等。生物滞留池不仅能滞蓄雨水径流，还能通过植物、土壤和微生物的协同作用实现水质净化。

6.8.2.6 地块海绵化建设及改造

新建地块应按海绵城市建设要求进行开发建设，对建成区的部分可操作地块进行海绵化改建。按照因地制宜和经济高效的原则，选择低影响开发技术及其组合系统，同一地区或项目可采用单一形式或多种形式组合的低影响开发设施。

居住区：绿色屋顶、透水铺装、下沉式绿地、生物滞留设施、植草沟、初期雨水弃流设施、调蓄池、雨水罐等。

商业区：绿色屋顶、透水铺装、下沉式绿地、生物滞留设施、植草沟、初期雨水弃流设施、调蓄池，还可结合景观水体需求设置湿塘、雨水湿地等高净化能力海绵设施。

工业区：生物滞留池、湿塘、雨水湿地、调蓄池等，应采用表面下渗或其他灰色设施。如，绿色屋顶、下沉式绿地、植被缓冲带、雨水罐、初期雨水弃流设施等 LID 设施。

公园与绿地：大型下沉式绿地、雨水湿地、湿塘等具有较好净化功能的 LID 设施。

道路：透水铺装、生物滞留带、植草沟、雨水花园等小型但具有较好净化功能的 LID 措施。

广场：透水铺装、生物滞留设施、调蓄池（下沉场、地下空间适用）等 LID 措施，同时结合自身的竖向设计成为片区内涝排放点。

水体：河道护岸、河道本体。

6.8.2.7 高敏感智慧海绵平台建设

运用物联网、大数据、云计算、3S（RS、GIS、GPS）、数学模型等技术，以完善信息采集网络、加强信息管理与共享、深化业务应用与集成、推广信息服务为重点，建设基于城市信息模型（CIM）基础平台的城市综合管理信息平台，体现“科学规划、实时监测、精准治理、高效服务”，对城市降雨、防洪、排涝、蓄水、用水等信息进行综合采集、实时监测和系统分析，并做好市、区联动协调，针对雨水泵站、排涝闸站等设施，进行智能化改造，提升信息化水平，解放人力、降低运营成本、提高可靠性（表 6.8–1）。

智慧平台功能 表 6.8-1

序号	项目	内容
1	智能感知网	雨情监测
		积水灾害监测
		雨水管网监测点
		闸站监测点
		下立交监测点
		流量采集点
2	应用软件	信息资源中心
		综合业务运行平台
		调度决策支持系统
		公众信息服务
		系统运行环境

6.8.3 建设高颜值韧性海绵城市

6.8.3.1 高韧性建设“美丽中国”标杆城市

建设生态、安全、可持续的城市水循环系统，整体提升水资源保障水平和防灾减灾能力。结合城市内涝

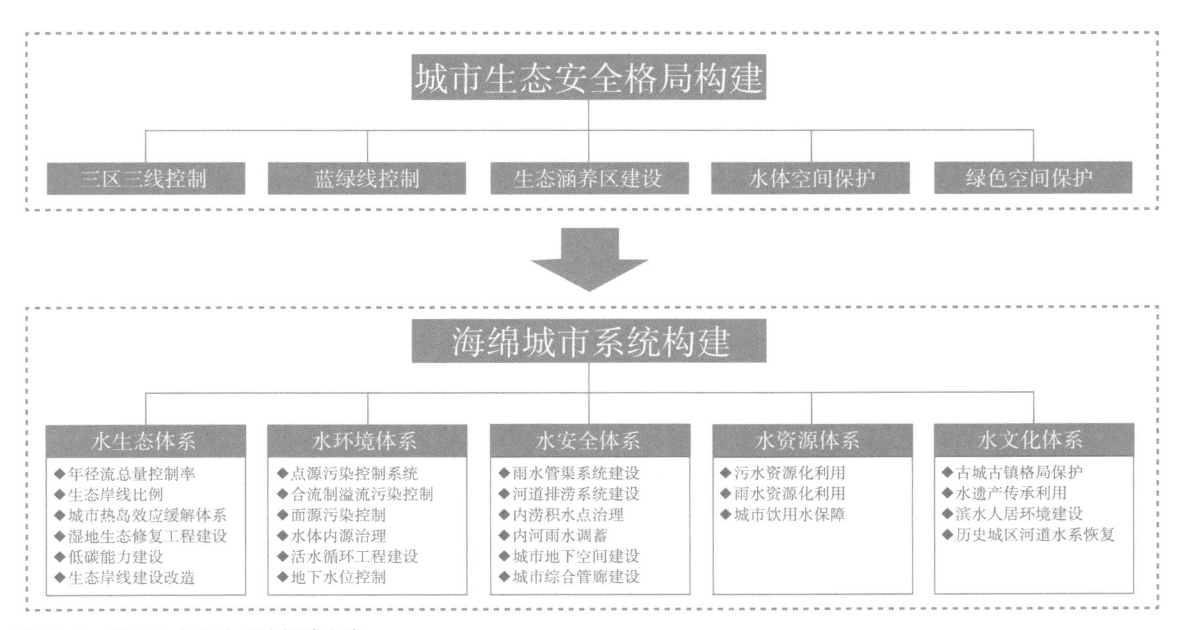

图 6.8–7 城市生态安全系统构建方案

治理、城市水环境改善、城市生态修复功能完善、生态基础设施建设，建立“源头减排、排水管渠、排涝除险”的排水防涝工程体系，逐步构建健康循环的水系统。结合城市更新“增绿留白”，在城市绿地、建筑、道路、广场等新建改建项目中，因地制宜建设屋顶绿化、植草沟、干湿塘、旱溪、下沉式绿地、地下调蓄池等设施，推广城市透水铺装，建设雨水下渗设施，不断扩大城市透水面积，整体提升城市对雨水的蓄滞、净化能力。恢复城市内外河湖水系的自然连通，增强水的畅通度和流动性，因地制宜恢复因历史原因封盖、填埋的天然排水沟、河道等（图 6.8–7）。

6.8.3.2 建设国家湾区生态涵养区

结合苏州市生态环境建设的实际，将吴中区的东山、金庭两镇及周边区域划定为生态涵养发展实验区的规划建设主体范围，具体包括两镇陆域、两镇之间的太湖水域和环两镇陆域 500m 范围的太湖水域，总面积约 285km^2，其中陆域面积 168.6km^2、水域面积约 116.4km^2（图 6.8–8）。该区域定位为中国生态文明的太湖示范区、长三角地区休闲交往中心和中国外交会议的重要基地，是未来中国新经济集聚的“国家湾区”。在海绵城市建设方面，生态涵养区重点加强湿地保护与修复，启动湿地修复与提升工程，逐步恢复湿地生态功能，遏制湿地面积萎缩、功能退化趋势。加强湿地生态和生物多样性保护，防止生活和生产污水污染湿地。在确保湿地保护红线内的湿地资源得到保护的前提下，合理开发湿地资源，适度开展湿地生态旅游，注重保持湿地原生态，严禁开垦围垦和侵占湿地。对开发无序和功能退化的湿地进行生态恢复，对环岛范围内出现的富营养化水域进行综合治理。加强山水林田湖草系统治理，实施重要生态系统保护和修复重大工程。推进实验区河道治理，加大水生态保护与修复力度，开展河道生态示范工程建设。以生态修复推进水系林带建设，打造实验区蓝绿纵横的滨水绿地网络。近期实施的重点项目包含了水下森林恢复项目、生态湿地保育项目、太湖岛屿无干扰保护式项目、

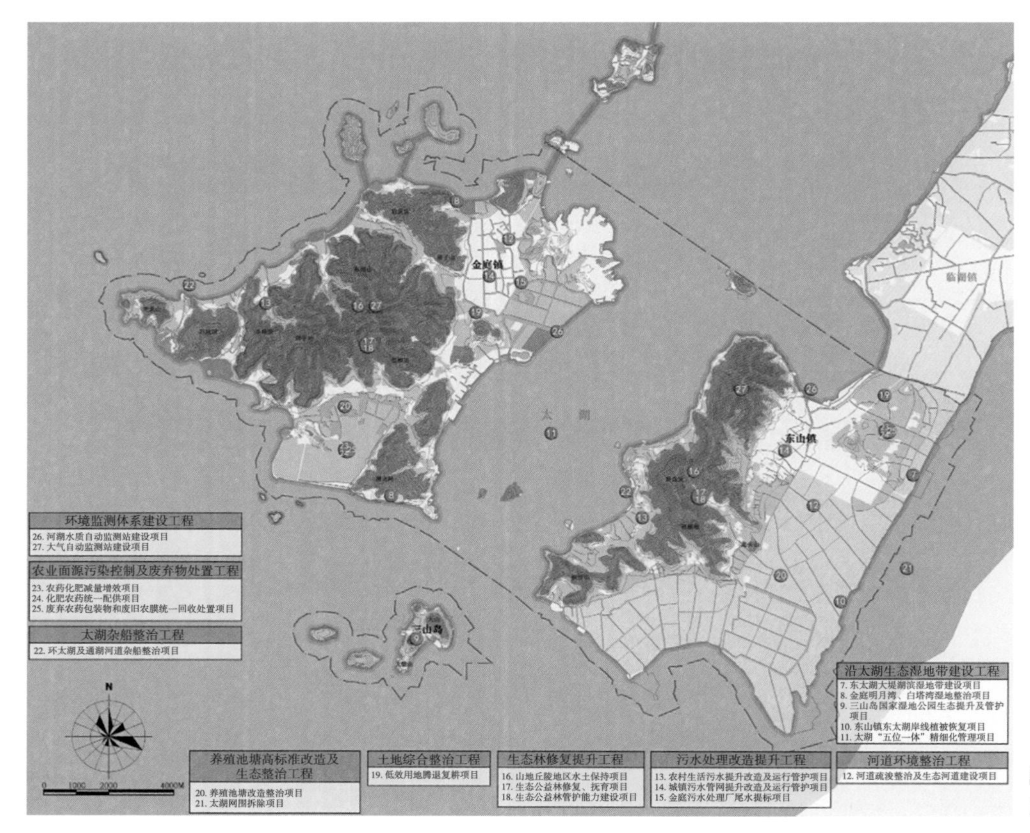

图 6.8-8 生态涵养发展实验区布置图

东太湖大堤湖滨湿地带建设项目、金庭明月湾白塔湾湿地整治项目、三山岛国家湿地公园生态提升及管护项目、东山镇东太湖岸线纸杯恢复项目、太湖“五位一体”精细化管理项目、河道疏浚整治及生态河道建设项目等。

6.8.3.3 守住生态底线

明确自然保护区等生态敏感地区，切实增强红线意识，落实生态保护红线、环境质量安全底线、自然资源利用上线和生态环境准入清单硬约束。实施生态环境分区管控，科学合理划出各类自然保护地等重要生态空间，统筹山水林田湖草系统治理，加快形成森林、湖泊、湿地等多种形态有机融合的自然保护地体系。持续深化国家生态园林城市群建设，开展国土绿化行动，推行“林长制”“河长制”“湖长制”，打造生态韧性城市。

6.8.3.4 构建城市水环境系统方案

从源头减排、过程控制、末端处理的全过程进行系统方案构建。源头减排的措施包括：对生活、工业污水未达标的进行管网改造、新建配套设施建设；对雨污合流区域进行雨污分流改造；针对农业面源污染推行生态农业、循环农业及绿色控害技术；针对城市面源污染进行地块及道路等低影响开发设施建设。过程控制的措施包括：对管网错漏接的区域进行管网排查并改造。末端处理的措施包括通过水环境容量污染削减、公共海绵设施污染削减等方式，对源头和过程仍未完全削减的污染物进行处理。应用排水分区循环策略，通过公共海绵设施与河道的联合作用进行末端污染削减，实现排水分区内污染的产生和削减平衡，达到河道污染物不累计的目的。

6.8.3.5 充分发挥内河雨水调蓄功能

苏州市河道密布，水面率较高，暴雨来临前通过预先开启城市防涝设施、降低内河水位，可有效增加调蓄空间，容纳雨洪，降低内涝风险。苏州大部分水体均具有雨水收纳与调蓄功能。根据现状内河水系情况统计，每预降 10cm 可容纳 7002 万 m^3 的水量，相当于 2.4mm 净雨深，根据规划范围内各类下垫面径流系数的面积加权平均值约 0.57 折算，约折合 4.2mm 降雨，不同的预降水深可调蓄的雨水蓄容及折合降雨计算详见表 6.8-2。

河道调蓄功能计算表

表 6.8-2

预降水深（cm）	调蓄水量（m^3）	折合净雨深（mm）	折合降雨（mm）
10	4912000	2.4	4.2
30	1680000	12.6	22.5
40	2240000	16.8	30
50	2800000	21	37.5
60	3360000	25.2	45
70	3920000	29.4	52.5
80	4480000	33.6	60
90	5040000	37.8	67.5
100	5600000	42	75

6.8.3.6 全面打好碧水持久战

实实在在让人民群众感受到青山清水新天堂，再现枕水而居。

内源治理——排查并清理水体沿岸的垃圾临时堆放点，对水体进行清理和维护。进行底泥污染调查，明确疏浚范围和疏浚深度，合理选择清淤季节，有计划地进行水系清淤工作。

活水循环——通过拓宽束水段、打通“断头浜”、配置水位差等工程手段，结合科学调度水流等技术手段，有效促进水体流动。用清水补给，利用再生水、雨水等作为城市水体的补充水源，增加水体流动性和环境容量。

生态修复——对市区重要的生态绿肺虎丘湿地进行功能性改造和部分河道生态修复，力争经过两到三年努力，实现城市中心区水质和透明度的再提升。虎丘湿地净水工程仍在方案阶段尚未确定，因此规划建议通过对白路港、北环河等内河水系拓浚，将园内水系较浅区域改造为人工湿地，灰色路面和停车场的初期雨水采用植草沟收集并输送至生物滞留池或人工湿地、对水系坡岸部分植物梳理改造、设置清水集水池等措施，从白路港取清水送至西塘河，再通过西塘河调入市区进一步改善城区水体水质。根据水力负荷法计算虎丘湿地实现水体翻覆、水质净化所需日处理水量约为 35 万 m^3 。

6.8.3.7 保障城市排水防涝安全

构建与城市发展相匹配并适度超前的防洪排涝体系，形成“两江下泄、三线挡洪、四湖调蓄、多片排涝”的防洪排涝总体格局。苏州城市中心区已建成沪宁高速、苏嘉杭高速和京杭大运河为界的防洪大包围工程，防洪标准已达到200年一遇。以防洪包围圈抵御洪水，以闸控制水位、自排或以泵站抽排涝水。苏州构建可持续的城市排水防涝系统，保障城市排水防涝安全，提高城市综合防灾减灾能力，主要体现在以下3个方面：

（1）全市统筹。对于排水管渠设计标准（5年一遇）以下的暴雨，可通过源头设施与排水管渠组合的措施，实现地面无明显积水；对于内涝防治标准（50年一遇）以下暴雨，可通过源头设施、排水管渠、排涝系统的有机结合，达到收集、转输和调节暴雨径流的作用，确保城市不出现内涝灾害；对于超过内涝防治标准的暴雨，在发挥源头减排、管渠转输、排涝除险综合措施基础上，应重点采取如及时封闭积水路段、转移受困人员和财产、加大疏导和救援应急管理等非工程措施，维持城市运转基本正常。

（2）分类治理。新生片区以规划为导向，根据内涝风险区划在城建开发中落实规划目标和各项指标。维持片区以问题为导向，根据内涝风险区划，在现有排水系统基础上，对超过现状排水管渠收纳能力的设计暴雨而产生的地面积水做出妥善安排。

（3）分区施策。根据苏州市不同排水片区城市建设状况、特点、薄弱环节、核心问题及内涝风险等因素，多措并举、因地制宜地提出有针对性的排水防涝策略。

另外，近年来苏州从单纯依靠城市排水设施外排向城市雨洪全过程管理转变，依据城市水文循环全过程，遵循“源头削减、中途滞蓄、末端强排”的治理思路，在保证城市安全的基础上，综合考虑雨水资源的合理利用。

6.8.3.8 保障生产生活供水安全

苏州市供水以太湖为水源，以阳澄湖为第二水源地，西塘河为应急水源，实施区域集中供水。保护现状水源地，以长江水源补充太湖水量、改善太湖水质。提高西塘河应急备用水源保护水平，维护太浦河、望虞河两条清水通道，保障苏州市饮用水安全。建设市域高质量供水体系，加强和完善水源地保护，整合优化饮用水源系统，完善应急备用水源地规划和建设，全面提高水源地保障能力和水平。加快推进水厂及供水管网配套建设，推进市域供水管网互联互通，提升全市供水保障可靠性。推进高品质供水研究与建设，提高饮用水供水质量。强化水资源刚性约束，严格总量强度双控，制定省市边界、重要河湖水量分配方案。继续深化节水型社会建设，强化城乡供水、工业、农业等重要领域节水增效，多领域推进“水效领跑者”引领行动。全面推进供水管网分区计量管理，加强用水、节水指引和督查。

6.8.3.9 推进水资源集约高效利用

苏州是个多雨城市，但蒸发量也大，虽然水资源储量多，但是出境水量大于入境水量。虽然水系发达但水质较差，属于水质型缺水城市，如何充分利用雨水已是当务之急。收集和利用雨水可以有效控制面源污染、削减排水管道峰值流量、缓解水资源供需矛盾。苏州作为国家节水型城市，已建成很多雨水收集利用工程，雨水用途广泛，有城市杂用水、工业用水、农业用水、环境用水等，所采用的雨水处理技术也比较成熟。

“十四五”规划期间，苏州严格落实水资源管理“三条红线”，完善以总量与效率控制为核心的水资源利用管理机制。优化水资源结构，统筹利用江河湖库水资源，推进再生水、雨洪等非常规水利用。深入开展节水行动，推动重点工业行业节水改造，积极推行先进适用的农业节水灌溉技术。加强取水用水过程管理，确立主要河湖水资源开发利用控制红线，落实计划用水管理、取水许可、水资源有偿使用等制度，完善生产生活用水的差别化水价政策。在全省率先开展“水效领跑者”引领行动，推进节水企业与用水户以合同形式，为用水户募集资本、集成先进技术、提供节水改造和管理等服务。

6.8.3.10 地下空间开发利用协同推进

海绵城市建设就是要通过一系列措施实现城市良性水循环，使水与人类社会相适应，因此结合地下空间开发利用建设，把海绵城市的科学内涵概况为“水量上要削峰、水质上要减污、雨水资源要利用”三大方面。

根据苏州实际存在的问题，其根本出路是在片区尺度和城市尺度实现涝水平衡、污水平衡和用水平衡三大耦合平衡。实现三大耦合平衡就基本实现了当地降雨就地消纳、分片平衡、系统耦合。在遵循自然产汇流规律的基础上，按照“一片天对一片地”的核心思想，利用城市空间对降雨“化整为零”进行收集和储存，有效利用每一滴水。

在海绵城市建设中，加强地下空间开发既有利于达到“控洪、减污、利用”的海绵城市建设目的，又能够减少投资、降低风险。海绵城市建设可以引入多种形式的地下空间利用途径，目前最为常见的形式包括：地下水库、城市地下综合管廊和深层隧道排水工程（图 6.8–9）。

根据苏州本地基础特征，地下空间开发宜结合地下水库、综合管廊等技术，在城市浅层地下空间紧张、超标准暴雨等异常情况、超大流量污水集运需求等情况下，可探索深层隧道排水工程的建设。

图 6.8–9 地下空间与海绵城市相关的几种形式

（1）地下“水库”

通过建立地下水库，开展雨水利用，从源头削减暴雨内涝。技术包括：调洪库，应对暴雨时调节和分担洪峰、降低雨洪致灾性；中转站，生物污水处理中水峰谷中转站；备用源，兼用作消防应急等备用水源；储能泵，高效利用低价电的制冷制热；存水池，收集和储存雨水回用，缓解城市缺水（图 6.8-10）。总的来说，即：建立大容积地下水库（大量分散的地下蓄水池从源头降低雨洪压力 + 大容量的地下雨水池在末端收集存储）+ 高标准的地下排水系统（骨干地下排水系统 + 泵站大流量排水能力）+ 广泛的雨水利用 + 科学调度。目前，苏州在备用源、存水池方面运用较为广泛，储能泵等能源站在新建的城市副中心（如高铁新城片区）等有建设计划，调洪库、中转站两项技术应逐步探索应用。

图 6.8-10　海绵城市建设地下水库关键技术

（2）地下综合管廊

将电力、通信、燃气、供热、给排水等各种工程管线集于一体，设有专门的检修口、吊装口和监测系统，实施统一规划、设计、建设和管理，是保障城市运行的重要基础设施和“生命线”。将海绵城市地下排水、调蓄等设施与综合管廊同步建设，有利于减少工程量和投资量，扩大综合管廊使用效益。

6.8.3.11　创新绿色发展体制机制

规范开发建设活动，推动绿色发展，建立绿色、高效、低碳的经济体系、能源体系和资源利用体系，布局建设一批工业、农业、服务业“绿岛”。强化环境治理体系现代化建设，完善激励与约束并举的环境政策。构建归属清晰、权责明确、监管有效的自然资源资产产权制度，健全自然资源资产有偿使用机制，实施独墅湖、七浦塘、石湖、西塘河、同里湿地公园统一确权登记项目。以建设苏州生态涵养发展实验区为引领，高标准规划建设太湖生态岛、张家港湾、阳澄湖水源生态涵养区，探索绿水青山转化成金山银山的有效通道，率先形成可复制可推广生态产品价值实现机制。建立环境风险联防联控机制，在长三角一体化背景下推动太湖流域水环境跨区域治理，利益共享，成本共担，健全太湖流域市场化、多元化的生态补偿机制，推进“联合河长制”。完善生态文明绩效评价考核和责任追究制度，建立资源环境承载能力监测预警机制。

6.8.4　保护区域自然生态

修复自然生态系统，建设连续完整的城市生态基础设施体系，构建理想的山水城空间格局，加强城市开发建设选址与防洪排涝的统筹，提升自然蓄水排水能力。识别山、水、林、田、湖、草等生命共同体的空间分布，保护山体自然风貌，恢复山体原有植被。修复河湖水系和湿地等水体，恢复自然岸线、滩涂和滨水植被群落，提高水资源涵养、蓄积、净化能力。保护流域区域现有雨洪调蓄空间，扩展城市建成区外的自然调蓄空间（图 6.8–11）。

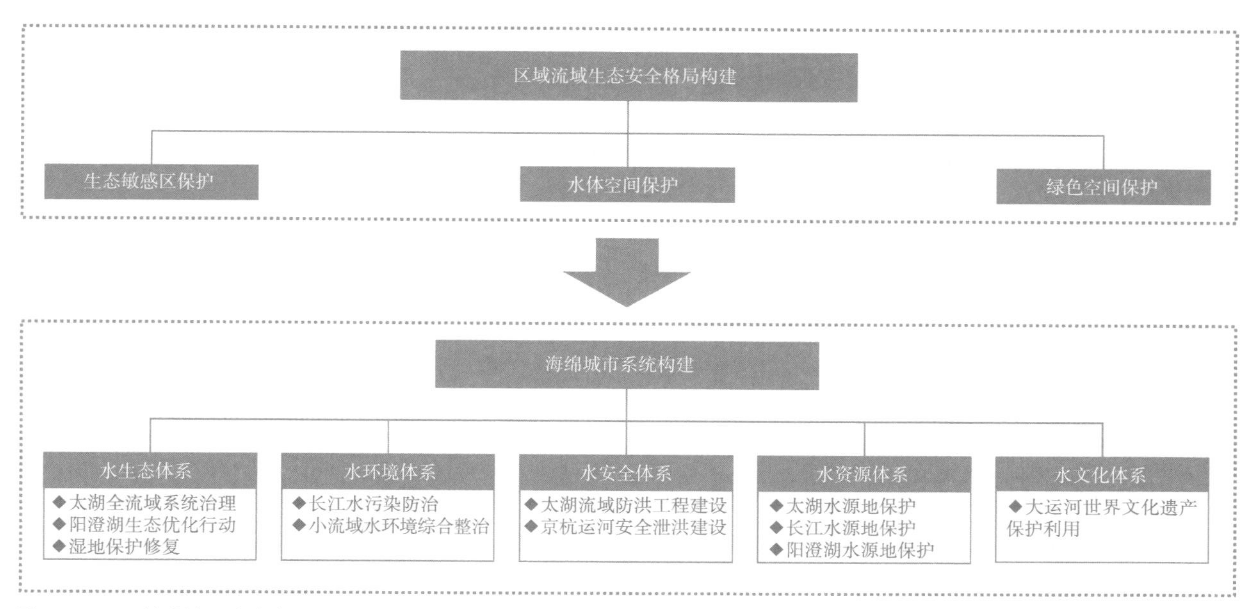

图 6.8–11　区域流域生态安全格局系统构建方案

6.8.4.1　全区域全系统促进人与自然和谐共生

深入践行习近平生态文明思想，压紧压实区域生态环境保护责任，坚持问题加目标导向，全面提升环境质量，加大自然生态保护修复力度，不断创新绿色发展路径，厚植绿色发展新优势，增强绿色发展新动能，建设“美丽苏州”，谱写“美丽中国”的苏州范本。

（1）“两湖一江”生态修复。结合长江经济带“共抓大保护”、太湖水环境治理、阳澄湖生态优化行动相关要求，以保护优先、自然恢复为主方针，着力改善环湖、沿江等生态敏感地区生态功能，筑牢生态安全屏障。

（2）“沿水沿路”绿色廊道。以水网和路网为依托，以建设生态景观走廊、提供野生生物迁徙和庇护通道、改善城乡居民出行和生态休闲游憩环境为主要目标，结合交通干线环境整治、河（湖）长制要求，加快建设绿色通道、滨水生态景观林带，构建功能稳定、结构完善的森林生态网络体系。

（3）打造沿江国际湿地带。按照国际标准开展长江湿地保护修复工作，构建生态廊道和生物多样性保护网络，提升生态系统质量和稳定性。在长江省级重要湿地持续开展自然环境、湿地生态环境、生物多样性等监测工作，加快湿地科研成果转化应用和技术推广，为打造国际水平的湿地带提供技术支撑。加快培育沿江自然教育基地，加强长三角自然教育资源的整合，加快科普人才培养和志愿者组织培育。做好自然科普，讲好自然故事，为市民提供更多优质生态产品。

（4）打造太湖湿地示范区。以打造“太湖生态岛”特色品牌为引领，开展太湖湿地保护恢复，遏制湿地面积萎缩、功能退化趋势，提升湿地生态功能。加强太湖湿地生态和生物多样性监测研究，依托江苏太湖湿地生态系统国家定位观测研究站，完善监测站点布局，扩大监测范围，对太湖生态岛的生物资源开展长期监测和研究，为太湖湿地保护管理提供科学依据，助推太湖湿地保护高质量发展。

（5）打造健康湖荡湿地群。主动融入长三角生态绿色一体化发展示范区，以吴江区黎里镇为核心，以元荡、汾湖等湖荡湿地为重点，推进河湖水系连通、自然湿地岸线维护、植被恢复、野生动物栖息地恢复等，提升湿地生态功能，构建生态系统健康的湖泊湿地群。加强区域生态廊道和自然保护地建设，加快吴江章湾荡市级湿地公园建设，打造凸显江南水乡特点的生态旅游胜地。

6.8.4.2 构建生态安全格局

（1）市域构建“一核、两带、多廊、多点”的生态空间格局，落实区域生态保护要求，保护江南水乡生态安全（表 6.8-3）。

1）“一核”：太湖生态核。重点治理和改善太湖水体环境，提升太湖水质，加强太湖沿线山体、湿地、林地的保护力度，严格管控开发活动。

2）“两带”：市域南部水乡湿地生态带和沿长江田园生态带。南部水乡湿地生态带重点保护湖荡水网和湿地系统，治理水污染，改善水环境。沿长江田园生态带坚持“共抓大保护、不搞大开发”战略导向，重点推进沿江岸线功能调整，增加生态岸线比例，加强水源地保护，减少对长江的污染物排放，形成以田园为主体的生态基底。

3）“多廊”：依托大运河、吴淞江、望虞河、太浦河等主要河流形成的联系长江、太湖、东海等重要水体的生态走廊。重点加强水系连通和河道疏浚，增加流域生态空间，调整优化沿线功能，减少污染性生产岸线，探索建立流域生态协同保护、治理和补偿机制。

4）“多点”：市域内阳澄湖、淀山湖、虞山、穹窿山等重要生态斑块。重点保护湖泊、森林、湿地等自然生态系统，保障与其他生态空间的联系廊道，适当增加休闲游憩功能，严格管控周边地区的开发建设活动。

市域生态安全管控内容 表 6.8-3

管控区域	管控内容
太湖生态核	加强对水源地的保护。严禁在水源一级保护区内建设与供水设施和保护水源无关的项目，作为水源地应消除或减少高密度围网养殖，禁止污染性项目进入该区域，适当扩大原饮用水源保护区的范围。划定整个太湖及其周边5km 为环太湖生态敏感区，遵循“统筹规划、全面保护、合理利用、加强整治、适度开发”的原则，保护和控制性建设环太湖地区。以组团化、散点式进行建设，严格限制总开发强度，控制建筑高度和体量
南部水乡湿地生态带	保护周庄、同里、黎里、平望等淀山湖流域和太浦河流域的低洼湖荡区，沟通河湖水系，加强水环境综合治理，修复、培育圩田系统，以发展生态旅游和无公害农业为重点
沿长江田园生态带	在沿江地区建成平均宽度不低于1000m 的绿色生态廊道。严格控制污染物排放，保障饮用水水源保护区水质安全。优化调整沿江岸线利用，增加自然生态岸线和休闲游憩岸线比例，逐步腾退污染化工岸线。避免港区、城区建设连绵

续表

管控区域	管控内容
多廊	重要水体的生态走廊单侧缓冲带宽度按河口线以外100m范围控制。控制岸线绿化宽度，设置植被缓冲带、湿塘、湿地等，提高自然岸线比例，实现滨水环境质量提升和修复
多点	重要滨水区用地功能应以公共设施和绿地为主，同时控制用地规模，单一地块面积不宜大于2ha

（2）市区延续“四角山水”传统格局，统筹山水林田湖草系统治理和空间协调保护，构建“北城市南湿地、四环四楔”的生态安全格局，打造层次丰富、类型多样的生态连接线，提升生态系统质量和稳定性。

1）“北城市南湿地”：北部城市和南部水乡湿地城野相映的格局。城市内彰显园林小山小水特色，城市外保护江南水乡大山大水环境。

2）“四环四楔”：在城市内和周边形成的串联自然山水和建成空间的生态廊道，包括四角山水绿楔和城市公园四环。加强城市水系和公园绿地系统联通，扩大蓝绿空间规模，连线成网，使自然和城市有机融合（图6.8-4）。

市区生态安全格局管控内容 表6.8-4

管控区域	管控内容
四环	从内到外包括：环古城绿环——由环古城护城河、步道、公园和城墙古迹等组成的绿环。板块缝合绿环——由沿各板块边界的风景名胜区、公园、滨水空间、绿道等串联而成的绿环。城市中心绿环——串联苏州市区各板块核心片区与中心公园的绿环。郊野公园绿环——串联城市外围山水林田湖等生态空间的绿环 对不符合生态功能提升要求的现状用途建立腾退引导机制；对允许建设行为设立准入门槛，对开发强度、高度、色彩、自然岸线退让范围等建立管控规范
四楔	划定四角山水管控区边界，具体包括：东北角阳澄湖绿楔——自古城东北角，经阳澄湖、傀儡湖至沙家浜向外放射一线及其周边地区；西北角虎丘湿地公园绿楔——自古城西北角，经虎丘湿地公园、西塘河、至望虞河一线及其周边地区；东南角“独墅湖—吴淞江—澄湖”绿楔——自古城西北角，经斜塘河、独墅湖、吴淞江至澄湖向外放射一线及其周边地区；西南角“七子山—石湖—东太湖”绿楔——自古城西南角，经胥江、大运河、横山、七子山、石湖至东太湖一线及其周边地区 保护并修复山体、水体、湿地等自然山水环境，进行开发强度总量控制，各类建设用地总规模不超过管控面积的5%。建立项目准入负面清单，逐步腾退现状工业用地，评估乡村价值，合理调控乡村建设规模，适度发展旅游休闲、教育人文等功能，严禁新增房地产和工业项目。引导建设布局以组团式为主，避免15ha以上的大规模连片开发，严格控制建筑高度，原则上不超过24m。保护滨水岸线和山脚界面的公共性，严禁界面长度超过100m的连续贴水或贴山建设

6.8.4.3 强化流域区域生态环境修复

（1）深化太湖全流域系统治理（图6.8-12）。按照“外源减量、内源减负、生态扩容、科学调配、精准防控”要求，统筹太湖全流域水环境、水生态、水资源保护。加强城乡污水和垃圾处理，推进太湖流域农村环境、农业面源污染综合治理及循环型农业体系建设。太湖流域结构性污染问题突出，第二产业中的纺织、化工、冶金等重污染行业污染排放量依然偏高，调整产业结构和布局、治理工业点源污染是太湖流域水污染防治的必行之路。

图 6.8–12 东太湖苏州湾生态提升

建立环境风险联防联控机制，在长三角一体化背景下推动太湖流域水环境跨区域治理，利益共享，成本共担，健全太湖流域市场化、多元化的生态补偿机制，推进“联合河长制”。完善生态文明绩效评价考核和责任追究制度，建立资源环境承载能力监测预警机制。

（2）加强长江水污染防治（图 6.8–13）。推进长江大保护，把修复长江及沿岸生态环境摆在压倒性位置。强化流域工业点源污染治理，核定流域内湖泊、水系的纳污能力，限制排污总量，统筹城乡污水与垃圾处理，防治流域面源污染，健全城镇污水管网，完善雨污分流体系。协调流域内不同城市用水量之间的关系，以疏导和稀释污染物为目的，合理规划引调水工程，节水减排，控制上游下泄至苏州的流量，缓解苏州市的排污压力。建立长江水污染防治统筹协作机制，全面治理点、面源污染，改善氨氮、总磷和石油类污染物等流域性水环境问题。

加强望虞河等引清河流综合治理，强化蓝藻、湖泛防控。确保长江干流水质稳定为Ⅱ类，主要通江支流水质稳定达到Ⅲ类。

（3）深化阳澄湖生态优化行动。强力压缩污染物排放总量，落实特征污染因子应急管控措施，加强阳澄湖湖体内源控制，对阳澄湖周边区域进行环境整治和相关污染企业专项整治，强化庄基等污水处理厂及片区的环境综合整治。

（4）加强小流域水环境综合整治。通过河道综合整治、湿地恢复与重建、河湖岸线治理、生态林建设、水生态修复和科学清淤等措施，改善生态环境，提升流域水环境质量。

（5）完善湿地保护体系（图 6.8–14）。重点加强对太湖、长江、阳澄湖的自然湿地抢救性保护与退化湿

图 6.8-13 大力保护长江经济带

图 6.8-14 环湖湿地建设

地生态修复治理，加大重点水源地的修复保护，全方位提升河湖生态系统质量。在太湖、长江、大运河、城市近郊、工业集聚区周边等区域，因地制宜建设生态安全缓冲区。探索建设自然生态修复试验区，促进生态系统自我调节和有序演化。推进湿地自然公园、湿地保护小区建设，逐步形成健康稳定的湿地生态系统，到2025年自然湿地保护率达到70%，建成10个省级生态美丽示范河湖，推出2 ~ 3个有全国影响力的生态美丽河湖典范，支持相城开展生态美丽幸福河湖建设暨“十百千万”生态建设工程。

开展沿江、环湖、沿河、沿路和村庄绿化行动，提升河、湖、水库等防护林体系建设水平，推进高速铁路、高速公路、高等级公路沿线绿色通道建设和丘陵岗地森林植被恢复，完成江苏省下达的年度造林指标。

6.8.4.4 夯实流域区域防洪体系

（1）落实太湖流域防洪工程布局。太湖调蓄——实施环湖大堤后续工程，巩固、提高环湖大堤安全度和防洪标准，提高流域洪水蓄滞能力和水资源调蓄能力。北排长江——进一步发挥望虞河排水优势，增加流域排泄太湖洪水能力。东出黄浦江——提高太浦河排泄太湖洪水能力；实施东太湖综合整治及吴淞江工程。

（2）保障京杭运河安全泄洪。建设京杭运河沿线城镇群联合防洪体系，统筹沿线防洪工程建设，建立健全运河上下游城市防汛减灾制度，降低京杭运河周边洪涝风险。

6.9 注重高质量建设，推进“六大类”建设项目

6.9.1 区域生态治理

苏州市在海绵城市建设中，将“一核、两带、多廊、多点”的生态空间格局纳入到市建设范围，将海绵城市理念与城市开发建设有机融合，探索改善城市内外整体水环境，优化城市整体山水自然系统，打造能自由、绿色呼吸的城市海绵体，保护江南水乡生态安全。

（1）保护太湖生态核，重点治理和改善太湖水体环境，提升太湖水质，加强太湖沿线山体、湿地、林地的保护力度，严格管控开发活动（图 6.9–1）。

（2）南部水乡湿地生态带重点保护湖荡水网和湿地系统，治理水污染，改善水环境。沿长江田园生态带坚持“共抓大保护、不搞大开发”战略导向，重点推进沿江岸线功能调整，增加生态岸线比例，加强水源地保护，减少对长江的污染物排放，逐步形成以田园为主体的生态基底（图 6.9–2）。

（3）重点保护阳澄湖、淀山湖、虞山、穹窿山等重要生态斑块，湖泊、森林、湿地等自然生态系统，保障与其他生态空间的联系廊道，适当增加休闲游憩功能，严格管控周边地区的开发建设活动（图 6.9–3）。

图 6.9–1　吴中区太湖湿地建成效果

图 6.9–2　吴江水乡泽国型海绵城市建设效果

（4）依托大运河、吴淞江、望虞河、太浦河等主要河流形成联系长江、太湖、东海等重要水体的生态走廊。重点加强水系连通和河道疏浚，增加流域生态空间，调整优化沿线功能，减少污染性生产岸线，探索建立流域生态协同保护、治理和补偿机制（图 6.9–4）。

图 6.9-3 阳澄湖沿线生态修复与保护

图 6.9-4 京杭运河堤防加固工程融入海绵城市建设理念（相城段）

（5）苏州生态涵养发展实验区消夏湾湿地生态安全缓冲区项目旨在通过新基建触发新生产、新生活、新生态，面向湖泊治理，打造人与自然和谐的生态湾区，成为“两山”实践生态创新的标杆。项目定位是建设生态涵养型的生态安全缓冲区，通过生态工程的建设，根本解决消夏湾区域的农村面源问题，形成太湖中央 $18km^2$ 稳定的山湾、河湾、湖湾生态安全缓冲区，同时打造长三角区域精致的后花园（图 6.9-5）。

图 6.9-5 生态涵养发展实验区治理思路构造图

1）源头强化控制：针对消夏江汇水区域“三个特征区”（即万亩良田区、缥缈汉湾区、南湾村落区）所产生的综合面源污染，在其入河前从源头上加以强化控制；利用“三个特征区”特有的生态空间典型特征，分别设置不同类型的科技湿地（即农田面源湿地、综合面源湿地、雨水面源湿地）。综合面源污染在入河前通过拦截导流措施，送入各类科技湿地进行强化净化，高效削减各类面源污染物。

2）末端净化补充：在消夏江及中心江沿线、太湖岸边设置浅滩湿地，对源头强化控制的各类科技湿地产出的清水进行进一步净化，实现末端净化补充，同时还可提供丰富的生物栖息地，提高生物多样性。

3）营养循环清水线：源头强化控制科技湿地和末端净化补充浅滩湿地，以消夏江作为水流动线，形成一条“营养循环清水线”。科技湿地高效削减面源污染物，将其作为湿地动植物生长的营养物；浅滩湿地作为净化补充，将形态单一的河湖水体转化为多样的、生物宜居的场所。两者结合形成生命生生不息的“营养循环清水线”。

（6）阳澄湖美丽河湖建设

围绕提升湖泊综合功能、打造生态美丽河湖“苏州样板”和人民群众满意幸福湖的要求，通过堤防达标、水源地达标、污染源消减、生态修复、信息化建设等措施，高标准建设苏州市阳澄湖水源涵养中心，确保饮用水安全，提升阳澄湖生态美丽水平，努力打造“苏州市生态文明建设名片”，实现“河网绿肺、天堂明珠”的生态美丽阳澄湖（图 6.9-6、图 6.9-7）。

图 6.9–6　美丽阳澄湖区

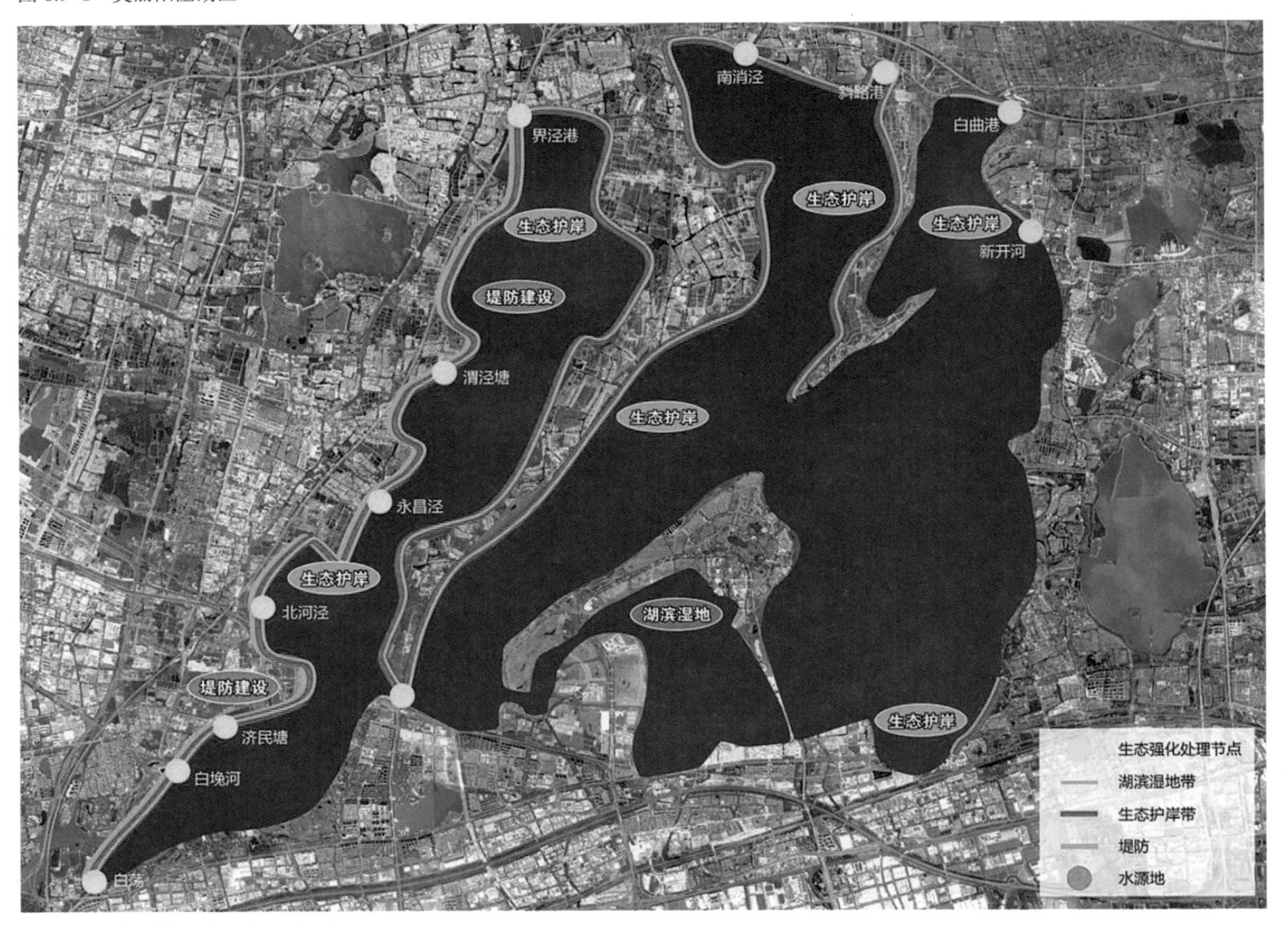

图 6.9–7　阳澄湖建议工程方案布局

1）水安全：阳澄湖堤防按照防御 50 年一遇洪水标准建设，防洪标准达标率达到 100%，岸坡稳定性达到 100%，供水水量保证率保持 100%。

2）水环境：进一步推进入湖河道整治与湖泊水面保洁，提升阳澄湖水环境质量，水功能区稳定达标，入湖河道水质优良率达到 100%，湖面保持整洁，水质目标实现率 100%。

3）水生态：严守水生态基底，推进环湖湿地生态修复，保障阳澄湖生态系统稳定性，湖泊营养状态指数不高于 50，底栖动物生物达到“优”。

4）水景观：结合《苏州市乡村振兴战略实施规划（2018—2022 年）》要求，环湖美丽乡村完成率达到 100%，滨水空间开放率不低于现状。

5）水管护：以湖长制为抓手强化阳澄湖长效管护，确保岸线治理工作进展有序，岸线利用率 2030 年达到 17%，“两违三乱”整治完成率达到 100%，管护措施有效落实，信息化水平显著提高。

（7）澄湖生态美丽河湖建设

澄湖又名陈湖、沉湖，系古太湖的残留，阳澄淀泖水系是省保名录湖泊，位于苏州市域东南部，第三大湖泊，属古镇古村湖泊，是苏州市区“四角山水”格局东南角重要组成部分。现状沿线堤防标准较低，水安全仍存在隐患，入湖污染负荷大，水环境治理压力大，湖区生物多样性不足，水生态系统脆弱，环湖部分岸线杂乱，景观文化品质不佳。

围绕提升澄湖综合功能、打造生态美丽河湖“苏州样板”和人民群众满意幸福湖的要求，规划通过堤防达标建设、岸坡整治、入湖河道治理、湿地生态修复配套景观文化建设、水管护强化等措施，持续提升澄湖防洪保安能力、水环境质量、生态系统稳定性与环湖景观品质，打造“休闲澄湖，古镇绿核”（图 6.9–8）。

1）水安全：澄湖堤防按照防御 50 年一遇洪水标准建设，防洪标准达标率达到 100%，岸坡稳定性达到 100%。

2）水环境：进一步推进入湖河道整治与湖泊水面保洁，提升澄湖水环境质量，水功能区稳定达标，入湖河道水质优良率达到 100%，湖面保持整洁，水质目标实现率 100%。

3）水生态：严守水生态基底，推进环湖湿地生态修复，保障澄湖生态系统稳定性，湖泊营养状态指数不高于 50，底栖动物生物指数和浮游植物丰富度指数均达到“优”。

4）景观文化：结合景观与沿湖角直、同里、锦溪、周庄等古镇古村建设，充分挖掘与保护澄湖文化与古迹，环湖美丽乡村完成率达到任务目标数，滨水空间开放率不小

图 6.9–8 澄湖治理方案布局

于 60%，环湖景观环境质量达到“优”。

5）水管护：以湖长制为抓手强化澄湖长效管护，岸线利用率满足岸线保护与利用规划 30% 的目标，两违三乱整治完成率达到 100%，管护措施落有效落实。

6.9.2 公园与绿地

苏州园林名闻天下，注重山水的融合。造景艺术是建筑与山水草木的和谐布局，讲究的是借景变化、层次丰富、曲折蜿蜒、写意抒情。海绵城市建设的内涵是利用自然实现雨水的管理，是多种低影响开发设施的优化布局，其作用主体同样是山水草木，在平面布局上网络串联，为实现“滞、渗、蓄、排、净”雨水，必然采取曲折路径，乔灌草高低错落，不同植物品种搭配净化。若设计合理，配以廊、桥、亭、榭、轩、碑、石等，赋予其一定的在地文化内涵，则会以海绵促“园林”，彰显苏州特色。如以透水铺装（花街铺地等）促“渗”、以旱溪 + 植草浅沟利“净、渗”和有序转输雨水，以雨水花园、湿地作为“园林”景观节点，以生态驳岸护河塘水系，是实现景观格局优美和海绵效果优良的低影响开发措施。

根据传统绿地形式及其功能性划分，可将其分为公园绿地、附属绿地，不同的绿地形式具有不同的功能特性，因此，在进行海绵改造过程中应采取不同的技术手段。

公园绿地是苏州城市绿地建设的薄弱环节，海绵型公园绿地必须依托规模较大的公园绿地进行建设。因此要建设好海绵城市，需大力加强各种类型的海绵型公园绿地建设（图 6.9–9）。

苏州为水乡城市，市内外河道纵横，在河旁两侧建设滨河绿地，可充分展示苏州的城市风貌和绿化特色。疏通河道，开辟沿河绿化，维护水系作为自然生态过程的连续性，形成联系城区各自然生态栖息地与城郊自然山水之间的生物廊道及其海绵特性。

苏州海绵型绿地的建设目标，应结合苏州绿地系统中的公园建设，近期在现有绿地系统的基础上，加快公园绿地的建设，特别是改建海绵网络中具有重要功能的三角嘴湿地公园、白洋湾公园、运河体育公园等大型海绵型公园绿地。

在满足公园功能需求的前提下充分采用低影响开发手段，可以更好地适应环境变化，并在应对自然灾害等方面具有良好的“弹性”，减轻城市管网负荷，并对排放至周边水体的雨水进行净化，从而对水体的水质进行有效控制。结合海绵城市建设契机，营造公园多元景观空间，以满足海绵城市建设要求为核心，以尊重居民意愿为基础，以生态化排水景观营造为亮点，塑造公园活力景观风貌，注入公园休闲品质，将试点区公园绿地建成为具有共享景观品质及绿色海绵特征的休闲、活力区域。

图 6.9–9 公园绿地滞蓄雨水

6.9.2.1 建设思路

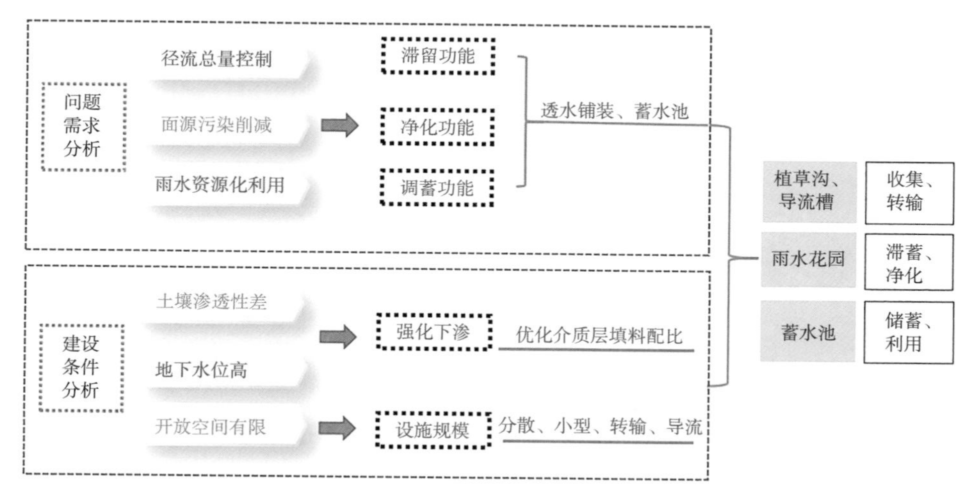

图 6.9-10 公园绿地海绵建设思路

根据绿地系统结构，保护修复原有的大型生态斑块；内外联动，外部要考虑雨水花园、湿塘沟渠等与城市水系、河道的相互连通，内部要考虑海绵型公园绿地与外部城市区域中间的灰色地带，使园区内部的集水、蓄水、排水设施与市政管网设施进行衔接；抓重点，立示范，选取重要节点，新建或改造海绵型生态公园；大力推进小型公园绿地的海绵化，比如街头绿地这些有条件进行低影响开发建设的区域；因地制宜进行海绵型公园绿地的建设，不能“为了海绵而海绵”，如历史名园这些场地受限、不适宜进行低影响开发的区域，不能为了海绵绿地的建设而对场地文化、历史名木进行破坏。

6.9.2.2 技术措施

海绵型公园绿地的低影响开发设施类型涵盖了渗透、储存、调节、转输、截污净化等方面。苏州目前已建设的大型公园都基本形成了以水面为核心的公园模式，因此需结合苏州水乡海绵特点，以净为主，渗、滞、蓄、用、排兼顾的特点，新建的海绵型公园绿地宜大量选用雨水花园、植草沟、湿塘、调节塘、渗管、下沉式绿地、透水铺装等低影响开发技术；改建的海绵型公园绿地需结合场地的资源条件，水文地质、水资源等特点，与已建成的场地协调竖向等关系，尽量选取生态经济的低影响开发技术设施，诸如雨水花园、植草沟、湿塘等，并结合新增的海绵型乡土植物与现状植被，形成兼具海绵特性与观赏价值的海绵绿地。

由于地下水位较高，设置生物滞留设施将会增加单位面积绿化建设成本，需与其他设施经济比选后使用，同时像雨水罐这种成型产品，则不建议在公园绿地的建设之中选用。海绵公园绿地适用的低影响开发设施类型及技术组合见表 6.9-1、图 6.9-11。

海绵公园绿地适用的低影响开发设施类型 表 6.9-1

序号	名称		新建	改建
1	渗透技术	透水铺装	●	●
		下沉式绿地	●	●
		生物滞留设施	◎	◎
		渗透塘	●	◎
		渗井	●	◎
2	储存技术	湿塘	●	●
		雨水湿地	●	●
		蓄水池	◎	◎
		雨水罐	○	○
3	调节技术	调节塘	●	◎
		调节池	◎	◎
4	传输技术	植草沟	●	●
		渗管 / 渠	●	●
5	截污净化技术	植被缓冲带	◎	◎
		初期雨水弃流设施	◎	◎
		人工土壤渗滤	◎	◎

注：●—宜选用，◎—可选用，○—不宜选用。

苏州园林改造建设：苏州园林公园具有深厚丰富的人文及艺术价值，是公园的核心灵魂。在海绵技术方面，传统苏州园林在空间结构体系方面，一般都有水系、池塘，并且常常与外部水系形成沟通关系，雨水排水与绿化浇灌都很好利用了水系池塘的调节和蓄水效用，具体技术方面建造一般采用了透水铺装、生态驳岸等手段。

在对现状雨水管理系统总体评价的基础上，以保护延续历史风貌和传统格局为主，针对具体问题，小范围点状改造为辅。

由于园林中绿地比例高，且大量采用透水铺装、生态驳岸，又利用池塘水系进行调节，故雨水的渗、滞、蓄、排在古典园林中效果良好。园林中普遍存在的问题主要体现在雨水水质净化方面，很多传统园林内部水系由于各种原因，切断了与外部水体的沟通，而园林中初期雨水一般直排池塘，污染严重，造成水体的富营养化环境。应着重推广湿塘、湿地、雨水花园、小型雨水滞留反应器等低影响开发技术，在不破坏景观格局和效果的基础上，针对水际环境进行小型的低影响开发技术改造。

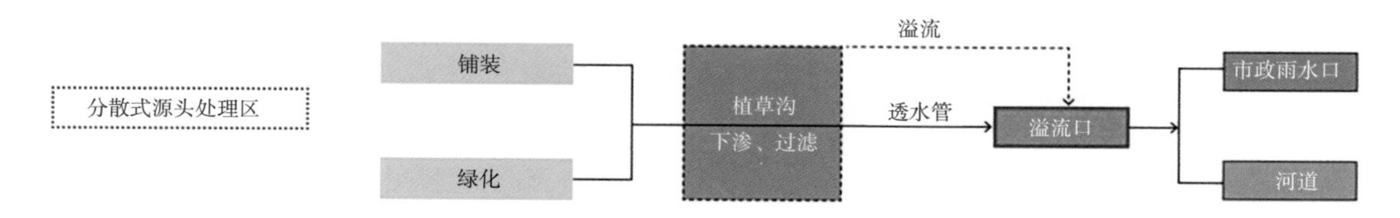

路面、铺装、绿化雨水经植草沟或边沟收集转输后，进入雨水滞留器（过量雨水溢流进入市政管道），经过净化处理后通过雨水管道排入河道

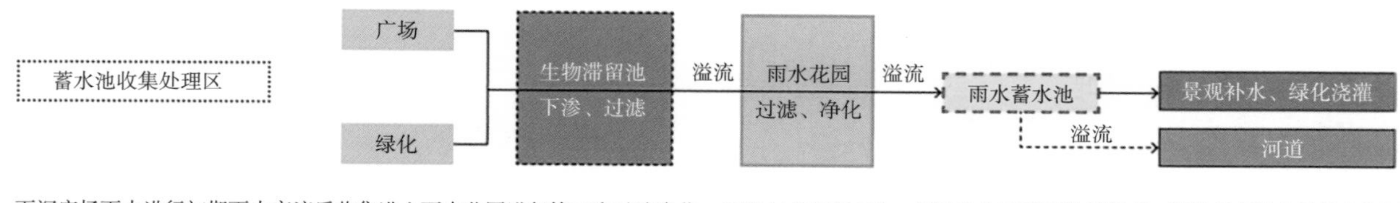

下沉广场雨水进行初期雨水弃流后收集进入雨水花园进行第二次过滤净化，后进入雨水蓄水池，经过净化处理后进行储存，以供景观补水及绿化浇洒

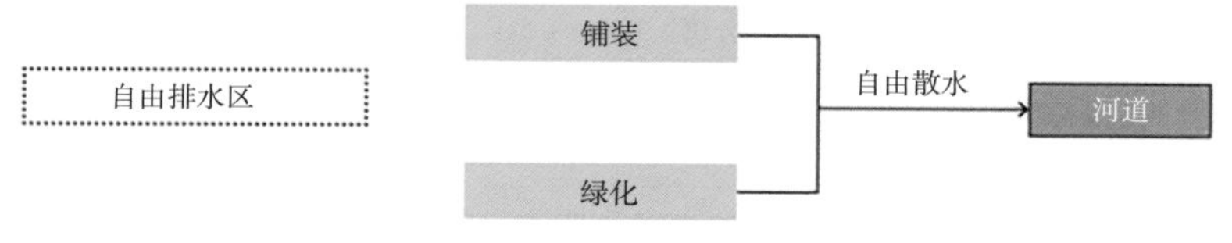

图 6.9-11　可选择的技术组合措施

6.9.2.3　实施任务

围绕“强富美高”总目标，把握“两争一前列”总要求，积极抢抓长三角一体化发展历史性机遇，按照“彩色化、立体化、开放化、精细化”的理念，把古城作为大景区来规划和建设，全力推进绿化景观提升三年行动计划，营造体现苏州古城风貌，江南文化特色的绿意空间。以新增及改造绿地实事项目为抓手，在全市范围内高标准实施绿廊绿道、公园绿地、滨水绿廊、美丽街区、对标提升、区域联动等“六大工程”，实现“一年见成效、二年上台阶、三年大变样”的目标。“十四五”规划期间，全市计划新增及改造 300 个口袋公园，市区建成区人均公园绿地面积达到 12.7m^2。2021 年全市新增及改造绿地 300 万 m^2，重点实施何山路西沿景观绿化、斜塘河北岸景观绿化、琴湖公园项目景观一期等一批绿化工程；新增及改造口袋公园 100 个，如塔园路小游园、稻香公园、新元口袋公园等。

6.9.2.4　海绵主题公园

海绵城市主题公园是以水为核心元素的主题性公园，体现自然、生态、健康、城水关系的公园，主要以多样的水景与丰富的植物景观相配置，集中使用和展现苏州海绵城市建设的技术应用，开展海绵城市创新科研基地，营造闲适优美的城市绿地空间，为市民提供交流、散步、亲子、科普教育、城市应急避难等活动提供场所。

主题公园包括三大功能系统：即多功能海绵系统、多元化游憩系统、多类型慢行交通系统。通过改造场地，打造一个多功能海绵示范区，包括净水的海绵、弹性的海绵、丰产的海绵及多样的海绵（图 6.9-12、图 6.9-13）。

图 6.9-12　海绵主题公园功能设置

图 6.9-13　海绵主题公园建设效果图

（1）净水的海绵

湿地层级净化生活污水，定量控制污染物。通过系列人工强化湿地，使生活污水净化到大部分指标满足地表水Ⅲ类标准。

近期：经过人工强化湿地，使出水水质大部分指标达到地表水Ⅲ类标准。雨季河道水量 >3500 t/d，溢流水质达到污水厂出水二级标准。

远期：雨污分流并建污水处理厂后，污水经污水处理厂及湿地净化后，可全面达到Ⅲ类标准水。

水系贯通，多途径维持水质。制定水质维持策略，保障大部分水体达地表水Ⅲ类标准。

通过鱼塘连通、用水激活水循环、放置食藻虫等方式净化水体，保障水体水质达地表水Ⅲ类标准。

以生态展示和科普教育为主要功能，突出原野、自然、安静的氛围，湿地的保护和景观营造为其提供良好的生态环境基础，是反映区域良好自然环境的代表性区域，通过自然资源和文化资源的发掘和再开发，向游客呈现完整的湿地生态系统，利用新型文化展示手段，打造文化资源开发的新模式。

（2）弹性的海绵

水系连通，加强雨洪调蓄能力。通过填挖方、连通管等方式连通坑塘和水系，水位随降雨量变化，形成不同的季相水景。

枯水期——与基地东侧河道连通的坑塘可存水，其他坑塘为旱季景观；西侧湿地利用中水补充水源，可保证水位。

平水期——大部分坑塘、湿地均可维持一定水位。

丰水期——部分坑塘水面相连，水面面积增大。

（3）丰产的海绵

生活污水净化 + 生产性景观。主要包含湿地净化区和生态氧化塘区。

在湿地净化区选择根系强劲的作物结合表流湿地，潜流湿地净化工艺，达到生活污水净化和作物丰产的双重目的。在生态氧化塘区，结合水生植物培植，达到丰产。

生产性景观布局。在湿地净化区种植以花卉等作物为特色的潜流湿地作物区及以茨菇等作物为特色的表流湿地作物区，在净化区末端利用生态氧化塘养殖鱼类，最终形成丰产的湿地作物区与水产养殖区。

（4）多样的海绵

多功能海绵系统。营造丰富生态系统，展现多样湿地景观。模拟五种湿地生境，一方面为生物营造丰富的生境条件；另一方面，为游客展现多样的湿地景观，让游客感受湿地演替进化的过程。

多样生境布局。根据场地水系以及节点设计，将五种生境进行合理的布局。结合特殊观景需求营造湿地景观，呼应湿地演替区的科普教育功能需求，营造泥沼湿地、草本湿地、芦苇湿地、森林湿地等多种生境，结合区域净水功能需求以及现状水塘分布打造多塘湿地。

6.9.2.5　沿河绿地生态化建设（图 6.9–14）

图 6.9–14　前塘河发挥绿地对周边雨水的消纳和净化作用

6.9.2.6　口袋公园 + 海绵城市（图 6.9–15）

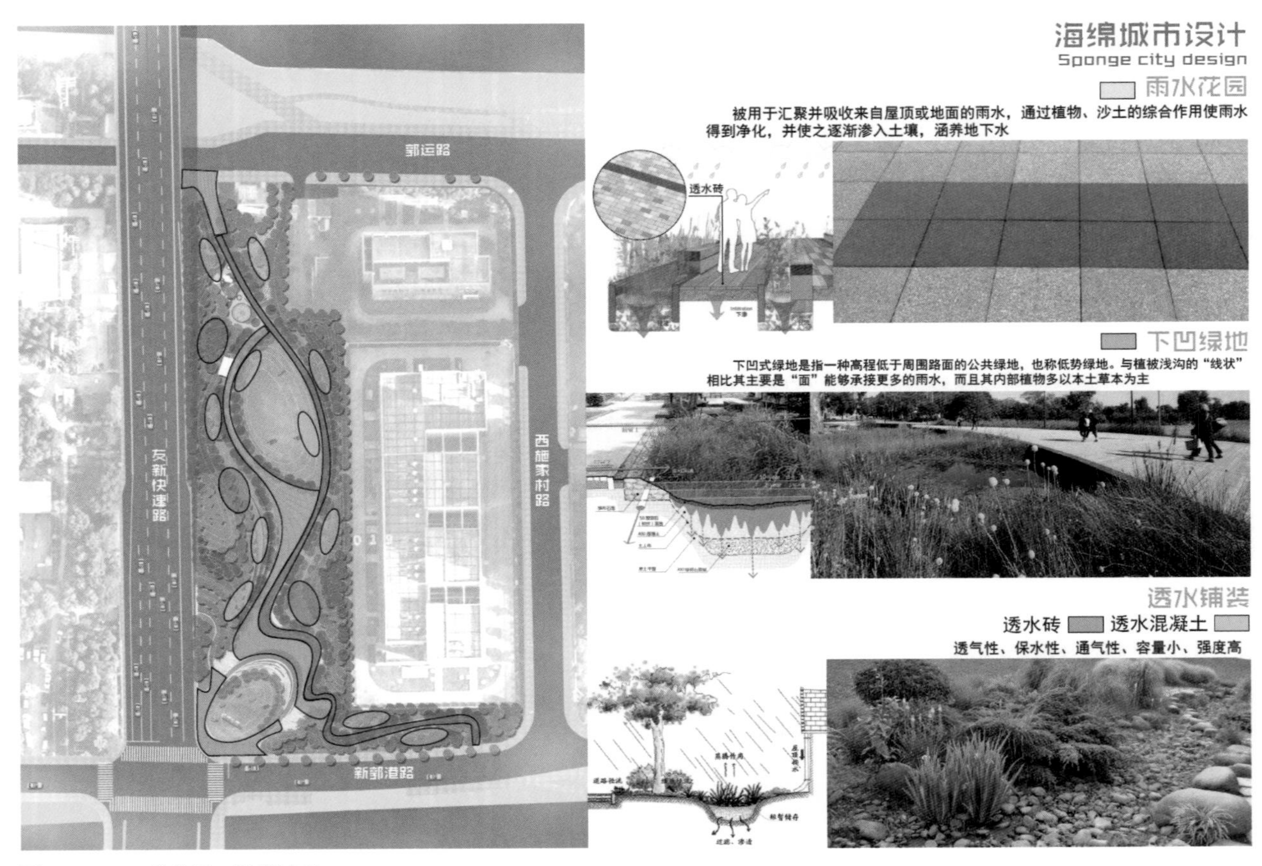

图 6.9–15　口袋公园 + 海绵城市

6.9.2.7 苏州乐园森林世界生态修复

苏州乐园森林世界位于苏州大阳山脚下，被誉为藏在苏州城市深闺中的一块璞玉，原生的山地森林、溪流给予了苏州人触手可及的自然体验。然而，规划前这里却是一片采石场遗留下的废弃之地，荒凉的场地与周边郁郁葱葱的大阳山森林公园形成了强烈的反差，作为石料开采区，原生植被已被破坏，留下了裸露的岩石地表，失去了土壤和植被的地表面，也丧失了原有的保持水土、涵养水源、提供栖息地等自然生态系统服务功能。根据雨水在地面的运动过程，在源头、传输过程以及汇集末端等各个阶段有针对性地设计了多种海绵措施，实现雨水全生命周期的生态管理，满足海绵城市建设要求的各项指标（图 6.9–16）。

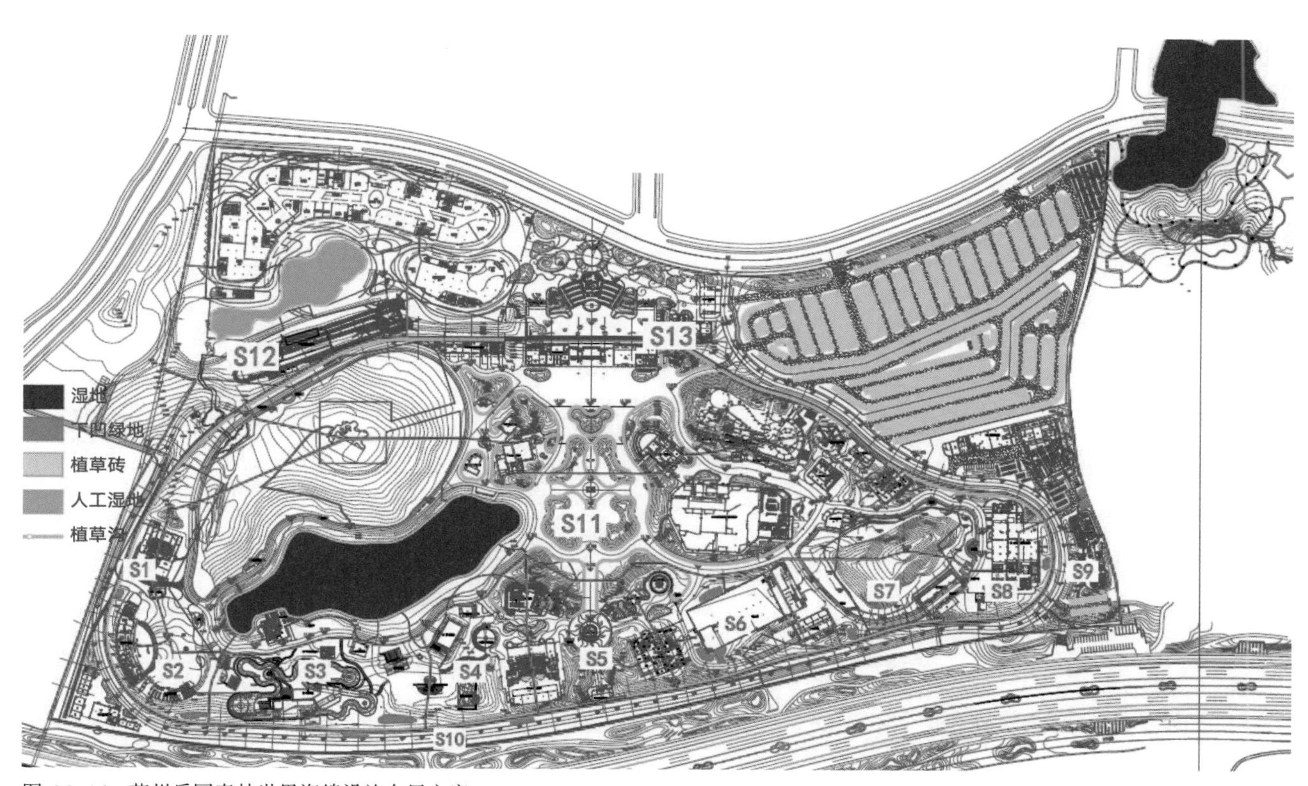

图 6.9–16 苏州乐园森林世界海绵设施布局方案

6.9.3 道路与广场

苏州是远近闻名的园林城市，苏州人的生活离不开“好园居”“乐山水”。在海绵城市建设中，苏州市特别注重地下与地上建设的有机结合。行走在 481.33km^2 的建成区范围内，无论是大街小巷、广场社区、公园学校，总能看到或大或小的生态绿地，这些隐藏于城市地表之下的绿色设施正是“海绵城市”建设的“生态杰作”。

根据传统道路排水存在的问题，按照新型海绵理念要求，重点解决道路积水、雨水径流污染、外围客水等问题，整体提高径流总量控制率，提升区内水环境状况，以期最终达到海绵城市建设目标，解决道路及其周边积水内涝和满足周边湿地生态保护的双重目的。在改造过程中充分体现生态、海绵的建设理念，选择适合场地特点的海绵技术措施，尽量保留其生态本底，恢复原有的水文过程；同时还需满足海绵城市绩效考核要求，达到海绵城市控制指标要求。

6.9.3.1 方案思路

城市道路在满足道路交通安全等基本功能的基础上，充分利用道路本身及周边绿地空间设置低影响开发设施。结合道路的横断面设计，利用道路的非机动车道、人行道、绿化带建设下沉式绿地、生物滞留设施、雨水湿地、透水铺装、渗管（渠）、蓄水池、雨水罐、湿塘等低影响开发设施，通过渗透、调蓄、净化方式，实现低影响开发控制指标（图 6.9–17）。

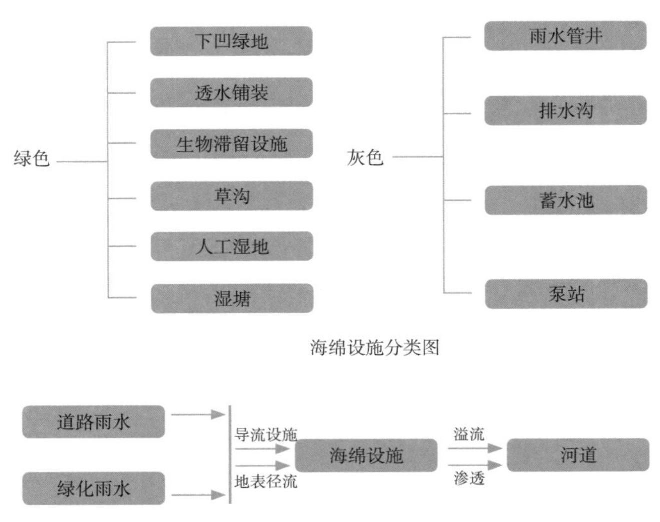

图 6.9–17 道路海绵设计方案思路

6.9.3.2 技术选择

城市道路在满足道路基本功能的前提下达到相关规划提出的海绵城市控制目标与指标要求。为保障城市交通安全，在低影响开发设施的建设路段，城市雨水管渠和蓄水设施的设计参数应按照《室外排水设计标准》GB 50014—2021 中的相关标准执行。

对于快速道路、主干道，应在满足交通功能的条件下，应充分考虑海绵城市建设需求，通过防护绿地等的低影响开发，将道路雨水径流引入，并进行滞带和净化。

对于次干道和支路，在满足同等道路功能的前提下，道路横断面改造设计应充分考虑低影响开发设施的需求，优先选用含有绿化带横断面形式。

道路低影响开发设施优先布置在道路侧分带、宽度大于 2m 的道路中分带以及道路外侧市政绿地。结合道路功能、道路竖向和景观要求，合理组合、优化改造布置。道路人行道可采用透水铺装，设计透水铺装应满足国家有关标准规范的要求。

道路红线内的中央隔离带或机分隔离带宜设置为植草沟和生物滞留设施；道路周围绿地宜改造成植草沟、生物滞留设施、雨水塘河人工湿地；行道树池宜改造成生态树池，人行道部分雨水可引入树池内。

道路横向断面改造时，应充分优化横、纵坡设计，充分考虑路面与道路绿化及周边绿化的关系，便于雨水径流汇入。

道路低影响开发改造后必须保证其余城市雨水系统的顺畅衔接。

改造措施的选用应采取必要的侧向防渗措施，防止雨水径流下渗对道路路面及路基的强度和稳定性造成破坏。对于底部不适宜下渗的路段，要采取底部防渗措施。

易积水路段利用道路周边低洼地与公共地下空间建设调蓄设施，雨水调蓄设施与市政管线建设相协调。

道路两侧的雨水口宜改造成综合型收集口，从水平和侧向方向进行收集，满足雨水垂直及测流要求，达到雨水收集或导流的最优化。

在全面收集、研究海绵城市技术的基础上，筛选适宜道路现状使用的技术，根据项目水资源、水环境、水生态、水安全等功能需求，结合径流总量控制、面源污染削减控制等要求，确定道路地块的具体使用技术。

6.9.4 建筑与小区

“海绵城市”建设是一次对苏州整体城市建设、老旧城区修复、改造、升级的过程，归根结底是一件民生实事，除了“宁静、和谐、美丽”的自然，“以人为本”最为核心，要展现户外、自然、健康、邻里、舒适的元素，通过既有小区的海绵化改造工程，增加和改造车位、减少硬质铺装、美化居住环境、提供更加舒适的休闲和娱乐场所，打造一个以生态健康雨水循环系统为核心的大众化参与实施的海绵景观示范小区，给百姓带来实实在在的获得感和不断攀升的幸福感。

6.9.4.1 老旧小区综合提升改造

基础类：为满足居民安全需要和基本生活需求的内容，主要是市政配套基础设施改造提升以及小区内建筑物屋面、外墙、楼梯等公共部位维修等（表 6.9–2）。

基础类改造内容清单 表 6.9-2

改造类型		改造内容
基础类	市政配套基础设施	➢ 供水 ➢ 供热 ➢ 排水 ➢ 消防 ➢ 供电 ➢ 安防 ➢ 道路 ➢ 生活垃圾分类 ➢ 供气 ➢ 移动通信
		➢ 光纤入户 ➢ 架空线规整（入地） ➢ 海绵城市建设
	建筑本体	➢ 屋面、外墙、楼梯等公共部位维修等
	无障碍设施	➢ 适老设施 ➢ 无障碍设施
	公共服务配套	➢ 卫生服务站等公共卫生设施
		➢ 幼儿园等教育设施

完善类：有条件、有需求的小区为满足居民生活便利需要和改善生活需求的内容，主要是环境及配套设施改造建设、小区内建筑节能改造、有条件的楼栋加装电梯等（表 6.9–3）。

完善类改造内容清单 表 6.9-3

改造类型	改造内容	
完善类	环境及配套设施改造建设	➢拆除违法建设 ➢整治小区及周边绿化、照明等环境
		➢改造或建设小区 ➢停车库（场） ➢电动自行车及汽车充电设施 ➢智能快件箱 ➢智能信报箱 ➢文化休闲设施 ➢体育健身设施 ➢物业用房 ➢其他
	建筑节能改造	➢节能涂料、屋面保温（外墙保温）
	加装电梯	➢老小区增梯

6.9.4.2 新建住区全面融入海绵城市建设理念

建筑与小区作为城市占地最多的功能区域，是海绵建设源头控制的重点，应作为雨水渗、滞、蓄、净、用的主体，实现源头流量的污染物的控制。

建筑的海绵性设计应充分考虑雨水控制与利用，地下室顶板和屋顶坡度小于 15° 的单层或多层建筑宜采用绿色屋顶技术，无条件设置绿色屋顶的建筑宜采用雨水收集与雨水管断接的方式，将屋面雨水汇入地面绿化或景观水系统进行消纳。

小区绿地的海绵性设计应结合规模与竖向设计，在绿地内设计可消纳屋面、路面、广场和停车场径流雨水的海绵设施；应合理配置绿地植物乔灌草的比例，增强冠层雨水截流能力。

小区道路的海绵性设计应优化路面与道路绿地的竖向关系，便于径流雨水汇入绿地内海绵设施，小区道路应优先采用透水铺装。

6.9.5 河湖与水系

苏州的水是靓丽的名片，也是特点所在，水系密布，排水管线短，依循随形就势，多点分散，串联网络，弹性互补，建设蓝网绿廊，构建健康生态群落，以片区、串联水系为对象，因地制宜，有机组合不同公共空间多种海绵措施，注重径流污染指标的控制，通过水系生态修复及清淤工程、管道末端净化设施等措施从末端提高水体自净能力，丰富江南水乡特色；开展平江历史片区净水工程等河道项目的海绵城市建设，实现水环境质量和城市面源污染控制要求。

6.9.5.1 方案思路

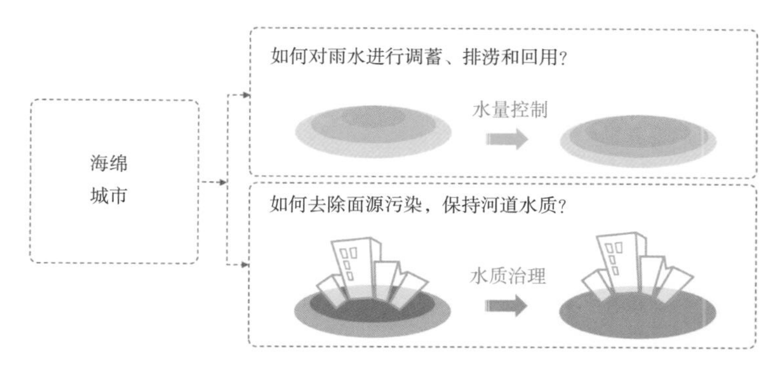

图 6.9–18 河道海绵建设策略图

城市河道承担着海绵城市中末端调蓄的重任和自然生态景观功能，因此，如何增大河道调蓄和提升河道的生境质量是河道设计在海绵城市建设中的关键点。要以水为主线，以城市规划和管理为载体，构建城市良性水循环系统，增强城市水安全保障能力和水资源承载能力（图 6.9–18、图 6.9–19）。

住房和城乡建设部发布的《海绵城市建设技术指南（试行）》中指出：“在有条件的城市水系，其岸线应设计为生态驳岸，并根据调蓄水位变化选择适宜的水生及湿生植物”。根据“海绵城市”中“低影响开发”和“生态性”的理念，生态护岸的建设不仅要保证工程的稳定性和安全性，还要尽量减少人为改造，以保持天然河岸的蜿蜒岸线和可渗透性的自然河岸基底，满足河岸土体和河流水体之间的水体交换和自动调节作用。

从河道两岸空间的充足性及规划用地布局改变的角度出发，改造河道进行的生态修复工作主要包括河流植被缓冲带建设、水岸生态化改造、河流湿地恢复、沿岸垃圾堆放整治及河道清淤（另行设计）等。

对于受两岸用地空间限制的河道，河道形态基本维持现状，局部淤积河道进行定期清淤，对沿岸垃圾堆放现象进行整治，对直立式硬质河岸进行绿化，提高河岸植被覆盖度，降低水岸温度，保护水生生物多样性。

从生态系统服务出发，通过跨尺度构建水生态系统，并结合多类具体技术建设水生态基础设施，围绕“水生态、水环境、水安全”这三个和水相关的方面进行问题识别和需求分析，再通过海绵城市“渗、滞、蓄、净、用、排”的六大策略反映到具体方案中（图 6.9–20）。

图 6.9–19 河湖水系海绵化改造系统思路

进行海绵化改造设计时，在满足安全的前提下，优先采用生态岸线。根据水系的功能定位、水环境功能区划、岸线及滨水区利用情况，充分利用滨河绿化带、护岸、景观水体对雨水进行调蓄、净化和安全排放，达到相关指标要求。

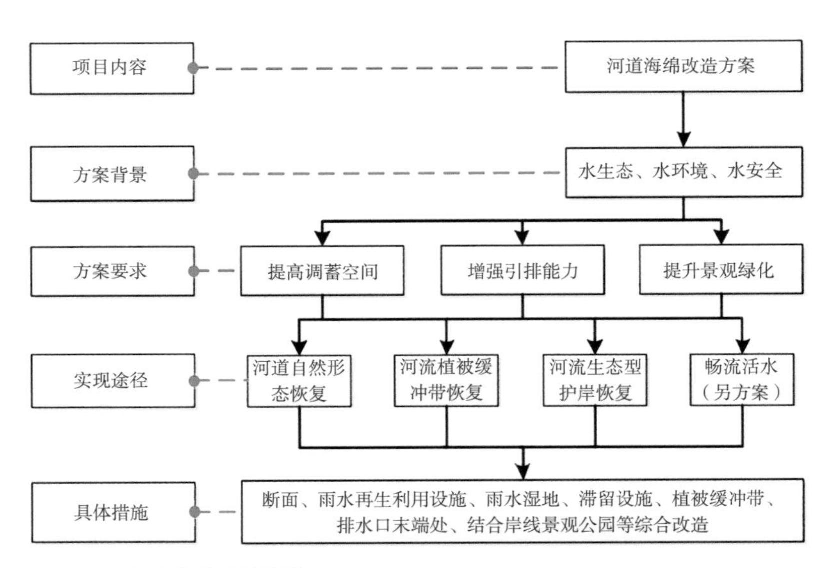

图 6.9-20 河道海绵建设路线

6.9.5.2 针对措施

（1）以水生态目标为导向，主要采取以下修复措施：划定水生态功能分区和河道蓝线，保护和完善城市水系结构，确保新建地区的生态岸线建设；改造岸线，提升现有生态型岸线的景观功能，逐步提高生态岸线比例及岸线品质；河道自然形态、两侧植被缓冲带和生态型护岸的恢复和建设。

（2）以水环境目标为导向，主要采取以下措施：保护区域内河道水质不受区域活动污染，通过河道周边点状滨河湿地的建设，从初期雨水径流污染的传输途径减少径流污染物；通过对试点区内河道的生态修复和清淤，从初期雨水径流污染的末端提高水体自净能力；通过定期对河网等水体水面漂浮物清理维护、黑臭水体清淤等，实现内源治理，防治水体黑臭；通过对硬化河岸合理的改造或软化改造、生态浮岛的建设、水生植物的种植，强化水体污染治理效果；通过对试点区范围内束水段、断头浜和水位差的拓宽、打通和配置，促进水体流动，进行活水循环；通过非常规水资源（再生水、雨水）补充水体，增加水体流动性和环境容量进行清水补给。

（3）以水安全目标为导向，主要采取以下措施：理顺南北向的水系连通，同时加强区域排水能力；恢复陆家庄河等被束窄至消失或者改变位置走向的河道。

6.9.5.3 建设指引

（1）建设要求

保存河流、湖泊、坑塘、沟渠、湿塘的自然现状；根据城市水系的功能定位、水体水质等级与达标率合理确定水系的保护与改造方案；充分利用城市自然水体设计湿塘、雨水花园等具有雨水调蓄与净化功能的低影响开发设施，湿塘、雨水花园的布局、调蓄水位等应与城市上游雨水管渠系统、超标雨水径流排放系统及下游水系衔接；充分利用城市水系滨水绿化控制线范围内的城市公共绿地，在绿地内设计湿塘、雨水花园等设施调蓄、净化径流雨水，并与城市雨水管渠的水系入口、经过或越水系的城市道路的排水口衔接；滨水绿化控制线范围内的绿化带接纳相邻城市道路等不透水路面的径流雨水时，宜设计植物缓冲带，以削减径流流速和污染负荷；城市水系低影响开发雨水系统的设计应满足《城市防洪工程设计规范》GB/T 50805—2012 中的相关要求。

（2）河道自然形态的恢复和建设

在保证防洪安全的前提下，合理拆除现有阻水结构。改造河道尽可能将矩形、梯形的人造河流断面改造为自然形态，根据河流生态学理念，宜宽则宽、宜弯则弯，在建设条件有限的地方可采用复式断面。疏浚工程施工中尽可能避免河道断面的均一化，水利工程设计时应为植物生长和动物栖息创造条件，因地制宜地恢复河流浅滩—深潭序列或设置生态浮岛，丰富河流湿地类型，恢复河流形态的多样性（图 6.9–21）。

（3）河岸植被缓冲带的恢复和建设

河流两岸一定宽度的植被缓冲带可以通过过滤、渗透、吸收、滞留、沉积等河岸带功能效应，净化地表径流，降低污染对河流水质的影响，植物还能起到稳固河岸和调节微气候的作用，同时河流缓冲带所形成的特定空间是众多动植物的栖息地，能够增加河流生物多样性。建设河岸植被缓冲带时应充分考虑缓冲带位置、植物种类、结构和布局等要素，以发挥其功能（图 6.9–22）。

1）河岸植被缓冲带位置：从地形的角度，缓冲带一般设置在下坡位置，与地表径流的方向垂直；从河道等级的角度，对于级别较低的内部河流，缓冲带可以紧邻河岸设置；而对于等级较高的区域性河流，考虑到暴雨期洪水泛滥的影响，缓冲带应选择在洪泛区边缘。

2）植被种类及配置：缓冲带植物宜选用乡土植物或已适应本地气候条件的外来植物，以及抗逆性强、根

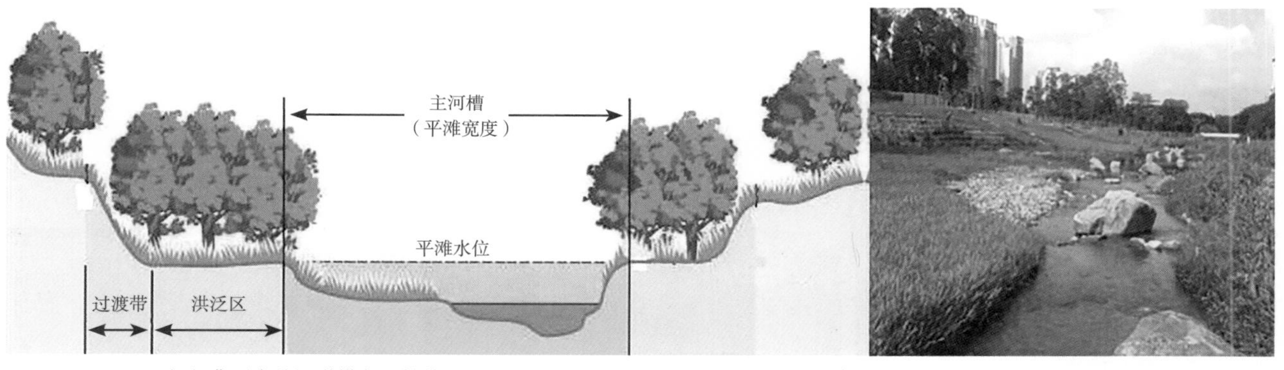

（a）典型自然河道横断面结构

（b）河流湿地

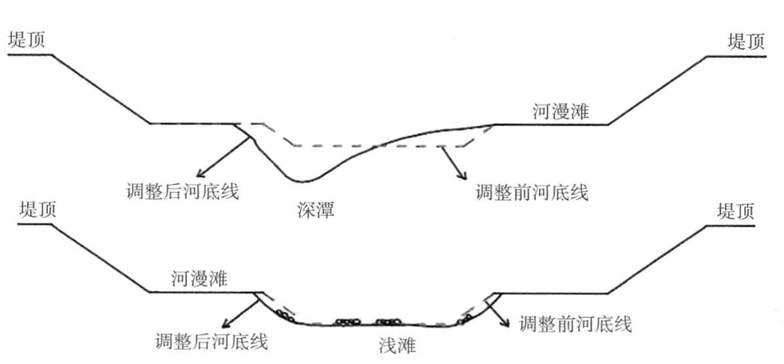

（c）河流深潭、浅滩断面示意图

（d）生态浮岛

图 6.9–21 河道自然形态示意图

图 6.9-22　河岸植被缓冲带示意图

系发达、多年生、有自我更新能力、适应粗放管理、成本合理、周年常绿的物种。植物配置上应乔、灌、草结合，形成立体效果；绿化与美化相结合，营造自然舒适的视觉效果。

3）宽度：河岸缓冲带功能的发挥与其宽度有着极为密切的关系，根据相关研究及试点区河流两岸的空间条件，有条件的河道建议单侧缓冲带宽度不低于 10m。

（4）河流生态型护岸的恢复和建设

生态型护岸指河道的自然河岸或具有自然河流“可渗透性”的人工护岸。生态型护岸有利于河岸与河流水体之间的水分交换和调节，创造动物栖息和植物生长所需的多样性空间，同时保证河岸的安全。生态型护岸技术种类多样，可根据不同河段的具体情况进行调整，如草坡护岸、生态土工技术、垂直绿化、间插枝条的抛石护岸、木桩护岸等（图 6.9-23）。

图 6.9-23　生态护岸示意图

（5）河道疏浚和拓宽（水利部门集中实施）

对于局部淤积和束窄的河段，进行河道疏浚，拓宽水面。同时，底泥疏浚是解决河流内源污染的重要措施，通过底泥的挖除，去除底泥中沉积的污染物，减少底泥污染物向水体释放。但疏浚工程量大、造价高，且底泥疏浚后新生表层沉积物物化性质均发生改变，会导致生物群落组成发生改变，因而在实施过程中需确定合理的挖掘深度和挖泥量，否则容易破坏水生态系统。

6.9.5.4 建设任务

为贯彻习近平总书记“绿水青山就是金山银山”的生态发展理念，实施城市中心区清水工程，提升城市形象、再现东方水城魅力，实施“控源截污、源水削污、清淤贯通、活水扩面和生态净水 + 长效管理”苏州市城市中心区清水工程，先在平江历史片区 2.48km^2 范围内实施高品质清水工程，是采用生态膜物理过滤的河道清水工程项目，逐步恢复平江历史片区河道生态系统的良性循环，使片区河道内的水体透明度明显提升，打造环境优美的水网生态系统，彰显高品质水景、生态服务、文化展示、市民休闲相融合的大生态、大健康时代主题。

（1）推进江湖治理提质升级

长江防线提标升级。按防御 100 年一遇洪水标准加快推进江堤提标改造，持续推进长江水下地形监测、河势控制和崩岸治理。太湖治理协同推进。全面完成环太湖堤线剩余口门提标改造，推进望虞河、大运河等防汛薄弱环节治理，扩大流域外排通道，加速太浦河共保联治江苏先行工程和吴淞江（江苏段）整治一期工程建设。强化区域外排能力提升。外输长江扩大北排。继续加强十一圩港、七浦塘等通江骨干河道治理，实施白茆塘等通江河道入江河口疏浚，开展白茆塘整治前期研究；新建走马塘、十一圩港等江边泵站，开展浏河、北福山塘等沿江口门前期研究。实施杨林塘等河道堤防达标建设，完善骨干河道防洪能力。内畅河湖强化连通。提升区域洪涝汇集和外排能力，实施元和塘、永昌泾等内部调节河道治理，逐步完善淀泖片骨干水系，实施八荡河整治，推进牵牛河等河道整治前期研究。中小河流系统治理。聚焦防洪排涝短板，统筹水资源保护、水环境改善、水生态修复等需求，实施北福山塘、尤泾、徐六泾等中小河流治理。

（2）加快城乡防洪排涝体系完善

城市防洪排涝能力提升。统筹城市建设发展需求，按照“ 两江下泄、三线挡洪、四湖调蓄、多片排涝”的主城区防洪排涝总体格局及各市分区治理格局，加快完善各级城市防洪排涝减灾体系。有序推进防洪包围圈达标建设、内部水系整治、雨水管渠及雨水泵站建设等。圩区达标建设。合理优化圩区布局，按照防洪 50 年一遇、治涝 20 年一遇标准，继续推进圩区达标建设。山洪防治能力提高。加快山区泄洪沟建设，实施虞山泄洪引蓄改造、西部山丘区撇洪沟建设等。

推进包围圈达标建设和内部水系整治，实施堤防达标 63km，防洪闸新改建 30 座，新增排涝流量 79m^3/s，河道整治 190km；新改建雨水管渠 300km，检修雨水管网 46km，新（改）建雨水泵站 27 座。实施虞山泄洪引蓄改造，推进高新区、吴中区山丘区撇洪沟建设。

（3）推进河湖畅流活水改造

促进活水。加强河、湖、荡水系连通，推进县域重点河道整治，推进常熟市、太仓市、昆山市、高新区等城区水质改善，继续实施金鸡湖及周边水域水环境综合治理，市区实施完成胥江引水工程，研究虎丘湿地生态修复。实施张家港市、常熟市、太仓市、昆山市、吴江区、吴中区等地共约300条乡级生态河道建设，推进农村畅流活水及河道清淤疏浚，改善农村人居环境。

（4）推进生态美丽河湖建设

协力共建生态廊道。在确保防洪、航运等安全前提下，统筹上下游、联合各部门同步推进望虞河、吴淞江、太浦河等骨干生态廊道建设，推动生态绿色共建共享、普惠于民。倾力打造示范河湖。落实生态美丽河湖建设任务安排，全市建成2700条左右生态美丽河湖，打造10个省级、200个市级、2000条县市（区）级生态美丽河湖，推出2～3个有全国影响力的生态美丽河湖典范。全力建设美丽湖群。打造阳澄湖、澄湖、昆承湖、淀山湖元荡、同里湖、北麻漾等6大生态美丽湖泊群，务实绿色本底，促进产业集聚，打造生态美丽湖群新风景。开展生态美丽湖区建设专题研究。

6.9.6 地下空间建设

（1）中心城区雨水管渠的建设可结合道路大中修、积水点整治、泵站改造、雨污混接改造、调蓄设施建设、海绵城市建设，提升中心城区排水系统建设标准。实施排水管网完善工程、雨水管道补缺工程。有序推进绿色基础设施建设，结合海绵城市建设、城市更新落实绿色基础设施。

（2）苏州需要充分利用地下空间资源，并与海绵城市建设相结合，采取“灰绿结合”的方式，完善城市功能，提高城市韧性，改善生活品质。

（3）推进地下停车结合地面海绵建设，老城范围旅游换乘和P+R换乘停车场的地下化提升改造，截流外来私家车辆，换乘绿色交通进入古城；推进古城内公园绿地、学校操场、河道恢复等区域的地下立体公共停车场建设，结合积水点、低洼地等建设地下雨污水管网、雨水收集设施等，在弥补停车供给短板、改善古城道路停车秩序的同时，增加城市韧性。

（4）提高地下市政基础设施的服务能力，提升古城整体风貌，结合轨道交通线路建设、历史河道恢复、历史街区环境整治等工程项目，实施小街小巷管线入地，待时机成熟时开展电力、通信、给水、中水等管线入廊，提升市政设施效率。

6.10 推进智慧海绵系统建设

“苏州市海绵城市建设监测系统”平台在试点工作期间提供了基础数据资料积累、项目全流程管控、建设效果考核评估等多方面的决策支持，为试点工作的开展提供了充分、详实、科学的建设依据，并为海绵城市建设在全市范围的推广提供了智慧化平台保障。

随着全国海绵城市建设工作的开展，海绵城市建设有了新的目标和要求，结合江苏高质量发展的总体目标，苏州在各项工程项目建设中充分融入海绵建设理念和思路，形成符合苏州水乡特色的海绵建设实践。为更加高效管控海绵城市建设，逐渐将试点经验拓展到全市范围，建立统一标准规范和体系，亟需在原有监测系统基础上优化建设综合管控系统平台，以逐步推进海绵城市建设，达到 2030 年 80% 建成区面积完成海绵城市建设要求。

6.10.1　总体目标

针对海绵建设理念新、目标多的各项实际，综合管控平台以形成完善的体系和规范为核心，在“苏州市海绵城市建设监测系统”基础上拓展时间和空间维度，时间上建立覆盖控规、方案、施工、验收、评价、运维全流程的管控体系和标准体系，空间上由试点区逐渐向主城区辐射，通过试点经验指导全市范围海绵城市建设。

总体目标为建立一个数据中心、完善三个服务、更新三个一张图、优化 X 个应用、提升建设要求和标准。

（1）一个大数据中心：包括监测数据库、海绵设施与项目库、海绵工具箱、文件库、企业库、用户库，实现海绵城市相关信息的数据汇集、管理与可视化，实现数据“一张图”管理。

（2）三个服务：梳理目前智慧海绵城市平台中的地图服务、监测服务、模型服务，更新、补充服务的 GIS 数据，更新发布服务。

（3）三个一张图：梳理并完善建设进展一张图、监测一张图、海绵项目一张图。

（4）拓展多个应用：实时进展、项目管理、方案审查、辅助设计，以满足当前阶段的工作需要。

（5）标准体系建设：以海绵建设全过程中各项导则、指南和标准要求为核心，构建信息化标准体系，包括数据、资料、业务流程等。

6.10.2　建设原则

苏州市智慧海绵系统数据种类繁多、结构复杂和数据量大。根据体系的具体特点并结合实际工作需求，确定系统的总体建设应遵循下列基本原则。

6.10.2.1　以用户实际需求为导向

苏州市智慧海绵管控平台需求来源于海绵主管单位、审图单位及设计单位。在全面推进海绵城市建设过程中，海绵主管单位负责总体建设进展把控，审图单位负责工程项目设计图纸质量把关，设计单位对地块达标情况进行评估。

现有的工作中，海绵主管单位想要掌握管辖范围内的建设进度通常只能通过查看各部门上报的统计数据，信息滞后，正确性无法保证。审图单位对于海绵指标无有效核算工具，人工审核工作量较大。设计单位多以容积法辅助设计，已无法满足复杂系统项目的达标核算。

苏州市智慧海绵管控平台以满足上述三种用户需求为目标，构建服务于规划、设计、评估全过程的计算体系和软件平台。

6.10.2.2 统筹兼顾，充分利用已有信息资源

苏州市智慧海绵管控平台以正在运行的“苏州市海绵城市建设监测系统”为基础，通过对已有系统的数据库、软件架构进行摸排，梳理出所有可复用的内容，与现有系统进行耦合，扩展平台内容满足全市海绵管理工作需求。

6.10.2.3 先进、实用、高效、可靠原则

苏州市智慧海绵管控平台作为智慧化管理系统，在设计思想、系统架构上均采用国内外成熟的技术、方法、软件、硬件设备，特别是针对海绵建设方案达标分析的模型模拟技术，作为智慧海绵管控的核心，与数据标准体系充分结合，确保系统具有先进性、前瞻性、扩充性，符合技术发展方向，延长系统的生命周期，保证建成的系统具有良好的稳定性、可扩展性和安全性。

智慧化的建设初衷是提高工作效率，辅助决策者进行重要事项的决策。因此，智慧海绵重点考虑系统运行、响应速度快等高效性能，各类数据组织合理，信息查询、更新、图形渲染流畅，而且不因系统运行时间长、数据量不断增加而影响系统速度。

智慧海绵系统要能够满足用户业务功能的应用需求，适应各业务角色的工作特点，易于使用、管理及维护，要充分考虑应用和维护的方便性、灵活性，提供简洁、方便的操作方式和可视化操作界面，使其成为可以依托的有力工具。

智慧海绵系统必须在建设平台上保证系统的可靠性和安全性，设计中可有适量冗余及其他保护措施，平台和应用软件应具有容错性、稳健性等特点。要采取适当的措施保证系统的安全运行，防止病毒、黑客等入侵，设置系统权限，确保系统、数据的安全和可靠。

6.10.3 总体建设思路

苏州市智慧海绵管控平台建设主要目标为指导和规范全市范围海绵城市建设，其核心内容均围绕各项工作的标准和导则设计，为合理进行平台架构设计，首先要进行智慧海绵平台的标准体系建设。

（1）数据库标准建设。从底层规范智慧化平台底层数据库标准，统一数据格式、数据存储、数据服务，为各项业务应用打好基础。

（2）资料标准建设。对各业务流过程中的数据和资料提出格式要求，形成统一格式规范，保障各业务板块之间的信息流转。

（3）业务流标准化建设。以《苏州市海绵城市建设规划设计导则（试行）》《苏州市海绵城市设施施工和验收指南（试行）》《苏州市海绵城市建设施工图设计与审查要点（试行）》等规范为核心，构建覆盖控规、方案、施工、验收、评价、运维全流程的业务体系，通过信息化的方式实现业务管理工作的标准化、高效化。

6.10.4 系统总体架构设计

系统平台总体架构充分考虑复用与接入需求，设计为 Client-Server（C/S）、Brower/Server（B/S）、Mobile/Server（M/S）三种相耦合的架构，共享站点服务器数据和服务，构建共享平台（图6.10-1）。

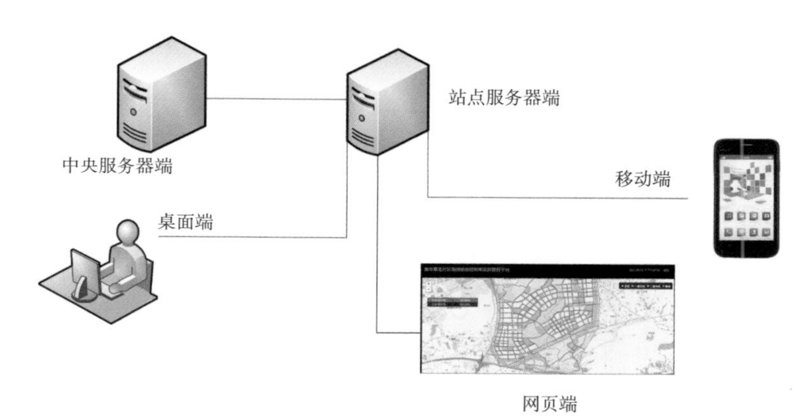

图 6.10-1 系统架构设计图

（1）中央服务器：以地级市为单位建立集中服务器，存储全市范围内海绵相关设计及评估资料与数据，并考虑与苏州市住房和城乡建设局总体管理系统的接入需求。

（2）站点服务器：以各地审图办为管理节点，负责管理和存储审图单位涉及的海绵项目资料和信息。

（3）桌面端：功能包括审图软件和设计评估软件部分，为审图人员提供指标核算能力，为设计人员提供辅助计算方案达标情况分析能力。

（4）网页端：根据管理权限和级别提供全市或辖区范围内数据实时动态计算与海绵实际建设进展情况呈现。

（5）移动端：提供移动端项目信息查看、项目巡查养护和业务流信息提醒等功能。

6.10.5 综合展示

梳理并完善监测一张图、海绵项目一张图、海绵设施一张图，提供用户自主新增监测站点、项目分布、设施分布能力，便于全市范围上传相关资料与数据。

新增建设进展展示一张图，展示各管控单元（分级）控规指标要求、实际建设进展信息，并已专题图分色渲染实际目标完成百分比。

（1）规划进程。以专题图和列表形式分级（全市、行政分区、管控单元、项目地块）呈现控规指标要求。

（2）实时进程。通过抓取实际建设项目数据计算总体实际进程结果情况，提供图文表等多形式结果展示，如面积完成百分比、控制率等指标实时完成情况。

（3）海绵日历。以仿真台历形式展现海绵建设关键节点信息，包含项目信息，可点击链接到具体项目和时间节点详细情况。

6.10.6 建设进展

（1）实时进展。根据项目建设进展数据，动态实时更新区块、片区总体海绵指标数据，评估完成进展，可查看不同级别（全市、行政区、管控单元、具体项目地块）的详细计算数据。

（2）预警提示。通过对比控规要求与实际进展情况，评价分析各级别（全市、行政区、管控单元、具体项目地块）达标情况，对于滞后项目进行预警和提示。

平台提供基于考核指标要求的动态数据统计分析能力，并一键导出相关核心指标统计结果报表，实现建设进展的及时上报与存在问题的快速下发。

6.10.7 项目管理优化

“苏州市海绵城市建设监测系统”已建立项目管理模块，该模块业务流程相对独立，可对项目从立项到竣工验收整个工作流相关资料进行存档，但尚未考虑海绵项目审批业务流衔接问题。

为衔接海绵审批与各项现存行政审批，需要优化项目管理模块，接入修建性详规、项目立项、初步设计、海绵指标报批、施工图设计、施工图审查、竣工验收各阶段与海绵相关的信息，其中的设计审查、竣工验收是项目管理中的关键步骤，并与下述的辅助方案设计、施工图审查 Client-Server（C/S）端软件相衔接，提高海绵项目业务流管理的智能化与高效化（图 6.10-2）。

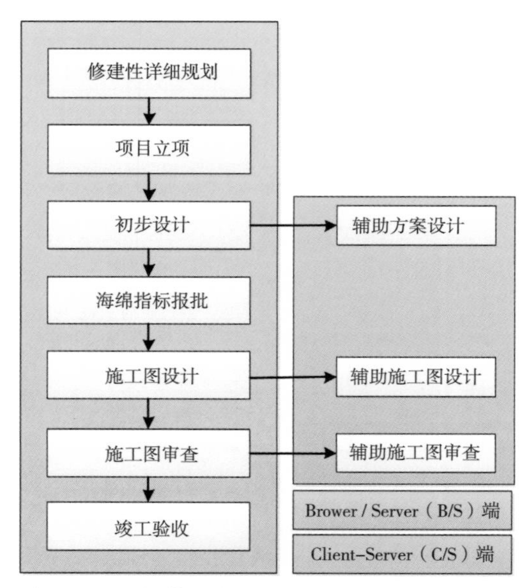

图 6.10-2 项目管理流程图

6.10.8 辅助方案设计

嵌入 SWMM 模型计算能力，提供基于容积法和模型法方案实时评价计算功能，为 Client-Server（C/S）软件应用，设计单位可基于软件进行实时方案计算和设计，并内嵌苏州本地雨型数据与工具箱，设计人员通过 Client-Server（C/S）与海绵办服务器端进行交互联动，实时查询项目地块控制指标要求，并能实时动态计算方案达标情况，为方案进一步调整提供参考，辅助设计。最终将设计方案结果上传至 Brower/Server（B/S），保障项目管理业务流完整和资料信息的共享。

Mobile/Server(M/S) 端可与（B/S）端设计审批申请衔接，也可单独嵌入微信等应用程序，对审批申请结果进行及时提醒，提高工作效率。

6.10.9 施工图审查

以标准体系建设为基础，对各设计单位资料进行统一格式和内容要求，按模板上传相关审查资料，审查平台分为 Client-Server（C/S）、Brower/Server（B/S）、Mobile/Server（M/S）三种形式，Client-Server（C/S）本地电脑打开审图软件，数据直接关联服务器端设计单位上传规范格式数据，利用（C/S）端软件进行数据格式和方案达标情况审查，提交反馈意见至（B/S）端，并通知相关设计单位查收审图结果，如不通过需要修改方案设计单位按上述上传资料流程进行重新提交，直至方案通过。

审图（C/S）端嵌入容积法和 SWMM 模型计算能力，快速高效评估方案达标情况，辅助审图人员进行专业审图工作。

Mobile/Server(M/S) 端可与（B/S）端方案审批相衔接，也可单独嵌入微信等应用程序，对新增审批申请进行及时提醒，提高工作效率。

6.10.10 建立城市暴雨监测预报预警系统

由苏州市气象局牵头，水务局、环境保护局等部门配合，建立暴雨预报预警体系。负责天气形势变化的监测、分析、预报，及时、准确提供雨情发展趋势，分析其对城乡生产生活、农作物、江河水质、生态环境等方面造成的不利影响和应对工作建议。暴雨来临之前，提前通过广播电视、手机 APP、短信等方式向市民发出暴雨预警，做好相关防范工作。

6.10.11 健全城市防洪和排水防涝应急预案体系

健全城市排水防涝和防洪应急管理体系，明确组织机构及职责，强化应急工作机制、预测预警机制、应急准备工作、应急响应、应急保障和后期处置工作内容。结合已有的苏州市应急管理机制，以城市暴雨内涝监测预警平台为基础，建立以气象短期预报、排水应急能力建设、河道管理应急能力建设、交通管理部门能力建设和应急管理制度为主的应急机制，建立统一的工作频段。

6.10.12 加强应急管理组织机构、人员队伍和抢险能力建设

强化城市防洪办的组织机构建设，按照应急全员投入、平时按责工作的机制，增加编制以满足工作需要。应增设专职综合平台运行人员，培训和演习专职宣传人员等，培训采用分级负责，由市、区两级防洪办组织，在培训的基础上强化多个部门联合、专业抢险队伍有针对性的演习。明确奖励与责任追究的制度。

加强领导，细化责任，构建完善的应急组织和制度体系。科学部署、合理统筹，建设完备的应急队伍体系。加强联动，共享信息，完善顺畅的应急救援机制。加大投入，强化保障，夯实物资基础。深化培训，加强演练，提高救援队伍的实战能力。转变观念，提前预防，实现“应急准备从预防开始，应急响应从预警开始”的应急工作模式。

6.10.13 建立海绵系统物联网与大数据分析平台

基于苏州市海绵城市监管平台，统筹全域城市生态修复、生态基础设施建设、老旧小区改造、宜居住区建设、地下空间建设等海绵城市规划设计、技术标准、施工管理、评估评价、在线监测、运维管理、产业发展，实现分层管理，构建高敏感性的全方位海绵城市管理系统体系，建立海绵系统物联网与大数据中心。一方面，运用海绵系统大数据分析评估低影响开发设施的运行效果，尤其是在强暴雨期间，进一步完善方案中的 SWMM 模型。未来可纳入到苏州智慧城市生态环境管理大系统中，为今后的海绵系统优化和推广提供科学依据。另一方面，海绵系统大数据将作为公众、企业与投资参与平台，围绕海绵系统，合理优化城市空间分布，提升苏州城市整体的宜居性和区域经济竞争力。

6.11 发展海绵绿色产业

海绵城市建设是实现生态环境保护与修复、城市建设协调和谐发展的新时代中国城市建设道路，也是实现中国城市转型发展、科学发展，建设生态、美丽中国的有效途径。自 2013 年习近平总书记提出建设“自然存积、自然渗透、自然净化的海绵城市”以来，经过两批国家试点建设和两批江苏省试点城市建设，成果显著、效益明显，2020 年住房和城乡建设部要求全面系统推进海绵城市建设。

海绵产业包括直接用于海绵城市建设的材料及装备产业（如水泥制品、新型建材、复合材料等产业）和

对海绵城市建设有直接影响的咨询策划、规划设计、建设运营、技术产品供应等全链条产业，同时涵盖需实施产业结构优化、转型升级、绿色发展的传统产业。

抢抓海绵城市建设机遇，立足于苏州市平原水网、古典园林、历史文化等众多自身特点，充分激发市场参与的活力，规范化本地技术措施、严格化海绵标准、有效化建设系统评估、智慧化产业链条管控，建设科技创新载体，助力苏州海绵城市高质量发展，推动苏州市以海绵城市建设为特色的绿色生态产业发展，进而打造海绵建设“苏州工匠”，创建苏州“海绵品牌”。

2021 年 4 月，苏州组建了“产、学、研、用”融合发展的海绵城市研究院，建立海绵城市产业联盟，初始成员单位达到 165 家，开展海绵城市创新产品研讨会、利废型海绵产品沙龙、科普夏令营、海绵校园建设、高品质海绵城市建设研究、轻质型屋顶绿化建设研究等活动，为苏州高质量高水准推进海绵城市建设提供全过程服务。

第7章 海绵城市建设创新实践

苏州在海绵城市建设中注重建设项目落地，突出创新实践，秉持“精细化、精准化、精致化、精品化”的原则，精雕细琢，将海绵城市系统思路渗入道路广场、河湖水系、公园绿地、建筑小区建设中，将苏式“园林精髓”融入“海绵景观”中，乔灌草高低错落，配以廊、桥、亭、榭、石等，以海绵促“园林”；推进历史街区渐进式、小规模海绵化改造和“大分散、小集中、一体化、多样化”的社区公共空间建设，以“小切口”实现“大成效”，提升城市宜居品质。

苏州基于“四高一低”的特点，统筹保护自然生态格局，重构和修复多类型多水质交错的生态系统，强调在源头控污减流，构建以分布式低影响开发设施和自然水系为主、绿色和灰色基础设施并重的生态雨水系统，注重全域谋划、系统施策，注重因地制宜、分类实施，注重急缓有序、突出重点。本次节选苏州市一些典型的项目与读者分享。

7.1 公园绿地类项目中的海绵城市建设

公园绿地作为城市海绵体的重要组成部分，在海绵城市建设中起着重要作用，不仅满足休闲娱乐、美化环境、生态斑块、隔离喧嚣而亲近自然等功能基础，还能够消纳本身雨水和外部客水，并作为灰色区域（道路、建筑等）与蓝色区域（水体）之间的纽带，有效蓄、滞、净雨水。

7.1.1 虎丘湿地公园海绵城市建设

虎丘湿地公园位于苏州中心城区西北部，地跨姑苏、相城两区，总面积9.46km^2，2006年起，苏州市开始对虎丘湿地区域进行生态提升，从鱼塘退养到海绵公园经过两个阶段、两次飞跃，从湖荡纵横场地的肌理和水乡特色风貌的特质出发，沟通内部水系，提升净化功能，串联上下游生态廊道，维系高等植物400余种、水生植物100余种、水生动物30余种、鸟类100余种，内部水体稳定为Ⅲ类，局部水体部分时段可达Ⅱ类，营造出了一个集“蓄、净、养、供”功能于一体的生物多样性、生态稳定性的多种自然形态的海绵城市湿地公园，是苏州“四角山水”空间布局的重要组成部分和重要的生态源地、苏州西北地区重要的“生态绿肺”、中心城区旁的最佳生态空间，西塘河穿越而过，承担着苏州市应急备用饮用水源功能和古城自流活水引水水源的重要功能（图7.1–1）。

7.1.1.1 建设前基底情况

虎丘湿地公园西邻金阊新城，东临相城中心区，南临虎丘风景区。清朝时名为“长荡湖”，是一川稻香绿，十里荷花香，千池鱼虾跳，万顷碧波流的世外桃源。整个区域拥有鱼塘、湖泊、农田等自然形态，河道纵横，水田交织，是天然质朴的水乡。但由于个人承包和城市快速建设，人工鱼塘与工业用地吞噬自然湖面，河道淤积，

图 7.1-1　虎丘湿地公园建成鸟瞰

污水漫流，生态系统紊乱，生态功能减弱（图 7.1-2、图 7.1-3）。

7.1.1.2　改造目标与愿景

基于“最小干预、最大参与、软硬结合、主从有序”的主体原则，对虎丘湿地的生态进行改造与提升，从场地的肌理与特质出发，打造集水源涵养、湿地科普、自然体验、休闲度假等功能于一体，展现岛、岸、湖、湾等多种自然形态的城市湿地公园。从空间上构建芦苇碧塘涵养区、科普体验区、水上休

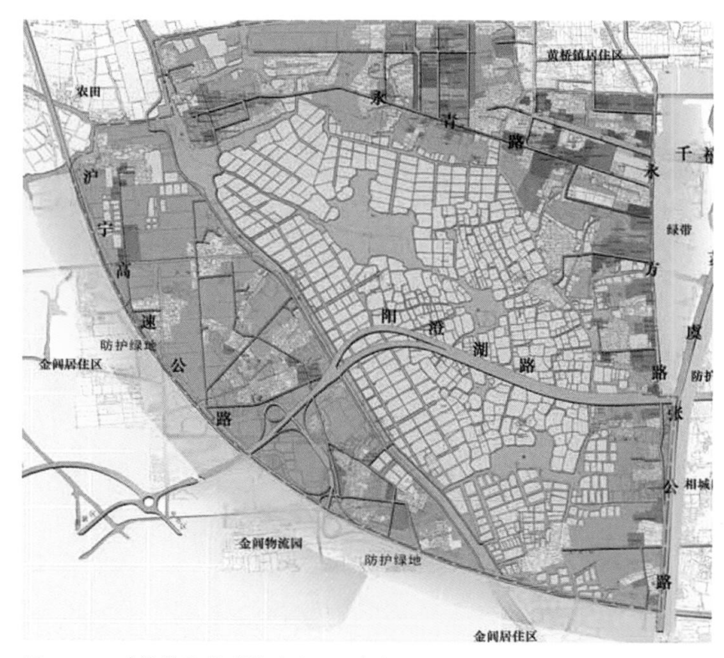

图 7.1-2　建设前的虎丘湿地（2006 年）

图 7.1–3 虎丘湿地建设前部分节点照片

闲区等“一核一环十区”结构，可实现对周边区域蓄洪 400 万 m^3，净化上游和周边、高架来水，为城区提供 30 万 ~ 50 万 m^3 优质水源，同时可满足生态保育、度假休闲、生态科普教育等功能。塑造成为具有显示度的海绵城市项目，构建自然生态手法的雨水管控示范，营造效益高的综合协调发展典范，传承江南地区水文化的生态科普课堂（图 7.1–4）。

图 7.1–4　虎丘湿地功能布局

7.1.1.3　改造原则与策略

根据基底条件，结合“海绵型”郊野公园的设计目标，侧重以径流峰值和径流污染作为主要控制目标，综合考虑雨水资源化利用；在净化和消纳自身雨水径流的同时，为周边区域提供雨水调蓄、滞留的空间。在具体提升做法上，通过尊重场地特征的生态化改造，切断污染源，合理调配与重组淤泥土方，沟通与外界河塘联系，构建多细胞微循环净化系统，保留大型洼地水塘，建设具有雨水调蓄和净化功能的湿塘，做好景观绿化，最大程度提升湿地“蓄和净”的功能，充分发挥湿地公园净化水体、保护动物、蓄洪排涝等综合生态效益，以满足城市韧性发展需求，使公园成为苏州中心城区的绿肾。

（1）强调雨水系统的专业统筹与系统设计，突出海绵型湿地相关技术与景观的融合。

（2）强调海绵型湿地建设目标和海绵技术应用的适宜性和科学性。

（3）强调在确保绿地应有的功能前提下，采用自然的手段引导雨水的自然渗透、自然汇蓄进入自然水体及资源化利用。

7.1.1.4　外联水系、区域协调

虎丘湿地开发前与外部水系缺少沟通，森林和花卉背景区内部市政河道与西塘河连接处的闸门处于常闭状态，片区内水体常年缺乏流动性。且白鹭港将西塘河以东分为姑苏区和相城区两个独立的板块。姑苏区核心区湿地系统面积较大，三块分区相对独立；相城区水面积较大，自成一块独立的区域。上述布局导致虎丘湿地内部水系相对独立，水体虽然具有一定的自净能力，水质总体较好，但近岸较湖心差，湿地内部水质也不稳定，透明度偏低，水流缓慢或停滞，与外界的连通性不高（图 7.1–5、图 7.1–6）。

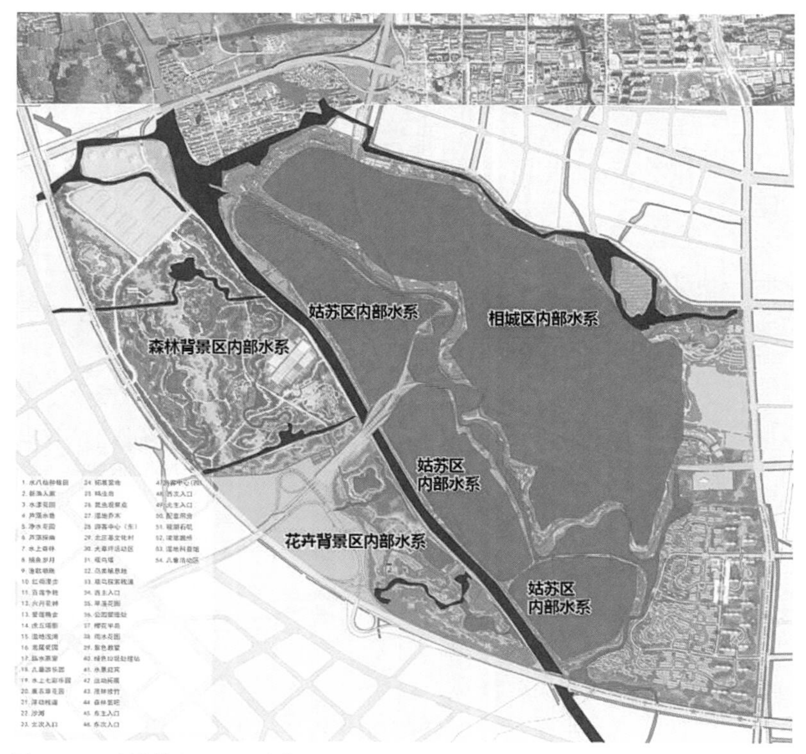

图 7.1–5　建设前虎丘湿地水体格局

图 7.1–6　建设前控制建筑物分部及控制水位

白路闸

宏图桥套闸

壮志桥套闸

通过整治白鹭港，引水入虎丘湿地公园；沟通河东浜与白鹭港、金港桥、友谊河，实现相城片区与姑苏片区水体畅流；打通新莲河与森林背景区龙形水系，实现森林背景区对水体的净化过滤作用（图 7.1–7、图 7.1–8）。

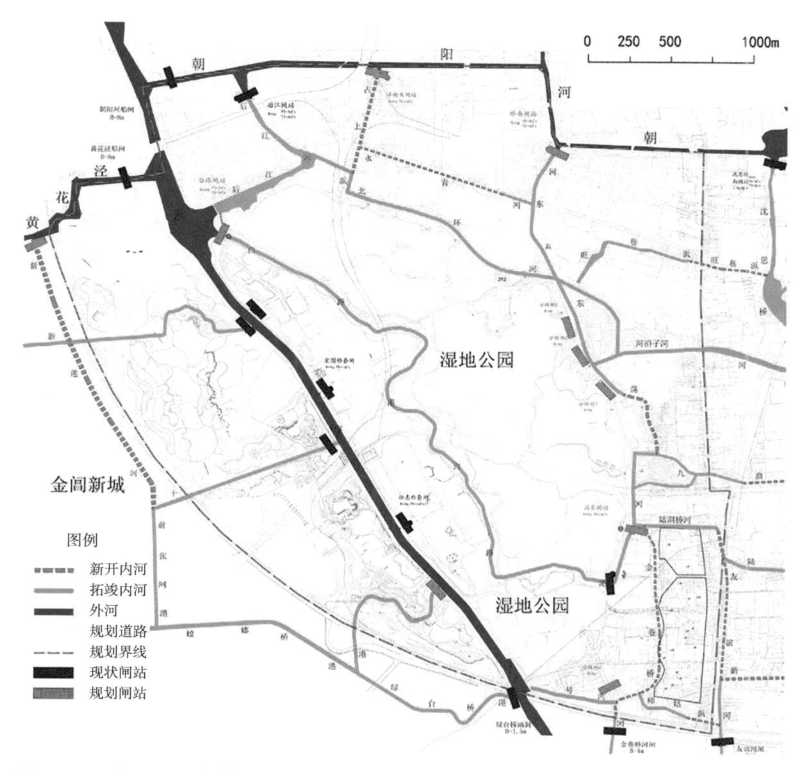

图 7.1–7　打通湿地与外界联系

7.1.1.5　内串沟塘、水体灵动

梳理现有水系，沟通场地内的河道、水塘，形成形态优美、水质清澈的生态载体，充分发挥其在雨水调蓄、净化水质、生物栖息多方面的作用，通过节制闸等水利设施，合理控制水面液位，确保景观效果和湿地功能的平衡统一（图 7.1–9）。

图 7.1–8　虎丘湿地水系连通方案布局

连通水塘湖体，保留了大部分的鱼塘，重新挖了水塘通道，改造成 3 ~ 5 级落差，形成错落有致的“海绵泡”，每一个水塘深约 0.9~1.8m，通过重要节点设置动力设施，让湿地水体流动起来。降雨时雨水和周边径流流经几个错落的“海绵泡”后，变成涓涓细流，多个“海绵泡”又串联成为多塘系统，截至目前已构建 60 个多塘系统。

西塘河西侧通过对河道的联通以及新建河道改善区内水动力条件，提升水系排水能力和自净能力；西塘河东侧重点梳理了虎丘湿地公园内部水系之间及内外水系之间的关系，统筹协调湿地水环境保护和防洪排涝要求；通过水系生态修复、滨水湿地和植被缓冲带的建设削减面源污染；基于对片区内水环境的保护要求，对片区内规划新建的居住小区提出较高的海绵化建设和径流及污染控制要求（图 7.1–10）。

图 7.1–9 内部水系联通

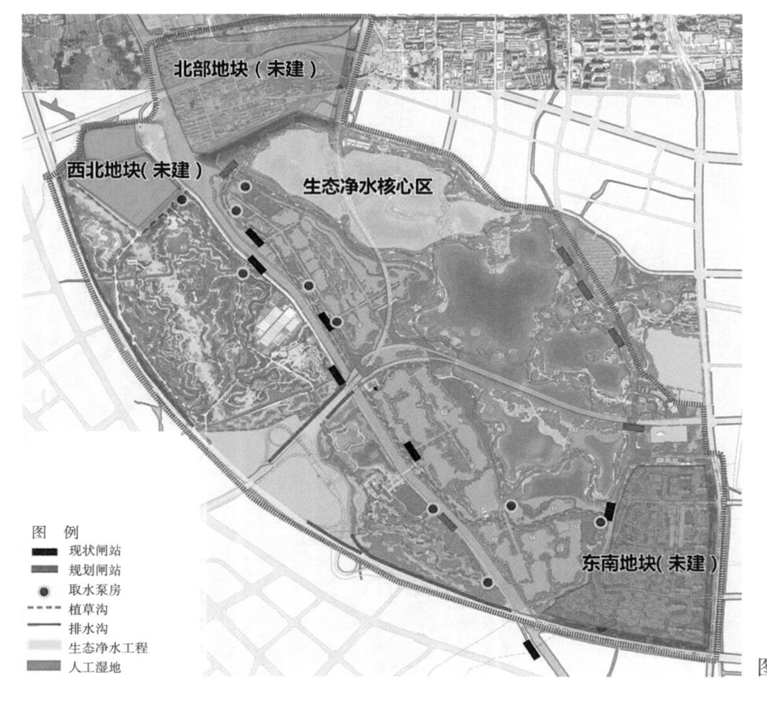

图 7.1–10 水系统及附属设施布局图

遵循现有水陆布局，联通部分水塘、河道，利用公园水系较浅区域，发挥原有池塘基底，修复为交替式人工湿地；对于与周边建设区域衔接的水塘、水体，经过竖向调整，改造为湿塘；在相城片区建设生态净水区，为下游城区提供优质产品供给；对于湿地内部的节点，设置有钢渣透水主干道、透水园路、生态植草沟、雨水花园、生态旱溪、小微湿地等海绵设施，并通过生态净化后的水体进行绿化浇灌和广场、路面的冲洗；梳理改造水系岸坡植物系统，建立生态漫滩体系，在兼顾整体效果的前提下，以种植净化效果较好的水生植物为主，并体现多样性；逐步丰富湿地系统的生物多样性，开展科普宣传教育（图 7.1–11~ 图 7.1–14）。

图 7.1-11　湿塘初级处理快速路径流雨水

图 7.1-12　建设后的生态塘

图 7.1-13　生态旱溪

图 7.1-14　透水混凝土园路

7.1.1.6　提升改造湿地系统

湿地对水体及地表径流具有良好的净化和缓冲功能，为动植物提供了丰富的生境类型，从水体自陆地的过渡区内生物物种丰富，有较高的生态价值（图 7.1-15）。

利用现有或新开水系，改造为人工湿地。通过取水泵房取水后引入人工湿地，处理净化后再流入水系，新增人工湿地总面积约 15 万 m^2（图 7.1-16）。

建设根孔湿地系统。建设期间通过尊重场地特征的生态化改造，切断污染源，淤泥土方合理调配与重组，将原有场地的秸秆、植物通过处理后进行填埋，模拟天然湿地的芦苇根孔系统，通过人造根孔与自然根孔之间的过渡和湿地根孔的不断更替，实现湿地基质的自我更新，提高湿地的生物和化学活性，实现多种污染物质的降解及吸附，构建湿地的芦荡区（图 7.1-17）。

构建多塘生态系统。沟通池塘，构建成了“水污染控制—水资源调蓄利用—清水通道修复—河道水体生态环境改善”多塘系统（图 7.1-18）。

形成组合花草化器。公园里看起来青翠欲滴的花花草草也大有玄机，根据生态自然系统机理，在外界径流量大的区域和大水面区域，设置沉淀塘，一人多高的芦苇、海芋随风飘荡，它们固沙力强、吸污力强，能过滤大颗粒悬浮物、细小沙砾和易沉降的污染物。纵深处是状如长剑的菖蒲、直立挺拔的水芹，其作用为净化病原体；水中的纸莎草、睡莲不仅为景色增艳，也有吸收水中重金属、保持水质稳定的功效，绿色生态圈孕育科技生态链，据统计虎丘湿地公园内维系高等植物 400 余种、水生植物 100 余种（图 7.1-19）。

图 7.1-15 建成后的稳定塘

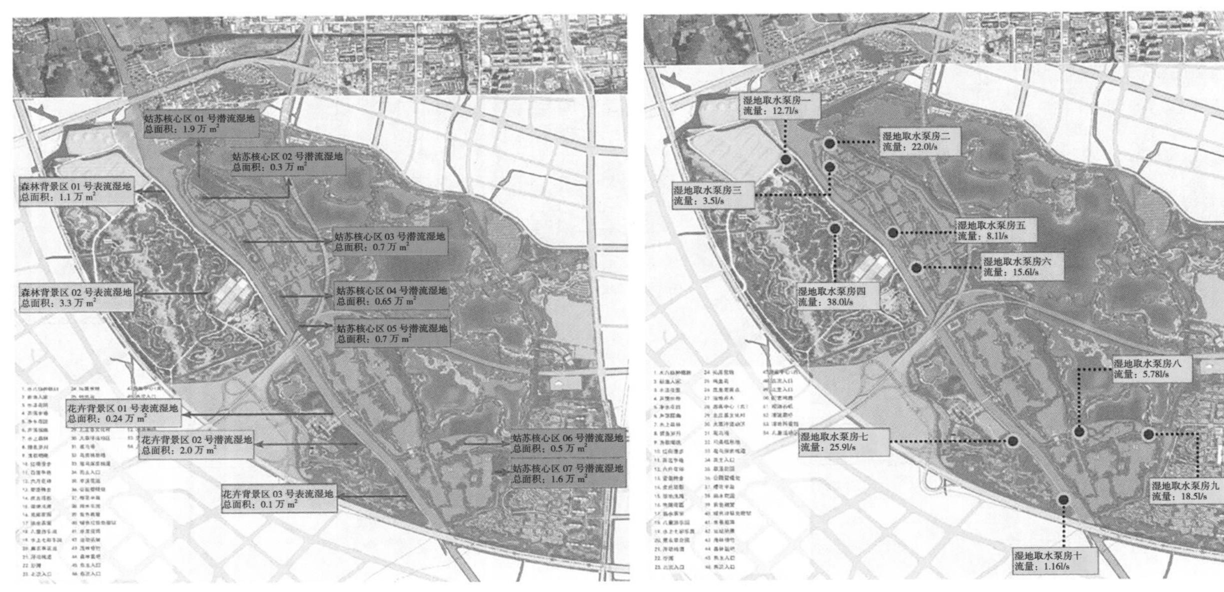

图 7.1-16 湿地系统进出水布局

图 7.1-17 根孔湿地建成效果（一）

图 7.1–17　根孔湿地建成效果（二）

图 7.1–18　多塘系统图

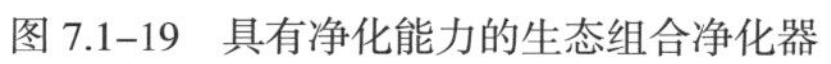

图 7.1–19　具有净化能力的生态组合净化器

7.1.1.7 实现对径流雨水的消纳

海绵城市建设更重要的是有机融合灰绿系统，有效、积极发挥城市湿地诸如滞蓄、疏导、调节等各项功能，区域统筹、聚焦湿地内核，直接消纳周边 100hm^2 区域雨水径流，让苏州这座城市回归生态本源，促进城市生态循环，让城市与自然和谐共生，“依水而居，因水兴城”的苏式生活融化在吴侬软语的柔波中，荡漾在小桥流水的屋檐下，沉醉在街头巷尾的脚步里（图 7.1–20）。

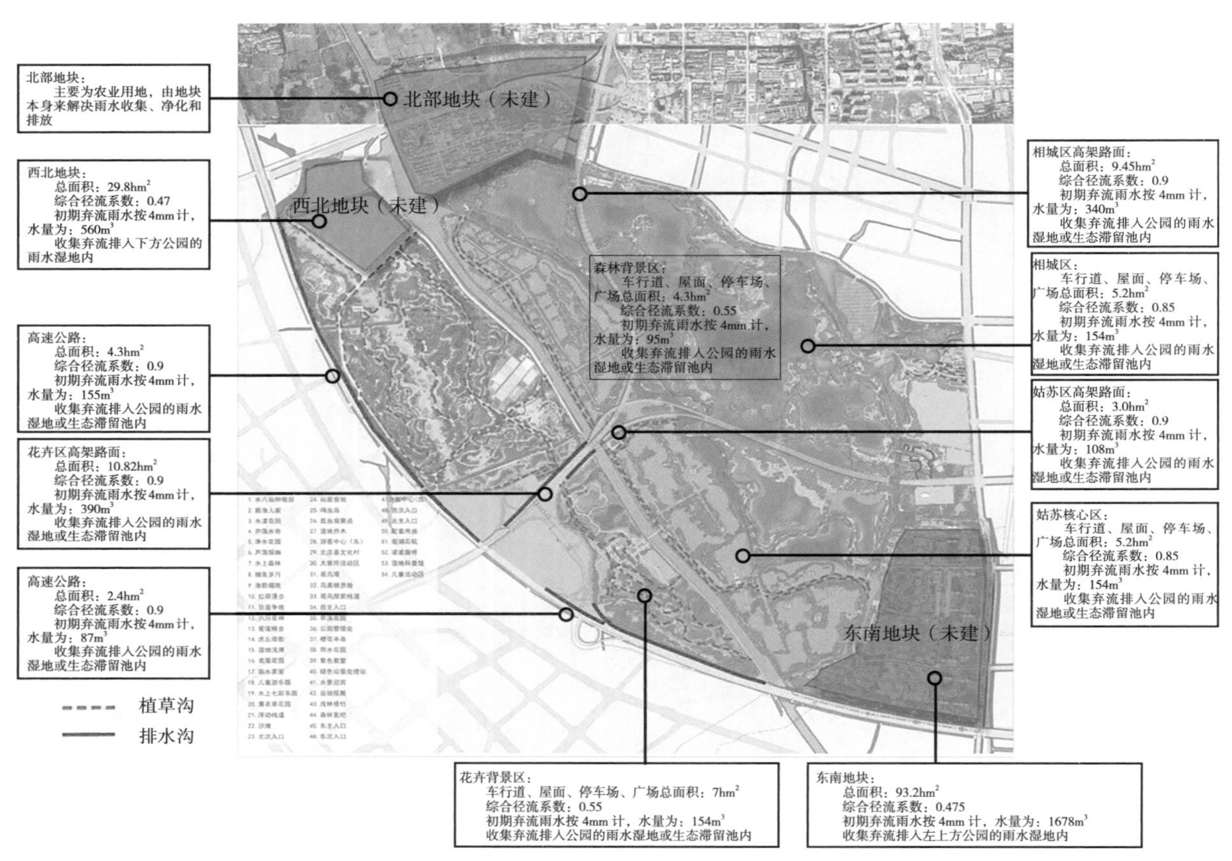

图 7.1–20 虎丘湿地片区分区管控指标

7.1.1.8 打造海绵科普乐园

依托湿地生境建立室内展览与室外体验结合的科普教育系统，通过触摸、游戏、探索等方式鼓励游人互动，特别是儿童与青少年，能借此了解湿地生态系统的构成，增加对湿地动植物的直观认知，产生对湿地与自然的兴趣，从而自觉地保护生态环境（图 7.1–21、图 7.1–22）。

科普教育功能中，突出海绵城市、水源净化、水土保持、生物栖息等综合生态功能，展示植物生态净化水体技术流程。

图 7.1-21 湿地生境示意图

图 7.1-22 海绵型湿地科普区

7.1.1.9 “九大技术”助力，亮点纷呈

着重运用生态学原理并以生物多样性保护为首要原则，在研究苏州乡土植物的综合功能和群落构建基础上，因地制宜、细致入微，探索路径、考验产品、改善工艺，秉持“精细化、精准化、精致化、精品化”的原则，以“小精巧”技术措施，精雕细琢。打造海绵设施组合拳，系统性构建小细胞到大格局的形成。

将自然生态手法运用于虎丘湿地生态修复过程中，充分发挥了湿地公园净化水体、保护动植物、蓄洪排涝等综合生态效益。在已建区提升中，采用了较多的植草沟、雨水花园、小微湿地、生物滞留湾、多塘系统、透水铺装、湿塘、根孔湿地、集雨型湿地等九大技术措施，增加配套设施 2000 余平方米，种植乔灌木 160 余种，突出筛选耐水湿乔木 10 多种、水生植物 50 余种。在新开发建设区域，通过与各类观花植物的合理搭配，突出营造花海景观，重点运用植草沟、下沉式绿地、植被缓冲带、雨水花园、透水铺装等绿色措施，为将来公园的可持续运营打下坚实的基础，实现低成本的维护。

7.1.2 第九届江苏省园艺博览会博览园

第九届江苏省园艺博览会博览园（以下简称“园博园”）位于苏州吴中区临湖镇太湖东岸区域，园区总面积 236hm^2，地块开发前主要为鱼塘、田地、林地、河道和村庄，地形平坦、水面分散、水系连接不畅。园博园的建设依托太湖水环境综合治理，结合江苏省村庄整治新技术的集成应用与示范，秉承“自然积存、自然渗透、自然净化”的指导思想，遵循生态优先、因地制宜、功能完善、科学设计、艺术园林等原则，梳理现状鱼塘、村庄水系、顺堤河间的联系，系统考虑外来客水与园内水系的关系，充分利用雨水资源，恢复自然水文循环、改善生态水环境、提升景观效果、削减面源污染，满足园博园功能需求的同时，集中、全面地展示了海绵城市理念与建设成效，为苏州打造了首个大型具有示范意义的“海绵型郊野公园”（图 7.1–23）。

图 7.1–23 园博园建成后鸟瞰

7.1.2.1 项目整体构思

第九届江苏省园艺博览会依托太湖，探索和实践海绵城市理念，园区及各城市展园采用源头削减、过程控制、末端处理等雨水综合管理办法，通过渗、蓄、滞、净、用、排等多种技术，探索实践海绵技术在园内的系统应用。在增加雨水滞留、释缓功能的同时，尽量保证原有的景观功能不缺失、设计标准不降低、园林品质有新意（图 7.1–24）。

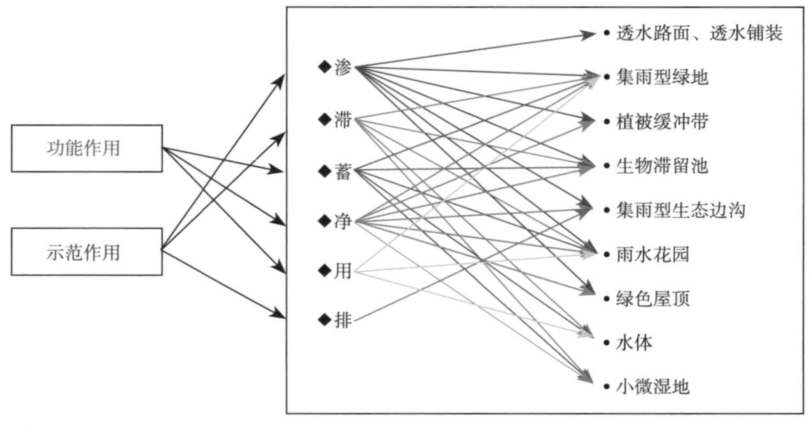

图 7.1–24 海绵城市建设思路

7.1.2.2 系统布局构建

总体布局设计。根据“海绵城市”设计理念，在自然地形的基础上优化道路与绿地关系的竖向设计，构建园路路面与绿地汇水、蓄水的关系。最大限度地保留了原有主要河流、湿地和沟渠等水生态敏感区，同时也结合园博园功能需求对现状部分鱼塘、村庄水系、顺堤河等进行了沟通和梳理，通过地形、水网和集中水体的构建使原有无序、杂乱的水生态区域更加系统和高效（图 7.1–25）。

水系平、剖面优化。对场地现状条件较好的水系进行了全部保留，并在保护的基础上对原有水系进行了优化设计，其中包括水系平面形态的优化，增加了水系弯曲、蜿蜒、流畅的自然线势与岸线长度，提供了更多的生境空间，同时还增加了对场地雨水的调蓄能力（图 7.1–26、7.1–27）。

场地竖向和雨水排放设计。充分利用现状自然地形，并进行局部改造，在小区域范围内通过地形的起伏实现洼地和高地的结合，因地制宜布置集雨型生态边沟、渗透铺装、集雨型绿地、小微湿地等海绵技术，以取代传统的地下雨水排水管道，充分发挥场地对雨水的吸纳、蓄渗和缓释作用，削减径流污染，有效利用场地雨水资源，恢复自然水文循环，改善生态环境（图 7.1–28）。

海绵技术选择。深入了解基地条件与水文特征、防洪排涝要求，结合公园周边用地布局，整理地形，协

图 7.1–25 海绵设施布局图

图 7.1–26 径流组织方案

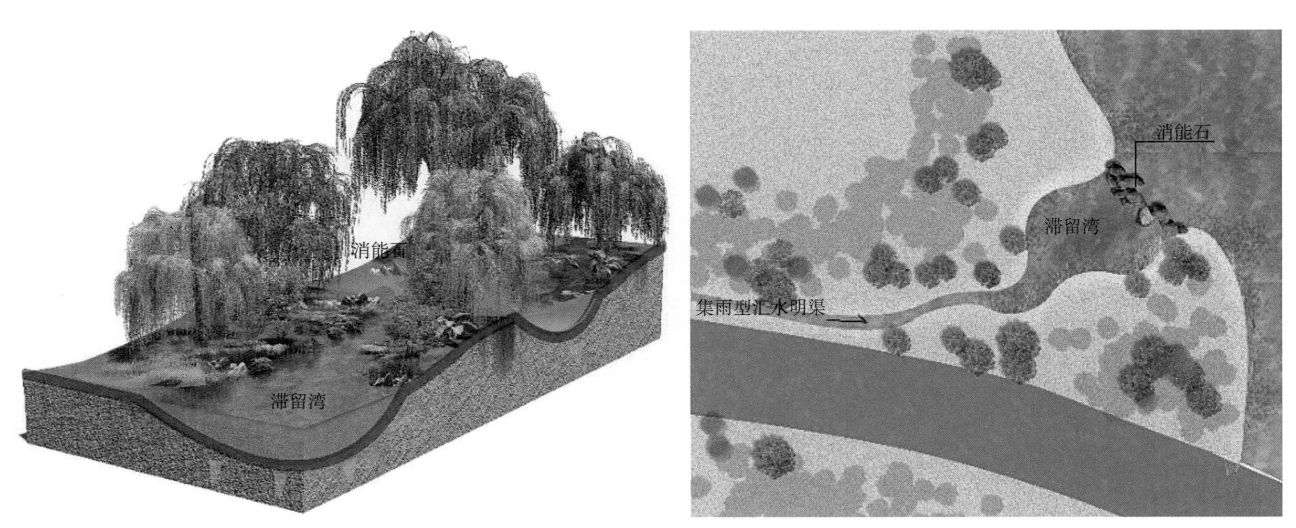

图 7.1–27 水系优化策略

调场地整体竖向关系，加强场地水系与周边场地水系的衔接。在项目具体实施中，根据具体地块，比选海绵技术措施，筛选适用的海绵技术，并创新形成最优的技术组合，同时，尊重适地适树原则，选择适宜场地生长的植物品种，结合海绵技术需求，统筹全园植物景观营造（图 7.1–29）。

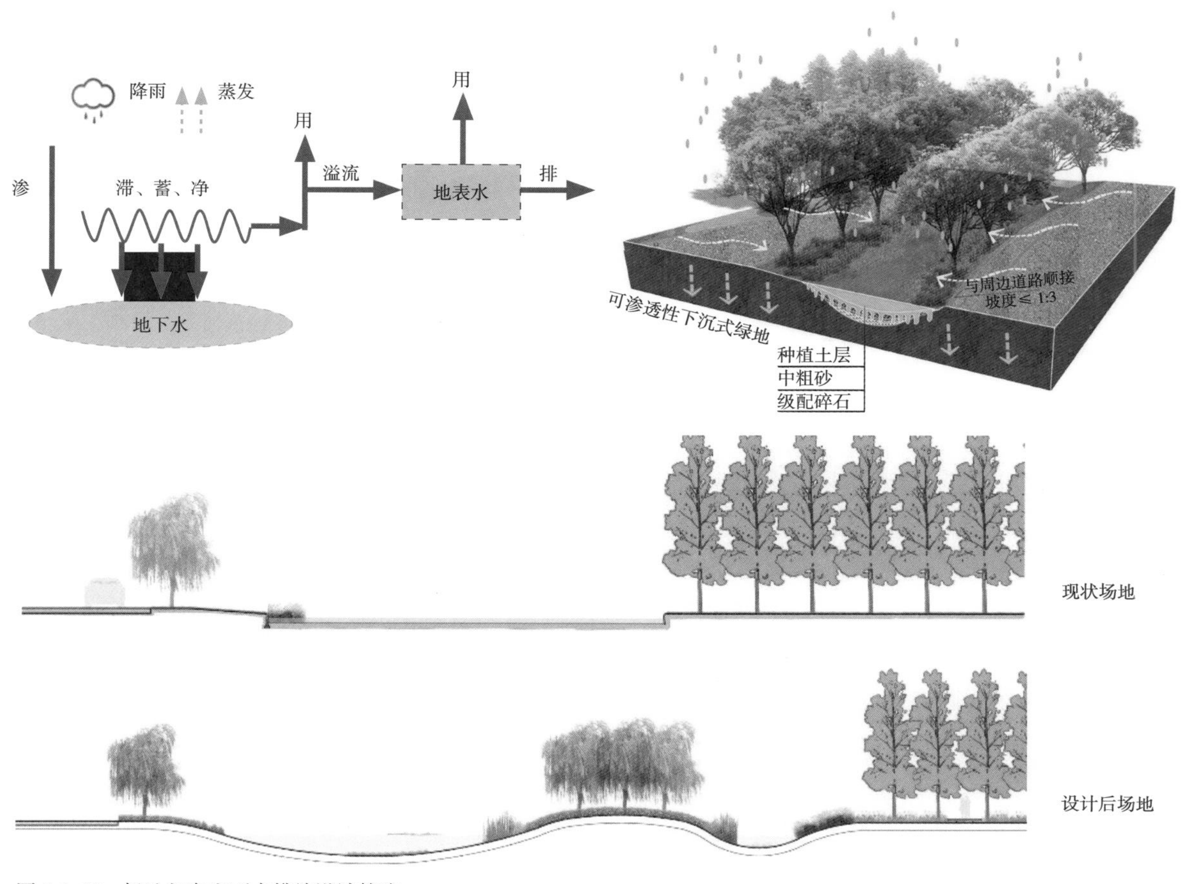

图 7.1-28　场地竖向和雨水排放设计策略

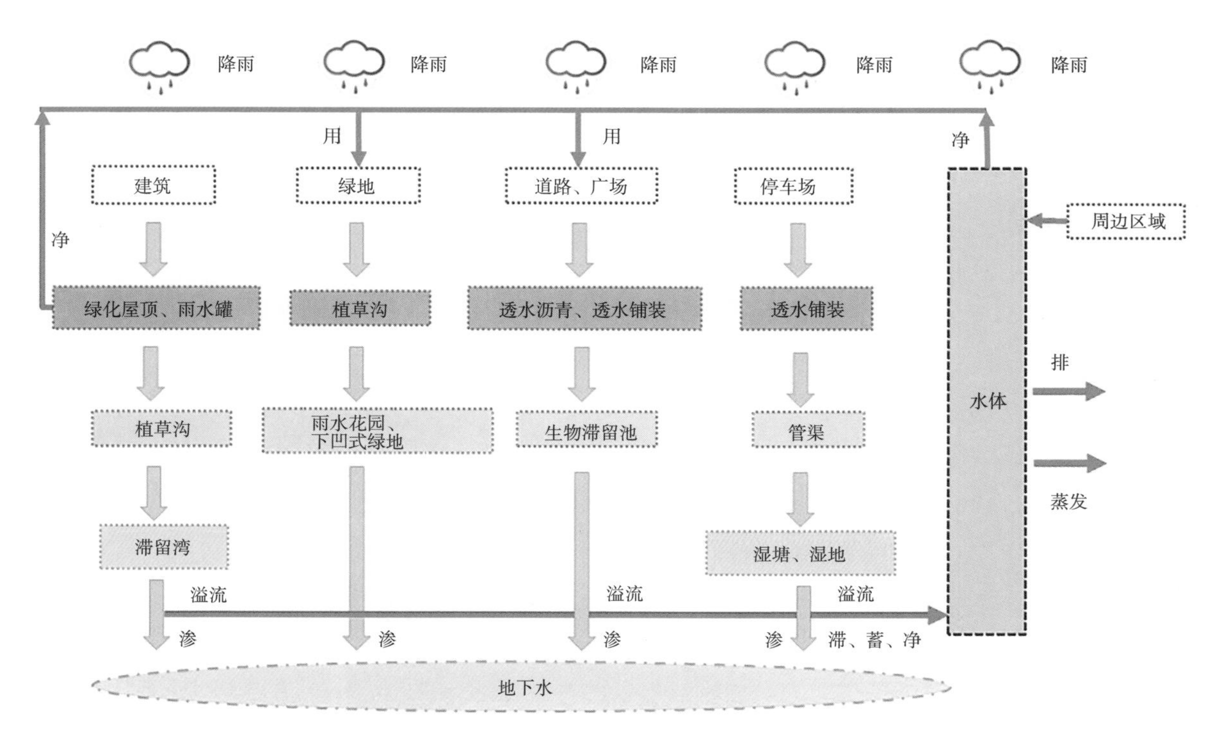

图 7.1-29　雨水径流组织路线

7.1.2.3 技术体系应用

园博园作为首个在太湖岸线上建设、将江南水乡村落融入园区的博览公园，强调海绵型园林绿地的生态化设计理念和节约型园林绿地建设思想，突出海绵型园林绿地相关技术与景观的融合；强调雨水系统的专业统筹与系统设计，充分发挥绿地的生态作用，通过“自然积存、自然渗透、自然净化”的方法处理雨水；强调海绵型园林绿地建设目标和海绵技术应用的适宜性和科学性，在海绵技术进行系统实践的同时，保证原有的景观功能不缺失、设计标准不降低、园林绿化品质有保证。因地制宜设计透水路面、绿色屋顶、下沉式绿地、集雨型绿地、湿塘、小微湿地、集雨型生态边沟、雨水罐、植被缓冲带、滞留湾等设施。

（1）透水铺装。使雨水迅速渗入地表，补充地下水，在避免场地积水的同时，减少雨水检查井和雨水口的设置，提高经过效果和使用的舒适度（图 7.1–30）。

（2）植草沟或集雨型生态边沟。利用重力流收集、输送雨水，并通过植被截留和土壤过滤处理雨水径流，将雨水输送至其他雨水排放系统（图 7.1–31）。

（3）下沉式绿地。通过填料的过滤与吸附作用，以及植物根系的吸收作用净化雨水，同时通过将雨水暂时存储后慢慢渗入周围土壤削减地表洪峰流量（图 7.1–32）。

（4）滞留湾。对上游断续来水滨水区进行生态修复、降解污染物质，兼具调蓄雨水的作用（图 7.1–33）。

（5）雨水花园或集雨型绿地。结合景观效果，在需要短期保持一定水面的地方，采用短暂储水式填料结构，起到蓄水和下渗的作用（图 7.1–34）。

（6）植被缓冲带。通过植被拦截及土壤下渗作用减缓地表径流流速，并去除径流中的部分污染物（图 7.1–35）。

（7）湿塘、小微湿地结合前置塘、主塘。根据浅沼泽区和深沼泽区的不同特点，利用景观手段进行水生植物搭配，在保证景观效果的同时，调蓄雨水、削减径流峰值、控制径流污染（图 7.1–36）。

图 7.1–30 多样化的透水铺装

图 7.1-31　转输性植草沟

图 7.1-32　下沉式绿地

图 7.1-33 小型滞留湾

图 7.1-34 雨水花园

图 7.1-35 生态缓坡带

图 7.1-36 小微湿地

7.1.2.4 项目建设成效

园博园系统化海绵城市建设的创新实践不仅为苏州市和江苏省贯彻落实海绵城市理念进行了有益的探索，树立了典型的范本，也为研究水网发达地区人水和谐关系的构建和技术指引做出了积极的努力和尝试。通过园内海绵技术实景展示和展馆内海绵技术科普，为海绵城市理念在社会上的普及和正确解读营造了良好氛围和条件，在改善城市生态环境、提高人们的生活质量等方面取得了阶段性成果，在生态效益、经济效益、社会效益方面取得了显著成效。

（1）雨水调蓄能力明显提高。雨水通过集雨型绿地、下沉式绿地、小微湿地、湿塘等海绵设施下渗、滞蓄后，收集进入园内中心湖进行调蓄，调蓄量可达到 13.48 万 m^3，并为周边建设用地提供雨水径流调蓄容积约 2.69 万 m^3，在消纳园内自身雨水的同时，有效解决片区的内涝问题。

（2）面源污染得到有效削减。园博园通过“源头削减——过程控制——末端处理”的雨水综合管理办法，初期径流雨水通过拦截、过滤等方式，进行了层层处理，有效减少了因降雨带来的初期径流污染，项目建成后入河雨水的 SS、COD、TP、TN 的去除率分别达到 50%、80%、50%、30%。

（3）雨水资源得到合理利用（图 7.1–37）。园内中心湖是园博园的“绿肺”，兼顾调蓄和景观功能，经过处理后的雨水除满足自身绿化浇灌、道路浇洒，实现资源化利用外，每年还可对外提供水资源 39.4 万 m^3，产生经济效益 276 万元。

（4）园内生态品质有效提升。湖面鱼跃鸟翔、生机盎然，园内展馆与主题呼应，四季常绿，干净整洁的透水道路、充满意境的诗情园林、随处可见的海绵景观、生态美丽的太湖风貌，给人们带来了全新的生活体验，有效提升了园内生态品质（图 7.1–38）。

图 7.1–37 雨水资源化利用布局

图 7.1–38　园内采用系列削减污染的绿色生态设施

（5）群众获得感幸福感增强。在第九届园艺博览会结束后，园博园经过修整全面对市民开放，独具一格的科技展示与满足广大群众需求的配套设施，让前来游玩的人们流连忘返，不断提升群众的获得感与幸福感。

7.1.3　白洋湾公园提升改造项目

白洋湾公园是一个大型开放式湿地公园，位于金阊新城东南部，北临 312 国道（城北西路）、东与虎丘风景区相邻、南接虎池路、西靠白洋街，占地面积约 $10hm^2$（图 7.1–39），通过在公园水体上下游设置湿地，采用生态措施提升公园对水体的净化能力，调蓄、净化长泾塘周边入园雨水，实际监测数据显示，对周边片区 SS 削减率可以达到 60% 以上。

图 7.1–39　白洋湾公园位置图

7.1.3.1 项目改造前现状

白洋湾公园是一个大型开放式公园，周边环境主要为居住区和风景区，人口密集，人流量大。白洋湾公园项目整体地势外围高内部低，场地内最低点标高 1.40m、最高点标高 3.18m。白洋湾公园海绵化改造前与周边水体连通性一般，湖泊型水体特征导致其与外界水体交换频次较低，水体富营养化，水面上有藻类漂浮。公园外围有地块正在施工，造成外围泥土堆积，且施工可能对白洋湾公园水体水质造成威胁。公园内部停车位多为硬质化铺装停车位，年久失修易造成积水。公园内部分绿地在降雨时积水严重，导致植物长势一般。

7.1.3.2 存在问题分析

（1）排水系统隐患：雨水为直排系统，无法全部下渗、滞蓄，径流源头控制不足，管道出水直接进入周边河道，强降雨容易在小坡度区域造成排水不畅。

（2）初期径流污染：现状雨水排水系统为传统模式，初期雨水未经处理直接进入管网系统排放，易造成水体污染，地块整体地势略低于外部，易受外来客水影响。

（3）植物配置较为散乱：公园现状绿化配置较好，但绿地与道路竖向无明显高差，无法满足雨水的滞蓄和径流污染控制要求，部分区域的植物配置较为散乱，河道水体富营养化，水面有藻类漂浮现象，影响景观效果。

（4）铺装积水现象：改造范围内行道铺装均为沥青及砖石铺装，渗透性能差，降雨过后多处存在表面积水的现象。

7.1.3.3 需求分析

（1）控制径流总量，缓解排涝压力。梳理场地竖向，理顺排水路线，优化公园排水系统，新增排水管道，消除公园内部铺装道路积水现象，实现小雨不湿鞋。

（2）布置海绵设施，削减面源污染。结合公园周边地质及公园内部环境条件，对径流雨水进行管控，重点选择不同类型的海绵设施，结合生态岸线改造、河道疏通等措施，进行雨水径流的源头滞蓄、净化、削减与资源化利用，增强雨水截流、蓄滞、净化能力，控制面源污染，尽量解决一部分外来客水的污染。

（3）搭配景观植物，兼顾生态功能。优化海绵设施及绿地内植物选择，植物配置以乡土树种和耐水湿类植物为主，生态岸线及河道中种植大量的水生植物，丰富公园的景观色彩，提升整体景观效果。

7.1.3.4 改造思路与原则

改造充分利用“绿化系统 + 河道水系”空间，通过增加生物滞留设施，增加道路与路边绿地、公园及水系的连接等措施，构建排水系统与水系的联动关系，使其具有水弹性。创造一个低成本维护、具有雨洪调节和净化水质功能、支持本土生物多样性、具有生产功能，同时能提供多样探索、游憩体验的城市海绵型公园。

（1）综合性原则：综合考虑活动区、绿化区的不同功能需求，进行合理的排水分区设计和分区建设；综合考虑项目区域与周围水系和地块的排水关系，充分利用竖向设计调整原有排水组织方式；综合考虑公园项目建设过程中的安全性、改造措施的实用性和场地开放性等需求进行设计。

（2）整体性原则：充分结合“灰色基础设施”与“绿色基础设施”的多种设计和建设手段，提供多维整合的改造措施组合，以满足公园海绵改造的功能、技术和景观要求。

（3）可视化原则：公园具有特殊的科普和展示功能，将充分考虑可视化的展示功能，呈现雨水的收集和利用过程，并且预留数据监控体系的建设空间，为项目效果评估做好准备。

7.1.3.5　方案整体布局设计

为了保证设计的各类雨水设施高效发挥控制作用，根据项目用地条件、竖向条件及管网情况，将项目整体划分为4个汇水分区，根据各汇水分区及其规模对每个子汇水分区进行设计径流控制量计算（图7.1–40）。

项目将灰色基础设施（雨水管道、雨水检查井）与绿色基础设施（生物滞留池、透水铺装等）相衔接，雨水经过透水铺装、雨水花园、植草沟等源头减排措施滞留、净化，超出设计降雨量时，通过溢流口进入雨水管道系统，最终进入河道。同时，结合河道疏浚、生态驳岸、片植挺水植物等措施，提高水体的自净能力（图7.1–41）。

项目坚持以问题为导向，以“渗、滞、蓄、净、用、排”为基本思路，结合公园景观及功能提升，沿河岸坡生态化处理，以及通过河道疏浚等措施，因地制宜采用透水混凝土及透水砖铺装共12612m^2、植草沟6260m^2、雨水花园606m^2、下凹式绿地500m^2、生态驳岸2500m，改善河道水环境，达到自然积存、自然渗透、自然净化的效果。

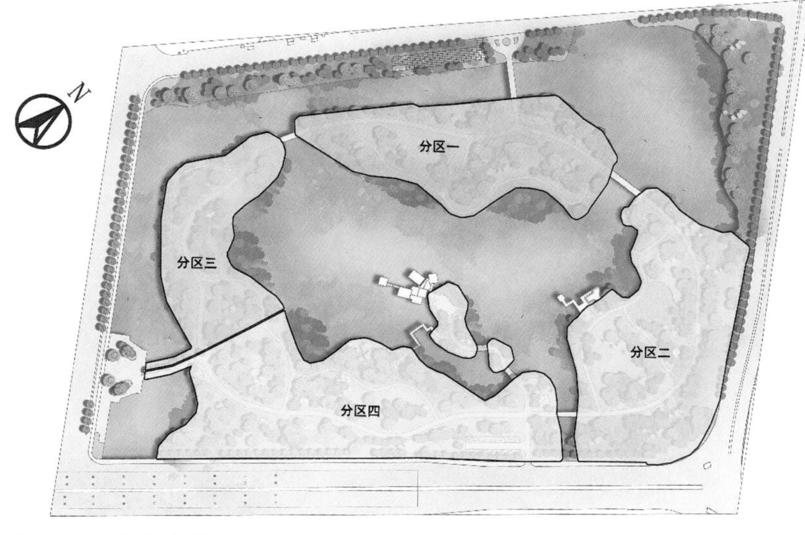

图7.1–40　排水分区图

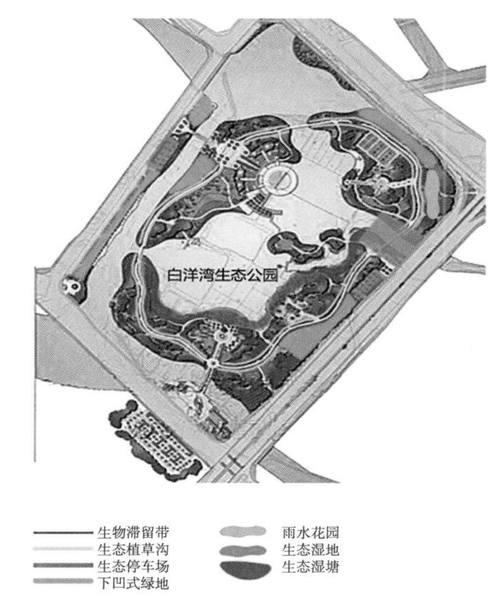

图7.1–41　海绵设施系统布置

7.1.3.6 建设成效分析

白洋湾周边地块与公园之间有水体阻隔。周边道路及小区雨水先汇流至各条水体，再流经白洋湾公园最后汇入公园西侧的运河。为发挥片区综合效益，将公园周边水体引入公园内部的下凹式绿地、生态湿地、湿塘等各类海绵设施，净化后再排入运河。

采用模型分析白洋湾公园及其周边的径流组织关系，划定白洋湾公园汇流范围，模拟海绵改造后的白洋湾公园及水体对周边片区的污染物削减能力。

白洋湾河道周边由西山庙港闸、木头桥浜闸、僧塘圩南港闸，白洋湾西侧、南侧则由其余闸站控制，在常规阶段未启动排涝模式时，白洋湾可看作是一个封闭的、有一定调蓄空间的静止水体。通过测算可知白洋湾周边水域面积为 24.45hm^2，调蓄深度为 0.6m，将此水体调蓄空间概化为调蓄池，进行全年实测降雨径流调蓄模拟，得到海绵改造前后河道调蓄深度曲线，考虑河道调蓄能力海绵建设前的径流控制率为 77.27%，建设后的径流控制能力 82.66%，改造前最大深度为 3.3m，改造后最大深度为 3.28m，均未超过最大调蓄深度，说明改造后的白洋湾公园对该汇流范围的地表径流控制有明显的提升（表 7.1–1）。

建设前后白洋湾及周边区域径流控制能力（考虑水体调蓄） 表 7.1-1

类别	建设前调蓄量（m^3/ 年）	建设后调蓄量（m^3/ 年）
总降雨体积	1769180	1770870
总蒸发体积	721160	742880
总渗透体积	523630	56970
海绵设施调蓄	0	32630
河道调蓄量	122340	631390
径流外排量	402050	307000
控制率	77.27%	82.66

海绵设施不仅可有效控制地表径流量，还可以有效削减地表的径流污染，采用模型评估改造后白洋湾公园及水体对汇流范围内的污染物削减能力，经计算，白洋湾公园及水体对汇流范围内的污染物削减率为 64.62%（表 7.1–2）。

白洋湾公园对周边区域径流污染物削减评估表 表 7.1-2

类别	各部分消纳量（mm）	径流贡献比例（%）	SS 去除率（%）	SS 削减比例（%）
总降雨体积	1031	—	—	—
总蒸发体积	283.668	27.51	98	26.96
总渗透体积	413.18	40.08	95	38.07
径流外排量	77.6853	7.53	0	0.00
海绵贡献量	253.3167	24.57	84	20.64
控制率	75.43%	—	—	85.67
总体 SS 削减率	64.62%	—	—	—

7.1.4 苏州乐园森林世界

苏州乐园森林世界位于大阳山脚下，占地面积 50 万 m^2。项目本着尊重自然、顺应自然的生态设计理念，致力于场地的生命力、自然韧力和景观活力的恢复，同时秉承技术与艺术高度统一的设计思维，将海绵设施与景观系统融为完整的有机体，精雕细琢出苏州乐园森林世界的“高颜值”海绵体系，为苏州高新区生态修复和海绵城市建设又增添了一道亮丽的风景线（图 7.1–42）。

图 7.1–42 项目平面图

7.1.4.1 建设前现状

项目建设前场址是一片采石场遗留的废弃地。作为石料开采区，原生植被破坏严重，留下了大大小小的矿坑和裸露的岩石地表，荒凉的场地与周边郁郁葱葱的大阳山形成了强烈的反差，是一片亟待生态修复的区域（图 7.1–43）。

7.1.4.2 建设思路

项目建设秉承自然积存、自然渗透、自然净化的指导思想，将海绵技术运用到景观绿化中，打造生态型

图 7.1–43 建设前项目场址

公园景观。遵循科学技术、生态优先、功能完善、因地制宜的原则，采用源头削减、过程控制、末端处理等雨水综合管理的办法，探索多种“渗、蓄、滞、净、用、排”技术，设计了透水铺装、雨水花园、雨水湿塘：地下蓄水模块等多种海绵措施，在增加雨水滞留、缓释功能的同时，力求保证景观效果的最优化。

7.1.4.3 实施策略

散布的大大小小的矿坑是场地最大的特征，这些既有的矿坑也是理想的雨水蓄滞空间，合理利用此类场地现状条件是本次海绵设计最重要的策略之一（图 7.1–44）。

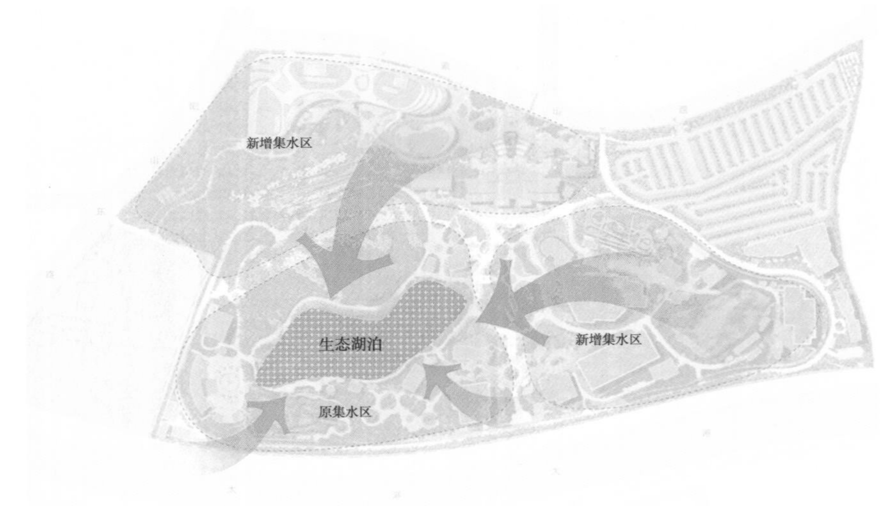

图 7.1–44 场地集水区组织设计

图 7.1–45　修复后的生态湿塘

基于此，在方案设计阶段，保留了场地原有的大型矿坑，并结合地形高差，通过生态草沟、管网等措施将不同区域的雨水汇集于此，使之成为场地雨水收集的末端。由于海绵传输措施的运用，矿坑扩大了集水区的面积，使其拥有了更充沛的雨水水源，能够支撑自持续的生态水体景观。与此同时，景观设计同步对矿坑进行了艺术化和生态化的修复和改造，例如柔化岸线边界形成生态驳岸、恢复滨水岸带的植被、保留水中的小岛、增加滨水休闲慢行步道等措施，使矿坑蜕变成一个生物多样、灵动优美的湖泊湿地景观，为乐园平添了一份恬静（图 7.1–45）。

7.1.4.4　海绵城市技术应用

根据现状及建设策略，因地制宜布置了雨水花园 1167m^2、湿塘 33518m^2、蓄水池 270m^2、生态植草沟 / 排水沟 3022m^2、植草砖 25632m^2。苏州乐园作为开放的公共空间不仅消纳了本身雨水和外部客水，还作为灰蓝之间的纽带，有效滞蓄净化了雨水，而且通过多种景观艺术化的表达形式，把海绵的建设形式融于景观当中，让人们在游玩之余能认知海绵、感知海绵，极大提高了公众的接受度，对推广海绵城市具有重要的意义（图 7.1–47、图 7.1–48）。

图 7.1–46　项目海绵设施布置示意图

图 7.1–47 雨水花园建成效果

图 7.1–48 植草沟建成效果

7.1.4.5 建设成效

结合项目特点，经综合分析采用海绵设施主要有透水铺装、植草沟、下凹绿地、生态湿塘、人工湿地、雨水花园、雨水收集池等，生物滞留设施相结合的方式连接雨水回用系统，年径流总量控制率达到81%，年径流污染控制率达到64.8%，在雨水资源化利用方面，雨水汇集至雨水收集池塘、蓄水模块后，转化为绿化浇灌用水，每年可收集利用雨水资源量约6545.44m^3。

苏州乐园森林世界项目的建成，是对矿坑生态修复和再利用的一次成功实践；是为解决历史遗留的生态环境问题和探索人与自然和谐共生之路所作的有益尝试，做到了经济发展与生态保护协调统一，让生活更精彩，让生态更和谐。

7.2 道路类项目中的海绵城市建设

海绵型城市道路承担雨水径流的源头控制和过程有序转输、初步过滤净化功能。通过改变传统的雨水收集排放模式，将雨水通过低影响开发设施截流、过滤、有序转输，对道路形成的雨水径流进行自然生态处理，降低对周围水体的影响、减轻市政排水系统的压力。

7.2.1 梁丰路（东环路—园林路段）海绵化改造工程

梁丰路（东环路—园林路段）是苏州首条钢渣透水沥青道路。项目在优化提升道路市政功能的基础上，规范设置机动车停车位90余个，通过梳理原有街边绿地、整合零散道口、增加口袋公园、提升道路两侧绿地景观，实现城市空间一体化再开发，改善了周边环境，为居民生活、出行提供了便利。通过融入海绵城市建设理念，实现了街区雨水径流全控制，打造了道路与住区一体化生态宜居街区和江南园林意蕴的街头游园和特色花园，达到了15900m^{2}区域年径流总量控制率88%、面源污染（SS）削减率65%的海绵城市建设指标，形成功能与景观融合的生态宜居街区（图7.2–1）。

图7.2–1 改造后的梁丰路——苏州首条透水钢渣沥青道路

7.2.1.1 现状存在问题

梁丰路位于张家港市杨舍镇，东起东环路，西至园林路。本次改造道路长 401.24 m，路幅宽度 27~32m，设计面积约 11160 m²，双向两车道。街道两侧为住宅小区，一层为沿街商铺，侧分带为铺砖人行道，人行道中心种植有行道树，道路内部无交通信号灯，车流量较大，活动人群主要为周边居民与老街游客。

（1）混凝土路面存在龟裂坑洞，铺装人行道老旧，街面行走舒适感较差。

（2）人车未分流，居民休憩空间局促，街道功能难以满足居民生活需求。

（3）沿线绿化稀少，街角绿地废弃，植物缺乏层次，难以与老街文化融合。

（4）道路竖向紊乱，排水系统设计标准低、设施老旧，雨天存在积水及排水不畅情况。

梁丰路道路横断面与改造前状况见图 7.2–2、图 7.2–3。

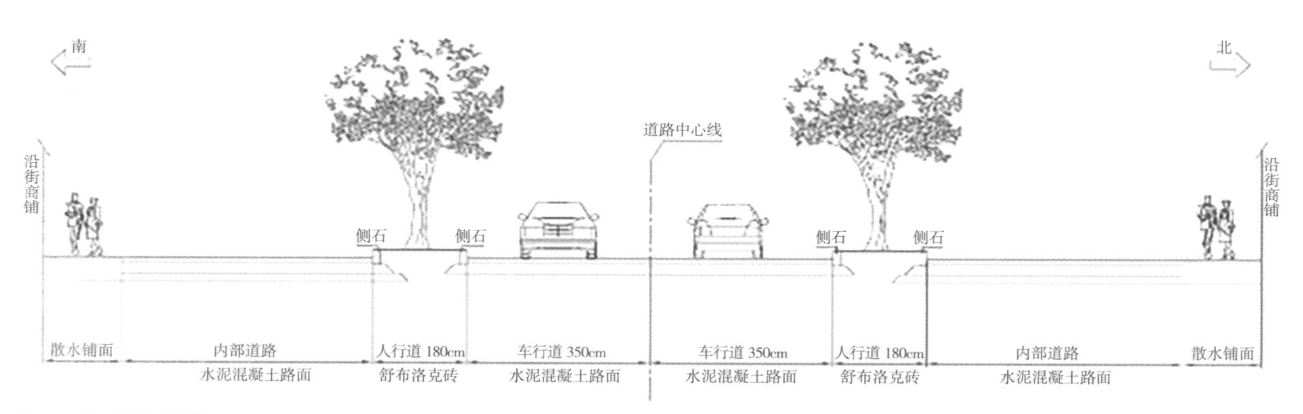

图 7.2–2 道路横断面

图 7.2–3 梁丰路改造前（一）

图 7.2–3　梁丰路改造前（二）

7.2.1.2　改造思路

老城区街道硬化程度高、径流污染严重，且管道排水标准较低，本项目由道路专项设计转向城市街区设计，由道路单项设计转向海绵城市多专业融合设计，更加关注街道生态空间设计，强调以场所及活动为主要引导，综合考虑道路交通功能和周边业态进行分段设计。以雨水径流组织设计为主线，将道路改造内容贯穿其中，坚持“以人为本”原则，立足周边居民对街区通行、交流、游憩等功能需求，以街区不满足宜居要求的问题为导向，因地制宜开展宜居街区建设。

7.2.1.3　改造技术路线

为实现从源头控制雨水径流污染，道路采用径流系数低、污染物去除能力强的新型排水面层材料，在削减雨水径流污染的同时提升雨天行人、行车安全；通过整合道口、规划机动车位，改善街区秩序，优化慢行交通。

现状行人道中的行道树规格较大，人行道利用率低，街面人车混流现象严重。结合需求与实际建设条件，将 2.0m 宽侧分带人行道改造为生物滞留带，结合道路竖向设计，发挥综合性功能。一是代替雨水边井作为雨水收集系统，并利用结构层滞蓄、净化径流雨水；二是通过改硬质道路为绿化，为道路添彩补绿，提升沿线植物景观层次；三是形成人车分离软隔离，提升居民出行舒适度和安全性。

道路西侧的街角绿地衔接杨舍老街与居民区，绿化零散、设施老旧，难以满足居民及游客的日常需求，在丰富植物种类、提升绿化景观层次、营造小型生态空间的基础上，增加透水广场、游赏木栈道、儿童活动区，打造集雨水净化、休闲游憩、文化展示等多功能于一体的街角游园。

在雨水管道疏通修复的基础上，利用排水沥青、透水路面作为源头雨水系统，生物滞留带、雨水花园等海绵技术措施作为过程雨水系统，溢流设施作为安全雨水系统，市政管道作为末端雨水系统，通过放坡路面、开孔侧石、排水盲管、溢流管道等附属设施衔接4个雨水系统，构建完整的生态排水系统，优化雨水排放路径，削减道路径流污染，缓解下游雨水管道流量压力（图7.2-4）。

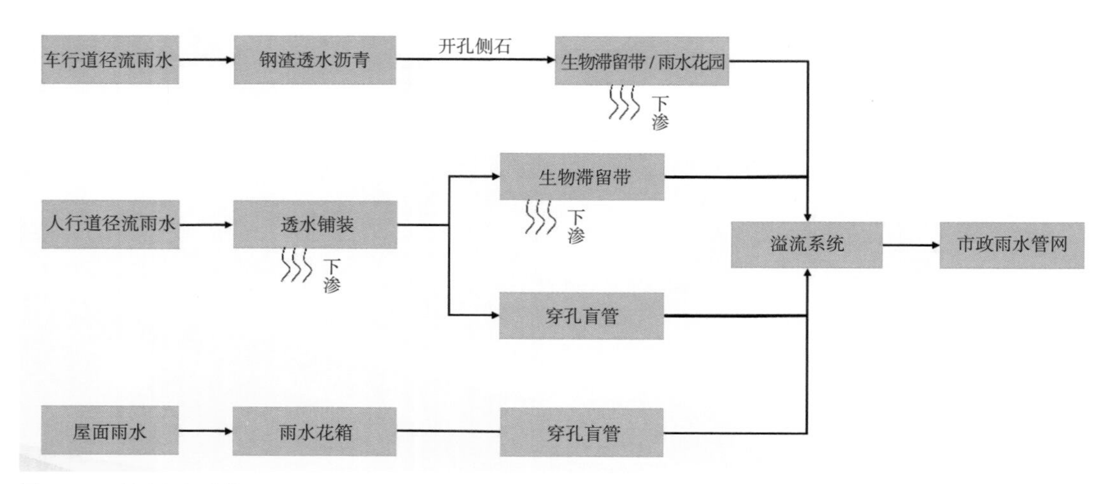

图7.2-4　径流组织路线

7.2.1.4　项目布局设计

与传统雨水直排市政雨水管道不同，梁丰路海绵化改造过程中因地制宜地设置了生物滞留带、雨水花园、透水路面、雨水花箱等海绵设施，通过开孔侧石将雨水引入海绵设施。小雨天气，海绵设施就地对雨水进行滞蓄、净化，雨水不排入市政雨水管网；大雨天气，通过海绵设施中设置的溢流系统，将超过设施滞蓄、净化能力的雨水排放至市政雨水管道，起到了雨水缓排和减少入河径流污染的作用（图7.2-5）。

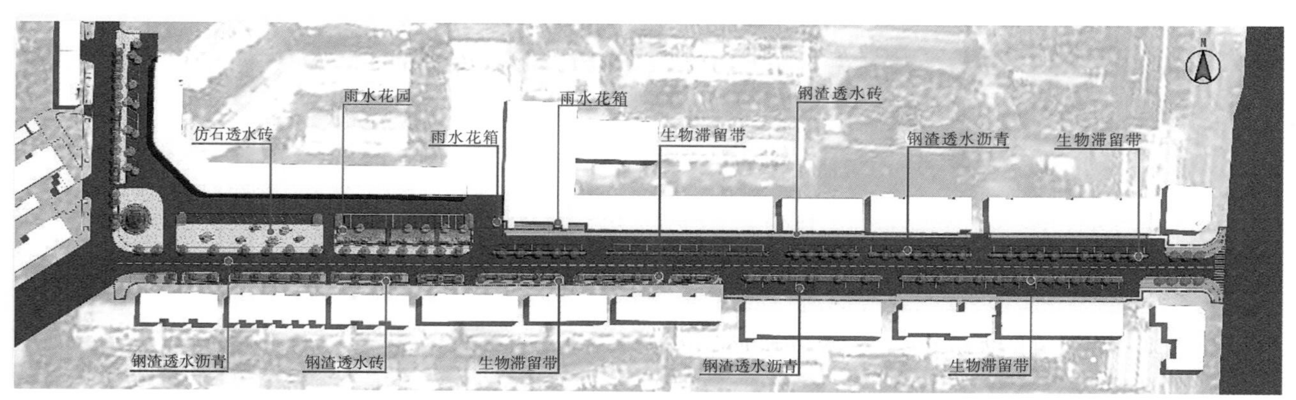

图7.2-5　设计总平图

7.2.1.5 改造设计方案

（1）新型排水沥青路面设计

梁丰路在机动车车行道、停车场创新探索采用钢渣透水沥青，在人行道采用钢渣制品透水砖；钢渣透水沥青混合料的空隙率达到 20%左右，渗水量 15 秒达到 1000mL，可实现透水和强度双达标。同样是摊铺 400m 长的透水沥青道路，钢渣比传统玄武岩节省了 10% 的成本，实现了经济与环保的双重效益。钢渣物理性能优异，本案路面结构自上而下为：40mm TPS–13 细粒式高粘度改性沥青混凝土；6mm 改性乳化沥青封层；50mm AC–16C 中粒式沥青混凝土（SBS 改性）；粘油层；防裂贴；原有水泥混凝土道路面层。

图 7.2–6　钢渣透水沥青施工工艺

图 7.2–7　钢渣透水沥青路面

本次钢渣排水沥青生产设有专用添加投料口的拌和楼，TPS 掺量为油石比的 8%；拌和楼干拌时间为 15 秒，湿拌时间为 45 秒，出料后观察混合料均匀、无花白料、无粗细料离析和结团等现象。

（2）改良生物滞留带设计

生物滞留带的结构层通常由蓄水层、种植土层、填料层、排水层组成，其对污染物去除效果影响显著。本案生物滞留带结构为 200mm 蓄水层、400mm 种植土层、300mm 过滤层、250mm 排水层，不同结构层之间铺设透水土工布，底层铺设防渗土工布。结构层参数满足表 7.2-1 的要求。

生物滞留带设计参数　　表 7.2-1

结构层	最小渗透系数 K（m/s）	最小空隙率（%）	填料规格
种植土层	1.5×10^{-5}	5	均匀掺拌 45% 中砂、10% 松树皮、5% 营养土
过滤层	10×10^{-5}	10	ϕ7 ~ 10 陶粒基质
排水层	100×10^{-5}	15	ϕ20 ~ 30 碎石，内设穿孔排水管

图 7.2-8　生物滞留设施施工工艺

图 7.2-9　生物滞留带

图 7.2-10　雨水花园

本案生物滞留带需进行有效面积折减计算，折减系数取 0.25，按最大计算结果 77.81m^2 计算，需建设生物滞留带 103.75m^2，最终将可利用绿地统一设计为生物滞留带。

（3）多功能雨水游园设计

本项目景观工程以提升游憩环境、增加活动空间、衔接老街文化为目标，综合分析径流控制与景观需求，建设兼具晴雨景观效果和雨水收集、滞蓄、净化功能的雨水游园 35m^2。参照相关研究，确定本案雨水花园结构层为：150mm 蓄水层、400mm 种植土层、300mm 过滤层、250mm 排水层。植物配置兼顾生态功能与景观效果，选取美人蕉、红叶石楠、金边黄杨、细叶针芒等。经计算，确定雨水花园规模为 160m^2（图 7.2–10）。

（4）雨水花箱设计

将场地内一处公共活动中心楼的 2 根雨落水管进行断接，利用雨水花箱处理屋面雨水，2 个花箱的内部结构分别同生物滞留带和雨水花园，既解决了屋面雨水，又具有良好的宣传展示效果（图 7.2–11）。

7.2.1.6 项目建设成效

梁丰路的改造是城市更新方向的探索，将传统的道路改造通过海绵城市建设理念、口袋公园建设、钢渣再生利用、城市空间一体化再开发融为一体，既满足了周边居民需求，提升了街区生态环境质量，又为老城区可持续发展提供了示范参考之路。

第一，探索钢渣资源化利用新方向。梁丰路在机动车车行道、停车场创新探索采用钢渣透水沥青，在人行道采用钢渣制品透水砖；钢渣透水沥青混合料的空隙率达到 20% 左右，渗水量 15 秒达到 1000mL，可实现透水和强度双达标。同样是摊铺 400m 长的透水沥青道路，钢渣比传统玄武岩节省了 10% 的成本，实现了经济与环保的双重效益。

第二，实现街区雨水径流全控制。梁丰路海绵化改造将道路及其周边雨水进行系统化径流组织设计，通过雨水立管断接、透水沥青路面铺设、透水铺装铺设，结合侧石开孔和排水盲管铺设，将雨水径流引入侧分带改造成的生物滞留带、街边绿地改造成的雨水花园等海绵设施，实现街区雨水全径流控制，就地对雨水进行滞蓄、净化（图 7.2–12）。

第三，打造道路与住区一体化生态宜居街区。梁丰路道路两侧为居住区，项目设计采用平面和空间一体

图 7.2–11 结合宣传科普设置雨水立管断接花箱

图 7.2–12 利用空地实现道路及周边雨水消纳

图 7.2–13 道路与住区一体化生态海绵宜居街区

化思路，由道路单项设计转向海绵城市多专业融合设计，更加关注街道生态空间设计与景观功能美学，在满足道路车辆通行的基本功能基础上，梳理平面功能布局，增添街区机动车与非机动车停车位、口袋公园以及绿色海绵设施，完善了街区邻里交流、休憩赏景的功能，具有良好的社会效益（图 7.2–13）。

（1）通过加强源头与过程控制，因地制宜利用海绵城市技术措施构建生态雨水系统，可以有效削减道路径流污染与峰值，场地内年径流总量控制率与面源污染（SS）削减率分别由 31.7%、19.0% 提升至 87.8%、61.5%。解决老城区因硬化程度高、排水系统标准低等引起的“城市病”。

（2）透水广场和排水型路面的建设，在实现城区道路更新的基础上，提升了雨天街面的通行体验，优化了交通组织与空间布局，缓解了老城区通行慢、停车难等问题。

（3）生物滞留带和雨水花园中植物的配置，提升了街区绿化层次，在老城区中增加了人与自然的交流空间，游园广场的建设满足了居民对活动空间的需求，促进了街区活力的释放。

7.2.2 苏州市合兴路新建项目

合兴路位于苏州市姑苏区平江新城以北地区西北侧，为新建道路，西接永方路，东接广济路，道路全长约 0.8km，规划红线宽 30~33.5m。结合海绵城市设计理念进行道路横断面设计，道路采用单向坡，道路北半幅设置成人行道和车行道共板的形式。因地制宜采用人行道透水铺装、中分带生物滞留带、绿化带生物滞留带、雨水花园等不同类型海绵措施，使得项目建成后年径流总量控制率达到 60% 以上，面源污染削减率不低于 50%。

7.2.2.1 建设前本底分析

合兴路建设前，因该地区为城乡接合部，原住民生活、生产污水未得到收集，直接排放至河道，对河道造成较大污染。周边雨水基本以散排和下渗为主，周边已建永方路、广济北路已经形成独立排水体系，由管道收集后单独就近排入河道内。

道路建设前场地主要以菜地、绿地和拆迁建筑为主，场地标高一般在 1.4~5.0m，平均约 2.5m；道路建设后合兴路道路标高 3.15~4.36m，平均约为 3.30m，标高较高处位于与广济北路交叉口和永方路交叉口相衔接处，道路标高较其低 1m 左右。

7.2.2.2 问题与需求分析

建设前道路所在地水环境差，雨污水无组织乱排，与城市发展不协调。本次结合苏州市海绵城市建设整体要求，将海绵城市建设理念完全融入新建道路项目中。

（1）结合海绵理念恢复生态本底：本项目靠近虎丘湿地，生态本底较好，新建道路结合海绵城市改造，恢复其生态本底，打造生态绿化道路。

（2）选择适用设施控制径流污染：相比于其他类型项目，道路的径流污染是相对严重的，本项目紧靠居住小区，人流量大，初雨效应尤为严重。本项目通过合理构建海绵设施来降低道路径流污染，保护周边河道水环境质量。

（3）落实相关海绵规划要求：根据《苏州市海绵城市专项规划（2035）》，新建道路的绿化隔离带和两侧绿化带要因地制宜地采用海绵设施，增加道路绿地的雨水吸纳能力；新建道路的部分非机动车道、人行道等采用可透水材料，增加路面透水性。

7.2.2.3 道路横断面设计

合兴路道路横断面标准路幅宽 30m，道路双幅式横断面形式为：3m 北侧人行道（包括 1.8m 人行道 +1.2m 带状绿化带）+3m 非机动车道 +7m 机动车道 +4m 中分带 +7m 机动车道 +3m 非机动车道 +3m 南侧人行道。道路横坡采用 1.5% 的单向坡，坡向路幅北侧（图 7.2–14）。

7.2.2.4 雨水径流组织设计

项目雨水管与海绵设施同步设计，通过中央分隔带和北侧外部绿化设置滞留设施消纳雨水，超标雨水进入雨水管。雨水管突破常规两侧布置的设计思路，在合兴路道路北侧设置一根雨水管，接纳地块及上游道路雨水后，分段就近排入河道（图 7.2–15、图 7.2–16）。

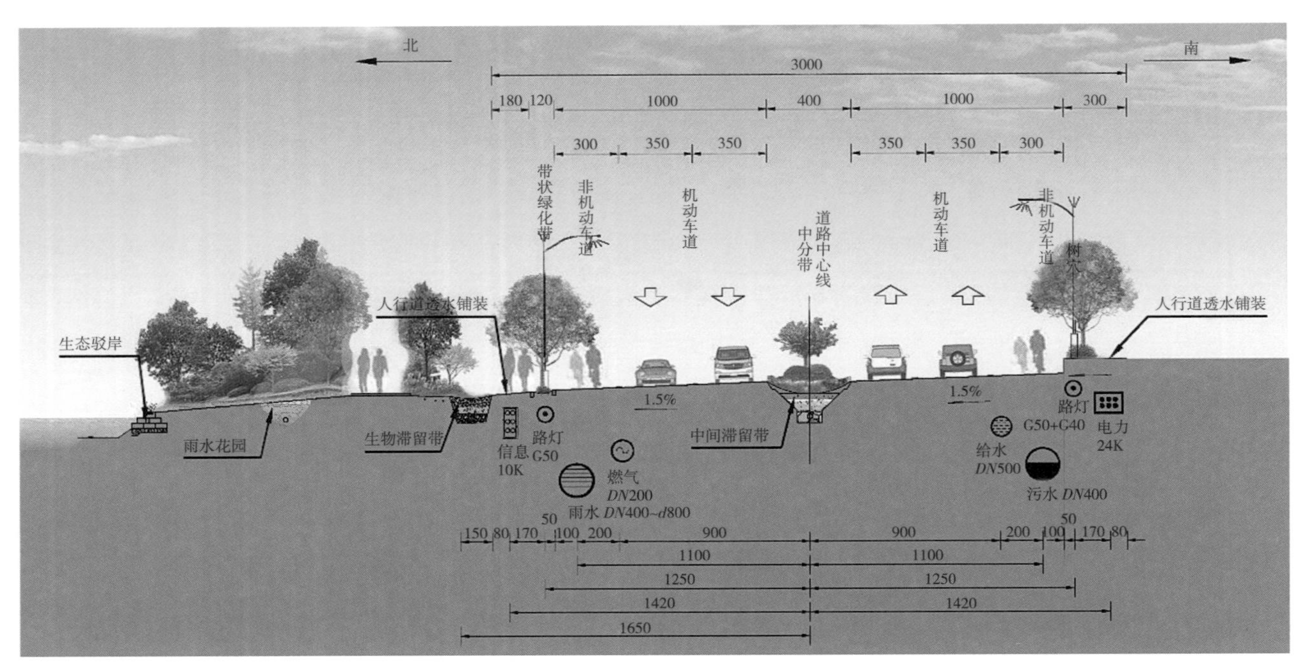

图 7.2–14　合兴路标准横断面图

图 7.2–15　雨水径流组织设计图

图 7.2–16　合兴路海绵工程径流排放图

7.2.2.5　设施平面布置设计（图 7.2–17、图 7.2–18）

（1）道路中分带设置生物滞留带 2868m²，生物滞留带南侧设置排水路缘石，用于消纳南侧车道雨水，超标雨水通过中分带生物滞留带内的溢流井溢流进入市政雨水管网。

（2）道路北侧绿化带内设置生物滞留带 1582m²，用于消纳北侧车道雨水，超标雨水通过生物滞留带内的溢流井溢流进入市政雨水管网。

（3）道路北侧绿廊内设置雨水花园 922m²，消纳绿廊内园路和广场雨水，超标雨水通过雨水花园内的溢流井排入河道。

（4）南北侧人行道均设置透水铺装，共 4467m²。

图 7.2–17　合兴路海绵措施平面设计图（西段）

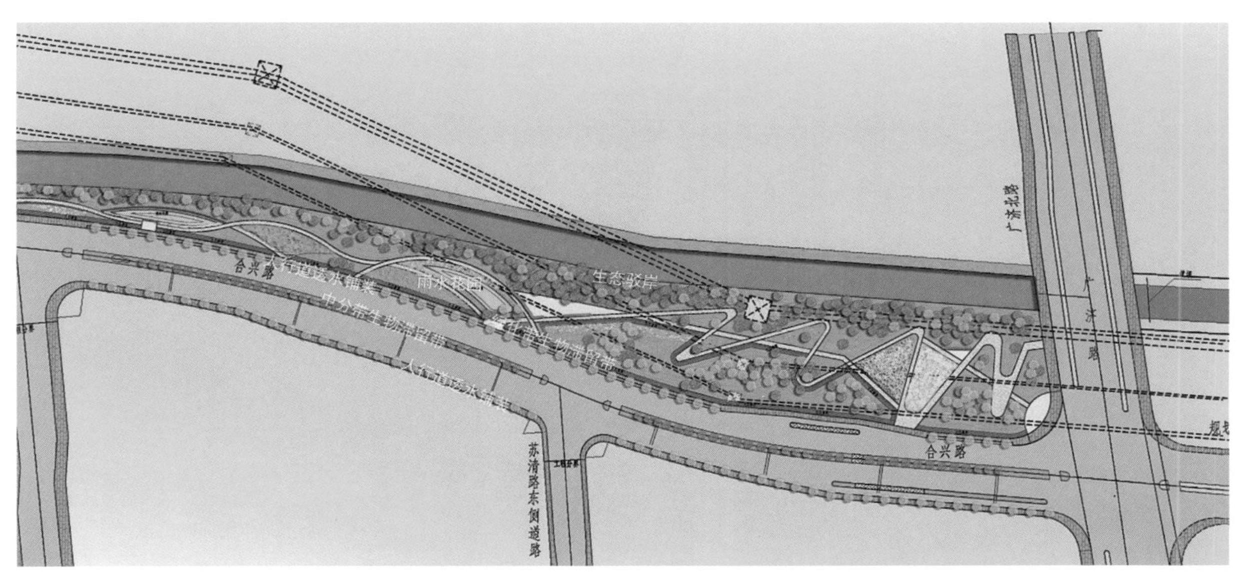

图 7.2–18　合兴路海绵措施平面设计图（东段）

7.2.2.6　设施选择与设施节点设计

（1）透水铺装

透水铺装是通过物理方式实现雨水下渗的设施，可补充地下水并具有一定的峰值流量削减和雨水净化作用，按照面层材料不同可分为透水砖铺装、透水水泥混凝土铺装和透水沥青混凝土铺装等，透水铺装适用区域广、施工方便，但易堵塞，寒冷地区有被冻融破坏的风险。合兴路南北侧人行道设计为透水混凝土铺装，面层采用 4cm C25 彩色透水混凝土，颜色鲜艳，与周边绿化景观设计一起增加了合兴路的景观效果，雨天可以将一部分雨水迅速下渗，减少路面积水，方便行人通行（图 7.2–19）。

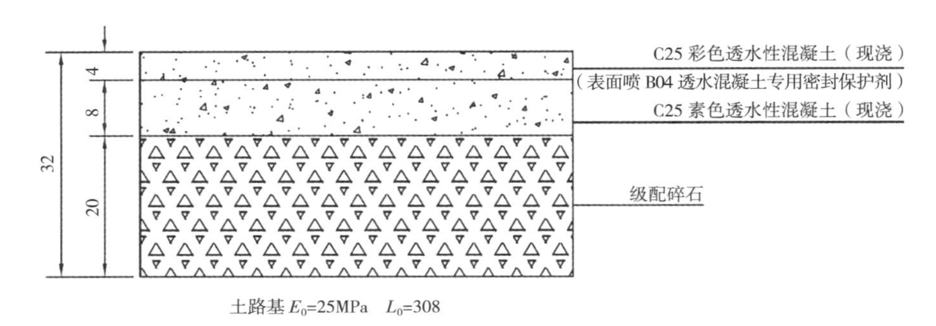

图 7.2-19　人行道透水路面结构断面及示意图

（2）生物滞留设施

生物滞留设施指在地势较低的区域，通过植物、土壤和微生物系统蓄渗、净化径流雨水的设施。生物滞留设施形式多样、适用区域广、易与景观结合，径流控制效果好，建设费用与维护费用较低；根据应用位置不同本项目包括 3 类生物滞留设施，分别为中分带生物滞留带、绿化带生物滞留带和北侧绿廊内的雨水花园。

1）中分带生物滞留带。合兴路道路中分带均设置生物滞留带，用于消纳南半幅道路径流雨水。

2）绿化带生物滞留带。合兴路北侧绿化带内设置生物滞留带，用于消纳北半幅道路径流雨水（图 7.2-20）。

（3）雨水花园

合兴路北侧绿廊内设置若干个雨水花园，用于消纳绿廊内的园路和广场的径流雨水（图 7.2-21）。

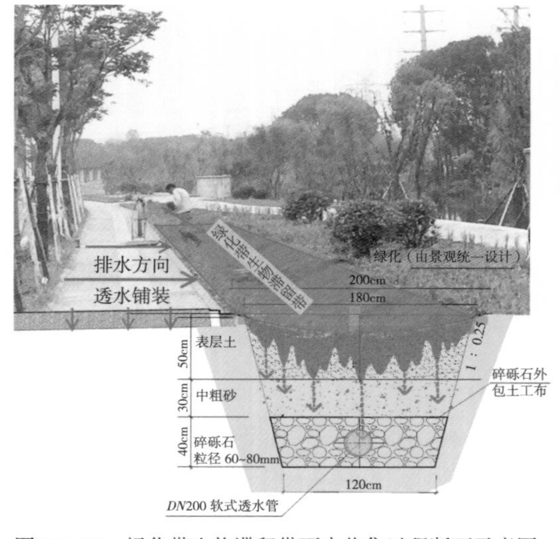

图 7.2-20　绿化带生物滞留带雨水收集过程断面示意图

图 7.2-21　雨水花园雨水收集过程断面示意图

7.2.3 虎殿路海绵城市改造项目

虎殿路全长 5.88km，是连接城市两个片区的主干道路，道宽 40m，道路两侧主要为在建和待开发区域。因地制宜采用生态手法解决虎殿路道路因雨水冲刷带来的雨水径流污染与控制该区域的年径流量；利用海绵城市建设的手法改造道路周边缺失的绿化、人行铺装以及提升景观品质，选择生物滞留池、雨水花园、湿塘、下凹式绿地、透水铺装以及排水篦子、支管优化、绿化带微地形整理、绿化修复等，有效削减年径流总量高达 83.58%。

7.2.3.1 改造前现状分析

虎殿路周围水网密布，水系发达，水质质量一般。北侧有新莲浜河、绿台桥港、山塘河，中间穿过前张网港、螳螂桥港（图 7.2–22）。由于道路雨水直接排入河道，河道面源污染严重。虎殿路最大纵坡为 1.71%、最小纵坡为 0.3%，由于横跨两个大桥，穿越一座高架桥，路面的坡度较大。周围绿地的标高都要比道路低一些，个别高程差较大，道路两边绿化分布不均，个别路段周围无绿化，出现土地裸露现象，隔离带绿化长势不佳。

虎殿路全段道路下垫面由路面的沥青道路、中央的绿化隔离带、人行道硬质铺装以及道路两侧附属绿地组成，其中沥青面积约 80.87 万 m^2，绿化面积约 3.67 万 m^2，硬质铺装面积约 3.40 万 m^2（图 7.2–23）。

虎殿路最大纵坡为 1.71%，最小纵坡为 0.30%，由于横跨两个大桥，穿越一座高架桥，所以路面的坡度较大，但平直路坡度较为平坦，标高在 3.20~3.80m。

虎殿路及其周围排水主要以传统的雨水排水系统为主，道路整体呈西北高、东南低，排水高水高排、低水难排；现状雨水口位于两侧非机动车道内侧，雨水管道径为 *DN*600~800，主要收集道路径流雨水最终汇至雨水系统，就近排入河道（图 7.2–24）。

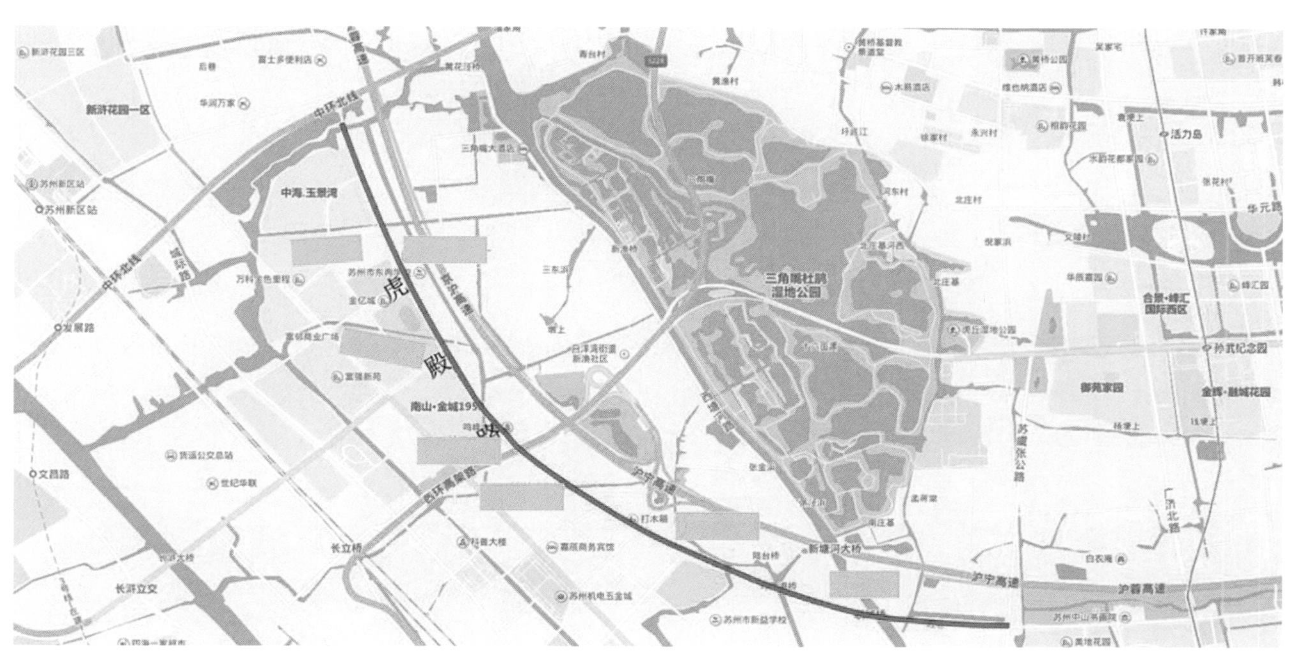

图 7.2–22 虎殿路周边水系示意

图 7.2-23 道路竖向分析图（单位：m）

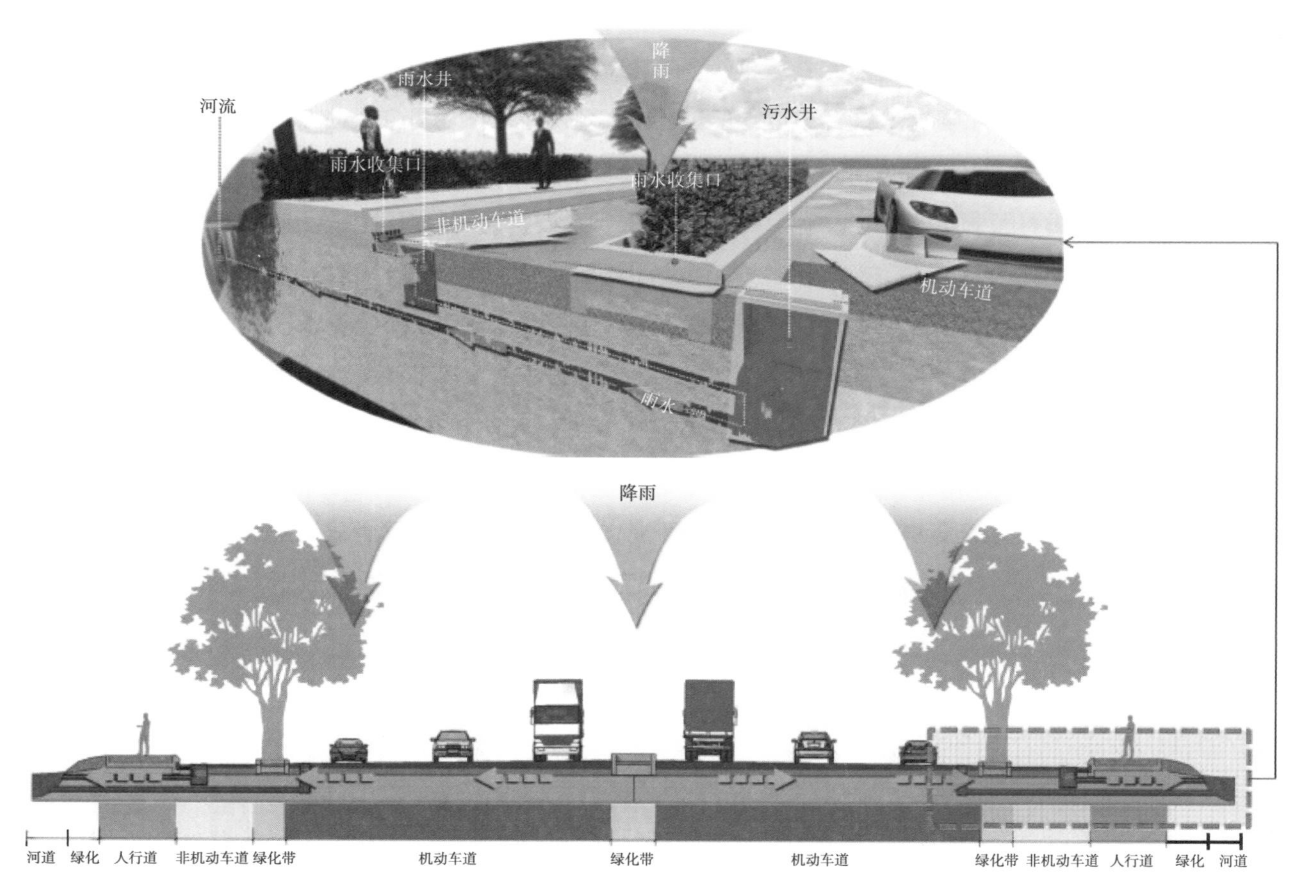

图 7.2-24 道路雨水排放分析图

7.2.3.2 存在问题分析

根据道路的结构设计图纸资料分析，场地区域土壤下渗性能较差，地下水位较高，周边河道及开发强度较大，土壤板结性强，现状不利于直接LID措施实施。道路下垫面主要为沥青路面、硬质铺装、绿地三类，综合分析雨量径流系数为0.80，径流系数较大，雨季径流污染严重。经对道路现状纵向坡度分析，最大纵坡1.71%，最小纵坡0.3%，排水高水高排，低水难排，容易造成雨水管系统的壅水导致暴雨时排水不畅。排水系统不健全。道路汇水面积大，雨水沿绿化带边缘雨水篦子直接排走，无法下渗、滞蓄，径流源头控制不足，强降雨容易在小坡度区域造成排水不畅。道路跨6条大小河道，受纳水体季节性面源污染风险大，道路径流携带的下垫面污染物转输至河道，加之周边建设力度较大，极易造成水系污染及生态破坏。

7.2.3.3 项目改造目标与需求

根据《苏州市海绵城市建设试点实施方案》和《苏州市海绵城市示范区控制性详细规划》有关试点区域年径流总量控制率分布图及要求，结合道路现状实际，确定海绵化改造总体目标如下：

（1）通过优化传统雨水排放模式，削减面源污染，降低项目开发对水文和水环境的影响，年径流总量控制率不小于50%。

（2）探索区域和流域层面水质改善、防洪排涝安全的协同模式。

（3）排水防涝标准采取综合措施，排水能力不低于现状。

（4）地块径流污染物削减率（以SS计）不低于45%。

（5）源头控制和水系调蓄相结合，保障城市排水安全。

（6）保证道路年径流总量有效控制的基础上，不减少道路及其沿线景观绿化面积。

7.2.3.4 海绵化改造思路

通过优化传统雨水排放模式，削减面源污染，降低项目开发对水文和水环境的影响，年径流总量控制率不小于50%；探索区域和流域层面水质改善、防洪排涝安全的协同模式；排水防涝标准采取综合措施，排水能力不低于现状；地块径流污染物削减率（以SS计）不低于45%；源头控制和水系调蓄相结合，保障城市排水安全；保证道路年净流总量有效控制的基础上，不减少道路及其沿线景观绿化面积（图7.2–25）。

根据虎殿路现状条件分析及目标要求，按照相关规划指标要求，重点解决道路积水、雨水径流污染、外围客水等问题，整体提高径流总量控制率，提升区内水环境状况，以期结合试点区其他项目最终达到试点区海绵城市改造目标，解决道路及其周边积水内涝和满足周边生态保护的双重目的。在改造过程中充分体现生态、海绵的建设理念，选择适合场地特点的海绵技术措施，尽量保留其生态本底，恢复原有的水文过程；同时还需满足海绵城市绩效考核要求，达到海绵城市控制指标要求。

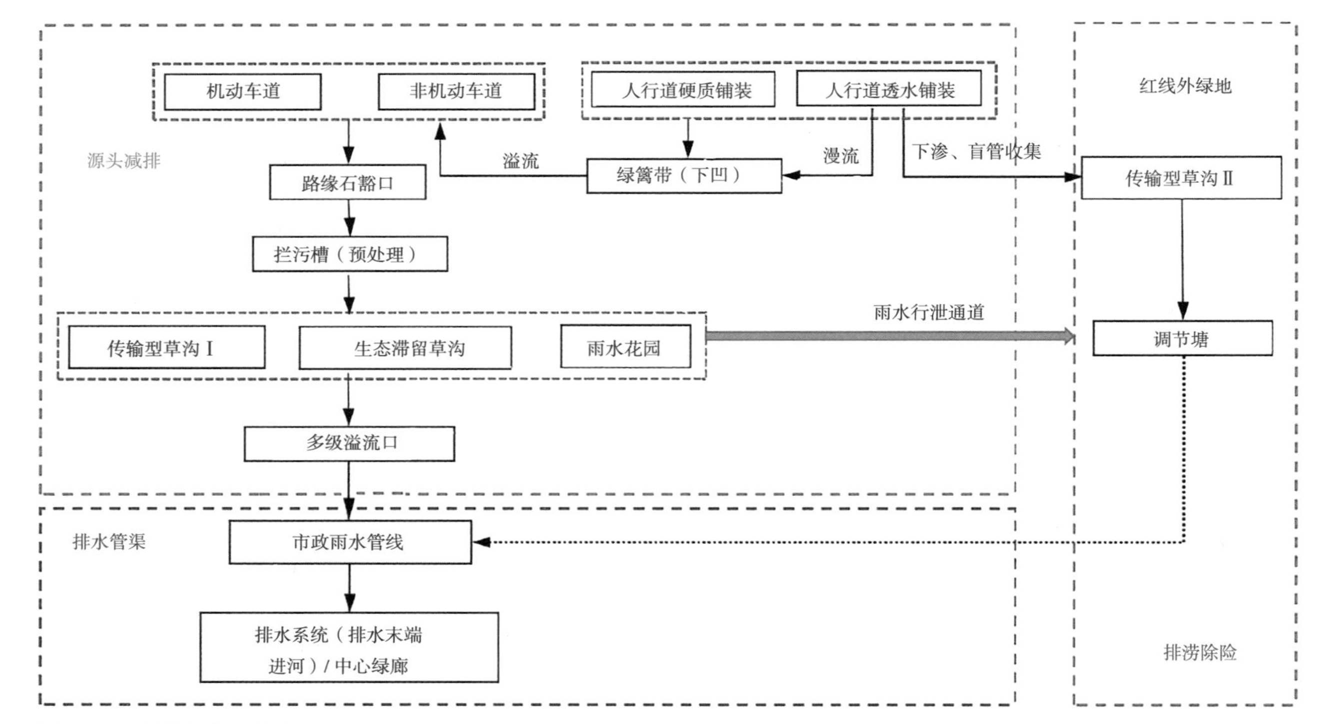

图 7.2–25 整体方案思路图

城市道路在满足道路交通安全等基本功能的基础上，充分利用道路本身及周边绿地空间设置低影响开发设施。结合道路的横断面设计，利用道路的人行道、绿化带建设下沉式绿地、生物滞留池、雨水湿地、透水铺装、湿塘等低影响开发设施，通过渗透、净化的方式，实现低影响开发控制指标。

7.2.3.5 项目平面布置设计

道路的海绵城市建设应结合红线内外绿地空间、道路纵坡和标准断面、市政雨水系统布局等，充分利用既有条件合理设计，合理利用雨水管控设施。本次虎殿路海绵改造工程涉及的技术措施主要有生物滞留池、雨水花园、下凹式绿地、透水铺装以及结合景观提升的相关设计。

（1）透水铺装。根据道路周边环境和用地性质，选择性地改造原人行道铺装为透水铺砖。

（2）植草沟。在侧分带、道路腹地设置 1.5m 宽植草沟带，纵坡与道路相同。

（3）下沉式绿化带。在大面积预留空地或者将道路两侧大面积绿地改造为下沉式绿地，缓解地面雨水径流对市政道路雨水管网的压力，包括雨水花园、生物滞留池等。

（4）开口路缘石。在道路范围内设置路缘石的场地间隔设置高矮路缘石，外侧路缘石高出路面 10cm。

（5）溢流雨水口。溢流雨水口位于下沉绿化带及植草沟中，与现状雨水管相连。

（6）生态树池。针对虎殿路西南侧人行道现状栽植的香樟树，间距 6.0m，设计改造为生态树池，并连接成带，以接收两侧的地面径流雨水。

7.2.3.6 竖向及径流组织设计

根据道路竖向，再结合海绵设施的布置位置对原场地以及海绵设施的竖向进行了优化和细化调整（图7.2–26、图7.2–27）。结合原道路竖向和排水管渠情况，选择性地考虑将部分原来的排水系统的雨水口封堵，由导水渠引至两侧的附属绿地设置的海绵设施进行处理。在人行道两侧没有附属绿地的区域则考虑将雨水引至机非隔离带或者在人行道设置海绵设施进行处理，人行道更换为透水铺装。

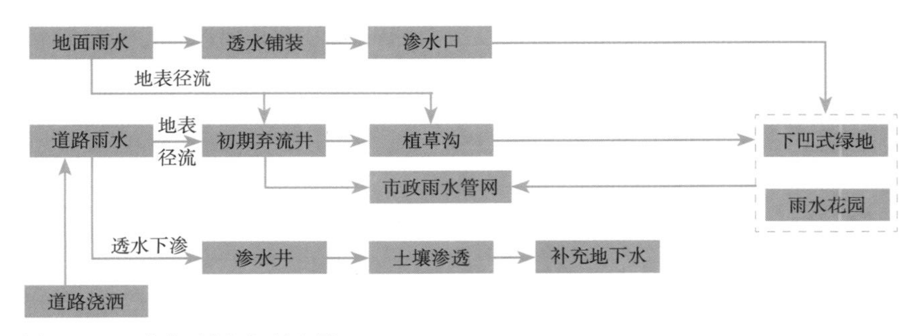

图7.2–26 道路雨水组织径流图

海绵道路改造至关重要的一点就是如何保证排涝标准不下降，因此在进行海绵改造设计中，建议结合周边实际，考虑对原有雨水径流走向进行调整，既满足海绵设施径流组织又满足排涝要求。

将原来的排水系统的雨水口封堵，由导水渠引至两侧的附属绿地设置的海绵设施进行处理。在人行道两侧没有附属绿地的区域则考虑将雨水引至机非隔离带或者在人行道设置海绵设施进行处理。所有的人行道全部更换为透水铺装。

选择性地封堵部分雨水口，在机非隔离带开泄水通道，让道路雨水通过机非隔离带的泄水通道进入非机动车车辆道，并通过人行道设置的排水渠道进行引流至雨水花园或者湿塘等滞水、蓄水设施，对于大雨情况下的雨水，通过溢流口和保留的基础上进行改造的双篦雨水口泄水。

在道路两侧有极少绿地或者没有绿地系统的路段，方案建议利用机非隔离带设置下沉式滞留设施，滞蓄雨水，大雨时通过溢流井至雨水管道。

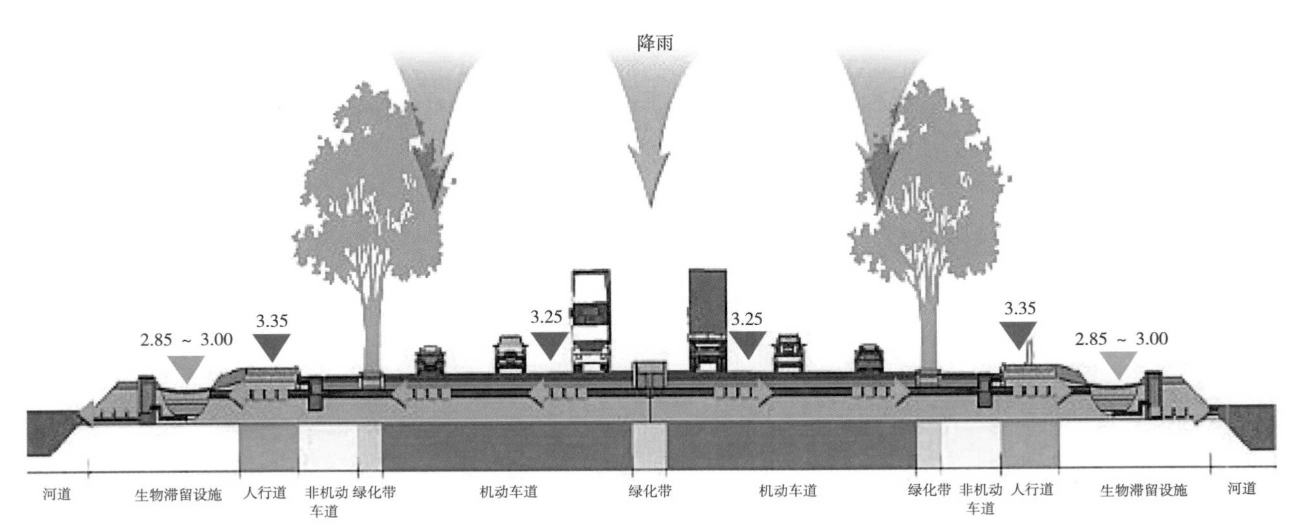

图7.2–27 道路竖剖面图

7.2.3.7 建设成效

单从道路 LID 改造过程中的经济效益为例，通过对比传统的改造方式，LID 改造对道路场地的保护性开发的设计理念下，将节约 20% 的土方工程量和 10%~20% 的排水管道，与此同时，有关场地平整费用、工程其他费用等也将适当降低。总体来说，相较传统的发展模式，海绵化城市改造项目比传统建设方式在建造成本方面可节约 10%~15% 的建设资金（图 7.2–28、图 7.2–29）。

从后期运营期的经济效益分析，试点区域建设大量低影响开发设施和雨水综合利用设施；保护区域内的水系统环境，有效利用天然水体、湿地调蓄雨水；积极推进雨污分流管网改造，高标准建设雨污水管网，有效削减年径流总量 75%，面源污染负荷削减 45% 以上，缓解水压力，大幅减少水环境污染治理费用，减少城市内涝造成的巨额损失。目标定位于“安全、资源、环境”三位一体，以城市排水防涝为主，兼顾城市初期雨水的面源污染治理。经济、环境、社会效益兼顾，突出资源节约和可持续发展，结合城市的土地和水资源承载能力，注重节地、节水、节能，构建集约型排水防涝系统，使内涝治理的经济效益最大化。以透水铺装的水资源节约效益为例，本项目建设了透水铺装共计 28274.0m^2，按年降水量 1000mm 计算，预计年可收集、循环使用雨水 18465m^3，仅此一项，一年即可节约水费约 5 万元。其他雨水回用方式也均可实现良好的经济效益。

在环境效益方面，在加大对地面清扫力度的基础上，通过建设湿塘、雨水花园、生物滞留池等设施，减少城市面源污染尤其是初期雨水径流污染，削减地表径流中 SS、COD、TN、TP 等污染物。根据方案中“渗滞蓄净用排”设施布置，预计设施对 SS 的平均去除率可达到 45% 以上，减少城市面源污染。

图 7.2–28 改造后沿河、三级滞留池实景图

图 7.2–29 透水铺装调整前后实景图

7.3 建筑小区类项目中的海绵城市建设

建筑小区类海绵城市建设项目根据项目性质不通分为居住区类、校园类、公共建筑类项目。其中，居住区类建设项目应通过系统性的组合措施，对屋面雨水、小区道路径流进行有效截滤、滞蓄、净化和利用，控制年径流总量，减少污染排放，景观效果符合项目整体需求。校园类建设项目实施成效除了要充分体现海绵城市理念外，还要充分发挥校园教书育人的优势和特点，实现海绵城市体验、教育和启发功能协调统一。对于公共建筑体还要有一定的公众参与和宣传展示功能体现。

7.3.1 姑苏软件园（姑苏天安云谷智慧园区一期）

姑苏天安云谷智慧园区一期整体占地面积 65 亩（约 4.3 万 m^2），项目占地 43464m^2，绿地率 25%，项目以园区雨水全系统生命周期为主线，以源头措施为主，兼顾过程和末端的控制，因地制宜采用透水铺装、下沉式绿地、雨水再生利用系统、生态停车场、滨水净化带等措施，结合交通组织、铺装纹理、滨水河道，合理配置绿地、植物乔灌草，增加休闲活动场地，构建人文活力的绿色生态园、融合姑苏水网格局和文化底蕴内涵，凸显地方特色；融合绿色发展理念，打造低碳、生态科技产业园，使得地块年径流总量控制率达到 60.2% 以上，面源污染削减率不低于 45%（图 7.3–1）。

图 7.3–1　姑苏软件园

7.3.1.1 建设条件分析

地块三面临路、一侧滨河，虎池路为东西主干道，项目区域原为农宅及工厂区，根据规划用地内容为商业服务业用地，目前区域附近主要为小商品市场、空地、待建区域，建设前场地为空地，具备良好的建设条件（图7.3–2）。

地块北沿长泾塘，是姑苏区骨干排涝河道，主要承担片区内部重要的防洪排涝和雨水调蓄功能。河道水质不佳，局部沿河工厂、民房密集河段水环境较为恶劣，水质为Ⅳ～劣Ⅴ类。

区域地表水污染属综合型有机污染，主要污染指标为氨氮、总磷、高锰酸盐指数和化学需氧量等。河流水质的首要污染物为氨氮，因此对氨氮污染物的控制成为改善区域主要河流水质的关键。除外源污染外，水流缓慢、自净能力低也是造成水质恶化的重要原因。

建设前场地较为平坦，区域内场地竖向标高2.16~3.05m，四周道路竖向标高2.80~3.60m，与周边区域相比地势较为低洼，临河一侧雨水径流直接入河，水位落差小，存在黑臭水体、淤泥积压、水面漂浮物等现象，初期雨水径流污染明显。

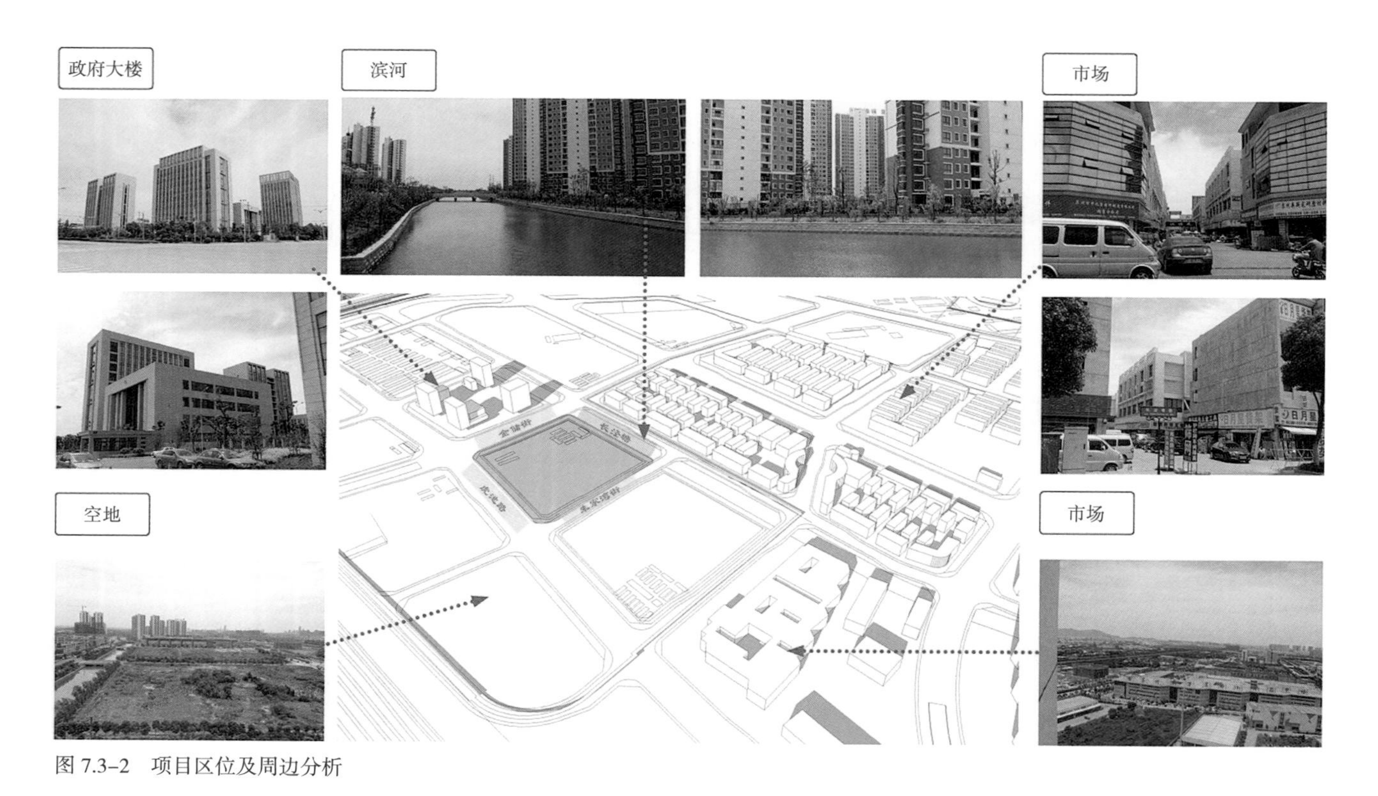

图7.3–2 项目区位及周边分析

7.3.1.2 问题与需求分析

（1）问题分析

项目场地建设前地势较低，周边多以空地、待建区域为主，三面环路、一面临河，径流雨水通过雨水管网快排至长泾塘河，河道行洪排涝压力大，且径流雨水携带大量的地表垃圾及尘埃物质直接入河，易形成面源污染。

（2）需求分析

1）融入海绵理念，形成良性水循环系统。项目建设融入海绵城市理念，设计应以水为主线，重新梳理区域地势，优化场地空间布局，提高区域内雨水截流、蓄滞、净化的能力，形成自然积存、自然渗透、自然净化的可持续水循环系统。

2）构建生态格局，提高临近河道生境质量。建设应重点依据生态型理念，从城市建设整体格局出发，充分利用现有河道的优势，增设滨水植物带，阻拦污染物直接入河，减少面源污染，提高城市水生态和水环境质量。

3）提升城市发展品质，打造区域典范。项目位于金阊新城发展核心区，承载着姑苏区古城经济转型、科技创新要素集聚的重任，建设应特别关注城市文脉的延续，展现苏州特色，打造金阊新城提标改造区精品建设新的典范。

7.3.1.3 设计目标与原则

（1）设计理念

项目聚焦创新产业，海绵专项设计关注场地总体布局，扩大区域功能，兼顾绿色设施和景观效果，将工作、学习、生活、休闲各项功能有机融为一体，以增加休闲活动场地为主，融合姑苏水网格局和文化底蕴内涵，引进新时代海绵城市“渗、滞、蓄、净、用、排”理念，提高整体形象及生态环境质量，构建具有人文活力、地方特色、低碳、生态的绿色海绵化科技产业园（图 7.3–3）。

图 7.3–3　姑苏软件园设计理念构想图

（2）设计目标

项目综合考虑气候、水温、地质、地形等环境条件，结合海绵城市建设理念，在明确项目定位的前提下，年综合径流控制率≥ 60.20%、综合径流系数不高于 0.55、径流污染物削减率（以 SS 计）不低于 45%，其他相关标准包括排水标准、内涝防治标准按照现状实行的相关标准执行。

（3）设计原则

1）统筹协调。综合考虑软件园各区块功能需求，合理进行分区建设，协调项目区域与周边排水系统，统筹建筑、给水排水、景观园林、道路等专业，遵循目标性、示范性、可操作性、整体性、精品性、节约性、协同性的原则，整体设计海绵型软件园。

2）灰绿结合。充分将绿色基础设施和灰色基础设施结合起来，多种设计，提供多维整合的改造措施组合，满足软件园的海绵功能。

3）因地制宜。充分考虑场地内基础条件特点，以问题为导向，合理选择海绵技术措施，做到经济效益合理、功能效益最佳。

4）提升区域内品质。通过海绵技术措施有针对性地将低影响开发设施与基础设施提升、绿化景观提升相结合，提升对外环境质量，增加视觉美感。

7.3.1.4 设计思路

设计采用“源头削减—过程措施—末端治理”的总体思路，利用自然排水系统与海绵措施相结合，绿色基础设施和灰色基础设施相协调，道路、绿化、景观综合布置，充分考虑地块临河的优势，提高水生态系统的自然修复能力，以生态优先为原则，因地制宜建设，实现雨水自然积存、自然渗透、自然净化的可持续水循环（图 7.3–4）。

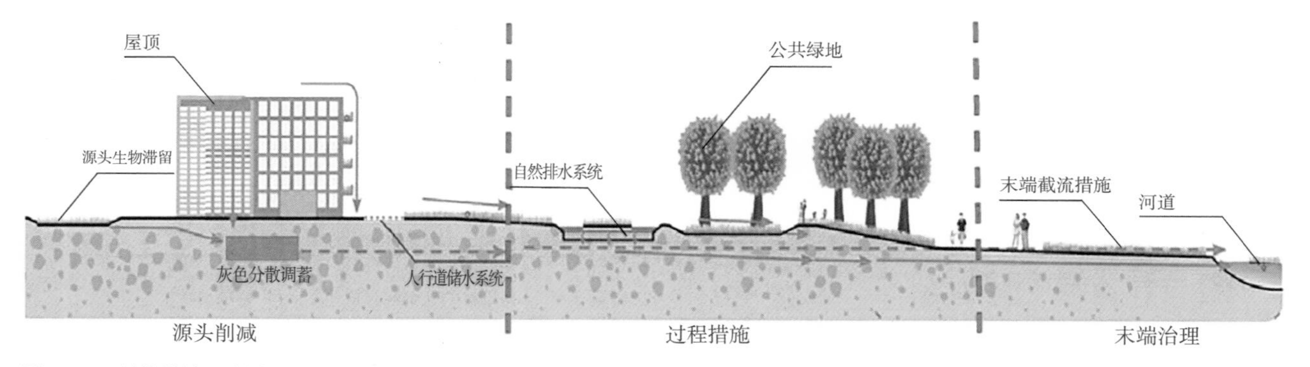

图 7.3–4 总体设计思路图

7.3.1.5 竖向与径流组织设计

原有场地整体地势较低，设计整体抬高场地标高，形成场地高于原有市政道路的坡向，中间内部高于两边道路的整体竖向（图 7.3–5）。

根据场地内下垫面条件、竖向高程、雨落管、室外雨水管网分析，功能分区及径流特征等，将其整体划分为 10 个汇水分区。

依据姑苏软件园的区域特殊性和整体性及周边自身的突出问题和需求，结合场地布局和周边环境条件，源头技术重点选择雨落管断接、下沉式绿地，收纳屋面雨水及周边道路径流雨水，透水铺装提升路面效果和透水性能；过程中通过源头设施与排水系统相衔接，实现雨水的输送和转输；末端建设雨水回收利用系统，用于浇灌绿化、冲洗道路、补给景观水池，并在原有河道基础上建设滨水植物带，拦截污染物入河，进一步提高面源污染控制总量；同时结合景观等不同类型设施，实现生态海绵化建设，对超出容纳能力的雨水则进入市政管网系统排出（图 7.3–6）。

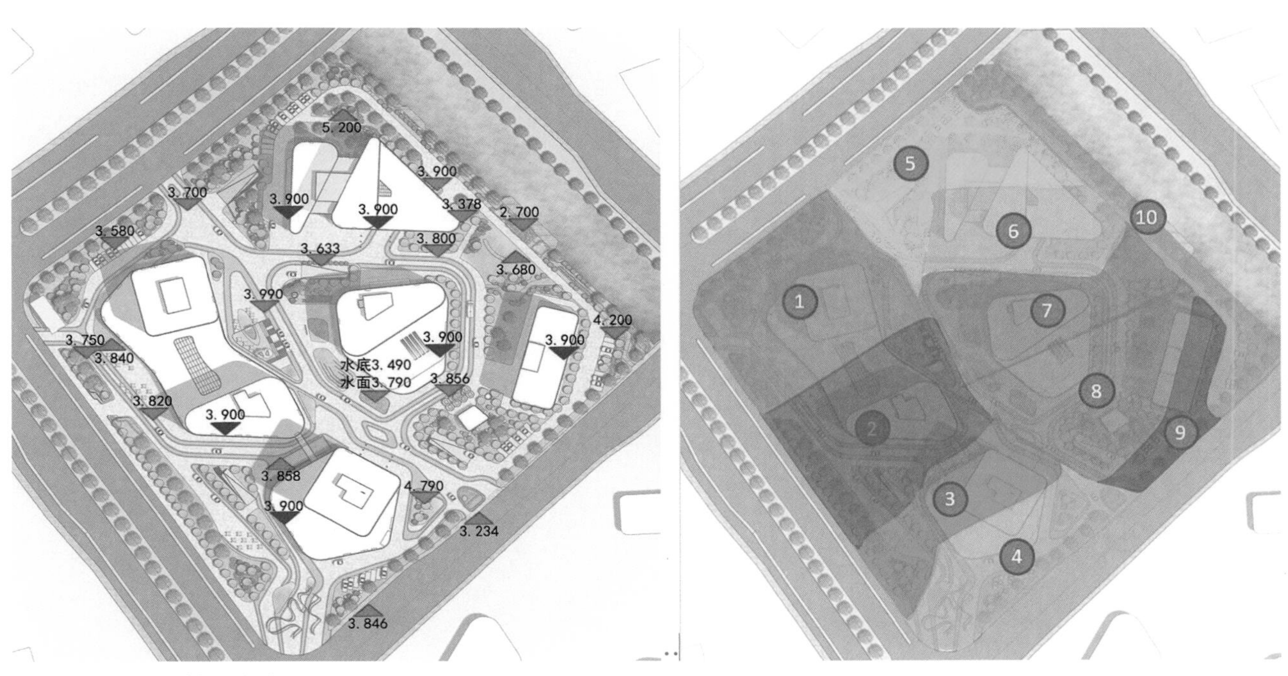

图 7.3–5　竖向设计与汇水分区图

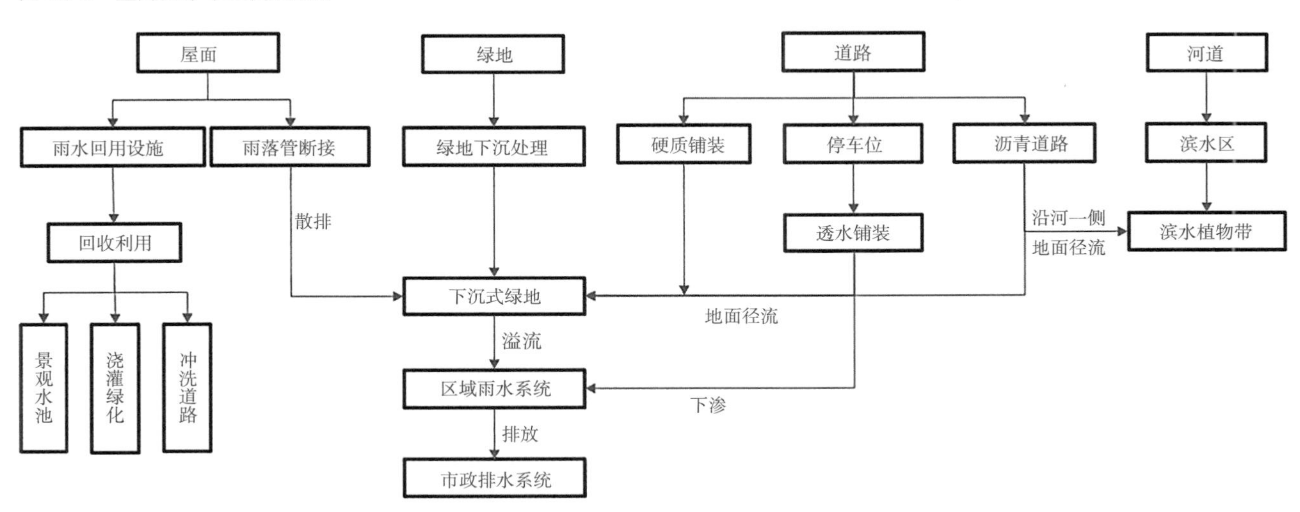

图 7.3–6　雨水工艺流程图

7.3.1.6 设施布局及规模确定

项目建设以雨水全系统生命周期为主线，以源头措施为主，兼顾过程和末端的控制，因地制宜采用透水铺装 1684.50m^2、下沉式绿地 6008.04m^2、雨水再生利用系统 200m^3、景观水池 272m^2、滨水净化带等措施，结合交通组织、铺装纹理、建筑布局、滨水河道，结合景观及绿化效果，对径流雨水进行导流、传输与控制，构成高耦合雨水综合控制利用系统，增加休闲活动场地，构建具有人文活力、低碳、生态、海绵、绿色、科技的产业园（图 7.3–7）。

（1）透水铺装

本次设计软件园室外停车场为树脂草格透水铺装，从上到下的结构层为：300mm 厚碎石垫层并铺设直径 50mm 的 PVC 排水盲管、200mm 厚 C20 素混凝土、40mm 厚中粗砂找平、70mm 厚绿色树脂草格。

树脂草格采用绿色环保材料，可回收，具有耐压、耐磨、抗冲击、抗老化、耐腐蚀的特点，碎石承重层提供了良好的倒水功能，方便多余降水的排出，同时也提供了一定的蓄水功能，有利于草坪生长，完美实现草坪、停车场二合一，提升区域品质。

（2）下沉式绿地

设计采用简易式下沉式绿地，从上到下的结构层为：上覆满足植物生长厚度的种植土，透水土工布隔离，50mm 厚陶粒过滤层，透水土工布隔离，防根刺排水组合板，底层靠近建筑物铺设防水卷材。排水盲管安装采用碎石包裹。

下沉式绿地设置在道路周边的绿化带内，主要结合景观造景局部下沉或整体完全下沉，用于收集路面周边雨水，雨水通过下渗、过滤后溢流至雨水管网系统，能够缓解地面径流对雨水管网的压力，削减面源污染。

（3）雨水回收利用

设计雨水回收利用设施水量为 10m^3/h，主要流程为：下雨时，屋面雨水通过雨水排水管收集后汇至初期雨水弃流井，后期雨水通过溢流管进入布水模块，经过沉淀、过滤、次氯酸钠加药消毒后进入雨水回用水箱储存。回用水质应满足《城市污水再生利用 城市杂用水水质》GB/T 18920—2020 水质要求，同时设

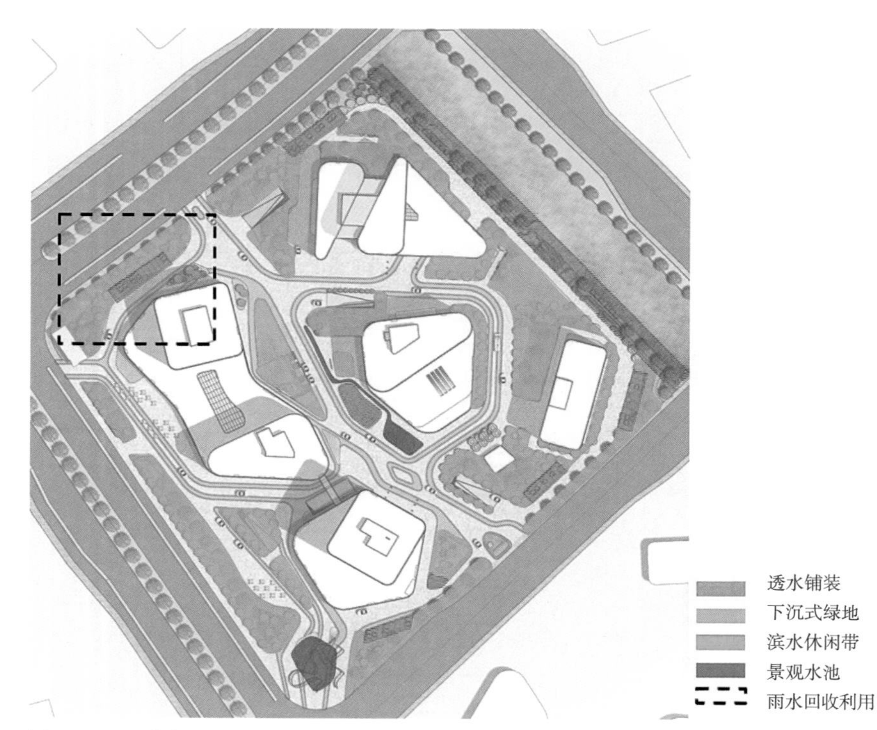

图 7.3–7 姑苏软件园设施平面布局

图 7.3–8 滨水植物带意向图

计反冲洗装置对雨水进行清淤排泥。

储存的雨水通过回用泵提升后，主要用于补给景观水池、浇灌绿化、道路清洗等。

（4）微生态滤床及景观水池

景观水池设计底部水池与镜面水池两种形式。底部水池与道路路面相衔接，路面雨水径流先进入底部水池，其内部系统同雨水回用系统相连接，回用雨水可补给镜面水池，同时镜面水池也可溢流至底部水池，与周边环境形成有机整体，营造富于变化的各种景观效果，丰富户外空间的娱乐功能，形成轻松恬静的氛围。

（5）滨水植物带

利用项目地块临水、河道为硬质护岸的特点，在河道一侧设计阶梯式滨水休闲平台，合理配置适生植物，通过植物的根茎、阶梯层级的跌落、土壤的蓄水能力，减少初期径流雨水直接入河形成的面源污染；提高雨水年径流总量控制率，缓解河道行洪、排涝压力；减轻径流雨水对河岸的侵蚀与冲刷；起到固土护坡、净化水质的作用，同时增加滨水景观效果，为公众创造更多的娱乐休闲场所，形成生态、自然的休憩空间（图 7.3–8）。

7.3.1.7 项目建设成效（图 7.3–9 ~ 图 7.3–13）

姑苏软件园海绵专项工程将海绵设计与商业景观、滨水景观紧密结合，通过相应海绵措施，实现下沉式绿地率 55.29%，透水铺装率 8.89%，控制指标年径流总量控制率达到 64.70%，综合径流系数 0.52，面源污染削减率 52.29%，均满足控制指标要求。

图 7.3-9 姑苏软件园建成鸟瞰图

图 7.3-10 区域效果图

图 7.3-11 室外休闲坐凳和景观水池

图 7.3-12 下沉式绿地

图 7.3-13 滨水植物带

（1）打造功能多样的综合空间。设计注重总体布局，共划分城市景观环道、办公 / 商业区、中心广场与文化展览中心、混合功能休闲区、滨河休闲区 5 个版块，力图打造一个功能多样、有创意的城市办公、商业、生活区。

（2）形成可持续水循环系统。结合交通组织、铺装纹理、建筑布局，设计充分利用海绵设施滞蓄的功能，将收集到的径流雨水进行净化，用于补给景观水池、浇灌绿化、冲洗道路，形成自然、可持续的雨水循环系统。

（3）提高临近河道生境质量。地块北沿姑苏区骨干排涝河道长泾塘，考虑河道天然海绵体，充分利用现有河道的优势，增设滨水植物带，阻拦污染物直接入河，减少面源污染，提高城市水生态和水环境质量。

7.3.2 司徒街幼儿园改造项目

针对学校绿化率较低、不透水面积占比较高、施工周期较短等特点，因地制宜地采取下凹式绿地、生态多孔纤维棉、浅层调蓄设施、透水铺装、雨水罐、垂直绿化等多样化的海绵措施，结合海绵设施建设科普教育园地，呈现雨水的自然渗透、滞蓄、收集和利用全过程，实现项目年径流总量控制率达到 93%、年 SS 总量去除率为 79% 的指标目标，同时让师生们深入了解海绵设施的功能和作用。

7.3.2.1 项目改造前现状

该幼儿园占地面积 1700m^2，其中建筑占地面积 911.47m^2、绿化面积 255.32m^2、道路 533.21m^2，绿地率仅有 15.02%，经计算，现状综合径流系数高达 0.74，整个场地景观效果单一、功能分区不明显、缺少活力。

（1）排水体制：学校改造前排水体制为雨污分流体制，雨水采用快排的方式接入东侧雨水管道；污水沿围墙一侧布置，管线走向与花坛边缘重合，接入市政污水管道。

（2）功能区域布置：道路，学校未设置专门的道路功能，将建筑周边空间划为硬质活动空间。屋顶为学生活动场地，现状为不透水塑胶场地，破损严重，周边围有栅栏。环建筑两侧有绿化带，但宽度较窄，植物种类多为麦冬、乌青、果树等。

（3）土壤状况：项目区域土壤自上而下依次为素填土、耕填土、粉质黏土、淤泥质粉质黏土、黏土、粉质黏土等，饱和渗透系数约为 1.0×10^{-3}m/d，土壤渗透性能差。地下水埋深浅，为 1.5m。

7.3.2.2 问题及需求分析

（1）学校始建于 1913 年，2008 年进行翻建，学校已建排水管道标准偏低，部分雨污水检查井淤积、破损严重，大雨天排水不畅。

（2）校园硬化面积偏大，绿地率较低，景观效果差，降雨天花坛、绿地泥土满溢导致场地泥泞，影响教学活动。

（3）学校屋顶为硬化屋面，降雨时形成雨水径流，加剧初期径流污染风险。

（4）应校方要求，还需要考虑海绵设施的可视化，提高雨水资源化利用率，提供宣教、休闲、娱乐的功能，应巧妙结合沙池、果树种植区等设置雨水控制设施。

7.3.2.3 建设目标与策略

根据学校所在区域规划要求，结合幼儿园现状实际条件和建设需求，充分考虑校园特点，利用学校教书育人的氛围，在进行海绵化改造的过程中，为孩子们建设一座参与体验式的“海绵校园”和自然课堂，激发校园的体验功能、启发功能和教育功能。先梳理灰色排水体系，再以源头技术，即透水铺装、下沉式绿地，垂直墙面绿化、雨落管断接回用等低影响开发技术控制径流雨水，过程中衔接源头设施与排水系统，进一步输送雨水，从而控制末端雨水出流水量与水质，形成“源头减排——衔接过程——末端控制”的技术流程，实现年径流总量控制率75%、年SS总量去除率60%。

7.3.2.4 改造方案设计

（1）建设内容

本次设计主要通过海绵设施的布置实现年径流总量控制率的目标，并结合学校需求、排水防涝标准提升，达到改造目的。本工程改造主要通过调整绿化和道路相对位置和规模，因地制宜断接雨水立管，绿地改造为下凹式绿地，活动场地和周边道路改造为透水铺装；雨落管附近无绿地时，增设成品雨水罐，净化后储存的雨水可回用于打扫卫生、浇灌绿化、教育园地内用水等。同时在校园东侧墙面增加垂直墙体绿化，降低室内温度、增加空气湿度。

（2）汇水分区及径流组织

为了保证设计的各类海绵设施高效发挥控制作用，根据幼儿园内下垫面条件、竖向现状、雨落管、室外雨水管网分析，结合现场踏勘情况、幼儿园功能分区及径流特征等，将场地划分为5个汇水分区（图7.3–14）。

屋面雨水采用雨落管断接进入下凹式绿地和雨水罐回收利用两种方式；铺装雨水经过全透水设计路面源头减排后，通过地表汇流进入下凹式绿地。超出设计降雨量时，雨水溢流进入校园雨水管网，最终进入市政排水系统（图7.3–15）。

根据各个分区海绵设施布局，明确设施进水口和溢流口的位置，通过竖向设计保障服务范围内的雨水均可顺利汇流进入设施，且溢流雨水可通过溢流口有组织排出（图7.3–16）。

（3）海绵设施布局及规模

综合考虑汇水分区内的地形竖向、植物组团、景观布局及雨水回用方式，因地制宜地采取下凹式绿地、生态多孔纤维棉、浅层调蓄设施、透水铺装、雨水罐、垂直绿化等多样化的海绵措施，结合海绵设施建设科普教育园地，呈现雨水的自然渗透、滞蓄、收集和利用全过程。

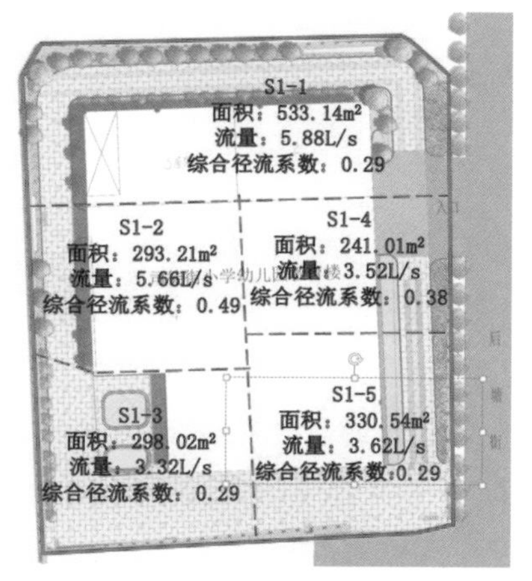

图 7.3-14 幼儿园场地汇水分区图

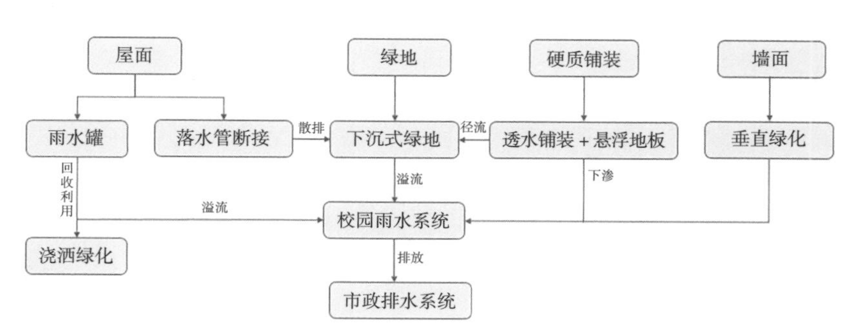

图 7.3-15 学校雨水径流流程图

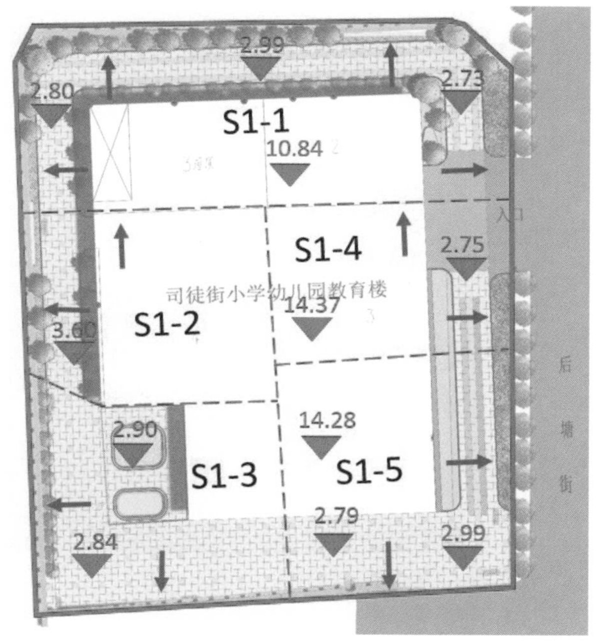

图 7.3-16 学校雨水径流组织示意图

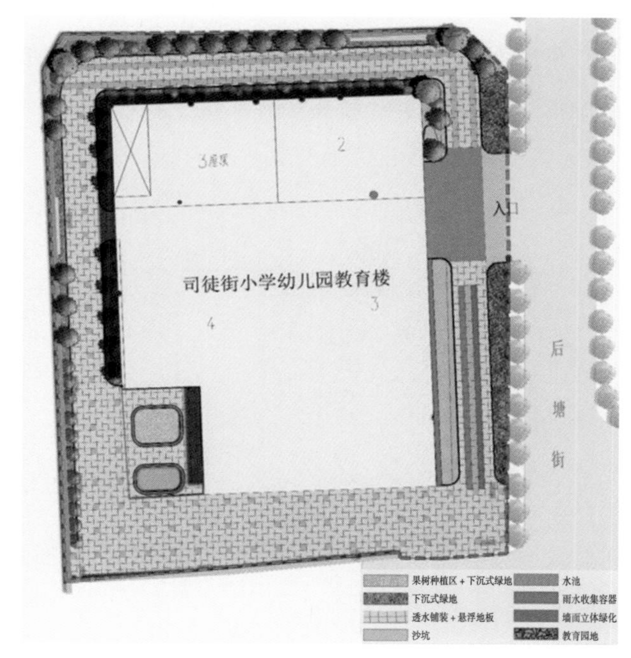

图 7.3-17 海绵设施布置图

幼儿园学校海绵化改造主要涉及校园区域的建筑屋面、活动场地、道路、附属绿地系统等，项目以雨水资源全生命周期为主线，将四周道路改造为透水铺装路面，考虑其为幼儿园学生活动区域，上铺悬浮地板，其中，S1-1、S1-2 分区根据校园现状及校方需求，在场地绿化区域设置下沉式绿地，搭配本地适生、耐湿耐旱、可供观赏的植物、乔灌草及蔬菜、果树，同时利用屋面雨水落管接入雨水收集容器，学生可用于取水打扫、宣教、浇灌园地等。S1-3 分区以学生活动区域为主，搭配绿地设计下沉式绿地，对雨水进行源头滞蓄，扩大沙坑面积，搭配循环水池。S1-4、S1-5 以下沉式绿地和果树种植区为主，在墙面处设计垂直绿化，降低室内温度，增添学校景观亮点。

根据上述布置及容积法计算，本项目采用透水铺装 533.21m^2、下沉式绿地（简易式）69.19m^2、下沉式绿地（蓄滞式）97.88m²、果树种植区 60.25m²、教育园地 41.38m²、沙坑 10.48m²、立体绿化 65.50m²、雨水收集容器 2 座。

7.3.2.5　设施设计

（1）下凹式绿地

下凹式绿地是本项目中关键的雨水径流控制低影响开发设施，包括简易式及蓄滞式两种形式。在下凹式绿地周边增加木护栏等措施，防止学生踏入泥地中。简易式下凹式绿地从上至下结构层为：超高层 100mm、滞留层 100mm、种植土层 300mm（图 7.3–18）。

相对于简易式下凹式绿地，蓄滞式下凹式绿地滞留调蓄能力更强，包括预埋生态多孔纤维棉和成品浅层调蓄设施两种。

采用生态多孔纤维棉的下凹式绿地从上至下的结构层为：200mm 种植土；50mm 粗砂；500mm 生态多孔纤维棉；50mm 粗砂；底部素土夯实，夯实度≥ 90%（图 7.3–19）。

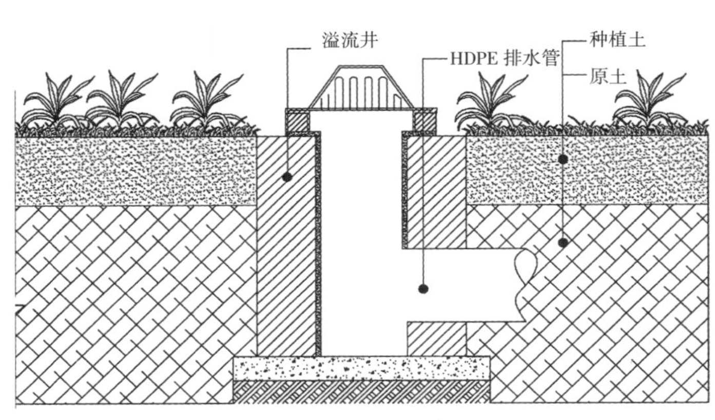

图 7.3–18　简易式下凹式绿地设计大样图及实景图

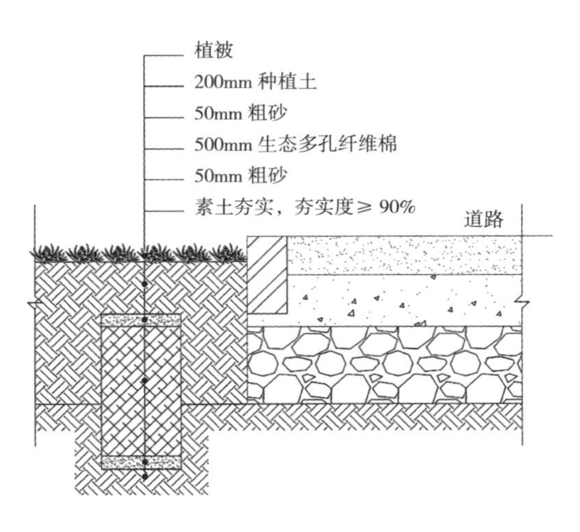

图 7.3–19　蓄滞式下凹式绿地（含预埋生态多孔纤维棉）设计大样图及实景图

采用成品浅层调蓄设施的下凹式绿地从上至下的结构层为：300mm 厚种植土；100mm 厚原沟槽土回填；100mm 厚粒径小于 50mm 级配砾石；300g/m^2 透水土工布；475mm 厚中砂、粗砂、碎石屑、级配砾石组合砂垫层；200mm 厚中砂、粗砂组合砂垫层，压实度≥ 95%；100mm 厚中砂、粗砂组合砂垫层，压实度≥ 95%。浅层调蓄设施蓄水容积 2m^3，缓释流量 0.2m^3/h，配套无动力缓释器，蓄滞净化渠进水口连接两根进水管、两根溢流管，污水通过排泥井进入污水管网（图 7.3–20）。

选用根系发达、茎叶繁茂、净化能力强、耐涝抗旱、观赏性能好的植物品种，如金边黄杨、毛鹃、花叶蒲苇、小兔子狼尾草等，在下凹式绿地这个特定的短期水淹、长期干燥的环境中生长良好。同时注重苗木的品种搭配，增加了校园景观的丰富性。

（2）透水铺装

考虑幼儿园学生年龄较小，在聚氨酯透水铺装面层增设防滑、防摔、无毒、无味的悬浮地板，从上至下结构层为：15mm 厚高强度聚丙烯悬浮地板，20mm 厚混合料粒径 3~5mm 聚氨酯透水面层；150mm 厚骨料

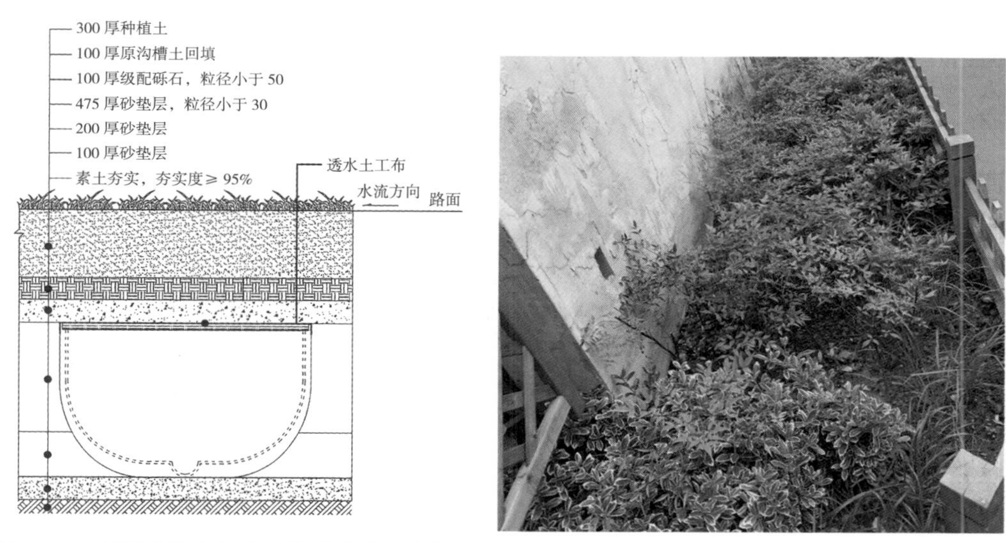

图 7.3–20　下凹式绿地（含浅层调蓄设施）设计大样图及实景图

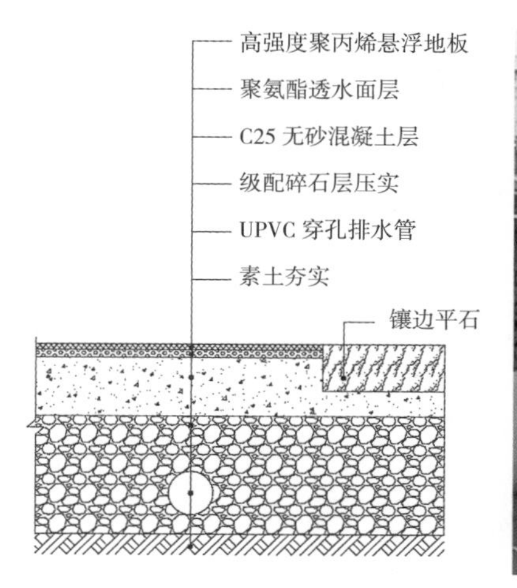

图 7.3–21　透水铺装设计大样图及实景图

粒径 15~20mm 的 C25 无砂混凝土层；300mm 厚碎石粒径 8~13mm 级配碎石层压实，碎石排水层中铺埋直径 100mm UPVC 穿孔排水管，底部素土夯实，夯实度≥ 91%（图 7.3–21）。

（3）垂直墙体绿化

校园东侧墙面设置垂直墙体绿化，具有降低辐射热，减少眩光，增加空气湿度和滞尘隔噪，占地少、见效快、覆盖率高等优点。

垂直墙体绿化龙骨架有主要支撑骨架和次要固定骨架组成，主要支撑骨架由几个小的骨架拼接而成，盆之间采用插销连接，每 6 行花盆为 1 组，每组花盆与搭建的水平骨架通过螺纹杆固定，采用手动灌溉方式，每个 5 行花盆布置一根灌溉支管，通过孔隙对植物进行灌溉（图 7.3–22）。

（4）雨水收集容器

雨落管附近无绿地，本项目选用带有净化功能、材质为 PP 或 PE 的成品雨水罐；雨水罐有效容积为 0.6m^3，并设有溢流设施。经过净化后储存的雨水可回用于打扫卫生、浇灌绿化、教育园地内用水等（图 7.3–23）。

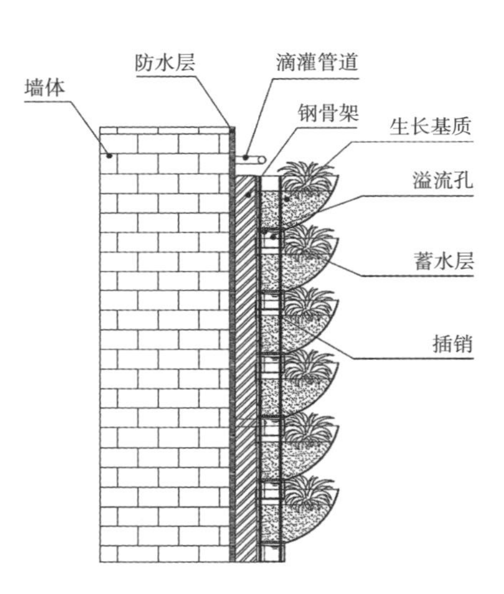

图 7.3–22 垂直墙体绿化设计大样图及实景图

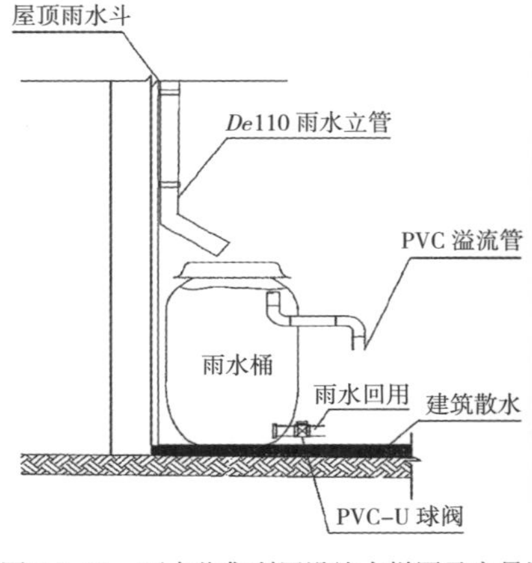

图 7.3–23 雨水收集利用设施大样图及实景图

7.3.2.6 项目实施效果

幼儿园通过海绵化改造，对减少面源污染尤其是初期雨水径流污染，削减地表径流中SS、COD、TN、TP等污染物具有效果显著的效益，同时也可优化校园生态空间，增加雨水滞蓄能力，削减径流峰值，缓解区域排涝压力。幼儿园建成后，每一位师生都可以参与雨水控制利用的过程，使学生能够在娱乐的同时，接受节约水资源的教育，增强惜水、节水和利用雨水的意识。海绵项目的建设以较低的净增成本，综合减少水环境污染治理、防洪排涝设施建设和运行费用。下凹式绿地、透水铺装可削减面源污染，减轻城市排水压力，垂直墙面绿化可调节建筑内温度，节省一定的空调用电。雨水收集利用设施能收集的雨水用于绿化，节约灌溉用水量。经过指标校核，项目区域年径流总量控制率达到93%，年SS总量去除率为79%。

7.3.3 东苑新村老旧小区改造项目

小区改造将海绵城市建设、绿色人居环境理念纳入其中，以问题为导向，考虑人居需求及城市规划发展，遵循以人为本的“绿色、健康、邻里、舒适”目标原则，对小区建筑、道路、排水、景观等进行综合改造。在采用立面出新、排水系统改造、道路改建等老旧小区传统改造基础上，排水系统重点综合源头削减、过程控制、末端治理的技术思路；通过系统化梳理现状，在室外雨污分流改造完成的基础上，采用建筑雨落管断接、支管截流、干式植草沟、沿河生物滞留带、停车场生态化改造等系统化技术手段，可将年径流总量控制率、面源污染削减率由18.5%、15.7%分别提高至50.2%和42.7%。该小区的改造结合景观提升，优化了居住区环境，提升了居民幸福感指数，可为其他老旧小区改造提供参考与借鉴。

7.3.3.1 项目改造前现状

该项目位于苏州市吴中区，占地18500m^2，建设于20世纪90年代中期，为拆迁保留区，属于典型的城市建成区老旧小区，三面环路，南面临河，小区共11幢多层建筑，36个单元、408户住户（图7.3-24）。通过前期大量的走访、翻阅原设计图纸、管线勘察等，发现该小区主要存在房体渗水、立面脱落、线管私拉乱接、道路坑洞、板块断裂、雨污混流、径流污染入河、景观缺

图7.3-24 东苑新村区位

失、停车位功能丧失等问题。此次改造以问题和需求为导向，从建筑、道路、排水、景观四个方面考虑，将海绵城市建设理念融入其中，结合苏州本底特点，在满足水安全的前提下，实现改造与保护的平衡，营造舒适、美观、健康、洁净的小区居住环境。

7.3.3.2 项目改造思路

在“以人为本”的前提下，充分展现“户外、自然、健康、邻里、舒适”的元素，对建筑、道路、排水、景观进行综合改造，采用立面出新、道路翻修、停车位修复、化粪池填埋、新建雨水立管等传统改造手法，融合海绵城市建设理念，以排水工程衔接各专业工程，从源头、过程、末端系统化梳理排水现状，在室外雨污分流改造完成的基础上，采用建筑雨落管断接、支管截流、干式植草沟、沿河生物滞留带、停车场生态化改造等系统化技术手段，打造一个以绿色生态健康循环系统为核心的“新”小区（图 7.3–25）。

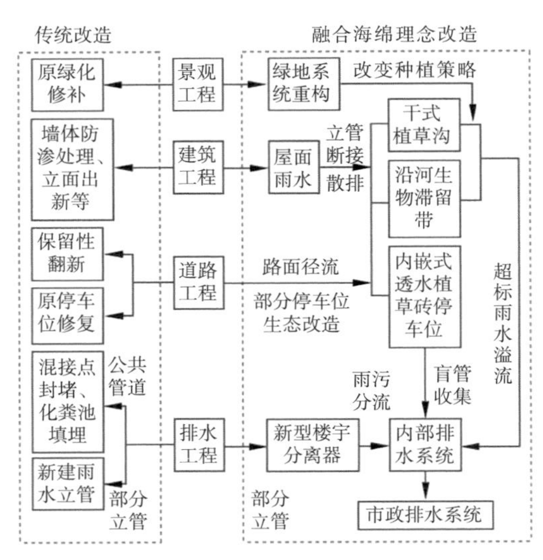

图 7.3–25 项目改造技术路线

7.3.3.3 项目总体布局

合理利用原有雨污管网，结合小区周边区位、绿化改造、地下综合管线，统筹选择海绵措施，实现源头削减和过程控制，保证汇水分区的最优划分（图 7.3–26）。主干道南侧花坛下综合管线较多，可利用区域小，设计为干式植草沟接纳道路两侧及屋面雨水；南侧沿河设置生物滞留带，生态拦截整个小区地面径流外排入河溢流雨水，减少面源污染；原植草砖停车场为不透水设计，现改建为内嵌式全透水植草砖停车场，消纳周边雨水径流。

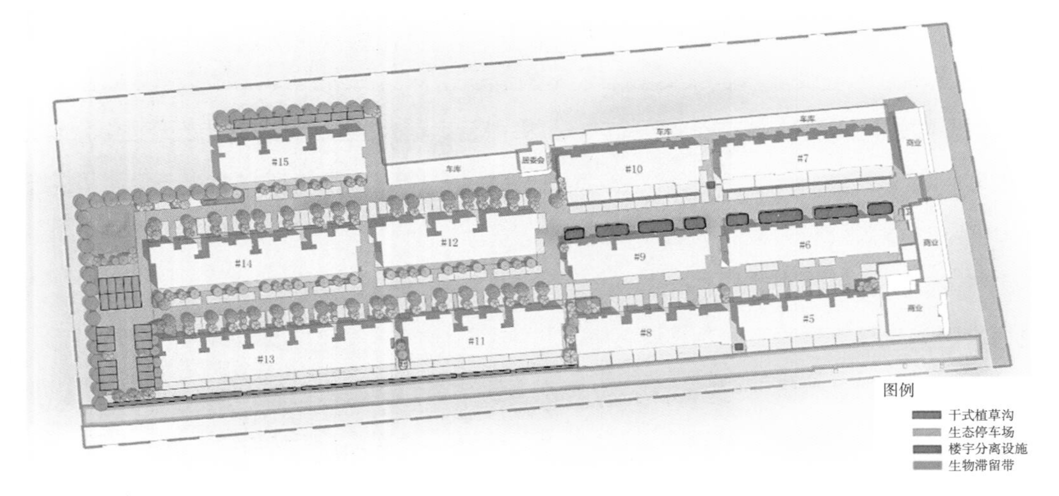

图 7.3–26 海绵设施布局图

7.3.3.4 海绵设施详细设计

（1）排水系统改造

小区前期进行过室外管道的雨污分流改造，但控源截污不彻底，加之日常管理养护不到位，导致雨水箅子堵塞、破损严重。南阳台排水不规范、北立管雨污合流，划线停车位、垃圾收集点等面源污染严重，小区接出雨水管道水质指标化学需氧量为 457.53mg/L，污水管道水质指标化学需氧量为 516.68mg/L，存在混流和地下水入渗的情况。

针对上述问题，结合地勘资料，重新梳理排水系统，复核室外管道排水能力均满足最新规范要求，对查出的混接点进行彻底分流和封堵处理，取消所有楼宇之间的化粪池，并进行专业填埋处理，结合道路改建施工，对雨污水检查井加固并更换井盖，加装干管检查井防坠落装置；改建垃圾收集点，设置垃圾收集点渗滤液收集系统。

建筑南北立面立管全部更换改造为雨、污两套排水系统，对周边设置干式植草沟和生物滞留带的雨水立管进行断接，散排入海绵设施，其余仍接入雨水边井。

对于庭院式底楼无法进行传统立管改造的建筑，选择新型楼宇分离器截流控制初期雨水和旱流污水进入雨水系统（图 7.3–27）。

楼宇分离器由鸭嘴阀、限流阀、进水口、雨水出水口、污水出水口组成。鸭嘴阀单向流通，阻隔污水管网中的臭味进入用户阳台；限流阀可自动切换模式，整个设备无需外加动力及维护保养，能有效解决雨污合流造成的河道水质“富营养化”，具有分流效果佳、耐高温和腐蚀、寿命长、弃流初期雨水等优点。楼宇分离器型号的选择需经过计算，小区内每单元以 12 户人家计，每栋楼 5 个单元，假设每个立管有两户人家同时使用洗衣机，共 20 户，洗衣机用水定额参照《建筑给水排水设计标准》GB 50015—2019 数据，1kg 干衣用水 40 ~ 80L，取洗衣机用水量为 40L，用时 1.0 小时，每家洗 6kg 衣服，故洗衣机每小时用水量为 4800L。按限流量占截污管的 30% 计，设计采用直径 20 的截污管、直径 300 的雨水管。

为减少施工难度，降低投资成本，设计在两栋有围墙的楼宇间新建截流井连接现有雨污水检查井，并安装楼宇分离器，晴天时污水直接排入污水管网中，雨天时由浮筒式限流阀液位控制，实现初期雨水弃流。

（2）干式植草沟设计

小区入口主干道南侧有 8 个宽为 3.5m、高为 0.4m 的花坛，现状景观效果不佳，水土流失严重，人流量及车流量大，较其他区域污染严重。有研究表明，植草沟具有削减径流总量、增加渗透量、控制面源污染等优点。结合项目建设条件，采用干式植草 275.12m^2，服务面积共 2667.68m^2。为防止车辆乱停乱放，同时满足自然重力径流，植草沟周边设置排水路缘石（图 7.3–28）。

干式植草沟浅沟断面形式采用直壁式倒抛物线形，根据《海绵城市建设技术指南——低影响开发雨水系统构建（试行）》要求，边坡坡度（垂直：水平）西侧为 1 ： 3，东侧为 1 ： 4.5，纵坡坡度为 2%。从下至上的结构层为：素土夯实≥ 93%；因距离建筑物较近，上铺一层 300g/m^2 的防渗土工布；400mm 厚砾石排水层包裹穿孔排水管收集下渗雨水；加铺 300g/m^2 的透水土工布，起隔离透水效果；因苏州地区土壤渗透系

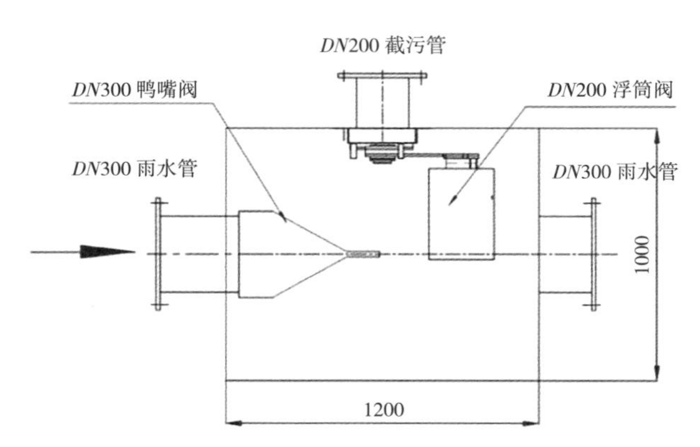

图 7.3–27 楼宇分离器方案图

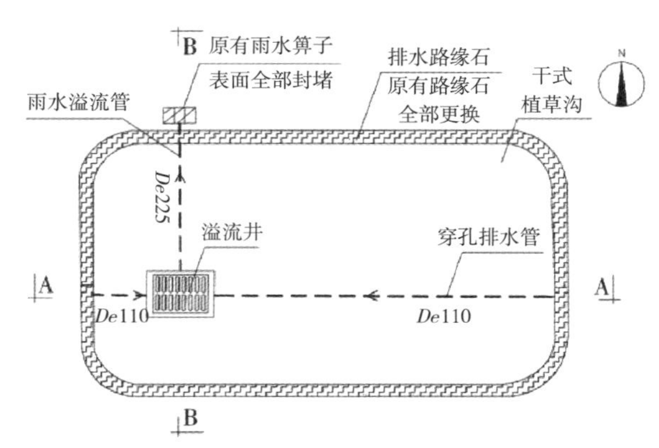

图 7.3–28 植草沟平面布置图

数≥ 1×10^{-6}cm/s，土质多为黏土，故对干式植草沟种植土进行换填，采用 400mm 厚 1∶1 砂质土；溢流井设置在较缓一侧，保证 200mm 的蓄水深度及超高，溢流井采用树脂混凝土成品井，井体内设截污挂篮，孔径＜ 20mm，专用滤料对雨水 SS、COD 的去除率均大于 75%（图 7.3–29）。

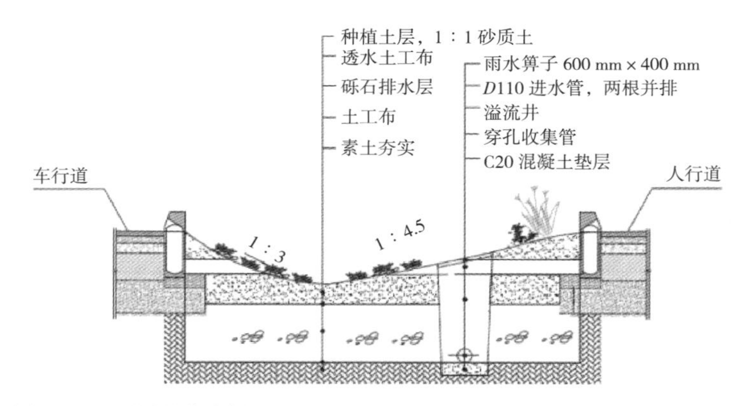

图 7.3–29 干式植草沟剖面图

为防止居民私自将杂物放置在植草沟内，景观设计考虑道路周边布置矮花灌木，内部设置湿生植物，点缀花叶植物。

（3）生物滞留带设计

小区南侧沿河步道宽约 3.5m，无绿化布置，雨水挟带泥沙及污染物直接径流入河道，造成面源污染。设计采用生态拦截的方式，考虑步道宽度，设置宽度为 1m 的直壁式生物滞留带进行软隔离，同时搭配灌木及耐涝耐旱的植物，间隔 20m 设置休闲座椅，供居民休憩，既可确保居民安全，又可美化沿河环境，净化初期雨水，减少面源污染（图 7.3–30）。

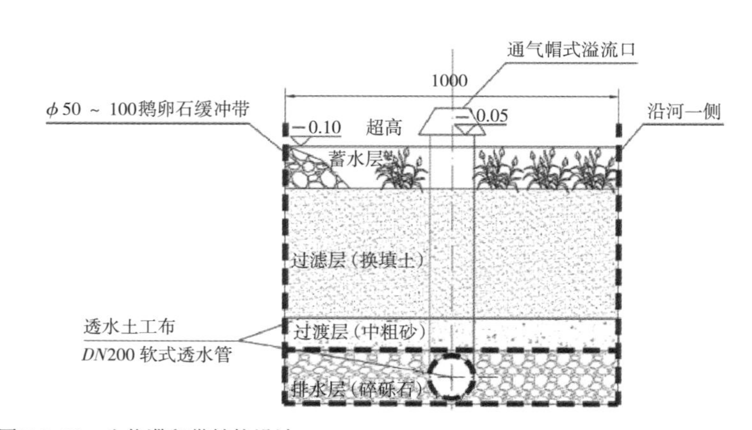

图 7.3–30 生物滞留带结构设计

蓄水层深度为生物滞留设施重要设计参数，设施溢流控制效果随其增大而显著增强，但是积水排空时间延长，易滋生蚊蝇，影响环境效果。结合相关经验及本项目建设条件，设计生物滞留带结构从上到下为：100mm 超高层，100mm 蓄水层，400mm 过滤层，200mm 过渡层，250mm 排水层，为防止雨水冲刷，临河一侧采用粒径为 50 ~ 100mm 的鹅卵石护坡。

（4）生态停车场设计

小区内部现有停车位 153 个，现有车辆约 185 辆，在保证小区内有足够活动空间及绿化的前提下，增加沥青面层划线停车位 32 个，以满足居民停车要求。其中，有 32 个室外植草砖铺砌停车位位于小区北侧和西南角，因植草砖大面积破损，长时间基础沉降，现状存在大面积积水，排水困难，考虑区域面积较大，原有结构已不能满足现有需求，统一改造为透水铺装结构，设计选定性价比较高的内嵌式透水植草砖停车位。

内嵌式透水植草砖停车位设计成“一”字型黑色透水铺装模框，具有良好的承载力和稳定性；模框内嵌普通混凝土路面砖，并在砖缝间填充草籽，透水速率≥ 2.0×10^{-2}cm/s。

7.3.3.5 建设成效

小区内布设干式植草沟、内嵌式全透水植草砖停车场，可使道路两侧、设施周边及屋面雨水有滞留、缓排，一定程度上削减峰值流量，进而降低区域内雨水管网负荷；沿河布设的生物滞留带，生态拦截小区地面径流外排入河溢流雨水。

经计算，改造后的年径流总量控制率由改造前的 18.5% 提高至 50.2%。设施内搭配的各级配层，可削减地表径流中的污染物，改造后面源污染削减率由改造前的 15.7% 提高至 42.7%。同时，设施内选配的植物，对小区景观也有较大提升。

7.3.4 吴中区用直和风花园项目

项目为新建住区，总用地面积 45112.00m^2，绿地率 37%。项目海绵设计融合了景观森林系的设计理念，打造自然有趣有人情味的居住场所，海绵设施整体布置于林下空间，利用场地的地形竖向变化，巧妙地将景观设计中的“旱溪”概念与海绵城市设计中的“下凹式绿地”及“雨水花园”结合起来，通过合理化的功能布置将建筑雨水、场地排水等雨水进行收集处理，同时将海绵设施形态与整体的空间关系、路网关系、植物

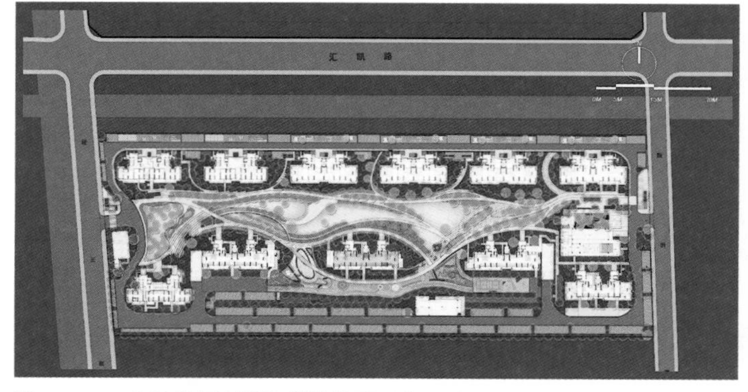

图 7.3–31 和风花园项目海绵设施平面布置图

图 7.3–32 场地下凹式绿地与硬质铺装结合鸟瞰图

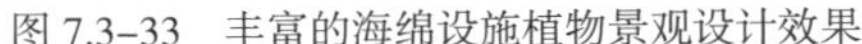

图 7.3–33 丰富的海绵设施植物景观设计效果

图 7.3–34 结合科普宣传设置海绵特色节点

关系进行合理组合、创新，达到海绵景观化，充分展现户外、自然、健康、邻里、舒适的元素，营造舒适、美观、健康、洁净的生态海绵小区，年径流总量控制率达到 70.2%，SS 总量去除率达到 56.9%，雨水调蓄净化成果显著，展示效果优良（图 7.3–31、图 7.3–32）。

将场地竖向高程与绿色海绵设施位置有机统一起来，借助景观错落的地形设计，雨水可以汇集到低点的海绵设施内，从而达到“渗”“滞”“蓄”“净”的效果，缓解场地雨水管网排水压力。

在植物设计方面将常规灌木、长效花境、草本植物、水生植物等进行组合搭配，创造花园式的海绵呈现效果，解决了海绵设施冬季效果欠佳的问题，是住宅类项目在海绵城市建设落地方面的一次尝试与创新（图 7.3–33）。

在整体海绵建设中，将植物认知、海绵理念以及功能系统等功能利用显性的标识导视系统进行展示与推广，便于对业主与市民的知识普及（图 7.3–34）。除此以外，建筑雨落管断接、植草沟、道路侧石开口，这些常规海绵措施技术也在项目中得到普遍运用，屋面、道路、绿地上的雨水均可通过导流渠道顺畅地进入海绵设施内。

7.3.5 赵库地区安置房 S02 地块（金熹园）项目

项目为新建住区，占地面积为 71752m^2，总建筑面积约 21 万 m^2。项目通过景观营造手段，结合排水功能需求，优化竖向设计，设计采用雨水滞留池、简易下凹绿地、雨水蓄系统、雨水花箱等多样化海绵技术措施，针对圩区指标要求，将海绵设施、排水系统与小区景观环境完美融合。经测算，其年径流总量控制率为 79%，年 SS 总量去除率达 71%（图 7.3–35、图 7.3–36）。

项目通过景观营造手段，将海绵设施与小区景观环境完美融合，充分利用海绵设施内植物特性和海绵地形营造小区宜居氛围，打造不同季节下的小区景观。

项目地库顶板以上部分中间区域的雨水滞留池和地库顶板虹吸式排水系统进行了结合设置（图 7.3–37、图 7.3–38）。雨水滞留池底部不再设置排水层，而是充分利用地库顶板虹吸式排水系统特点，直接将其作为雨水滞留池排水层，解决了地库较大时渗滤型海绵设施设置有困难的问题。

图 7.3-35 安置房 S02 地块（金熹园）项目平面图

图 7.3-36 住区海绵设施与景观效果协调统一

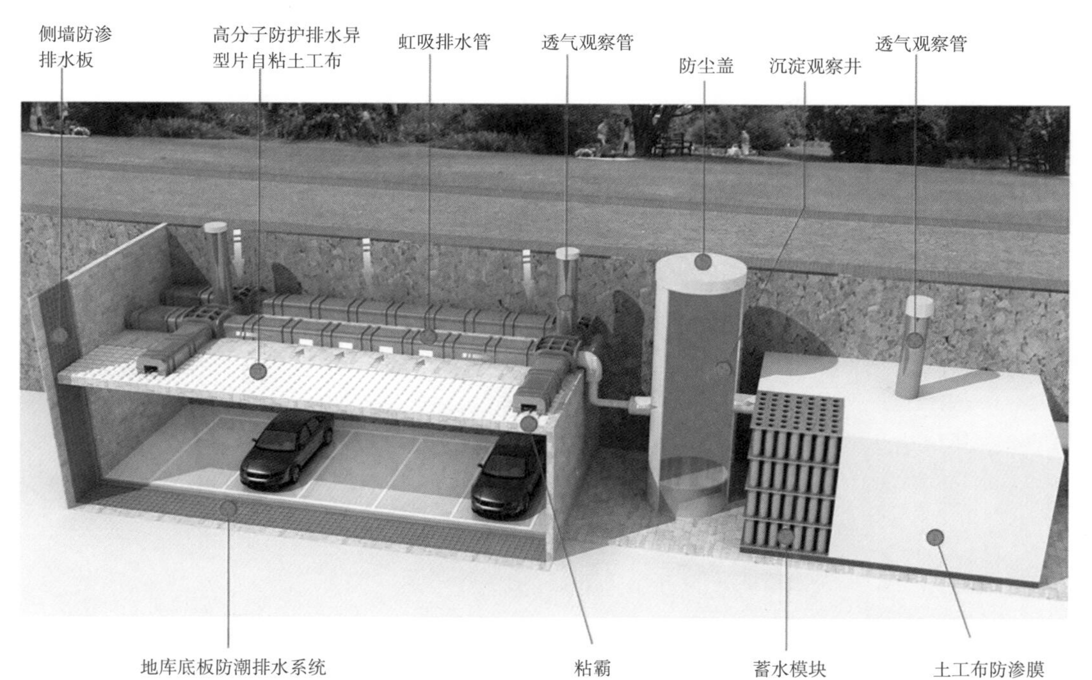

图 7.3-37 地库顶板虹吸系统与海绵设施结合

图 7.3-38 生物滞留设施建成效果

图 7.3-39 雨水花箱建成效果

生物滞留池成品池底比周边路面低 150mm，其中滞水层 100mm、超高层 50mm，四周按 1∶3 比列放坡与周边地形衔接，溢流井盖采用方形铸铁雨水箅子。部分屋顶雨水采用断接处理，屋顶雨水→建筑雨落管进入雨水花箱→散排至花箱顶层种植土表面→渗透至花箱底部进行过滤→经花箱两级过滤后排入市政雨水检查井。

7.3.6 金阊体育场馆总包工程

金阊体育场馆为公建建设项目，项目占地面积 34146.28m^2，地块东侧及北侧为市政道路，南侧及西侧为河道。项目充分融入海绵城市理念，运用多种海绵形式，打造动感活力的运动空间和丰富多彩的城市景观，雨水系统整体设计遵从生态优先的原则，赋予地块内绿地景观的生态系统服务功能，有效降低雨水径流污染。利用净化处理后的雨水代替自来水用作绿化浇洒及道路冲洗，实现雨水资源化利用，同步降低市政管网的雨水排放量，降低运行管理费用提升建筑物及场地的附加值。经实测，项目可实现年径流总量控制率 75% 以上，综合径流系数为 0.447，绿色屋顶率为 30.01%，透水铺装率为 52.62%，下沉绿地率为 34%（图 7.3–40）。

项目首次使用了整铺式的全透水钢渣混凝土车行道建设，实现了高透水基础上的高强度效果，车行道强度等级达到 C30，透水率保持在 3.0 × 10^{-2}cm/s，稳定性达到恒温水浴强度保留率 80% 以上，解决了传统技术中强度与透水率无法兼顾的矛盾，扩大了海绵城市中透水混凝土这一关键技术的应用范围（图 7.3–41）。

结合生物滞留设施、雨水回用设施等其他海绵措施，利用从上至下多孔的“金字塔”结构源头拦截、净

图 7.3–40　海绵设施布置图

图 7.3–41　彩色钢渣透水混凝土铺装布局鸟瞰

图 7.3–42　海绵设施分散布置效果

图 7.3–43　东区广场利用分散绿地设置下凹式绿地

化雨水中携带的污染物质，减轻面源污染发生的风险。

项目充分发挥景观绿地效益，形成生态自然、高低错落的景观特色，营造出舒适宜人的休闲运动氛围，打造了一个集安全舒适的自然景观、休闲运动教育于一体的生态健康中心（图 7.3–42、图 7.3–43）。

7.4 河道水系类项目中的海绵城市建设

如何增大河道调蓄和提升河道的生境质量是河道设计在海绵城市建设中的关键点。以水为主线，以城市规划和管理为载体，构建城市良性水循环系统，增强城市水安全保障能力和水资源承载能力。针对不同的河湖水系功能及腹地区域，可采取不同的建设策略。

（1）恢复或保持坑塘、河湖、湿地等水体自然形态，禁止填湖填河造地、非法圈圩和非防洪建设需要的截弯取直、河道硬化等破坏水生态环境的建设行为，保护好山水林田湖自然本底。

（2）新建项目一律不得违规占用水域，土地开发利用按照有关法律法规和技术标准要求，留足河道、湖泊和滨江地带的管理和保护范围，非法挤占的应限期退出。

（3）加强水系沟通，严禁随意填埋水体，有条件的地区要逐步改造渠化河道、恢复已覆盖的水体。

（4）重视滨水绿廊建设，强化河湖水体和岸坡生态化处理。加强河道整治，通过雨污分流、控源截污、河道疏浚和补水活水等措施改善河道水质，增强调蓄和行泄能力。

7.4.1 吴江区水系连通及农村水系综合整治试点县先导段（元荡）

吴江区水系连通及农村水系综合整治试点县先导段设计施工一体化（元荡先导段），是2020年度江苏实施并完成的首个省际跨界水体湖泊生态岸线贯通工程。总长约1.1km，总面积约19.3万m^2，项目在水系结构优化和区域联通功能基础上，将自然生态的理念和技术体系植入其中，实施了具有雨水径流传输、下渗、滞留与净化等滨水湿地生境修复、森林林相改造、生态隐形堤防改造等内容，在水安全、水生态、水环境、水资源等方面全方位地实践和示范了海绵城市理念，具有较高的显示度和示范性。

7.4.1.1 项目建设前情况

元荡，原名鼋荡，因形似鼋而得名，位于江苏省吴江区和上海市青浦县交界处，原系淀山湖湖湾，后因芦滩封淤，始成一独立湖泊，湖泊总面积为12.90km^2，3/4属江苏吴江，1/4属上海青浦，也是《江苏省湖泊保护名录》中的湖泊之一。过去的元荡，是典型的跨省域湖泊，长期以来，跨界之处，常为“三不管”地带，过度的养殖导致环境脏乱，鱼塘水质常年为劣Ⅴ类水质，污染严重，生态环境处于退化状态，生态栖息地受损，水生态环境问题得不到有效治理，无法承担原本应有的生态服务价值，成为困扰两地的“老大难”。

7.4.1.2 项目建设思路

随着长三角生态绿色一体化发展示范区的建设，2019年10月，水利部与财政部联合开展水系连通及农

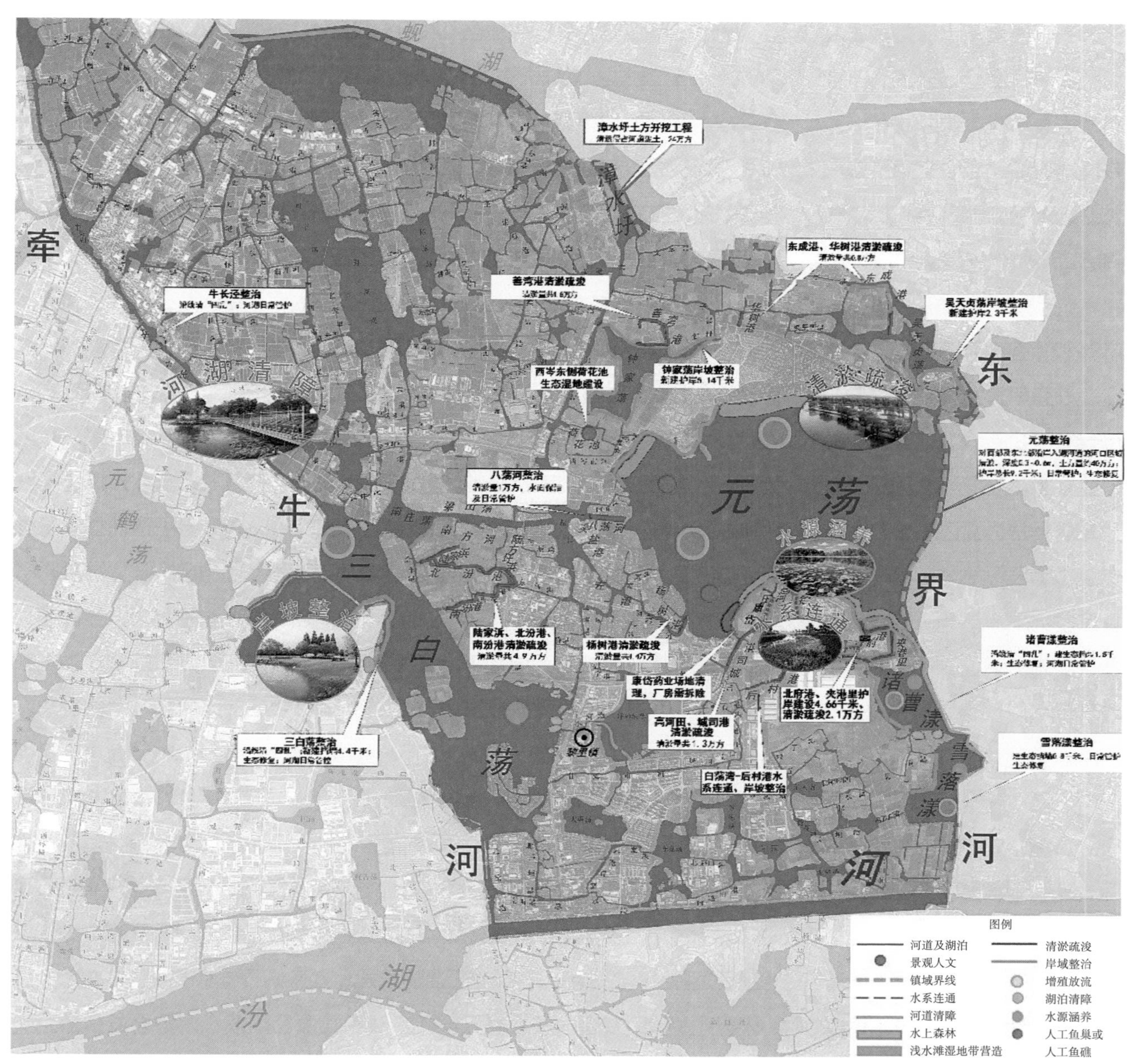

图 7.4–1　区域生态格局示意

村水系综合整治试点工作，确定苏州市吴江区为全国 55 个试点县之一。汾湖高新区以元荡为核心载体，打造“一心为核、三带串联、多点聚焦”的治理布局，形成绿色廊道效应辐射影响整个汾湖区域，打造区域性的绿色廊道生态系统（图 7.4–1）。

7.4.1.3　项目改造技术措施

设计基地生态敏感性极高，是区域生物多样性最为密集的水陆过渡地带，生态栖息地修复是需要重点关注的一个方向；设计保留了大量的林地斑块、湿地斑块等生态价值价高的生态斑块，从水生鸟类栖息地的角度出发，修复≥ 30m 范围内的浅水湿地生境，为水生植物、鱼类、两栖类以及湿地鸟类提供了良好的栖息地，修复后的浅水湿地显著改善了设计区生物多样性密度（图 7.4–2）。

区域内水体流动性较差、水系不连通，导致水体生境较差，设计在结合现状地形的基础上，打通堵点，连通原有的坑塘水系，打造分散、多点、互联互通的生态湿塘体系（图 7.4–3）。

湖滨区域地下水位较高，土壤以淤泥质土壤为主，渗透性较差，具有苏州平原水网地区的典型特点，项目采用生态草沟、雨水花园、透水铺装等多种海绵设施组合的形式，形成完全生态型的海绵排水体系（图 7.4–4、图 7.4–5）。

图 7.4–2　近岸浅滩湿地

图 7.4–3　水系连通

图 7.4–4　多阶梯式雨水花园与生态草沟

图 7.4–5　生态湿塘

图 7.4–6 生态隐形堤防

结合生态清淤、岸坡整治等工程，贯通元荡及周边水系，建设防汛道路、生态隐形堤防（图 7.4–6），提升区域防洪能力的同时，打造多处滨水公共活动场所。

现在的元荡，实现了岸线贯通、步道贯通与防洪一体化，被打造成为绿色生态廊道（图 7.4–7）。环境脏乱、污染严重的鱼塘华丽转身的背后，是生态环境跨域一体治理与海绵城市理念更深层次的融入，这些共同使得该项目成为保护和利用科学发展的生动案例。

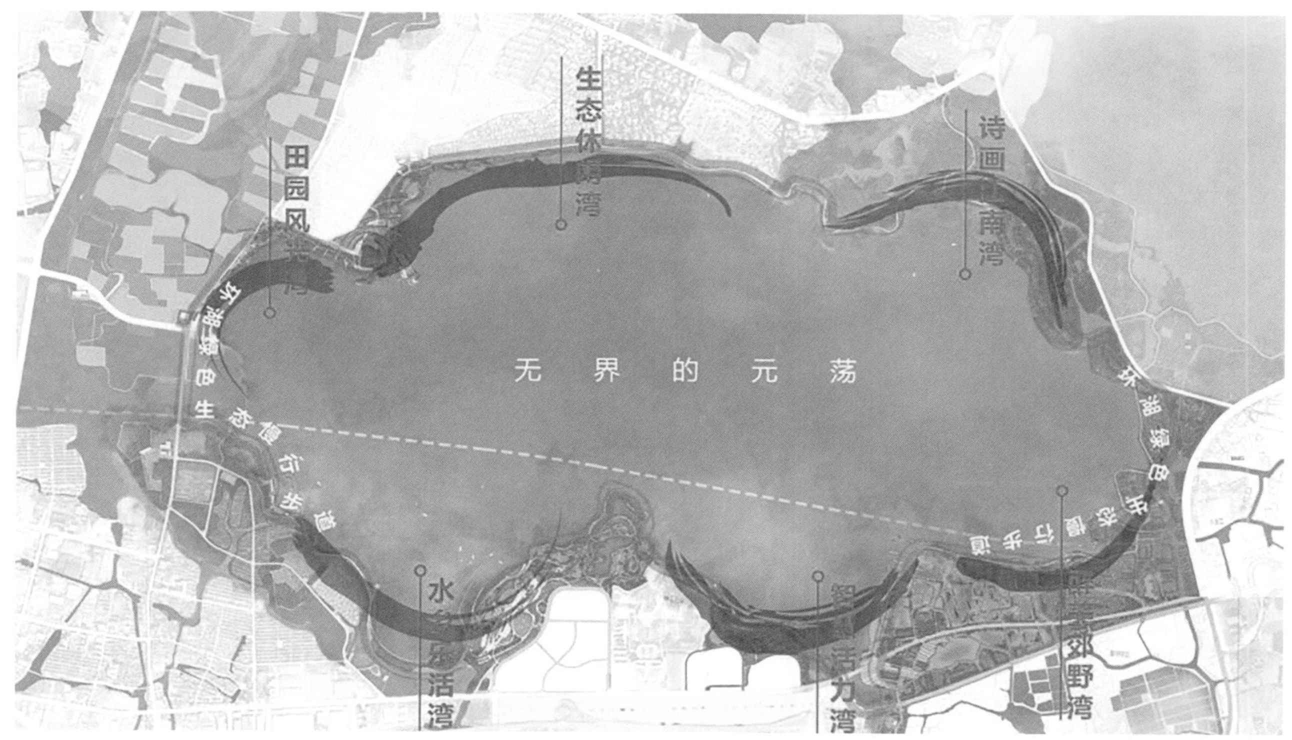

图 7.4–7 建成后的元荡生态圈布局

7.4.2 新莲河等 8 条河道改造项目

项目重点结合水系整治建设开展河道海绵化改造，采用源头措施为主，兼顾过程和末端的控制，在河道清淤和畅流工程的基础上，因地制宜选择生物滞留池、雨水花园、下凹式绿地、透水铺装、生态树池、石笼挡墙及绿化修复等海绵措施，控制初期雨水径流污染，恢复生态。同时，系统化考虑河道及其周边地面径流对河道的影响，最大程度将路面的雨水通过岸线绿化设施的低影响开发使其在雨水年径流总量控制、面源污染控制和排水防涝方面取得效果，实现海绵指标和景观整体效果的提升。使得改造后年径流总量控制率达到 75% 以上，面源污染削减率不低于 45%。

7.4.2.1 项目改造前基本情况

新莲河等八条河道海绵改造工程涉及仓河、锦莲河、新莲河、友谊河、西石曲浜、陆家庄河、斜河浜及前塘河等八条河道，全长约 11.363km（图 7.4–8）。

（1）现状高程分析

根据现状标高分析，最高位点位于地块西南角，为 3.92m（此为 85 高程系，下同），地块最低点为 3.24m。本次设计地块总体呈西北高东南低走势。河道常水位标高 1.37 ~ 1.57m，驳岸标高最低点为 1.80m，位于陆家庄河，此处为常内涝点，其余驳岸竖向高度相差较小。该地块地势低平、高程高差较小，河流比降小，水道多而致水流平缓、迂回，在局部气象要素或沿河水闸引排水等人为因素影响下，河道流向时有顺逆不定（图 7.4–9）。

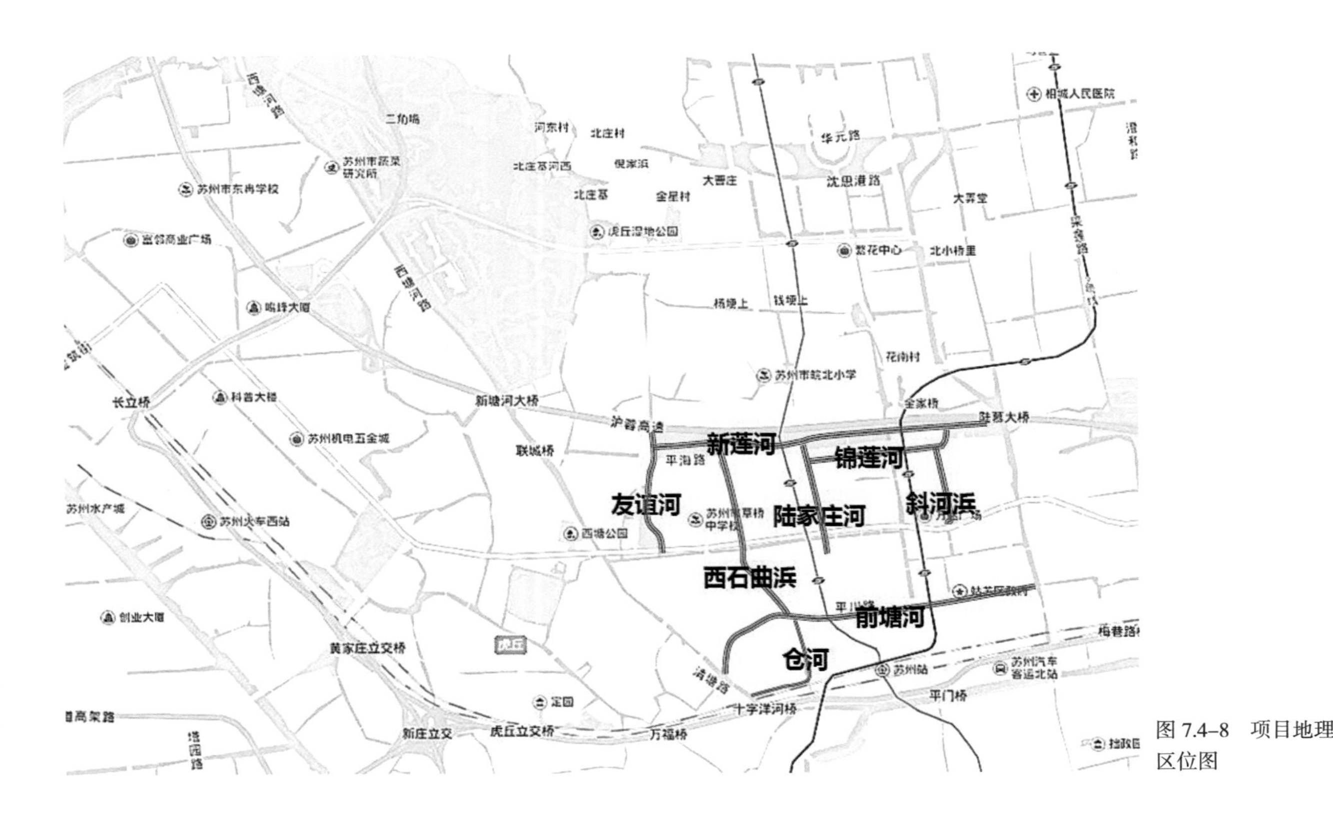

图 7.4–8 项目地理区位图

（2）现状腹地宽度分析

腹地指水流或河道两侧的绿地，腹地的宽度直接影响到河道边的绿化景观效果，另外对海绵承载力也有重要的影响。该项目腹地宽度分为4个等级，腹地景观也分为4个等级（A、B、C、D，图7.4-10）。

（3）改造前水质分析

河道现状大多淤塞污染严重，水质不佳，局部沿河民房密集，河段水环境较为恶劣，水质为Ⅳ～劣Ⅴ类（图7.4-11）。地表水污染属综合型有机污染，主要污染指标为氨氮、总磷、高锰酸盐指数和化学需氧量等。主要河流水质的首要污染物为氨氮，对氨氮污染物的控制成为改善全市主要河流水质的关键。除外源污染外，水流缓慢、自净能力低也是造成水质恶化的重要原因。

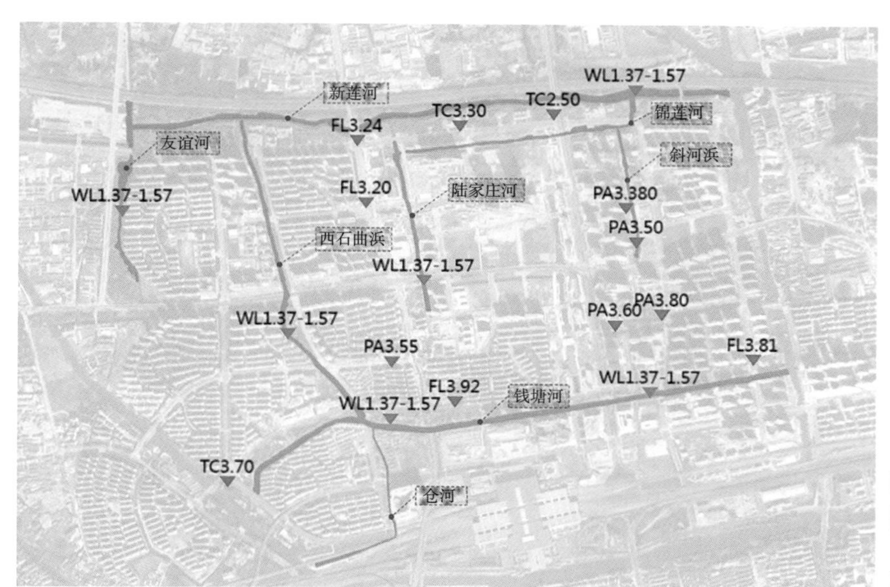

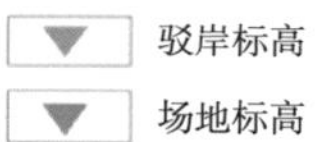

图7.4-9　八条河现状高程分析图

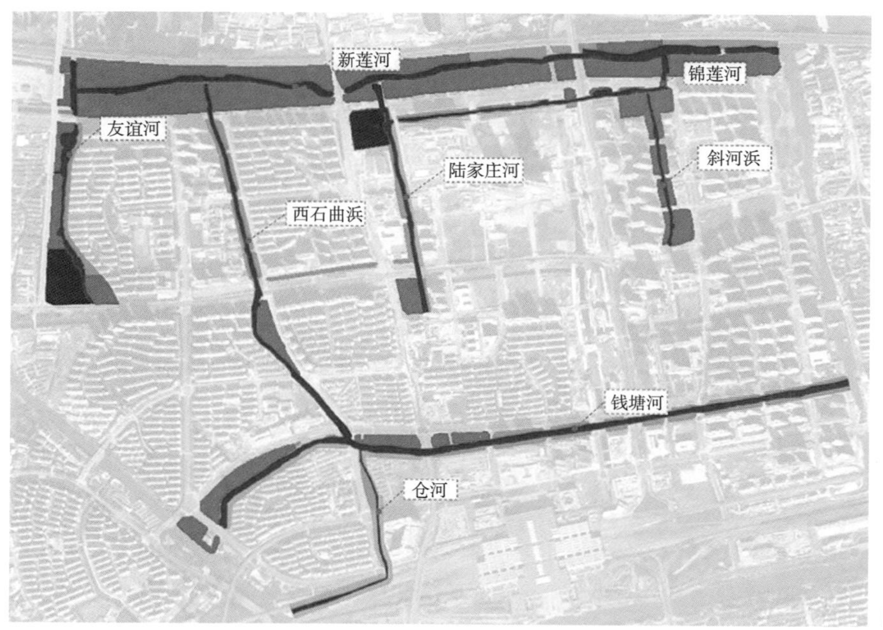

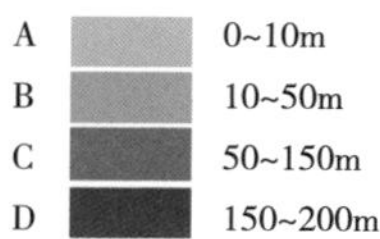

图7.4-10　八条河现状腹地宽度分析图

（4）改造前管网分析

雨水排水系统采用自排为主、机排为辅的排水模式。项目地块河网密布、河道间距小，河道周边地块雨水基本上就近、分散、自流直接排入河道；市政道路及距离河道较远地块的雨水排入市政雨水管网，雨水管道沿道路敷设就近入河，雨水多采用淹没式自流排放；部分低洼地块在管网末端设置强排。通过对雨水管径分布的初步分析得知，超过 50% 的雨水管段管径为 *DN*300 ~ 400。

（5）改造前绿地分析

现状绿化效果不佳，多出现黄土裸露、垃圾乱堆放、绿化不成体系、环境脏乱差等问题（图 7.4–13）。

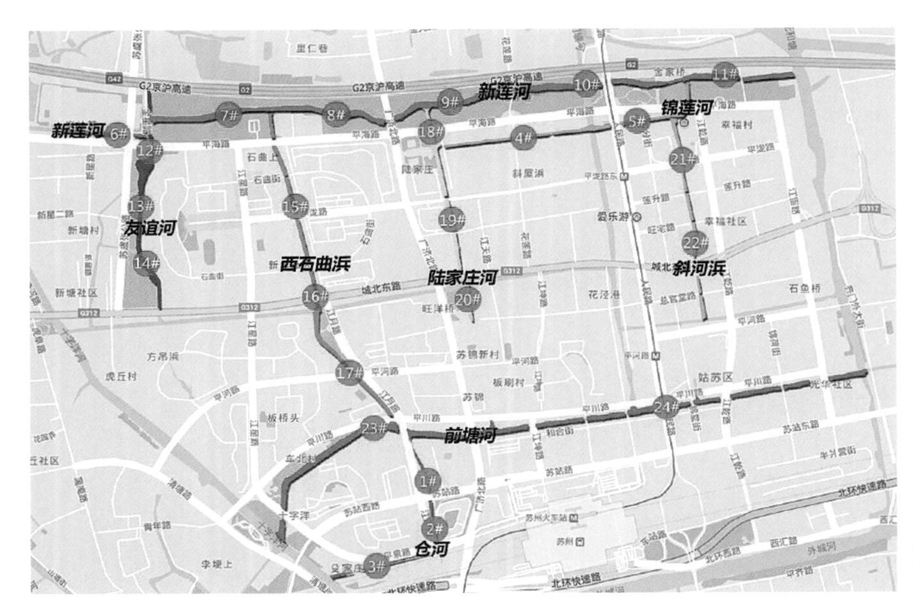

图 7.4–11　河道水质采样点

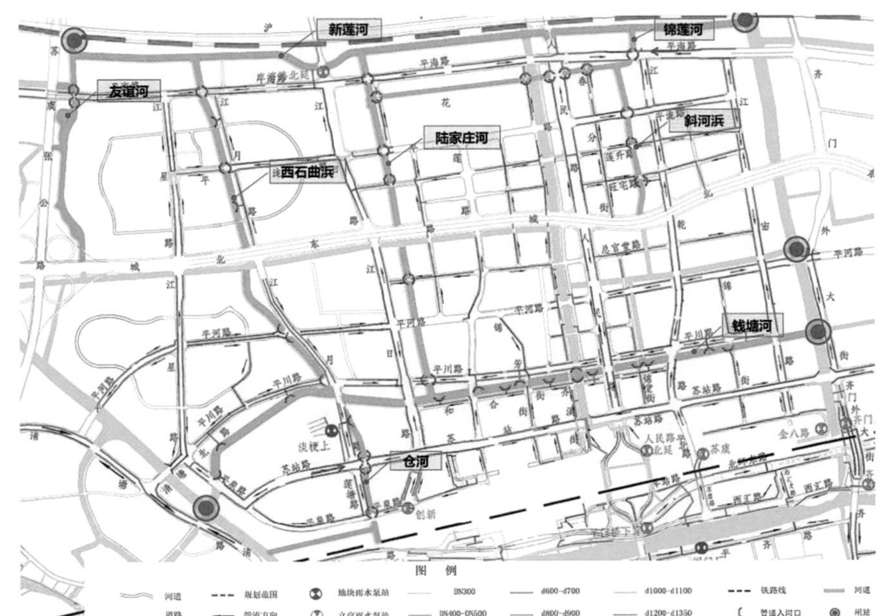

图 7.4–12　河道区域排水管网分析图

图 7.4–13　河道改造前绿化

7.4.2.2　存在问题及需求分析

现场调研发现，8 条河道属于内部支流，主要承担排涝、雨水调蓄、生态及景观功能，现状主要存在以下问题：

（1）根据地勘资料分析，场地区域土壤下渗性能较差，地下水位较高，河道周边开发强度较大，土壤板结性强，现状不利于直接实施 LID 措施。

（2）项目地块河网密布、河道间距小，河道周边地块雨水基本上就近、分散，采用自排为主、机排为辅的排水模式，直接排入河道；另外河道周边主要道路包括沪宁高速、312 国道以及一个大型的交通枢纽苏州站，产生的污染物较多且直接排入就近河道，易造成径流控制不足和面源污染等问题。

（3）城市过度硬化，排水标准低，开发建设逐步对河流用地的占用及河流沿岸带来的污染，使水生态和水环境受到了不同程度的破坏，导致水环境质量下降，内涝频发。

（4）河道区域地势平坦，高程相差较小，因而河流比降小，水道多而致水流平缓、迂回，导致局部河道淤积，部分河道还存在束窄、局部出现断头浜的现象，河流排水能力下降。

（5）河道周边绿化带较为分散，因后期养护原因绿化效果较差，百姓的自然生态保护意识也有待提升。

（6）河道周边硬质铺装较多，并多有破损现象。

根据上述分析，如何在增强河道调蓄、提升河道生境质量、对河道进行生态修复、提高河岸植被覆盖度、控制区域内径流总量的同时，削减入河径流污染率、提升整体景观效果，将是本项目需要解决的主要问题。

7.4.2.3　改造理念与思路

（1）改造理念

现状项目区域内雨污分流已基本完成，因此改造设计更侧重于解决客水径流、面源污染、岸线生态破损等问题，统筹考虑防洪、排涝、生态环境等目标要求，以人水和谐、防洪减灾、保护和改善水质、保护和恢复生物栖息地、建设亲水环境和恢复河流文化为原则，通过合理布置绿色海绵设施，完善河道功能，保护和修复水生态系统，推进河湖生态化治理，整体提高径流总量控制率，提升周边水环境状况。在改造过程中充分体现生态、海绵的建设理念，选择适合场地特点的海绵技术措施，尽量保留其生态本底，恢复原有的水文过程，满足海绵城市绩效考核要求，达到海绵城市控制指标要求（图 7.4–14）。

（2）改造思路

河道承担着海绵城市中末端调蓄的重任和自然生态景观的功能，因此，如何提升河道的调蓄和提升河道的生境质量是河道设计在海绵城市建设中的关键点。以水为主线，以城市规划和管理为载体，构建城市良性水循环系统，增强城市水安全保障能力和水资源承载能力（图 7.4–15）。

住房和城乡建设部发布的《海绵城市建设技术指南》中指出：“在有条件的城市水系，其岸线应设计为生态驳岸，并根据调蓄水位变化选择适宜的水生及湿生植物。”根据“海绵城市”中“低影响开发”和“生态性”的理念，生态护岸的建设不仅要保证工程的稳定性和安全性，还要尽量减少人为改造，以保持天然河岸的蜿蜒岸线和可渗透性的自然河岸基底，维护河岸土体和河流水体交换和自动调节功能。

从河道两岸空间的充足性及规划用地布局改变的角度出发，改造河道进行的生态修复工作主要包括河流植被缓冲带建设、水岸生态化改造、河流湿地恢复、沿岸垃圾堆放整治及河道清淤（另行设计）等。

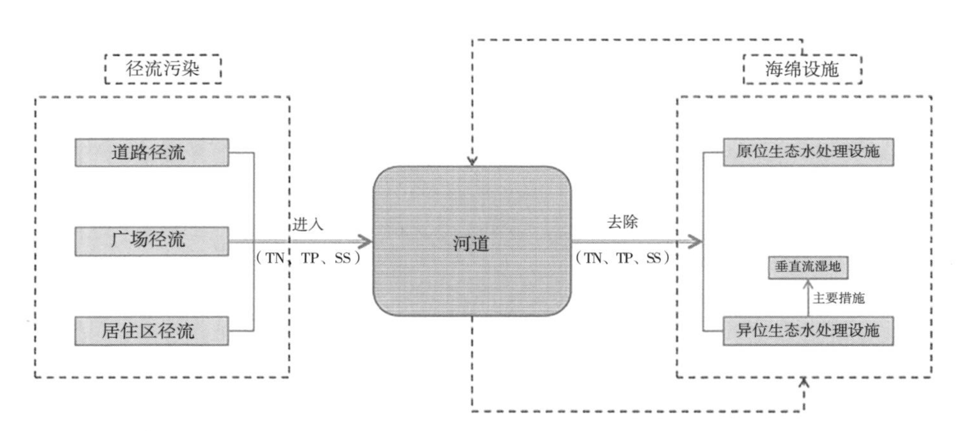

图 7.4–14 改造理念流程图

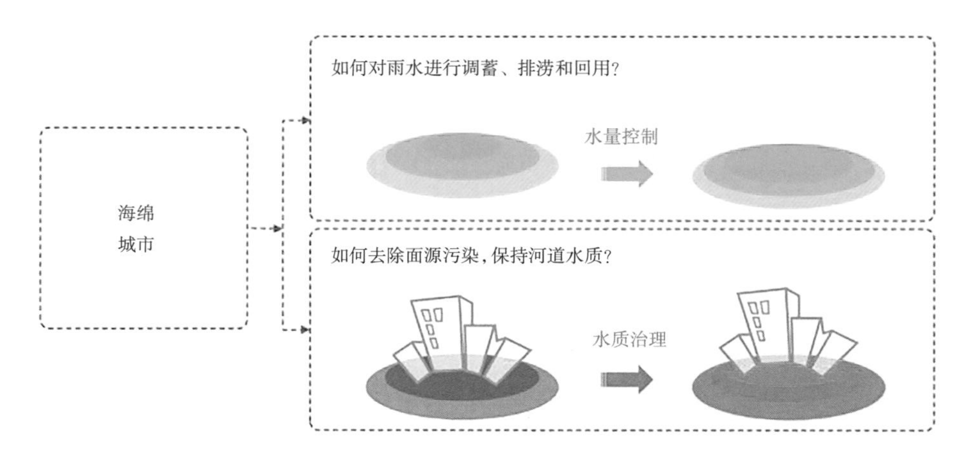

图 7.4–15 河道海绵改造策略图

对于受两岸用地空间限制的河道，河道形态基本维持现状，局部淤积河道进行定期清淤，对沿岸垃圾堆放现象进行整治，对直立式硬质河岸进行绿化，提高河岸植被覆盖率，降低水岸温度，保护水生植物多样性（图7.4–16）。

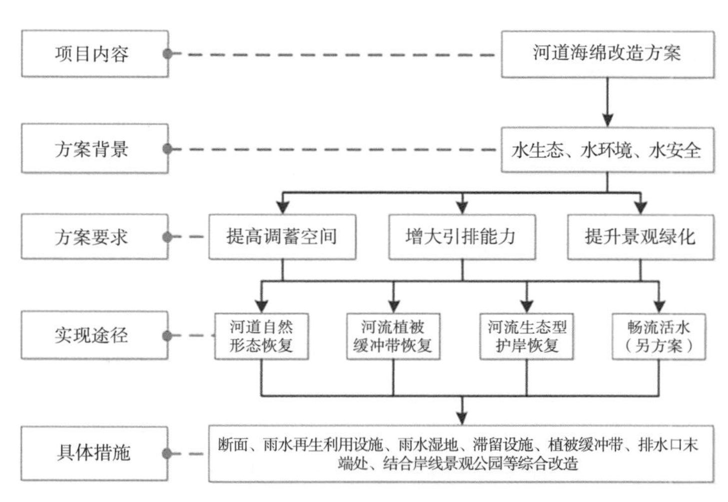

图7.4–16 河道海绵改造路线

7.4.2.4 总体方案设计

（1）竖向设计及径流组织

根据河道原有竖向条件，设计将河道周边绿化区域、广场及周边道路的雨水经地表径流或排水沟渠等汇流至生物滞留池、干式植草沟及生态树池等海绵设施，经净化后排放至河道或者就近接入市政雨水管道。当雨量较大时，雨水直接从海绵设施溢流至河道，结合海绵设施的布置位置，对原场地以及海绵设施的竖向进行微调（图7.4–17）。

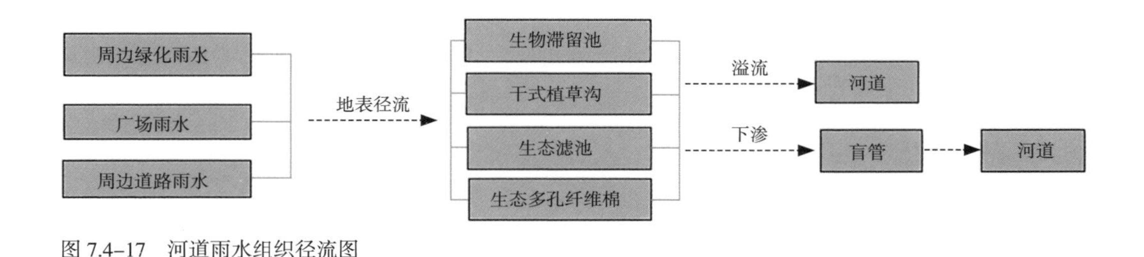

图7.4–17 河道雨水组织径流图

（2）工程布局及规模

本工程主要内容为新莲河、锦莲河、斜河浜、西石曲浜、前塘河、友谊河、仓河、陆家庄河等8条河道蓝线范围内及其附属绿地的海绵化改造。现状除友谊河、陆家庄河两侧景观较为破旧外，其余景观效果尚可，故本次除进行一些必要的景观修复外，均为以实现径流总量和径流污染控制为前提的海绵化改造。

根据水系的功能定位、水环境功能划分、岸线及滨水区利用情况，改造设计应确保场地和设施的安全，以保护水敏感地区和尊重顺应自然为前提，因地制宜采用高效、经济、分散、源头和易于维护的生态型海绵设施，对雨水进行调蓄、净化和安全排放，达到相关指标要求。

通过对海绵设施的比选，本次河道海绵改造工程将保留现状较好的绿化区域，对植被缺少、黄土裸露区域重新增补绿化，进行景观提升；驳岸部分区域改造或增设下凹式绿地、雨水花园、生物滞留带、植被缓冲带或生态型护岸；部分河岸区域改造成生态型护岸，提升河道景观，且保留原树木，将原树位置和原来花坛改造成生态树池；将现状道路改造为透水铺装，道路一侧设置生态植草沟或雨水花园（图7.4–18）。

图 7.4–18 海绵设施布置图

7.4.2.5 海绵设施详细设计

（1）缝隙式透水铺装

缝隙式透水铺装是以传统材料保留缝隙使雨水下渗的一种方式。结构层由上到下为：表面采用 6cm 厚透水砖；透水找平层采用 3~5cm 厚中粗砂；透水基层采用 20cm 厚装配式，透水找平层与透水基层之间以铺设土工布相隔。透水底基层采用双向土工格栅（图 7.4–19）。

透水基层块体为标准化厂家机械制作“装配式多孔隙透水基层”采用传统的榫卯结构设计，具有设计标准化、预制工厂化、施工装配化等特点，抗压强度高、承载性能强，抗冻融效果好。

在透水层中部铺设直径 11cm 的 PVC 纵向排水管，管外部包裹土工布。在透水层底部铺设直径 5cm 的 PVC 横向排水管，20~30cm 设置一道，且采用 30 × 30cm 骨料盲沟。

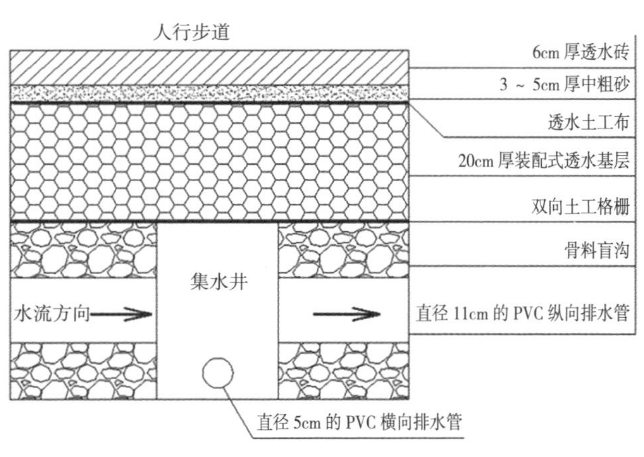

图 7.4–19 缝隙式透水铺装断面图及示意图

（2）钢渣砖透水铺装

河道周边园路及部分人行道、停车场采用钢渣透水砖铺装，设计采用 15cm 碎石垫层，12cm C30 钢渣透水混凝土透水基层，4cm 厚钢渣透水找平集料，面层采用 20cm × 10cm × 6cm 钢渣透水砖（图 7.4–20）。

（3）植草沟

设计采用了干式植草沟和转输植草沟，干式植草沟在绿化带较窄的地方滞蓄净化雨水，转输植草沟输送和排放径流雨水或衔接其他海绵设施（图 7.4–21、图 7.4–22）。

干式植草沟顶部宽 1500cm，底部宽 500cm；沟底深度为 200cm；植草沟的边坡坡度（垂直：水平）为 1 ：3，纵坡为 4%，由上到下的结构层：沟底表面种植绿色植被；种植土层 100mm；砾石排水层 200mm，砾石排水层与种植土层之间以铺设土工布相隔。

转输型植草沟顶部宽≥ 600mm，底部宽≥ 300mm；植草沟的边坡坡度（垂直：水平）为 1 ：3，沟底表面种植绿色植被；种植土层且用素土夯实，种植土层间以铺设土工布相隔。

图 7.4–20 钢渣砖透水铺装断面图及示意图

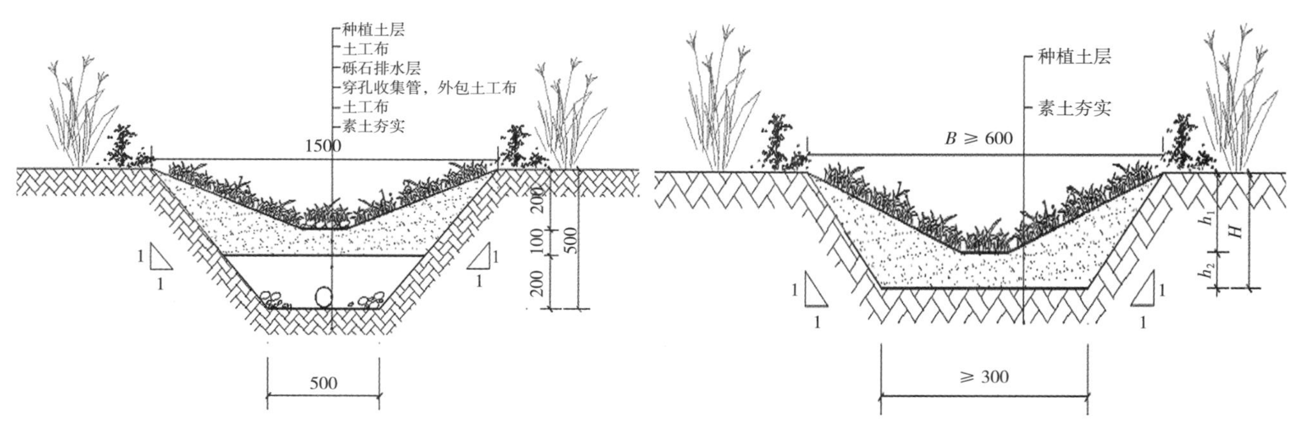

图 7.4–21 干式植草沟（左）及转输型植草沟（右）断面图

图 7.4-22 干式植草沟及转输型植草沟示意图

（4）生物滞留池

在沿河岸边布设生物滞留带，滞蓄、净化入河雨水，因宽度有限，采用直壁式生物滞留池（图 7.4-23）。

由上到下结构层为：滞水层加覆盖层 10cm，覆盖层根据植物种植，结合景观效果按照不漏土的原则进行铺设；过滤层 50cm，并按照生物滞留设施填料的级配要求进行配置；过渡层 100mm，采用中砂；排水层 200mm，采用 3 ~ 10mm 瓜子片；HDPE（600g 两布一膜）防渗土工膜；设施最下面为素土夯实。

（5）生态树池

采用 200mm × 200mm × 300mm 的生态多孔纤维棉与生态树池结合使用，将其布设于生态树池四角，周边雨水汇流至生态树池，经过滤后流至生态多孔纤维棉模块，吸附储存汇流入生态树池的雨水，以供树木后期使用，树池上覆树池篦子，厚度大于 4cm，承载力达到 2.5kN 以上（图 7.4-24）。

（6）生态石笼挡墙

石笼挡墙在国内外已广泛应用于道路建设中的河道护坡、土体支挡、桥台修筑等、因石笼挡墙具有抗冲刷能力强、自透水性强、整体性强、抗风浪性强、施工简单、造价低廉等特点，还是生物易于栖息的多孔隙结构，所以常被用于自然性生态河道建设中的岸坡防护及河道整治等（图 7.4-25）。

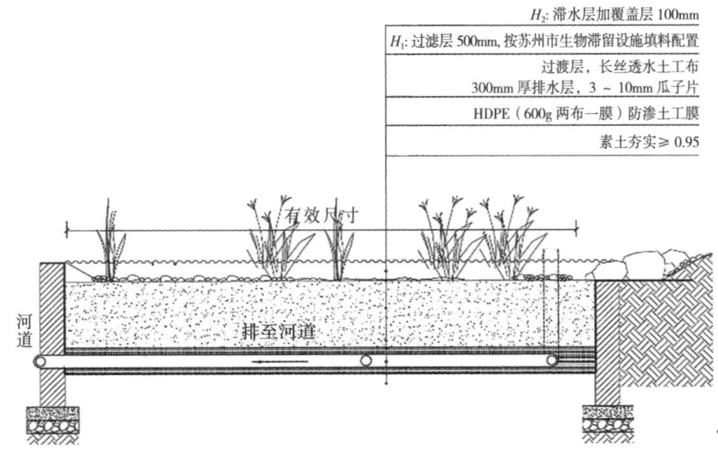

图 7.4-23 直壁式生物滞留池断面图

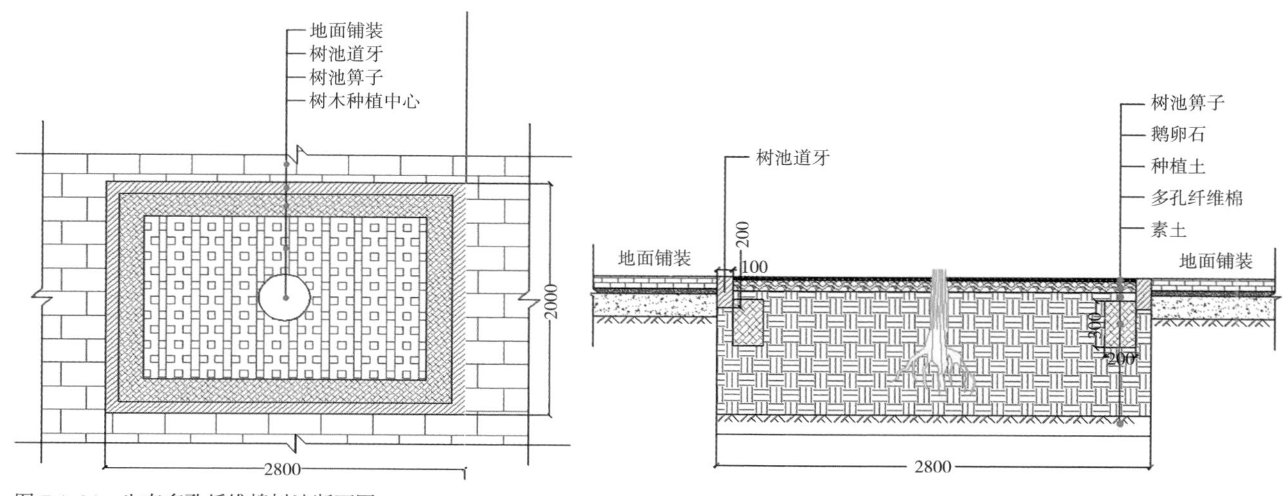

图 7.4–24　生态多孔纤维棉树池断面图

图 7.4–25　生态石笼挡墙断面图及示意图

河道海绵城市建设中石笼挡墙主要设置于距离河道岸边的绿化带，一方面可以过滤初期雨水，拦截大颗粒污染物，起到净化作用；另一方面，也可以增加城市独特性，改善城市美观。

设计中石笼采用 ϕ8 镀锌钢筋，@600；ϕ4 镀锌铁丝网；ϕ8 镀锌钢筋转角处；片石粒径 50~80mm；素土夯实，且压实度≥ 87%；200mm 厚碎石垫。钢筋的抗压、抗剪强度及有关力学指标，耐腐蚀性必须达到相关要求。

（7）下沉式绿地

下沉式绿地通过绿地下沉达到蓄渗、净化径流雨水的设施，可控性高，工程化特点明显。设计采用原土层上方保留 100mm 厚滞水层，并设置 50mm 厚超高层（图 7.4–26）。

（8）生态花坛

生态花坛是被用于汇聚并吸收来自屋顶或地面的雨水，通过植物、滤层的综合作用使雨水层得到净化，用以补给景观用水、厕所用水等城市用水，是一种生态可持续的雨洪控制与雨水利用设施。具备收集、利用、拦截、过滤、渗透、调蓄、滞留功能，且兼顾城市景观功能（图 7.4–27）。

设计断面形式为阶梯式，由上到下的结构层为：植被种植；20cm 厚种植土层；10cm 厚碎石层；底部素土夯实。

（9）管网末端净化

管网末端净化是一种用于在管网末端净化水中径流污染物的技术处理方式。

斜河浜沿线雨污混接严重，晴天也有大量污水入河，且雨季还有大量悬浮物入河，导致河道内水体有明显发臭的现象，水质较恶劣。为了减轻入河污染负荷，根据苏州淹没出流、重力自排的排水特点，及现场实际情况，设计在管网末端入河处进行截流，采用“管道防沉积装置—雨水调节池—弹性滤池”工艺，地下安装（图 7.4–28）。

管道防沉积装置主要利用虹吸原理，通过液位差对上游雨水管道产生水力冲刷，进入弹性滤池进行重力

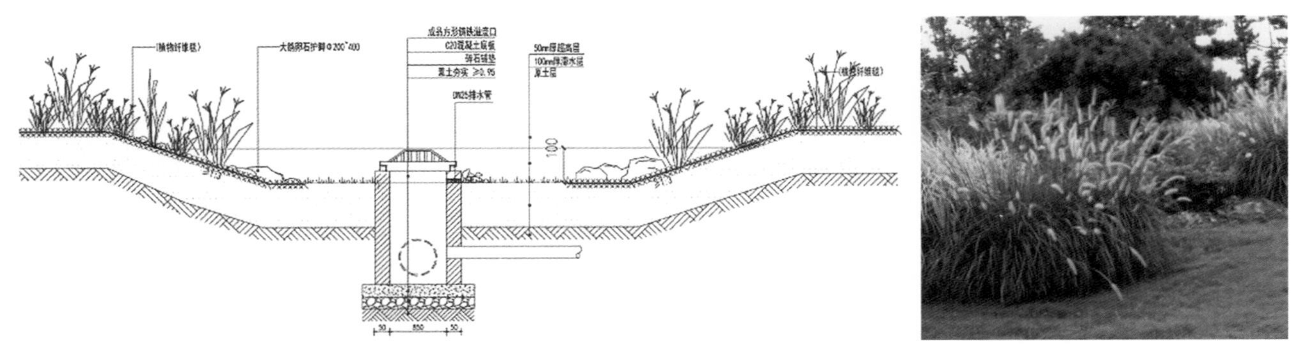
图 7.4–26 下沉式绿地断面图

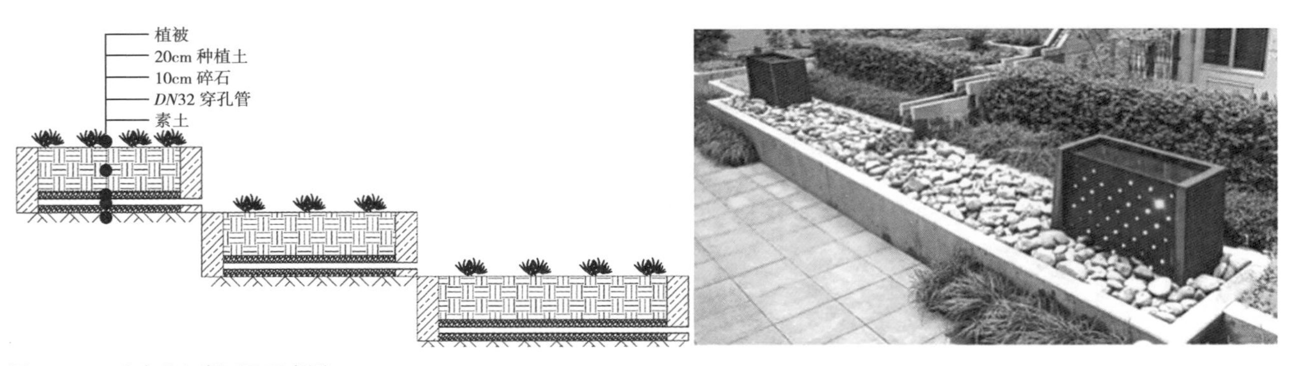

图 7.4–27 生态花坛断面及示意图

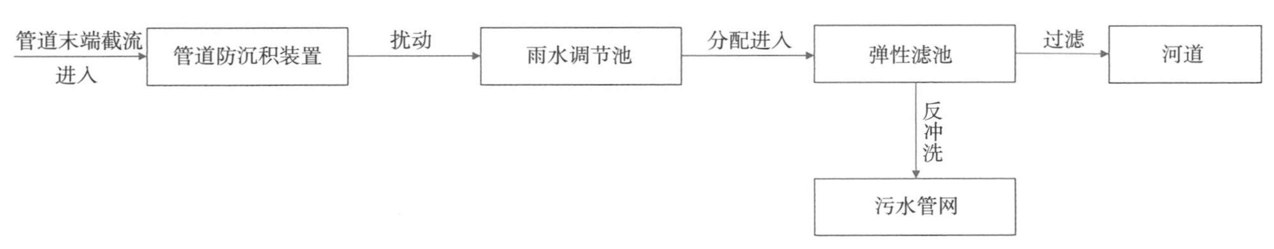

图 7.4–28 末端净化装置流程图

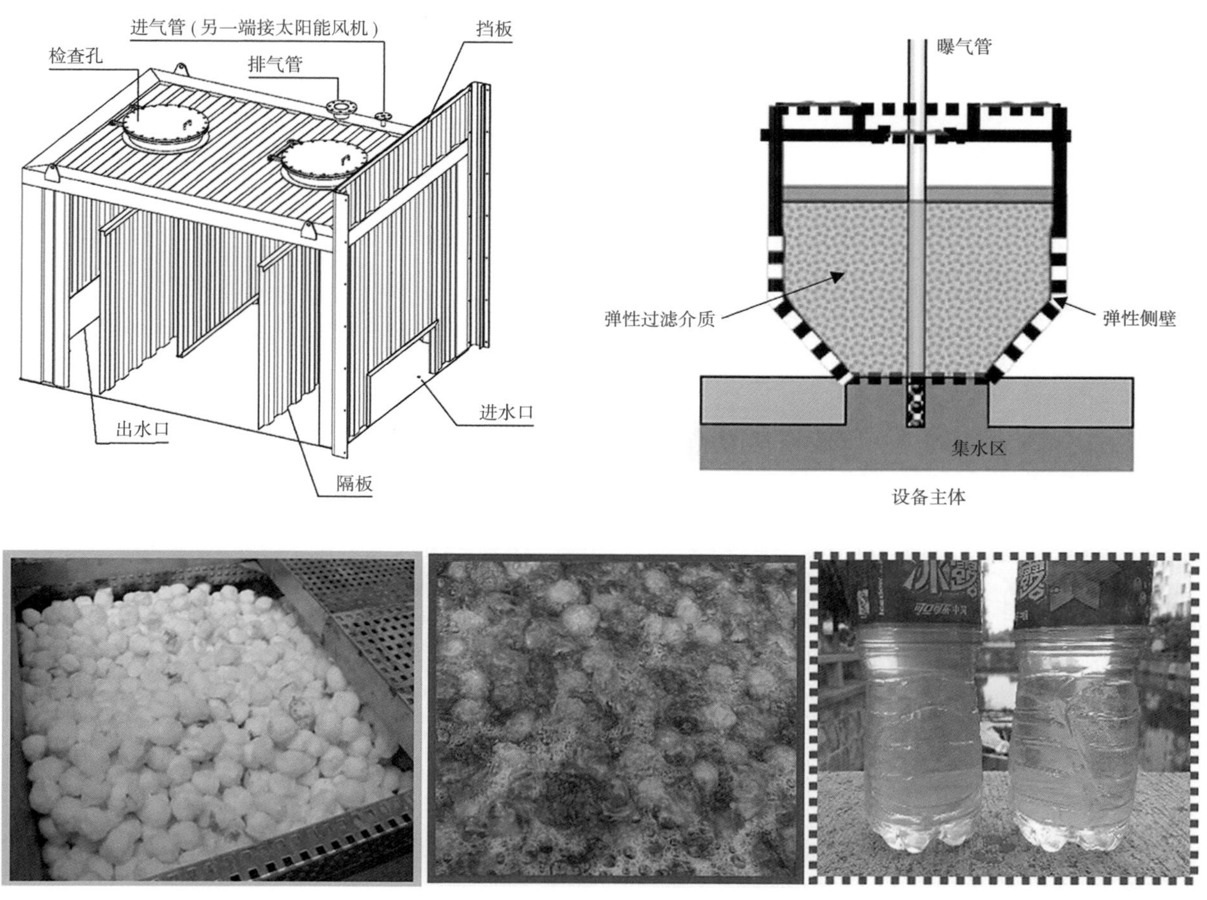

图 7.4–29 末端净化装置剖面图

过滤，根据不同工况需求，通过滤池外部进水池内待处理水对弹性外壁进行压缩调节，改变滤料层的压实度，对来水进行有效过滤后再排放至河道，考虑滤池过滤时间，增加雨水调节池，一方面可有效分配进入弹性滤池的雨水，另一方面可对雨水进行调蓄，削减径流峰值（图 7.4–29）。

其中，管道防沉积装置较常规技术具有冲洗效果强、防倒灌、结构简单、易维护等特点；弹性滤池利用重力过滤能耗少，采用滤后水进行反冲洗无需补充自来水。两项装置配合太阳能和 PLC 自动控制系统，可实现自动运行。

该系统在苏州市海绵城市建设中首次尝试使用，设备运行后，对去除雨水径流中的大量悬浮物具有显著作用，大大减轻了入河雨水污染负荷，河道水质得到明显改善，有效提高了入河雨水标准，具有良好的示范意义。

7.4.2.6 项目改造成效

项目完成后，结合试点区海绵城市建设监测数据分析，新莲河等 8 条河年径流总量控制率为 87%，面源污染削减率为 74%，达到本项目初期制定的目标要求。

图 7.4–30 管道末端净化装置实景图

图 7.4–31 锦莲河调整前后实景图

图 7.4–32 陆家庄河调整前后实景图

图 7.4–33 透水铺装调整前后实景图

图 7.4–34 斜河浜航拍实景图

图 7.4–35 新莲河航拍实景图

图 7.4–36 陆家庄河实景图

图 7.4–37 锦莲河航拍实景图

图 7.4–38 友谊河航拍实景图

7.4.3 京杭大运河苏州段堤防加固工程

京杭大运河始建于春秋时期，是世界上里程最长的运河，上下2500多年，绵延3200余千米，不仅是不可再生的宝贵资源，更是中华民族文化历史的重要载体。千百年来，运河水波流转，承载了无数南来北往的航船，见证了无数斗转星移的变迁。京杭大运河苏州段作为国家南北水运主通道的重要组成部分，也是太湖流域重要的洪涝调节河道，具有防洪、排涝、航运等综合功能。近年来，为实现对大运河的全面保护，苏州启动了京杭大运河苏州段堤防加固工程，项目全长14.5km，景观面积37.9万m^2，设计过程贯穿“生态宜居、系统整治、低碳环保、智慧人文”等理念，引领京杭大运河苏州段堤防加固工程打造一条集旅游休闲观光、防洪排涝安全、滨水风情人文、海绵城市建设、生态环境保护于一体的示范展示带，促进城市与运河、人与自然的和谐共融，让千年文脉奔涌不息，让黄金水道再续辉煌（图7.4–39）。

图7.4–39 京杭大运河生态廊道

7.4.3.1 堤防加固＋海绵城市

京杭大运河苏州段堤防加固工程是一项集防洪、环境整治、景观建设、生态修复和文化遗产保护于一体的工程，为了在防洪功能的基础上更好地融入海绵城市建设理念，2018年3月，苏州市海绵办会同市水务局组织召开了京杭大运河苏州段堤防加固工程海绵城市建设研讨会，并联合印发《关于在京杭大运河堤防加固项目中加强海绵城市建设工作的通知》，在“一带、两心、四镇、八园、多点”的总体布局下，利用运河两岸及腹地空间，放大生态功

苏州市水利局
苏州市住房和城乡建设局 文件

苏市水〔2018〕54号

关于在京杭大运河堤防加固项目中
加强海绵城市建设工作的通知

图7.4–40 两部门联合发文推进堤防加固中融入海绵城市建设理念

能，建设“蓝绿交织、水陆并行、古今辉映”的绿水生态网络，系统化采取雨水管控措施，将多样化的海绵技术体系与防汛道路、健身步道、景观节点、休闲广场等功能合理叠加，建成石湖湿地、透水健身步道等，有效实现海绵设施调蓄、净化雨水，削减入河径流污染，提高防汛标准，保护水生态、水环境。

7.4.3.2 生态安全——优化运河堤线

通过全线河道优化设计，结合岸坡“微改造”完善堤防系统，满足运河上下游、左右岸的水利需求，有效保障运河沿线两岸防洪安全，为大运河构建坚强有力的生态安全屏障（图 7.4–41）。

图 7.4–41 建成后的海绵堤防

7.4.3.3 功能协调——防汛通道隐于慢行系统

防汛通道设计融入健身步道慢行系统，汛期用于应急抢险，非汛期提供健身休闲功能，实现大运河慢行系统全线贯通、横向两岸融合，构建完善的滨水慢行体系，打造城市特色空间，完善河道服务功能（图7.4–42）。

7.4.3.4 绿色低碳——凸显海绵城市理念

项目在统筹兼顾各项功能的基础上，遵循“生态优先、自然调蓄、科学规划、有序实施”的原则，因地制宜植入透水铺装、雨水湿地、阶梯式生物滞留池、植被缓冲带、初期雨水径流污染控制等海绵措施，是水利工程进行海绵城市建设的一次有益尝试（图7.4–43）。

将石湖湿地公园打造成一处集自然生态、科普宣教、市民休闲于一体的海绵湿地示范园，实现运河与沿线公园水系连通，恢复水生植物群落，保障河道生态水量，实现河流生态系统健康水平的整体提升（图7.4–44）。

7.4.3.5 科技创新——新工艺新技术的运用

运河步道全线采用灰 + 蓝色透水铺装，在保证路面透水性和承载力良好的前提下，结合环境及功能设计丰富的艺术图案，兼顾了生态和美观的双重要求。此外，为积极响应碳中和碳达峰的国家战略，项目创新性地采用钢渣透水路面应用技术，并形成了《苏州市钢渣透水混凝土路面应用技术导则》，指导全市钢渣产业及海绵城市产业绿色发展（图7.4–45）。

图7.4–42 钢透水慢行步道（一）

图 7.4–42　钢透水慢行步道（二）

图 7.4–43　沿线节点设置生态湿地

图 7.4–44　石湖湿地径流污染削减系统建成效果

图 7.4–45　全线将双碳理念贯彻其中

图书在版编目（CIP）数据

蓝绿相融　城水共生：苏州市海绵城市建设研究与实践 / 王晋，黄天寅，刘寒寒著．— 北京：中国城市出版社，2023.7
ISBN 978-7-5074-3627-3

Ⅰ.①蓝…　Ⅱ.①王…　②黄…　③刘…　Ⅲ.①城市建设—研究—苏州　Ⅳ.①TU985.253.3

中国国家版本馆CIP数据核字（2023）第142386号

责任编辑：兰丽婷　石枫华
责任校对：王　烨

本书在归纳总结国内外海绵城市相关理念和建设经验的基础上，针对典型平原河网城市面临的问题，论述了苏州市海绵城市的建设体系、系统方案和应用实例。本书共分为7章，主要内容有概述、城市与水、城市发展方式的探索与转变、海绵城市建设的基础创新研究、海绵城市建设体系的构建、海绵城市建设系统方案的制定和海绵城市建设创新实践。《蓝绿相融　城水共生——苏州市海绵城市建设研究与实践》总结了苏州海绵城市建设的经验，探索了中国平原河网城市海绵城市建设的技术模式，可为苏州市和其他城市下一步的海绵城市建设提供借鉴和参考。

蓝绿相融　城水共生
——苏州市海绵城市建设研究与实践
王　晋　黄天寅　刘寒寒　著
*
中国城市出版社出版、发行（北京海淀三里河路9号）
各地新华书店、建筑书店经销
北京海视强森文化传媒有限公司制版
北京富诚彩色印刷有限公司印刷
*
开本：880毫米×1230毫米　1/16　印张：20½　字数：546千字
2023年5月第一版　2023年5月第一次印刷
定价：**258.00**元
ISBN 978-7-5074-3627-3
（904616）